电工（中级）实训指导教程

主　编　唐　宇　陈大兴　谭科华

副主编　范方灵　曹玉东　陈　洪

于　娟　罗云松　明立娟

西南交通大学出版社

·成　都·

内容简介

本书介绍了电工基础、电工安全基础、电气照明基础、电力供配电基础、电动机及常用低压电器、电气控制基础、可编程控制（PLC）基础、典型机床控制电路分析与维修、电子与电力技术应用、智能家居系统等内容。

本书内容翔实，讲解通俗易懂，同时兼顾了维修电工技能鉴定，用直观的图例和通俗的语言说明操作的步骤、过程与技巧，并提供了解决未知问题的一些方法，能满足一般工程技术人员的需要。

本书可作为高职高专院校电子信息工程、通信设备制造、广播电视工程、通信工程和电气工程等专业的教材使用，也可供电子与电气工程领域内工程技术人员培训、考试或自学使用。

图书在版编目（CIP）数据

电工（中级）实训指导教程／唐宇，陈大兴，谭科华主编. —成都：西南交通大学出版社，2019.8
ISBN 978-7-5643-6592-9

Ⅰ. ①电… Ⅱ. ①唐… ②陈… ③谭… Ⅲ. ①电工技术－高等职业教育－教材 Ⅳ. ①TM

中国版本图书馆 CIP 数据核字（2018）第 262447 号

Diangong (Zhongji) Shixun Zhidao Jiaocheng

电工（中级）实训指导教程

主编 唐 宇 陈大兴 谭科华

责任编辑 李芳芳
封面设计 何东琳设计工作室

印张：20　字数：498 千
成品尺寸：185 mm×260 mm
版次：2019 年 8 月第 1 版
印次：2019 年 8 月第 1 次
印刷：成都中永印务有限责任公司
书号：ISBN 978-7-5643-6592-9

出版发行：西南交通大学出版社
网址：http://www.xnjdcbs.com
地址：四川省成都市二环路北一段111号
西南交通大学创新大厦21楼
邮政编码：610031
发行部电话：028-87600564　028-87600533
定价：45.00元

课件咨询电话：028-87600533
图书如有印装质量问题　本社负责退换

前　言

随着智能化供配电时代、智能电网、能源互联网的到来，电工行业已成为一个极其重要的行业。从事电工行业的人员不断增长，岗位的知识和技术要求不断提高，迫切需要跟上时代节奏和知识的发展，分享科技发展的成果。针对目前电工行业的特点，兼顾国家技能考核的要求，我们编写了此教程，旨在帮助大家掌握电工的先进技术。

本书的特色是："以实用为基础，以够用前提，以点带面指导""以技能训练为主导，以技能鉴定为背景"，系统地讲述维修电工的基本操作技能，删除了烦琐的理论推导和分析，代之以简单明了的实际操作方法，力求做到言之有理、言之有据、言之有用，操作明确、规范、易学。本书的宗旨是："以理论学习为基础，以技能培养为前提"，系统地培养学生的自学能力和动手操作能力，力求使学生能学、会学、想学。

本书是一本介绍维修电工的实训课教材，共分 10 章，包括电工基础、电工安全基础、电气照明基础、电力供配电基础、电动机及常用低压电器、电气控制基础、可编程控制（PLC）基础、典型机床控制电路分析与维修、电子与电力技术应用、智能家居系统简介等内容，对于在实际工作中用到的"标准操作票"和"工作票格式"等会以电子档的形式发给学生。

由于各校情况不同，本课程教学时数可根据具体情况灵活安排，但一般情况下，建议教学参考学时数为 180 学时左右。

本书由攀枝花学院唐宇、陈大兴、谭科华担任主编，范方灵、曹玉东、陈洪、于娟、罗云松、明立娟担任副主编。在本书编写过程中，唐宇主持全书的结构编制统筹工作并编写第 1 章 1.1 和 1.2；陈大兴具体统筹、校核全书内容并编写了第 1 章 1.3 和 1.4、第 2 章、第 9 章 9.4；范方灵编写第 8 章；陈洪编写第 6 章；谭科华编写第 4 章；曹玉东编写第 5 章；于娟编写第 7 章；罗云松编写第 9 章 9.1 ~ 9.3；明立娟编写第 3 章、第 10 章。

本书在编写过程中，编者查阅和参考了大量的文献资料、网络资源及厂家资料，在此对各位作者一并表示感谢。

由于水平有限、考虑问题不全面，书中难免有不妥之处，望广大读者批评指正。

编　者

2019 年 5 月

目　录

第 1 章　电工基础 …… 1

1.1　常用电工工具 …… 1

1.2　导线的连接及绝缘的恢复 …… 9

1.3　常用电工仪表 …… 19

1.4　常用电工材料 …… 33

第 2 章　电工安全基础 …… 49

2.1　触电和触电急救 …… 49

2.2　防静电及防电磁场 …… 57

第 3 章　电气照明基础 …… 62

3.1　电气照明的基本常识 …… 62

3.2　常用照明灯具、开关、插座的安装 …… 67

3.3　室内配线知识 …… 76

3.4　住宅供电线路导线的选择知识 …… 86

3.5　敷设住宅供电线路的步骤 …… 87

第 4 章　电力供配电基础 …… 89

4.1　电力系统 …… 89

4.2　低压架空线路 …… 91

4.3　低压架空线路主要部件 …… 91

4.4　导　线 …… 98

4.5　接户线和进户线 …… 100

4.6　雷电的知识 …… 101

4.7　防雷技术 …… 102

4.8　电气装置接地技术 …… 106

4.9　低压配电系统的等电位连接 …… 112

第 5 章　电动机及常用低压电器 …… 114

5.1　异步电动机结构及工作原理 …… 114

5.2　单相交流异步电动机 …… 118

5.3　常用低压电器 …… 119

第 6 章　电气控制基础 …… 148

6.1　电气控制系统图及基本控制电路 …… 148

6.2　电动机全压起动控制电路 …… 160

6.3　电动机降压起动控制电路 …… 163

6.4　电动机的调速 …… 165

6.5　电动机制动控制电路 …… 176

6.6　电气控制电路的安装 …… 182

第 7 章　可编程控制（PLC）基础 …… 188

7.1　可编程序控制器（PLC）概述 …… 188

7.2　可编程控制器的结构和工作原理 …… 190

7.3　S7-200 可编程序控制器 …… 193

7.4　S7-200 系列 PLC 的基本指令 …… 197

7.5　PLC 程序设计基本方法 …… 200

7.6　PLC 应用实例 …… 204

第 8 章　典型机床控制电路分析与维修 …… 222

8.1　CA6140 普通车床电气控制与维修 …… 222

8.2　Z3050 型摇臂钻床电气控制与维修 …… 231

8.3　M7120 型平面磨床电气控制与维修 …… 240

8.4　T68 型卧式镗床电气线路分析与故障维修 …… 246

第 9 章　电子与电力电子技术应用 …… 258

9.1　常用电子元器件与检测 …… 258

9.2　电子焊接工艺 …… 271

9.3　电子技术应用实例 …… 280

9.4　电力电子技术应用 …… 286

第 10 章　智能家居系统简介 …… 307

10.1　智能家居系统简介 …… 307

10.2　智能家居系统装调试 …… 309

参考文献 …… 312

第 1 章　电工基础

电工基础包含常用电工工具、导线的连接及绝缘的恢复、常用电工仪表和电工材料，它们是电工的基本知识，必须掌握其使用和处理方法。

1.1　常用电工工具

常用电工工具除了可随身携带的工具如验电笔、钢丝钳、电工刀、螺丝刀、钢卷尺、尖嘴钳、剥线钳及活动扳手等外，还有电工公用工具，如喷灯、紧线器、安全带、脚扣、人梯、压接钳、弯管器、割管器、手电钻、拉钩、钢锯、手锤、台钻、砂轮、各种规格的扳手、锉刀、电烙铁、长卷尺、转速表和小型起重吊链、叉杆等。

电工工具的设置要看电工的工作性质和范围，并非所有工具都要备全，有时也可能超出上述范围。

1.1.1　验电笔

1. 验电笔的结构及用途

验电笔又称试电笔，简称电笔。验电笔分高压和低压两种，高压的通常称为验电器（见图 1-1），低压的通常称为验电笔。验电笔是电工常用的一种辅助安全用具，通常由笔尖金属体、电阻、氖管、笔身、小窗、弹簧和笔尾的金属体等部件组成。验电笔中笔尖、笔尾用金属材料制成，笔杆用绝缘材料制成。它的内部构造是一只有两个电极的灯泡，泡内充有氖气，俗称氖泡，它的一极接到笔尖，另一极串联一只高电阻后接到笔的另一端。测试时如果氖泡发光，说明导线有电，或者为通路的火线。验电笔用于检查 500 V 以下导体或各种用电设备外壳是否带电，操作简便，可随身携带。下面为大家介绍几种常见的验电笔。

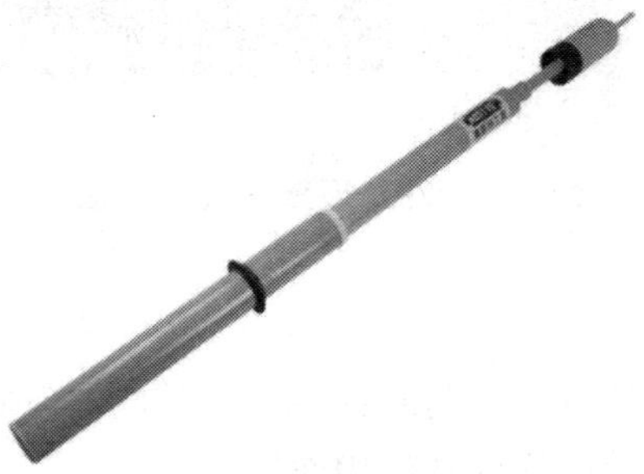

图 1-1　高压验电器

1）一字螺丝刀式验电笔

一字螺丝刀式验电笔通过接触带电体，获得电信号，其外观如图 1-2 所示。该电笔形状通常为一字螺丝刀式，兼验电笔和一字螺丝刀用。

图 1-2 一字螺丝刀式验电笔

2）感应式验电笔

感应式验电笔（见图 1-3）采用感应式测试，无须物理接触，可检查控制线、导体和插座上的电压或沿导线检查断路位置。因此极大地保障了维护人员的人身安全。

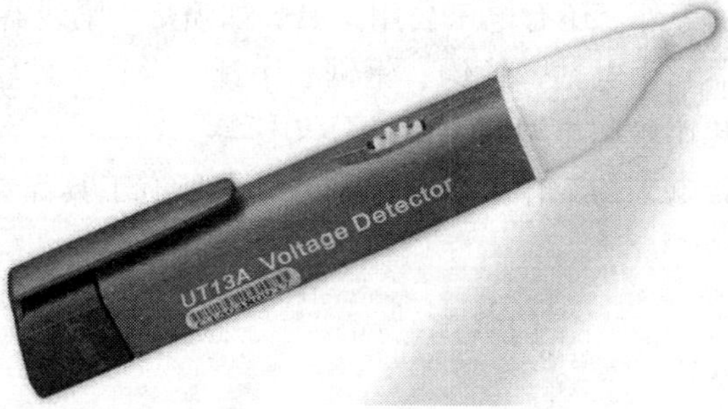

图 1-3 感应式验电笔

3）螺丝刀数字式验电笔

螺丝刀数字式验电笔可直接在液晶窗口显示测量数据。可直接或间接测量 12 V、36 V、55 V、110 V、220 V 等交/直流电，使用范围广。

数字式验电笔属于带电感应式测试，可轻松地进行感应断点测试、断线点的测试、检测微波的辐射及泄漏情况等。如图 1-4 所示为螺丝刀数字式验电笔。

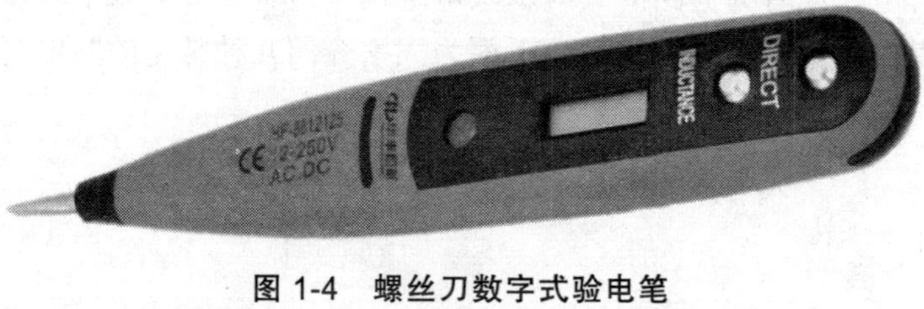

图 1-4 螺丝刀数字式验电笔

2. 验电笔的用途

对于验电笔来说，其最大的目的是判断物体是否带电。但除此以外，验电笔还有其他的用途，下面就为大家介绍一下验电笔的其他用途。

（1）用来进行低压核相，测量线路中任何导线之间是否同相或异相。

方法是站在一个与大地绝缘的物体上，双手各执一支验电笔，在待测的两根导线上进行测试，若两支验电笔发光很亮，表示这两根导线为异相；反之为同相。这是利用验电笔中氖泡两极间电压差值与其发光强弱成正比的原理来进行判别的。

（2）用来判别交流电和直流电。

在用验电笔进行测试时，如果验电笔氖泡中的两个极都发光，就是交流电；如果两个极中只有一个极发光，则是直流电。

（3）判断直流电的正、负极。

将验电笔接在直流电路中测试，氖泡发亮的那一极就是负极，不发亮的一极则是正极。

（4）用来判断直流是否接地。

在测量直流系统中，站在地上并用验电笔接触直流系统中的正极或负极，若验电笔的氖泡不亮，说明没有接地现象；若氖泡发亮，则说明有接地现象。这时注意查看氖泡发亮位置，其发亮在笔尖端，则说明为正极接地，若发亮在手指端，则为负极接地。但是必须指出的是，在带有接地监察继电器的直流系统中，不可采用此方法判断直流系统是否发生接地。

3. 验电笔的使用注意事项

（1）测试前应在确知带电的带电体上进行试验，证明验电笔完好后，方可使用。

（2）工作者要养成先用验电笔验电，然后再工作的良好习惯。使用验电笔时，最好穿上绝缘鞋（靴），并按照如图 1-5 所示的正确握法使用。

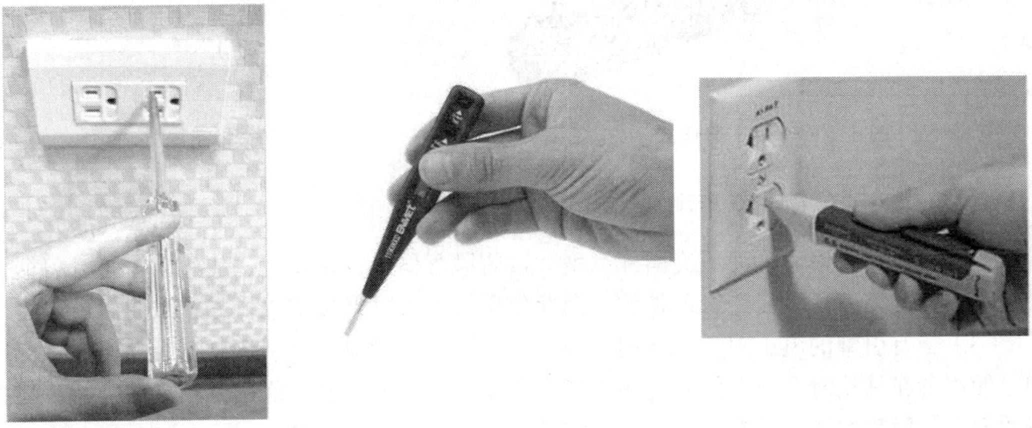

（a）螺丝刀式验电笔的使用　（b）螺丝刀数字式验电笔的使用　（c）感应式验电笔的使用

图 1-5　验电笔的正确使用方法

（3）验电时，工作者应保持平稳操作，以免误碰而造成短路。

（4）在光线明亮或阳光下测试带电体时，应仔细测试并避光观察，以防光线太强不易观察到氖管是否发亮，造成误判。

（5）有些设备常因感应而使外壳带电，测试时验电笔氖管也发亮，易造成误判断。此时，可采用其他方法（例如用万用表测量）判断其是否真正带电。

（6）低压验电笔的测量电压范围是 60 ~ 500 V，使用时不允许在超过 500 V 的带电体上测量。

（7）使用完毕后要保持验电笔的清洁，并放置在干燥处，防止摔碰。

（8）在验电笔的使用过程中，若遇到验电笔氖管发出微弱亮光的情况，切不可据此断定带电体电压不够高，也许是验电笔或带电体测试点有污垢，也可能测试的是带电体的地线，这时必须擦干净验电笔或者重新选择测试点再次测量。

1.1.2　电工刀

1. 电工刀的结构及用途

电工刀是电工常用的一种切削工具，可用来削割导线绝缘层、木榫和切割圆木缺口等。电工刀分一用（普通式）（见图 1-6）和多用（见图 1-7）两种。两用电工刀是在普通式电工刀的基础上增加了引锥（钻子）；三用电工刀增加了引锥和锯片；四用电工刀则增加了引锥、锯片和旋具。电工刀的刀片用于削割导线绝缘层，引锥用于钻削木板孔眼，锯片用于锯割导线槽板和圆垫木，旋具用于旋动螺钉。

图 1-6　一用（普通式）电工刀

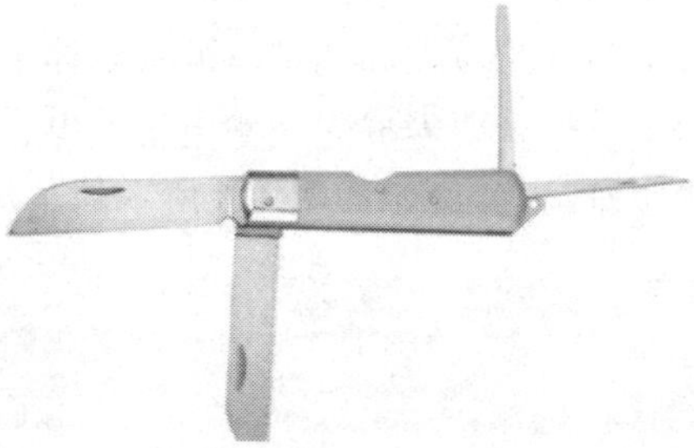

图 1-7　多用电工刀

2. 电工刀的使用注意事项

（1）使用电工刀时，刀口应向外剖削，以防脱落伤人；使用后，应将刀身折入刀柄。

（2）电工刀刀柄是无绝缘保护的，因此使用电工刀时严禁带电操作，以防触电。

（3）带有引锥的电工刀，在其尾部装有弹簧，使用时应拨直引锥弹簧自动撑住尾部。这样，使用者在钻孔时不致有倒回扎伤手指的危险。使用完毕后，应用手指揪住弹簧，将引锥退回刀柄，以免损坏工具或伤人。

1.1.3　钢丝钳

1. 钢丝钳的结构及用途

钢丝钳俗称卡丝钳或钳子，是电工用来剪切或夹持电线、金属丝和工件的常用工具。钢丝钳的结构如图 1-8 所示，一般钢丝钳的绝缘护套耐压为 500 V，只适合在低压带电设备上使用。

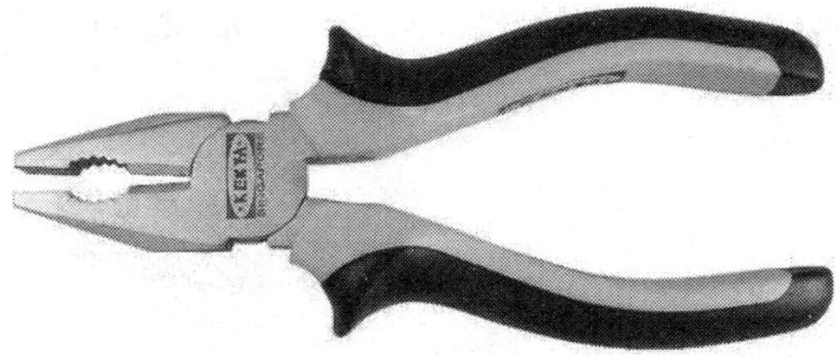

图 1-8　钢丝钳

2. 钢丝钳的使用注意事项

（1）在进行带电工作时，应注意检查绝缘套管是否完好，以免绝缘损坏发生触电事故。
（2）剪断带电导线时，不能同时剪切相线和零线，以免发生短路故障。

1.1.4　尖嘴钳

1. 尖嘴钳的结构及用途

尖嘴钳的头部尖细，适用于狭小的工作空间或带电操作低压电气设备。电工维修人员应选用带有绝缘手柄的、耐压在 500 V 以上的尖嘴钳。尖嘴钳结构如图 1-9 所示。

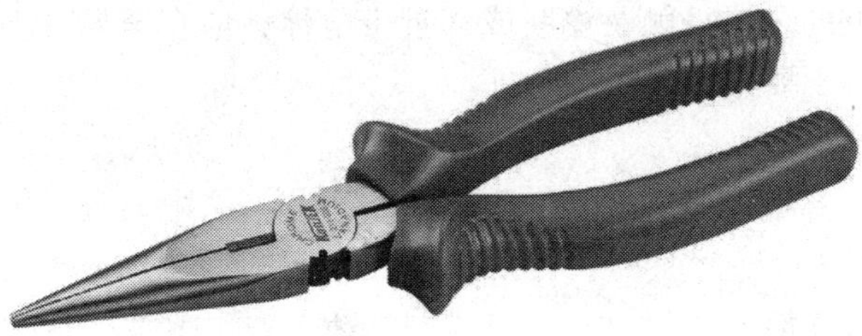

图 1-9　尖嘴钳

2. 尖嘴钳的使用注意事项

（1）使用尖嘴钳时，手与金属部分的距离应不小于 2 cm。
（2）钳头部分尖细，且经过热处理，钳夹物体不可过大，用力时切勿太猛，以防损坏钳头。
（3）注意防潮、勿磕碰损坏尖嘴钳的柄套，以防触电。
（4）使用完毕后要擦净尖嘴钳，钳轴、腮要经常加油，以防生锈。

1.1.5　螺钉旋具

1. 螺钉旋具的结构及用途

螺钉旋具又称螺丝刀、改锥或起子，是一种紧固或拆卸螺钉的工具。旋具尺寸规格很多，按头部形状的不同分为刀型（一字形）和十字形两种，如图 1-10 所示。螺钉旋具的规格习惯上用柄部外面杆身长度表示，电工常用的旋具有 100 mm、150 mm 和 300 mm 等。螺钉旋具的柄部一般用木材或塑料制成。

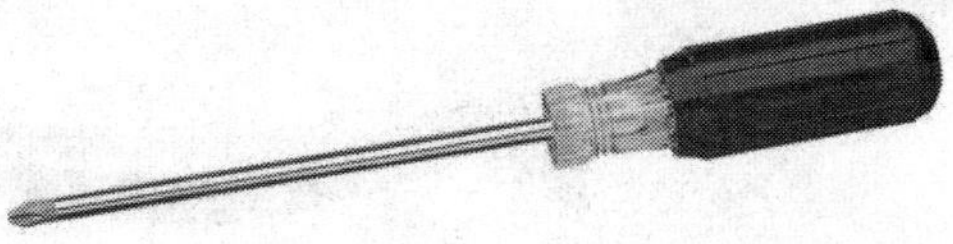

（a）十字形

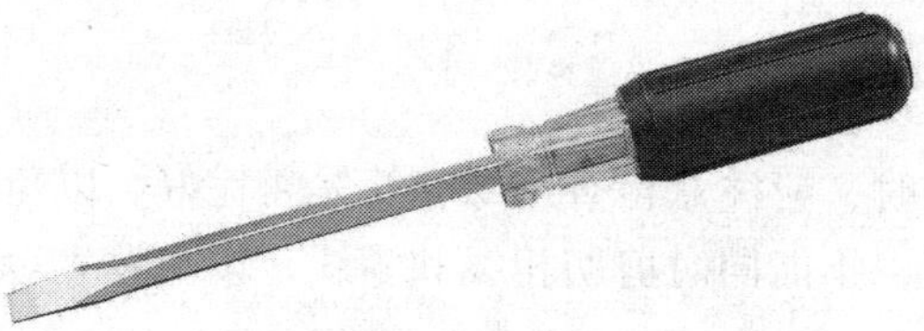

（b）一字形

图 1-10 螺钉旋具

2. 螺钉旋具的使用注意事项

（1）操作时，应使头部顶牢螺钉槽口，用力适当，避免打滑，以免损坏螺钉槽口。
（2）用螺钉旋具紧固或拆卸带电的螺钉时，手不得触及旋具的金属杆，以免发生触电事故。
（3）为避免旋具上的金属杆触及皮肤或邻近带电体，应在金属杆上穿套绝缘管。
（4）一般螺钉旋具不要用于带电作业。

1.1.6 剥线钳

1. 剥线钳的结构及用途

剥线钳用于剥离（横截面面积<6 mm^2）导线线头绝缘层，其结构如图 1-11 所示。

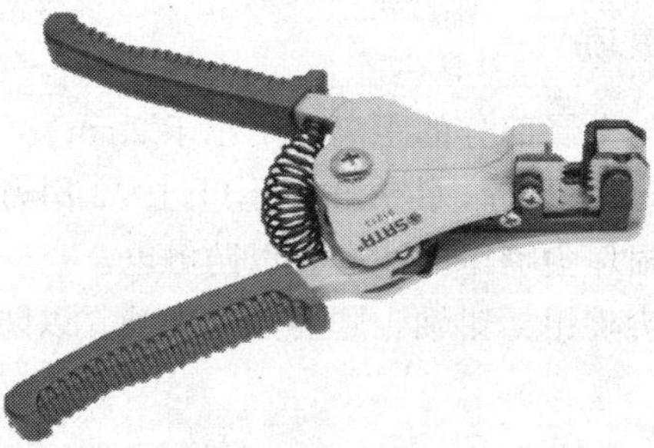

图 1-11 剥线钳

2. 剥线钳的使用注意事项

在使用剥线钳时，要注意根据不同线径选择剥线钳的不同刃口，以免损坏线芯。

1.1.7 电　钻

1. 电钻的结构及用途

电钻又称手枪钻、手电钻，是一种手提式电动钻孔工具，适用于在金属、塑料、木材等材料或构件上钻孔。电钻按结构分为手枪式和手提式两大类，额定电压一般为 220 V，也有 380 V 的。电钻的基本结构由电动机、减速机构、夹头、开关和手柄等组成。

2. 电钻的使用注意事项

用电钻钻孔时，使用者必须亲自查看电线和插销是否完好，接地线连接是否正确。初次使用时，不要手握电钻去插电源，应先将其放在绝缘物上，再插上电源，用试电笔检查外壳是否带电，然后再使用。

1.1.8 冲击钻

1. 冲击钻的结构及用途

冲击钻又称冲击电钻，其结构与普通电钻基本相同，仅多一个冲击头，是一种能够产生旋转带冲击运动的特种电钻，其结构如图 1-12 所示。使用时，将冲击电钻调节到旋转无冲击位置时，装上麻花钻头即能在金属上钻孔；当调节到旋转带冲击位置时，装上镶有硬质合金的钻头，就能在金属材料、砖墙或混凝土上钻孔。

图 1-12　冲击钻

2. 冲击钻的使用注意事项

（1）冲击钻在钻孔前，应空转 1 min 左右，运转时声音应均匀，无异常周期性杂音，手握工具时无明显的麻感。然后将调节开关置于“锤击”位置，让钻夹头顶在硬木板上，此时应有明显而强烈的冲击感；调节到“钻孔”位置，则应无冲击现象。

（2）冲击钻的冲击力是借助于操作者的轴向进给压力而产生的，但压力不宜过大，否则，不仅会降低冲击效率，还会引起电动机过载，造成工具的损坏。

（3）在对钻孔深度有要求的场所钻孔，可使用辅助手柄上的定位杆来控制钻孔深度。使用时，只要将蝴蝶螺母拧松，将定位杆调节到所需长度，再拧紧螺母即可。

（4）在脆性材料上钻凿较深或较大孔时，应注意经常把钻头退出钻凿孔几次，以防止出屑困难而造成钻头发热磨损、钻孔效率降低，甚至堵转的现象。

（5）冲击钻工作时有较强的振动，内部的电气节点易脱落，操作者应戴绝缘手套。

（6）冲击钻在向上钻孔时，操作者应戴防护眼镜。

1.1.9 活扳手

1. 活扳手的结构及用途

活扳手是一种紧固或松开六角螺栓或螺母的常用工具。结构如图 1-13 所示，转动活扳手的蜗轮，就可调节扳口的大小。电工常用的活扳手有 200 mm、250 mm、300 mm 三种，使用时应根据螺母的大小选用。

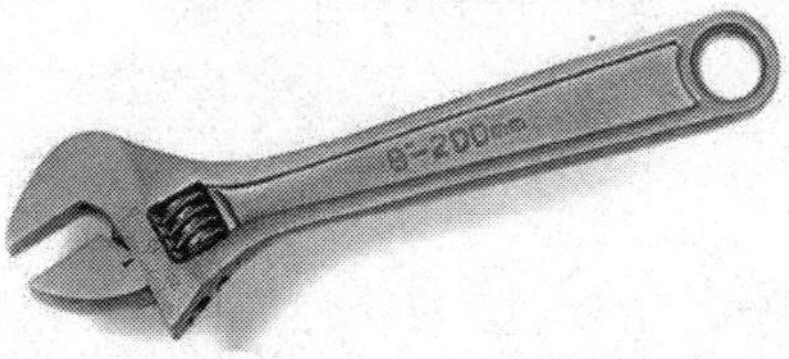

图 1-13 活扳手

2. 活扳手的使用注意事项

（1）应根据螺母的大小，选用适当规格的活扳手，以免扳手过大损伤螺母，或螺母过大损伤扳手。

（2）使用时，用两手指旋动蜗轮以调节扳口的大小，将扳口调得比螺母稍大些，卡住螺母，再用手指旋动蜗轮紧压螺母，即使扳唇正好夹住螺母，否则扳口容易打滑，既会损伤螺母，又可能碰伤手指。

（3）在需要用力的场合使用活扳手时，活扳唇应靠近身体使用，这样有利于保护蜗轮和轴销不受损伤。切记不能反向使用，以免损坏活扳唇。

1.1.10 电烙铁

1. 电烙铁的结构及用途

电烙铁是电工在设备检修时常用的焊接工具，其外形如图 1-14 所示。常用的电烙铁有外热式、内热式、快热式三种形式。

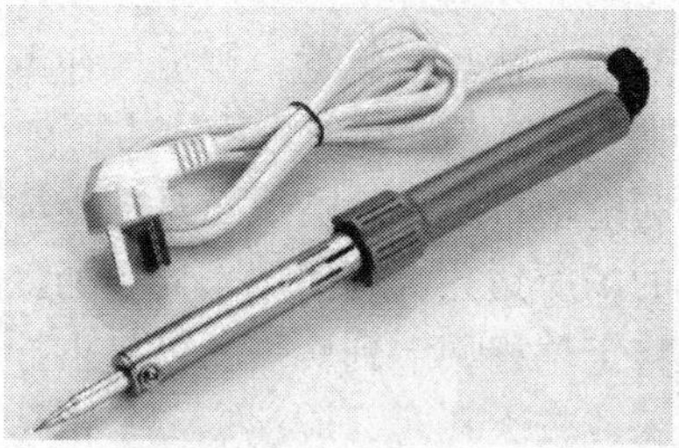

图 1-14 电烙铁

2. 电烙铁的使用注意事项

（1）使用之前应检查电源电压与电烙铁的额定电压是否相符，一般为 220 V，检查电源和接地线接头是否接错。

（2）电烙铁在使用中一般用松香作为焊剂，特别是电线接头、电子元件的焊接，一定要用松香作焊剂，严禁用含有盐酸等腐蚀性物质的焊锡膏焊接，以免腐蚀印制电路板或导致短路电气线路。

（3）电烙铁在焊接铁、锌等物质时，可用焊锡膏焊接。

（4）由路线不能在易燃易爆品附近等危险场所中使用。

（5）如果在焊接中发现紫铜制的烙铁头氧化不易蘸锡时，要及时除去氧化层，以改善导热和焊接效果。

（6）使用电烙铁时，应防止电源线搭在发热部位，以免烫坏导线绝缘层，发生漾电。

（7）对于外热式电烙铁，使用一段时间后，应活动一下铜头及紧固螺钉，以防锈死造成拆卸困难。

（8）使用完毕后应将电烙铁放在支架上，待冷却后再放入工具箱，避免发生火灾。

1.2　导线的连接及绝缘的恢复

1.2.1　常用导线的分类与应用

1. 导线的种类

常用导线有铜芯线和铝芯线。铜导线电阻率小，导电性能较好；铝导线电阻率比铜导线稍大些，但价格低，应用广泛。

导线有单股和多股两种，一般截面面积在 6 mm^2 及以下为单股线；截面面积在 10 mm^2 及以上为多股线。多股线是由几股或几十股线芯绞合在一起形成的，常用的有 7 股、19 股、37 股等。

导线还分裸导线和绝缘导线，绝缘导线有电磁线、绝缘电线、电缆等多种。常用的绝缘导线在导线线芯外面包有绝缘材料，如橡胶、塑料、棉纱、玻璃丝等。

2. 常用导线的型号及应用

1）B 系列橡皮塑料电线

B 的含义是硬线。B 系列的电线结构简单，电气和力学性能好，广泛用作动力、照明及大中型电气设备的安装线，交流工作电压为 500 V 以下。

2）R 系列橡皮塑料软线

R 的含义是软线。这种系列软线的线芯由多根细铜丝绞合而成，除具有 B 系列电线的特点外，还比较柔软，广泛应用于家用电器、小型电气设备、仪器仪表及照明灯线等。

3）Y 系列通用橡套电缆

Y 的含义是移动电缆，广泛应用于移动电气设备、移动电动工具等。

4）J 系列机电电器引接线

J 的含义是电机引接线。

5）YH 系列电焊机用电缆

YH 的含义是电焊机用的移动电缆。

6）YHS 系列潜水电机用防水橡套电缆

YHS 的含义是有防水橡套的移动电缆。

几种常用导线的名称、结构、型号、应用如表 1-1 所示。

表 1-1 几种常用导线的名称、结构、型号、应用

名称	结构	型号		允许长期工作温度	主要用途
		铜芯	铝芯		
聚氯乙烯绝缘电线	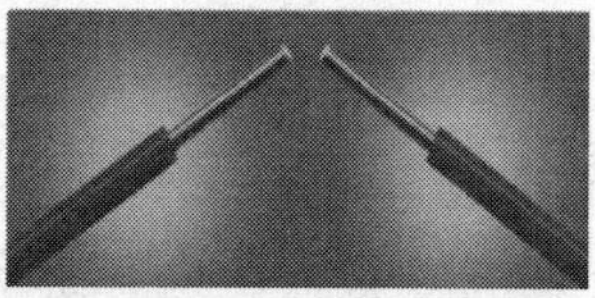	BV	BLV	65 °C	用于 500 V 以下动力和照明线路的固定敷设
聚氯乙烯绝缘护套线	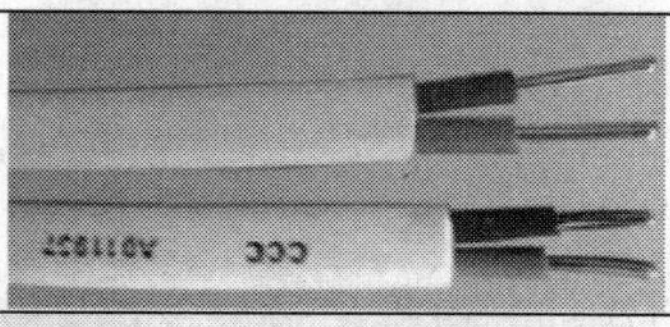	BVV	BLVV	65 °C	用于 500 V 以下照明和小容量动力线路固定敷设
聚氯乙烯绝缘绞合软线	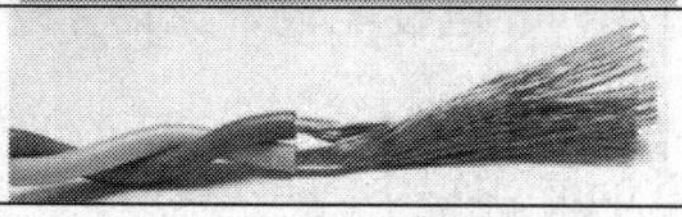	RVS		65 °C	用于 250 V 及以下移动电器和仪表及吊灯的电源连接导线
聚氯乙烯绝缘平行软线	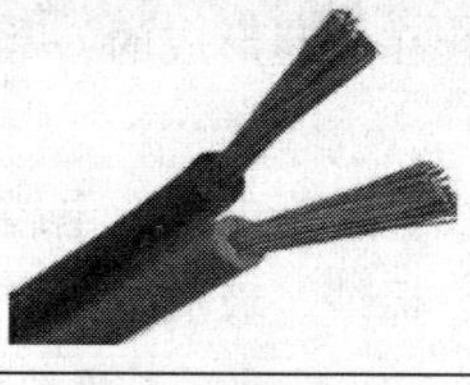	RVB		65 °C	
氯丁橡套软线 橡套软线		RXF RX		65 °C	用于安装时要求柔软的场合及移动电器电源线

注：型号中，V 表示聚氯乙烯绝缘，X 表示橡皮绝缘，XF 表示氯丁橡胶绝缘。

3. 导线横截面的选用

由于导线有一定的电阻，因此当电流通过时，该电阻就会消耗电能，从而使导线的温度升高。当导线温度升高到超过规定的限度时，轻则加速绝缘物的老化，缩短使用寿命；重则损坏绝缘，甚至造成事故。通常将各种导线长期最大允许通过的电流称为“载流量”。

1）导线类型的选择

在选用导线时应根据特定的使用场合和各种导线的使用范围、具体性能而定，而导线的截面主要根据通过电流的大小来确定。在需要移动的场合，应选用软线，不应采用单芯线；而固定不动的场合应选用单芯线。

2）导线截面的选择确定

选择导线，一般考虑三个因素：长期工作允许电流、机械强度和线路电压降的允许范围。

（1）根据长期工作允许电流选择导线截面。

根据导线敷设方式不同、环境温度不同，导线允许的载流量也不同。通常把允许通过的最大电流值称为“安全载流量”。在选择导线时，可依据用电负荷，参照导线的规格型号及敷设方式来选择导线截面。表 1-2 是一般用电设备负载电流计算表。

表 1-2　负载电流计算表

负载类型	功率因数	计算公式	每千瓦电流量/A
电灯、电阻	1	单相：$I_P = P/U_P$	4.5
		三相：$I_L = P/\sqrt{3}\,U_L$	1.5
荧光灯	0.5	单相：$I_P = P/(U_P \times 0.5)$	9
		三相：$I_L = P/(\sqrt{3}\,U_L \times 0.5)$	3
单相电动机	0.75	$I_P = P/[U_P \times 0.75 \times 0.75(效率)]$	8
三相电动机	0.85	$I_P = P/[U_P \times 0.85 \times 0.85(效率)]$	2

注：公式中，I_P、U_P 为相电流、相电压；I_L、U_L 为线电流、线电压。

（2）根据机械强度选择导线，导线安装后，在导线运行中，要受到外力的影响。导线本身自重和不同敷设方式使导线受到不同大小的张力，如果导线不能承受张力作用，就会造成断线事故。所以在选择导线时必须考虑导线截面。

（3）根据电压损失选择导线截面：

① 住宅用户，由变压器低压侧至线路末端，电压损失应小于 6%。

② 在正常情况下，电动机端电压与其额定电压相差不得超过 ± 5%。

按照以上条件选择导线截面的结果，在同样负载电流下可能得出不同截面数据。此时，应选择其中最大的截面。

1.2.2　导线的剖削

在导线连接前，须把导线端部的绝缘层剥去。剖削绝缘层的方法要正确，如果方法不当，容易损伤芯线，缠胶布时会产生空隙。根据绝缘层的厚度和层数不同，有单层剥法、多层剥法及斜剥法等。

1. 单层绝缘线

芯线截面面积为 4 mm^2 以下的单层硬线或单层塑料软线一般用钢丝钳或剥线钳剖削。

用钢丝钳剖削导线的方法是：用左手捏住导线，根据线头长短用钢丝钳口切入导线绝缘层，但不可切断线芯。然后用右手握住钢丝钳头部用力向外勒出塑料绝缘层。

用剥线钳剥离绝缘层的方法是：确定剖削绝缘层的长度，然后把导线放入相应的刃口中，用右手握紧钳柄，导线的绝缘层即可剥去并弹出，如图 1-15 所示。

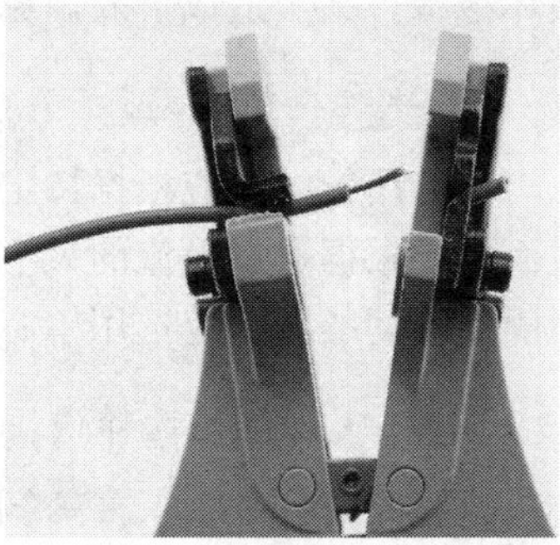

图 1-15 剥线钳剥离绝缘层

截面面积在 4 mm^2 以上的单层塑料硬线，可以用电工刀剖削，方法是：根据所需的长度用电工刀以向内倾斜 45°角切入绝缘层，刀面与芯线保持 25°角左右，用力向线端推削，削去上面绝缘层，但不可切入芯线，再将下面的塑料绝缘层向后扳起，用电工刀齐根切去，如图 1-16 所示。

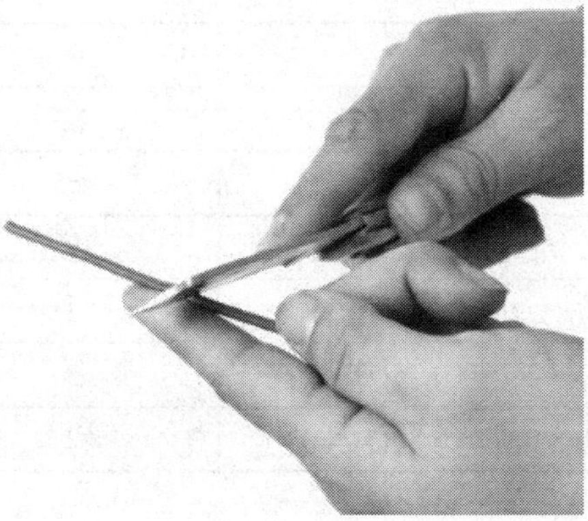

（a）

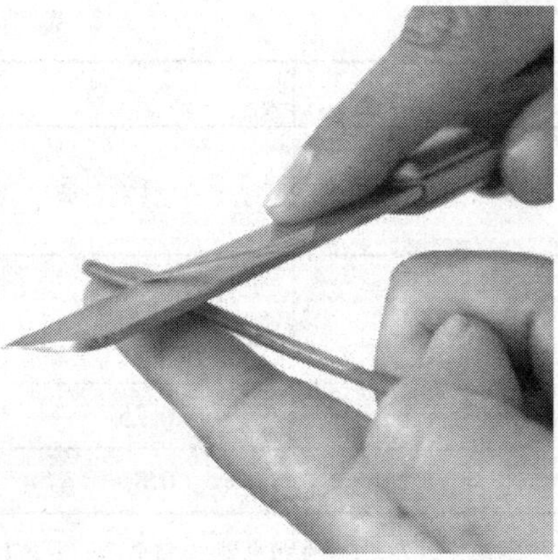

（b）

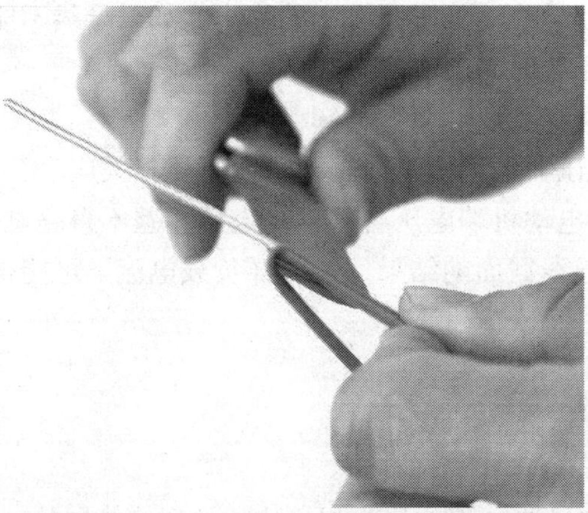

（c）

图 1-16 用电工刀剖削塑料护套线绝缘层

2. 多层绝缘线

多层绝缘线需要进行分层剥切，每层的剥切方法与单层绝缘线相同。对于绝缘层比较厚的导线，采用斜剥法，即像削铅笔一样对绝缘线进行剥切。

不论哪一种方法，剥切时均不可割伤芯线，否则，会降低导线的机械强度，且因导线截面减小而增加导线电阻。绝缘层剥去的长度，依接头方法和导线截面不同而不同。

3. 塑料护套线

塑料护套线的绝缘层必须用电工刀剖削，剖削方法是：按所需长度用刀尖对准芯线缝隙划开护套层，向后翻起护套层，用电工刀齐根切去，在距离护套层 5 ~ 10 mm 处，用电工刀以倾斜 45°角切入绝缘层。其他剖削方法同单层绝缘硬线。

4. 橡皮线

在橡皮线绝缘层外还有一层纤维编织保护层，其剖削方法如下：

（1）把橡皮线纤维编织保护层用电工刀尖划开，将其扳翻后齐根切去，剖削方法与剖削护套线保护层的方法相同。

（2）用与剖削塑料线绝缘层相同的方法削去橡胶层。

（3）最后将松散棉纱层到根部用电工刀切去。

5. 漆包线

漆包线可用刀片或砂纸去除线头绝缘层。根据直径不同，可以用刀片刮或砂纸磨去绝缘漆。对于直径<0.1 mm 的漆包线要注意不要刮、磨断线。

1.2.3　导线的连接

1. 导线的连接方法

导线的连接方法很多，有绞接、焊接、压接和螺栓连接等。不同的连接方法适用于不同导线及不同的工作地点。

1）单股芯线直接连接

单股铜芯导线的连接，有绞接法和缠卷法两种。截面较小的导线，一般用绞接法；截面较大的导线，因绞接困难，则多用缠卷法。绞接法可按如图 1-17 所示方法进行。其操作步骤如下：

① 将两线头用电工刀剥去绝缘层，露出 10 ~ 15 cm 裸线头。

② 把导线两裸端头 X 形相交，互相绞绕 2 ~ 3 圈。

③ 再扳直两线自由端头，将每根线头在对边线芯上密绕，每边绕 5 ~ 7 圈，缠绕长度不小于导线直径的 10 倍。

④ 将多余部分剪去，修平接口毛刺。

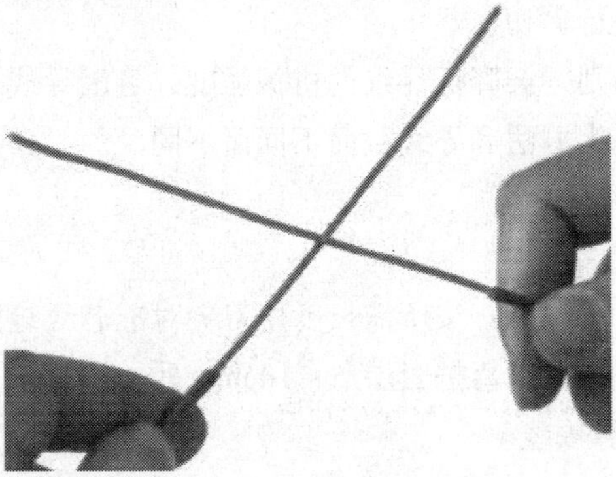

（a）

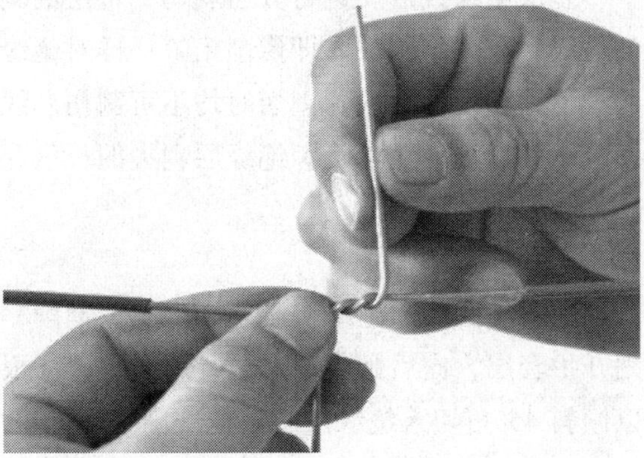

（b）

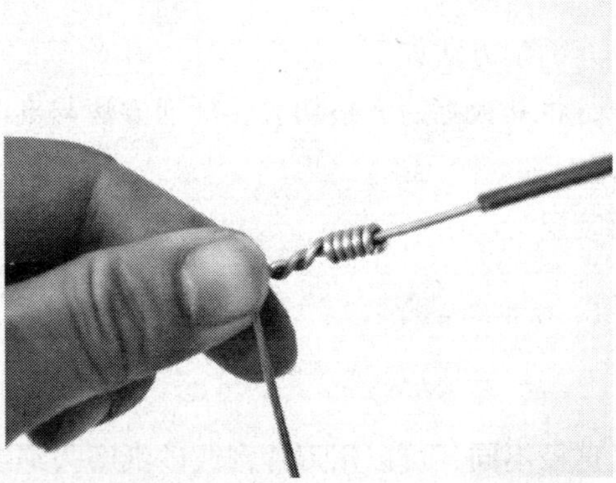

（c）

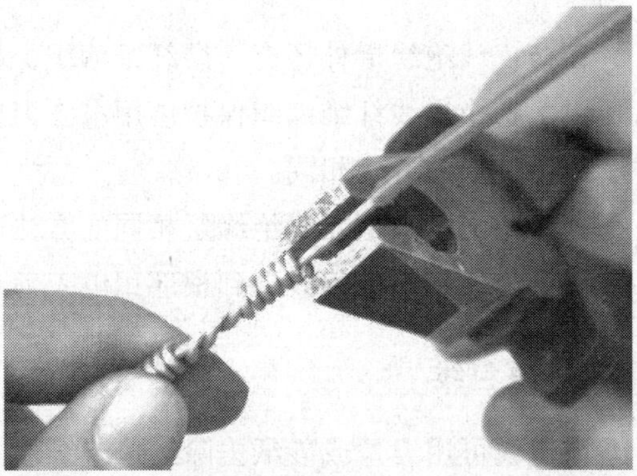

（d）

图 1-17 单股芯线绞接法

2）单股导线的 T 形分支连接

（1）等径导线（4 mm^2 以上的导线）：

① 干线剥去绝缘 40 ~ 50 mm，支线剥去绝缘 120 ~ 150 mm，两线各让出绝缘 10 mm，支线与主线呈 10° ~ 20°，从夹角处扳直线头，如图 1-18（a）所示。

② 支线绕干线顺时针紧密缠绕 5 ~ 6 圈，剪去多余线头压平，如图 1-18（b）所示。

③ 连接完毕，如图 1-18（c）所示。

（2）小截面导线 T 形接法（适用于 2.5 mm^2 及以下导线）：

① 干线剥去绝缘 40 ~ 50 mm^2，支线剥去绝缘 120 ~ 150 mm，两线各让出绝缘 10 mm 处，十字交叉先将支线在干线上环绕成结状，然后再把支线的线头抽紧扳直，如图 1-19（a）所示。

② 支线绕干线紧密缠绕 5 ~ 6 圈，剪去多余线头压平，连接完毕，如图 1-19（b）所示。

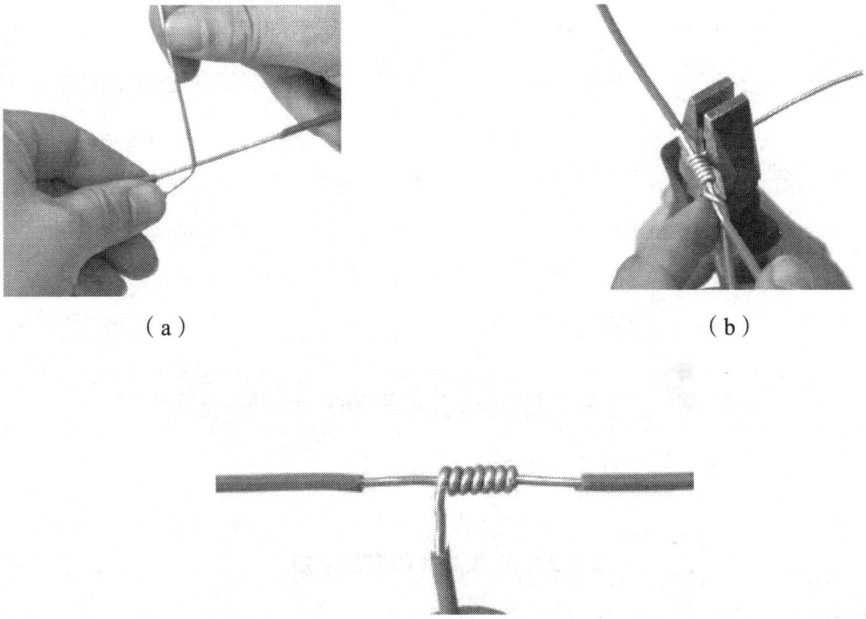

（a）　（b）　（c）

图 1-18　单股导线的 T 形接法

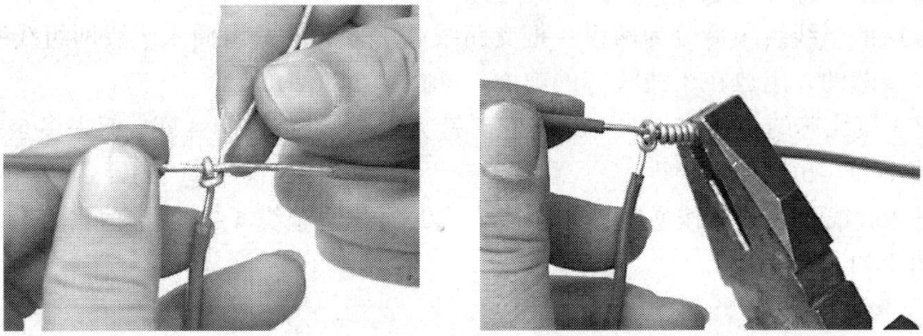

（a）　（b）

图 1-19　小截面导线 T 形接法

3）7 股芯线的直线连接

（1）将两个待接线头进行整形处理，用钢丝钳将其根部的 1/3 部分绞紧，其余 2/3 部分呈伞骨状，如图 1-20（a）所示。

（2）将两芯线线头隔股对叉，叉紧后将每股芯线捏平。将一端的 7 股芯线线头按 2、2、3 分成三组，将第一组 2 股垂直于芯线扳起，按顺时针方向紧绕两周后扳成直角，使其与芯线平行。将第二组芯线紧贴第一组芯线直角的根部扳起，按第一组的绕法缠绕两周后仍扳成直角。第三组 3 根芯线缠绕方法如前，但应绕三周，在绕到第二周时找准长度，剪去前两组芯线的多余部分，同时将第三组芯线再留一圈长度，其余剪去，使第三组芯线第三周绕完后正好压没前两组芯线线头，如图 1-20（b）所示。

剪去多余线头压平，连接完毕，如图 1-20（c）所示。

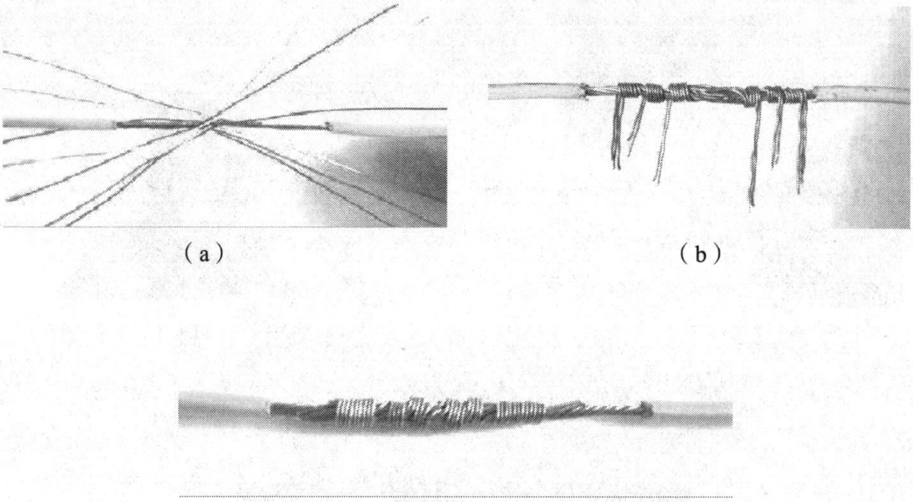

（a） （b）

（c）

图 1-20 7 股芯线的直线连接

4）7 股芯线的 T 形分支连接

（1）把除去绝缘层及氧化层的分支线芯散开钳直，在距绝缘层 1／8 线头处将线芯进一步绞紧。接着把余下部分的线芯分成两组：一组 4 股，另一组 3 股，并排齐，然后用螺丝刀把已除去绝缘层的干线线芯撬分为两组：把支路线芯中 4 股的一组插入干线两组线芯中间，把支线的 3 股线芯的一组放在干线线芯的前面，如图 1-21（a）所示。

（2）把 3 股线芯的一组往干线一边按顺时针方向紧紧缠绕 3～4 圈，剪去多余线头，钳平线端，如图 1-21（b）所示。

（3）把 4 股线芯的一组按逆时针方向往干线的另一边缠绕 4～5 圈，剪去多余线头，钳平线端，如图 1-21（c）所示。

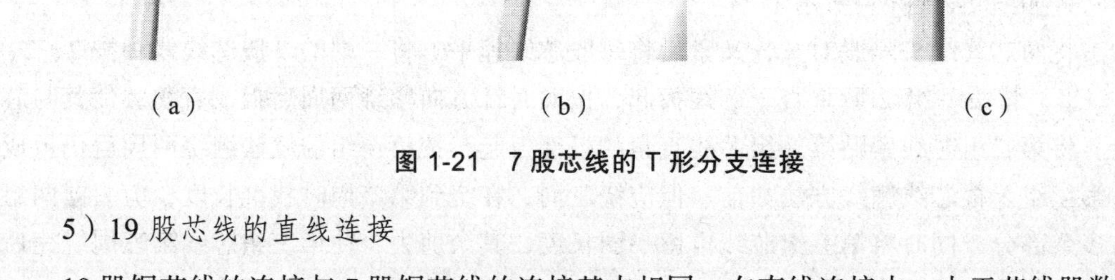

（a） （b） （c）

图 1-21 7 股芯线的 T 形分支连接

5）19 股芯线的直线连接

19 股铜芯线的连接与 7 股铜芯线的连接基本相同。在直线连接中，由于芯线股数较多，可剪去中间的几股，按要求在根部留出一定的长度绞紧，隔股对叉，分组缠绕。

2. 线头与接线桩的连接

常用的接线桩有三种：针孔式、螺钉平压式和瓦形式。

1）线头与针孔接线桩的连接

单股芯线与接线桩连接时，最好按要求的长度将线头折成双股并排插入针孔，使压接螺钉顶紧双股芯线的中间。如果线头较粗，双股插不进针孔，也可直接用单股，但芯线在插入针孔前，应稍微朝着针孔上方弯曲，以防压紧螺钉稍松时线头脱出。

在针孔接线桩上连接多股芯线时，先用钢丝钳将多股芯线进一步绞紧，以保证压接螺钉顶压时不致松散。注意针孔和线头的大小应尽可能配合。如果针孔过大，可用一根直径大小相宜的单股芯线做绑扎线，在已绞紧的线头上紧密缠绕一层，使线头大小与针孔合适后再进行压接。如线头过大，插不进针孔时，可将线头散开，适量减去中间几股。通常 7 股可剪去 1 ~ 2 股，19 股可剪去 1 ~ 7 股。然后将线头绞紧，进行压接。

无论单股或多股芯线的线头，在插入针孔时，需注意两点：一是注意要插到底；二是不得使绝缘层进入针孔，针孔外的裸线头的长度不得超过 3 mm。

2）线头与平压式接线桩的连接

平压式接线桩是利用半圆头、圆柱头或六角头螺钉加垫圈将线头压紧，完成电连接。对于较小截面的单股导线，先去除导线的绝缘层，把线头按顺时针方向弯成圆环，圆环的圆心应在导线中心线的延长线上。环的内径比压接螺钉外径稍大些，环尾部间隙为 3 mm 左右，剪去多余线芯，把环钳平整，不扭曲。然后把制成的圆环放在接线柱上，放上垫片，把螺钉旋紧。图 1-22 为螺钉平压式接线柱的连接。图 1-23 为 7 股导线压接圈弯法。

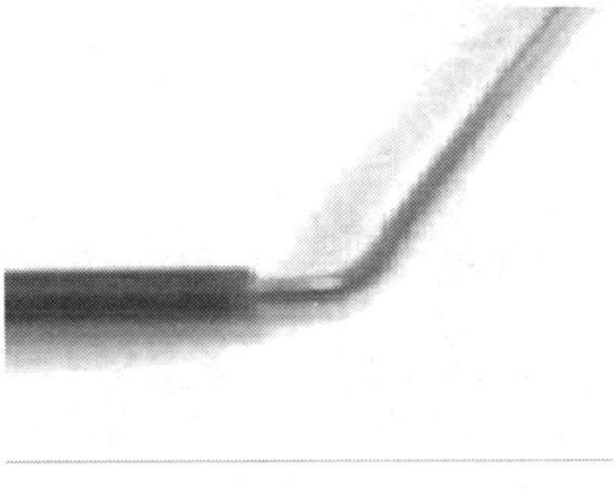

（a）离绝缘层根部约 3 mm 处向外侧折角

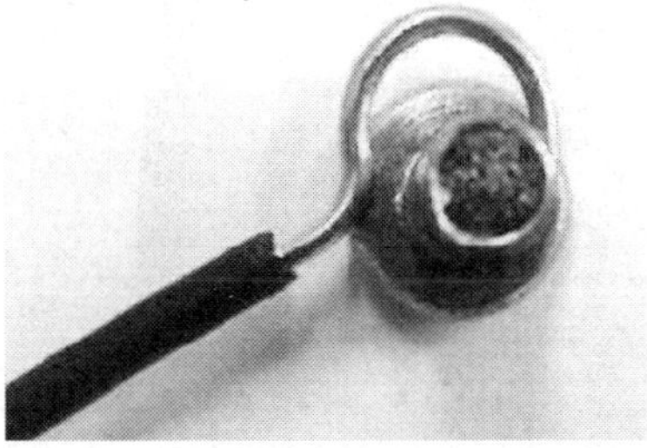

（b）按略大于螺钉直径弯曲圆弧

（c）减去芯线余段修正圆圈致圆

图 1-22　螺钉平压式接线柱的连接

软线线头的连接也可用平压式接线桩。导线线头与压接螺钉之间的绕接方法如图 1-24 所示。其工艺要求与上述多股芯线的压接相同。

图 1-23　7 股导线压接圈弯法

（a）　（b）

图 1-24　软线线头的接法

3）线头与瓦形接线桩的连接

瓦形接线桩的垫圈为瓦形。压接时为了不使线头从瓦形接线桩内滑出，压接前应先将已去除氧化层和污物的线头弯成 U 形，如图 1-25（a）、（b）所示，再卡入瓦形接线桩压接。如果在接线桩上两个线头连接，应将弯成 U 形的两个线头相重合，再卡入接线桩瓦形垫圈下方并压紧，如图 1-25（c）、（d）所示。

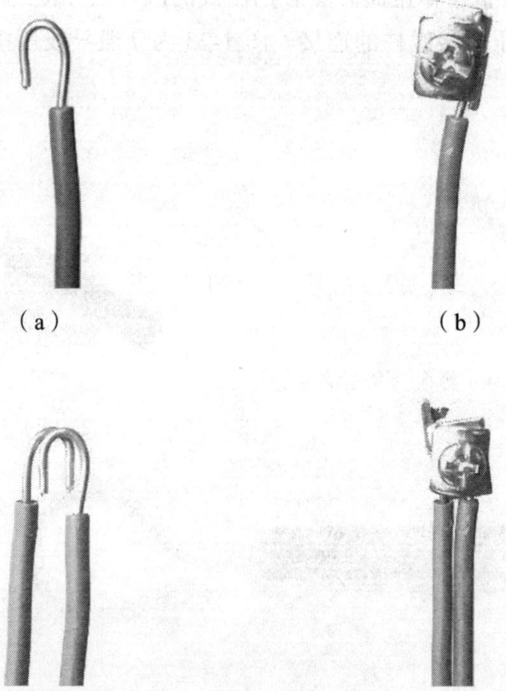

（a）　（b）

（c）　（d）

图 1-25　线头与瓦型接线桩的连接法

1.2.4　线头绝缘层的恢复

在线头连接完工后，导线连接前所破坏的绝缘层必须恢复，且恢复后的绝缘强度一般不应低于剖削前的绝缘强度，方能保证用电安全。电力线上恢复线头绝缘层常用黄蜡带、涤纶薄膜带和黑胶带（黑胶布）三种材料。绝缘带宽度选 20 mm 比较适宜。黑胶布包缠线头的具体操作方法如下：

黑胶布的缠绕方法从导线的绝缘层角度看是包缠，开始缠绕的地方距芯线两倍带宽，角度约 55°，每圈压 1/2 带宽紧密缠绕，如图 1-26（a）所示。缠到芯线末端超出 1/2 带宽，多余部分折回，如图 1-26（b）所示。在末端缠两圈后向回缠到黑胶布起点，再包缠两圈后断开如图 1-26（c）所示，绝缘恢复完毕。

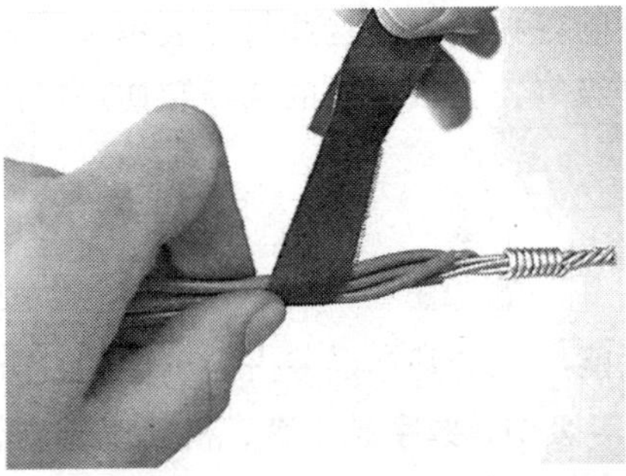

（a）

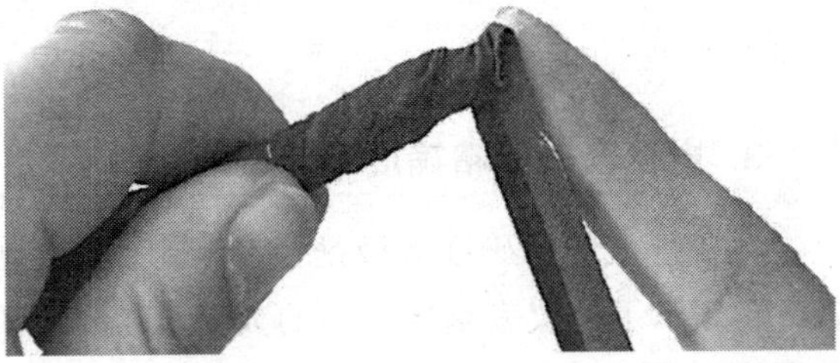

（b）

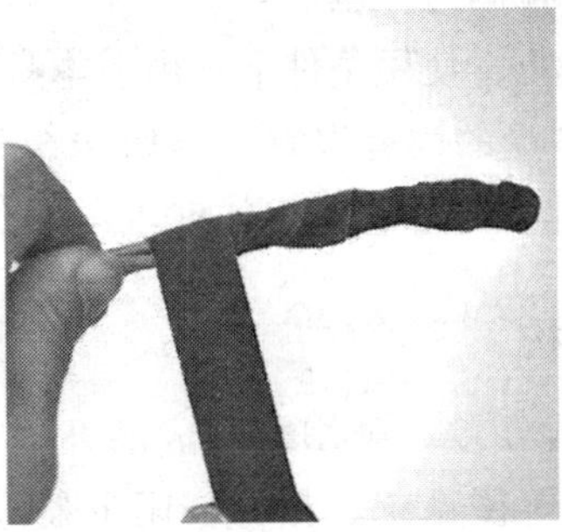

（c）

图 1-26　导线绝缘层恢复方法

1.3　常用电工仪表

常用电工仪表是维修维护基本工具，这里仅介绍基本经典电工仪表。对于现代新型电工仪表，其测量原理基本一样，具体到某一款新型仪表，要根据其使用说明书进行使用。但电工仪表的使用也有一般规律，任何一个仪器仪表在国际上都是通用的，其面板或者显示屏上都会显示对应的符号，只要掌握了基本物理量及其单位的符号，在没有使用说明书的情况下基本功能也能正常使用。

1.3.1 电工仪表的分类

1. 常用电工仪表的分类

电工仪表按测量对象不同，分为电流表（安培表）、电压表（伏特表）、功率表（瓦特表）、电度表（千瓦时表）、欧姆表等；按仪表工作原理的不同分为磁电式、电磁式、电动式、感应式等；按被测电量种类的不同分为交流表、直流表、交直流两用表等；按使用性质和装置方法的不同分为固定式（开关板式）、携带式；按误差等级不同分为 0.1 级、0.2 级、0.5 级、1.0 级、1.5 级、2.5 级和 4 级共七个等级。

2. 电工仪表常用面板符号

电工仪表的面板上，标志着表示该仪表有关技术特性的各种符号。这些符号表示该仪表的使用条件，所测有关的电气参数范围、结构和精确度等级等，为该仪表的选择和使用提供了重要依据。

3. 电工仪表的精确度

电工仪表的精确度等级是指在规定条件下使用时，可能产生的基本误差占满刻度的百分数。它表示了该仪表基本误差的大小。在前述的七个误差等级中，数字越小者，精确度越高，基本误差越小。0.1 级到 0.5 级仪表精确度较高，多用于实验室作校检仪表；1.5 级以下的仪表精确度较低，多用于工程上的检测与计量。

所谓基本误差，是指仪表在正常使用条件下，由于本身内部结构的特性和质量等方面的缺陷所引起的误差，这是仪表本身的固有误差。例如 0.5 级电流表的基本误差是满刻度的 0.5 /100。若所测电流为 100 A 时，实际电流值在 99.5 ~ 100.5 A。

4. 常用电工仪表的基本结构

常用电工仪表主要由电木或铁皮、硬塑料制成的外壳、有标度尺和有关符号的面板、测量线路（简单仪表无）、表头电磁系统、指针、阻尼器、转轴、轴承、游丝、零位调整器等组成。

5. 电工仪表的保养

（1）严格按说明书要求，在温度、湿度、粉尘、振动、电磁场等条件允许范围内保存和使用。

（2）经过长时间存放的仪表，应定期通电检查和驱除潮气。

（3）经过长时间使用的仪表，应按电气计量要求，进行必要的检验和校正。

（4）不得随意拆卸、调试仪表，否则将影响其灵敏度与准确性。

（5）对表内装有电池的仪表，应注意检查电池放电情况，对不能使用者，应及时更换，以免电池电解液溢出腐蚀机件。对长时间不用的仪表，应取出表内电池。

1.3.2　电流表和电压表

电流表用于测量电路中的电流，俗称安培表，基本单位为 A（安培）；电压表用于测量电路两端电压，俗称伏特表，基本单位为 V（伏特）。

1. 电流表与电压表的工作原理

常用电流表和电压表按工作原理的不同分为磁电式和电磁式两种。

1）磁电式仪表

磁电式仪表测量结构如图 2-27 所示。仪表的固定部分定由永久磁铁、极掌以及圆柱形铁心组成的磁路系统，其作用是在极掌和铁心之间产生较强的均匀辐射磁场，仪表的可动部分由绕在铝框上的线圈、线圈两端的转轴、与转轴相连的指针、平衡锤以及游丝等组成，整个可动部分被支承在轴承上。可动线圈位于马蹄形磁铁的磁场中。

工作原理是：当被测电流通过线圈时，载流线圈在永久磁铁的磁场中受到磁场力的作用产生电磁转矩，绕中心轴转动，带动指针偏转，指针偏转时又带动游丝运动而发生弹性形变。通过线圈的电流越大，线圈受到的转矩越大，仪表指针偏转的角度也越大；同时，游丝扭得越紧，反作用力矩也越大。当线圈偏转的电磁力矩与游丝形变的反作用力矩相平衡时，指针便停留在某一位置，指出被测量的电流大小。磁电式仪表只能测量直流，不能测量交流。

2）电磁式仪表

电磁式仪表的测量机构可分为吸引型和排斥型两类。

（1）吸引型。

吸引型电磁式仪表测量结构如图 1-28 所示。固定线圈和偏心地装在转轴上的可动铁片组成产生转动力矩装置。转轴上还装有指针、阻尼片和游丝等。

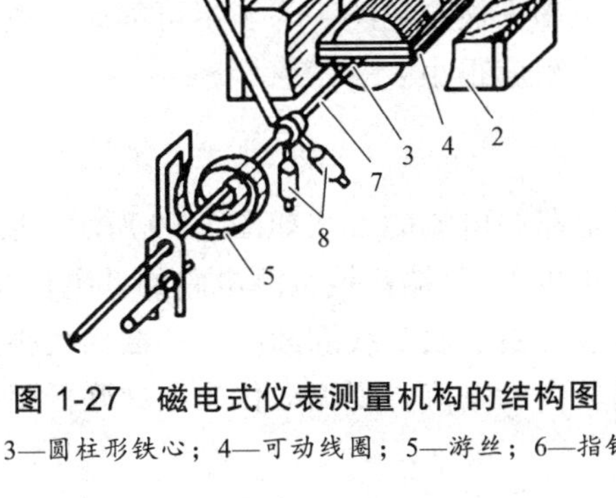

图 1-27　磁电式仪表测量机构的结构图

1—永久磁铁；2—极掌；3—圆柱形铁心；4—可动线圈；5—游丝；6—指针；7—转轴；8—平衡锤

游丝的作用是产生反作用力矩。阻尼片和永久磁铁组成磁感应阻尼器，它的作用是缩短可动部分的摆动时间，以利于尽快读数。

工作原理是：当固定线圈通电后，线圈产生的磁场将可动铁片磁化，对铁片产生吸引力，使固定在同一转轴上的指针随之发生偏转，同时游丝产生反作用力矩。线圈中电流越大，磁化作用越强，指针偏转的角度也越大。当线圈偏转的电磁力矩与游丝形变的反作用力矩相平衡时，指针便停留在某一位置，指出被测量的大小。

（2）排斥型。

排斥型电磁式测量结构如图 1-29 所示。其固定部分包括固定线圈以及固定在线圈内侧壁上的固定铁片。可动部分包括固定在转轴上的可动铁片、游丝、指针及阻尼片等。

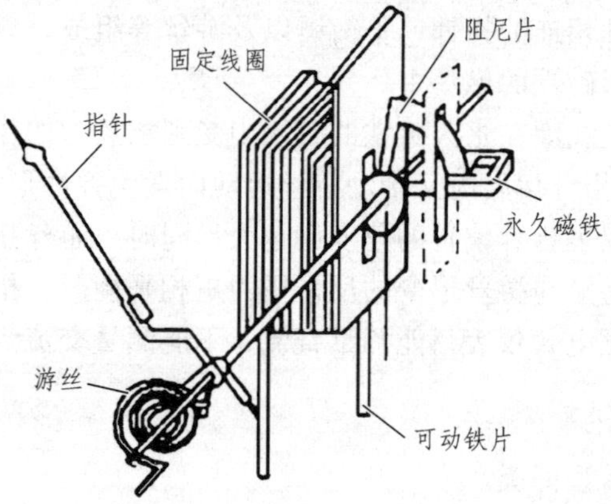

图 1-28　吸引型电磁式仪表测量机构结构图

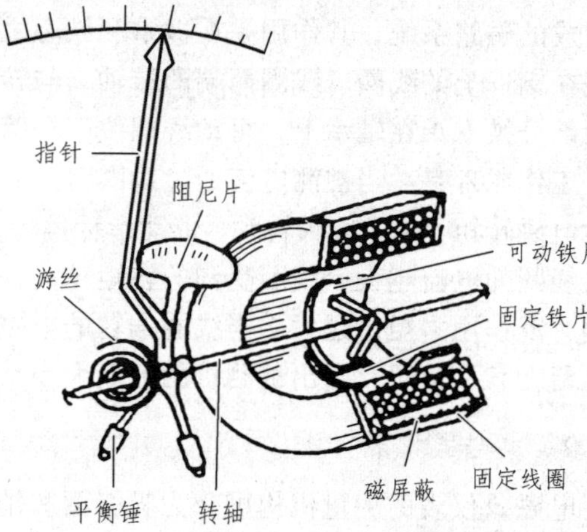

图 1-29　排斥型电磁式仪表测量机构结构图

工作原理是：电流通过固定线圈时产生磁场，使固定铁片和可动铁片同时磁化，且获得相同极性而互相排斥，产生转动力矩推动可动铁片转动，带动指针偏转，被测电流越大，指针偏转角越大，当转动力矩与游丝形变的反作用力矩平衡时，指针停转，指出被测量的大小。

以上所述的磁电式和电磁式两类仪表可制成电流表和电压表，用以测量电路中的电流和电路或设备两端的电压。

2. 电流的测量

测量电流时，电流表必须串入被测电路。为了尽可能减小电流表串入后对被测电路工作状态的影响，要求电流表的内阻应很小。

1）直流电流的测量

用直流电流表测量直流电路的电流的方法如图 1-30 所示。接线时，必须使电流表的正端钮接被测电路的高电位端（正极），负端钮接被测电路的低电位端（负极），在仪表允许量程范围内测量。对磁电式电流表，由于表头线圈和游丝的截面均很小，不能通过较大电流，如要扩大仪表量程，用以测量较大的电流，则应在仪表上并联低阻值电阻制成的分流器，如图 1-31 所示。

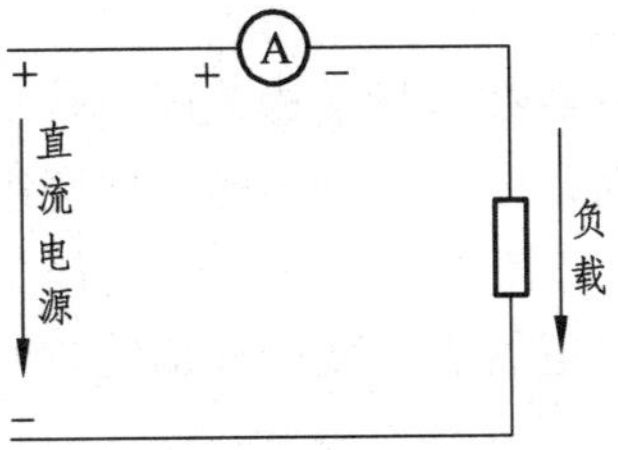

图 1-30　直流电路电流直接测量

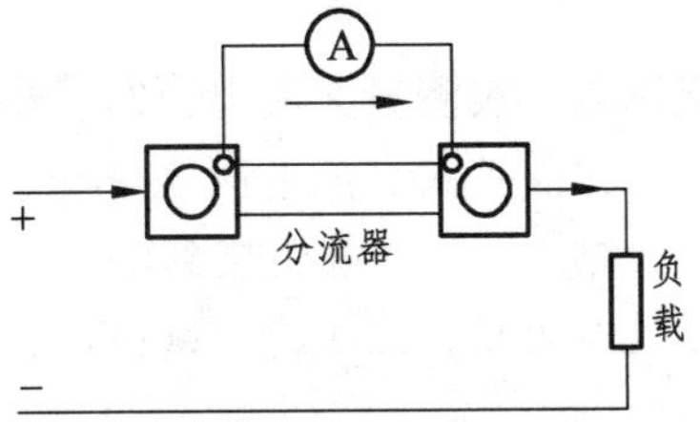

图 1-31　附有分流器的直流电路电流测量

2）交流电流的测量

交流电流一般采用电磁式仪表。用交流电流表测量交流电流时，电流表不分极性，只要在测量量程范围内将它串入被测电路即可。如需扩大量程，可加接电流互感器，其接线原理如图 1-32 所示。接线时，将电流互感器的一次绕组与电路中的负载串联，二次绕组接电流表。配电流互感器用的交流电流表，量程是 5 A。一般电流表装在配电盘上，表盘上读数已按电流互感器比率（变比）标出，可直接读出被测电流值。

双量程电磁式电流表通常通过将固定线圈做成串、并联的形式实现，两线圈串联时量程小，并联时量程大，如图 1-33 所示。

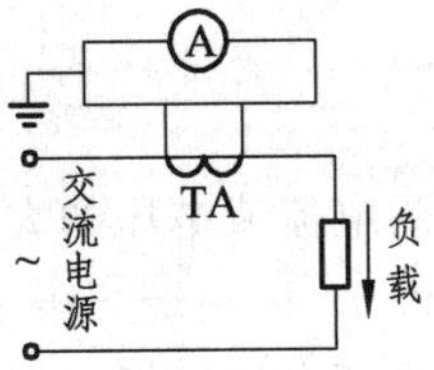

图 1-32　交流电流表经电流互感器接线图

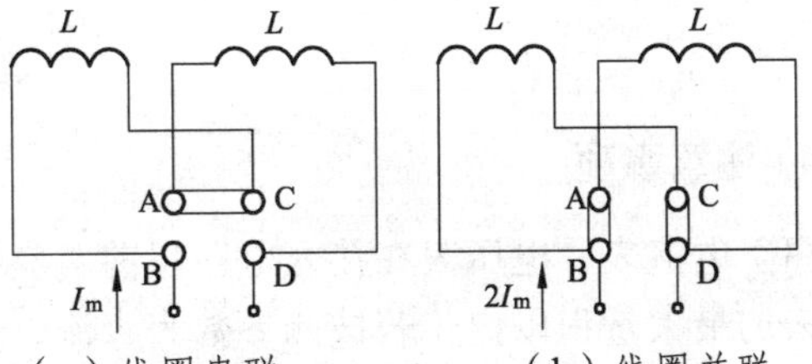

图 1-33　双量程电磁式电流表改变量程接线图

3. 电压的测量

用电压表测量电压时，必须将电压表与被测电路并联。为了在并入仪表时不影响被测电路工作状态，电压表内阻一般都很大，电压表量程越大，内阻也越大。

1）直流电压的测量

测量电路两端直流电压的线路如图 1-34（a）所示。电压表正端钮必须接被测电路高电位点（正极），负端钮接低电位点（负极），在仪表量程允许范围内测量。如需扩大量程，可在电压表外串联分压电阻，如图 1-34（b）所示。所串分压电阻越大，量程也越大。

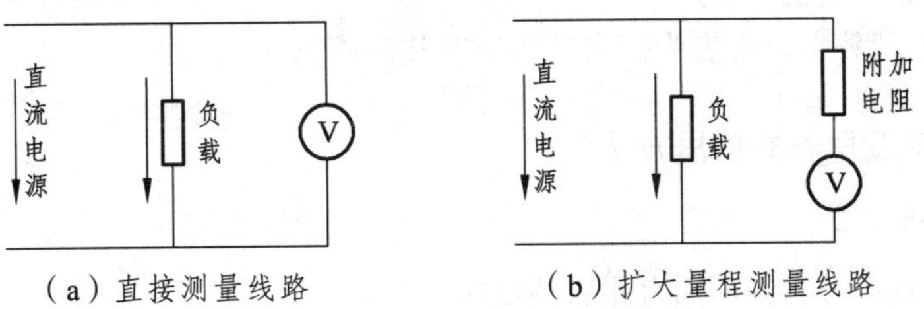

（a）直接测量线路　　（b）扩大量程测量线路

图 1-34　直流电路电压测量线路

2）交流电压的测量

用交流电压表测量交流电压时，电压表不分极性，只需在测量量程范围内直接并入被测电路即可。如需扩大交流电压表量程，可加接电压互感器，电压互感器的一次绕组接到被测量的高压线路上，二次绕组接到电压表的两个接线柱上，如图 1-35 所示。当电压互感器的一次绕组接入电源时，二次绕组被感应，产生低压电流通过电压表，使指针偏转。

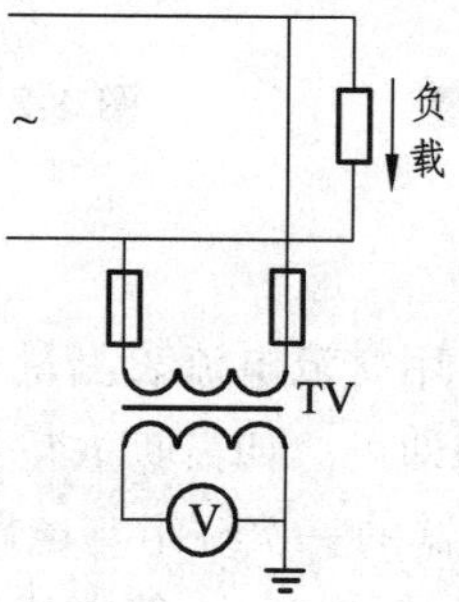

图 1-35 交流电压经电压互感器接线图

为了测量方便，电压互感器上一般都采用标准的电压值，二次绕组电压一般为 100 V。一般电压表装在配电盘上，表盘上读数已按电压互感器比率（变比）标出，可直接读出被测电压值。

4. 注意事项

（1）电流表、电压表在接入电路以前，应先估计电路中被测电流或电压的大小，判断是否在表的最大量程以内（若被测参数为直流，还应预先判定极性），以免烧坏表。

（2）表安装地点应清洁、干燥、无震动、无高温，且附近不存在强磁场（如电动机、变压器等），应按规定确定电表的工作位置（垂直、水平或倾斜），安装时表应平正，安装位置应高低适当，便于读数。

（3）为了便于监视设备的运行情况，通常在表上标出设备的额定电流值或额定电压值（或允许的电流值、电压值范围），以便及时处理。

1.3.3 万用表

万用表也称万能表，一般可用来测量直流电流、直流电压、交流电压和电阻等。

数字万用表还可测量电容、二极管、三极管等，万用表的型式很多，使用方法也有些不同，但基本原理是一样的。

以 DT9205T 型数字万用表为例来简要说明其使用方法。

1. 本节数字万用表的使用方法

1）测量电压的方法

请同学们自行思考：如何用万用表测电压？

① 测量交流电压：将转换开关转到“V～”符号，测量交流电压时将两根表棒并接

在被测电路的两端，不分正负极；所需量程由被测量电压的高低来确定。如果被测量电压的数值不确定，可选用表的最高测量范围 750 V，若读数很小，再逐级调低到合适的测量范围。

② 测量直流电压：将转换开关转到“V－”符号，测量直流电压时“＋”插口的表棒接至被测电压的正极，插口表棒接至被测电压的负极。即使正负极搞错也无影响，只不过屏幕上会多显示一个“－”号，其优于指针表的性能就在于此。指针表如果接反，指针会因逆向偏转而被打弯。

2）测量直流电流的方法

将转换开关转到“mA”“μA”符号的适当量程位置上，然后按电流从正到负的方向，将万用表串联到被测电路中。

3）测量电阻的方法

请同学们自行思考：如何用万用表测电阻？

把转换开关转到“Ω”符号的适当量程位置上，将两根表棒短接，表会自动校“0”，其操作比指针表大为简化。用表棒测量电阻，面板上 200、2 k、200 k、2 M、20 M、200 M 的符号表示量程，从屏幕上显示的读数就是所测电阻的阻值。

2. 数字万用表测量时的注意事项

（1）转换开关的位置应选择正确。选择测量种类时，要特别细心，若误用电流档或电阻档测电压，轻则表内的 200 mA 的保险损坏，重则表内的 7106 芯片损坏。选择量程时也要适当，测量时最好不要频繁地超量程测量。

（2）端钮或插孔选择要正确。黑色表棒应始终插在的插孔内；在测量电压、二极管、电阻时红色表棒应插入红色插孔内；在测量 200 mA 以下的电流时红色表棒应插入标有 200 mA 的白色插孔内；在测量 20 A 以下 200 mA 以上的电流时红色表棒应插入标有 20 A 的黄色插孔内。

（3）当测量线路中的某一电阻时，如果线路与电源未断开，就不能准确测量阻值，但不会烧坏万用表。

3）实习内容

（1）用万用表测量交流 380 V、220 V 和 36 V 电压练习。

（2）用万用表测量直流 3 V 和 6 V 电压练习。

（3）用万用表测量若干只电阻。

1.3.4　钳形电流表

钳形表又称钳形电流表，在不断开电路而需要测量交流电流的场合，可使用钳形表。

钳形表是根据电流互感器的原理制成的，其结构如图 1-36 所示。

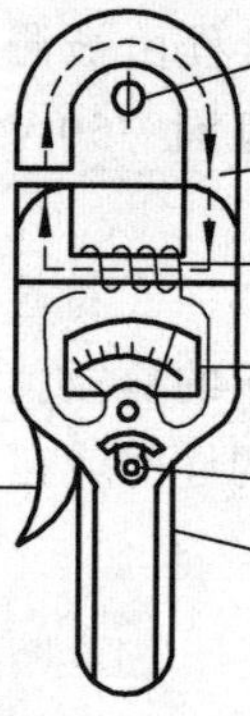

图 1-36　钳形表

1. 钳形表的使用方法

使用时，将量程开关转到合适位置，手持胶木手柄，用食指勾紧铁心开关，便可打开铁心，将被测导线从铁心缺口引入铁心中央，然后放松铁心开关的食指，铁心就自动闭合，被测导线的电流就在铁心中产生交变磁力线，表上就感应出电流，可直接读数。

2. 钳形表使用时的注意事项

（1）钳形表不得去测高压线路的电流，被测线路的电压不能超过钳形表所规定的使用电压，以防绝缘击穿，人身触电。

（2）测量前应估计被测电流的大小，选择适当的量程，不可用小量程档去测量大电流。

（3）每次测量只能钳入一根导线，测量时应将被测导线置于钳口中央部位，以提高测量准确度，测量结束应将量程调节开关扳到最大量程档位置，以便下次安全使用。

请同学们自行利用钳形表进行电阻的测量

3. 实习内容

用钳形表测试三相异步电动机的三相空载电流练习。

1.3.5　电阻测量仪表

兆欧表是一种测量高值电阻、电器设备及电路绝缘电阻的仪表，又叫摇表、绝缘电阻测定仪等。其外形如图 1-37 所示。

1. 兆欧表的结构

兆欧表主要由三个部分组成：手摇直流发电机（有的用交流发电机加整流器）、磁电式流比计及接线桩（L、E、G）。手摇发电机有离心式调速装置，使转子能以恒定的速度转动，以保证输出稳定。

2. 兆欧表的工作原理

如图 1-38 所示，图中M表示手摇发电机，1、2 为磁电系比率中的两个可动线圈。R_A 和

R_V是串联在两个线圈中的限流电阻。兆欧表有三个接线端钮：“线路”端钮 L、“接地”端钮 E 和“屏蔽”端钮 G，被测绝缘电阻 R_X接在 L、E 之间。

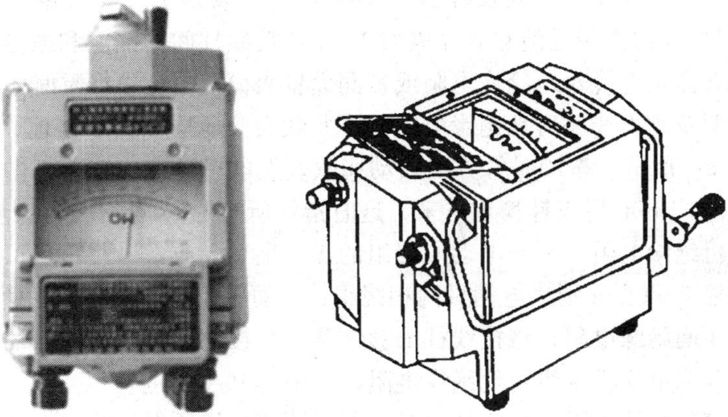

图 1-37　兆欧表的外形

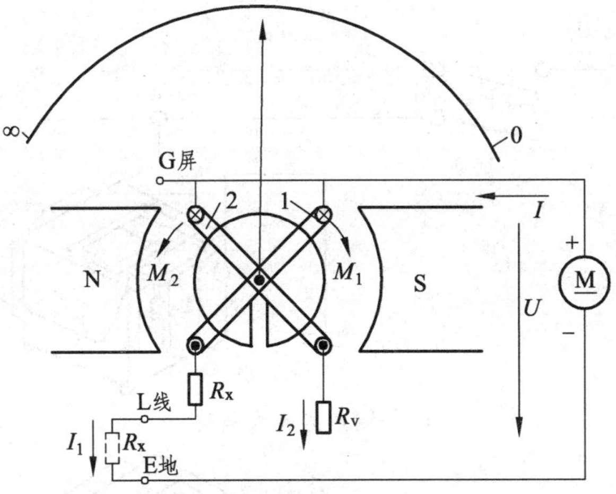

图 1-38　兆欧表的结构原理示意图

3. 兆欧表的使用方法

1）使用前的准备工作

（1）检查兆欧表是否正常工作。

将兆欧表水平放置，将兆欧表开路，摇动发电机手柄到额定转速（120 r/min），指针应指到“∞”处，再将 L（线路）和 E（接地）两接线柱短路，缓慢摇动发电机手柄，指针应迅速指到“0”处。注意在摇动手柄时不得让 L 和 E 短接时间过长，否则将损坏兆欧表。

（2）检查被测电气设备和电路的绝缘电阻时，必须全部切断电源。绝对不允许设备和线路带电时用兆欧表去测量。

（3）测量前应对设备和线路先行放电，以免设备或线路的电容放电危及人身安全和损坏兆欧表。这样还可以减小测量误差，同时注意将被测试点擦拭干净。

2）正确使用

（1）兆欧表必须水平放置于平稳牢固的地方，以免在摇动时因抖动和倾斜产生测量误差。

（2）接线必须正确无误，兆欧表有三个接线柱：E（接地）、L（线路）和 G（保护环或叫屏蔽端子）。保护环的作用是消除表壳表面 L 与 E 接线柱间的漏电和被测绝缘物表面漏电的影响，一般仅在测量电缆对地绝缘电阻或被测设备表面漏电流很严重时才使用。

（3）测量照明及动力线路对地绝缘电阻。将兆欧表接地柱 E 可靠接地，L 接到被测线路上，如图 1-39（a）所示。按顺时针方向摇动兆欧表发电机手柄，转速由慢至快直至额定转速（120 r/min），约 1 min 后表针稳定下来，这时指针所指的值就是所测的绝缘电阻。

（4）测量电机绝缘电阻。拆开电动机绕组的 Y（星形）或△（三角形）连接的连线，用兆欧表的两接线柱 E 和 L 分别接电动机两相绕组，摇动兆欧表的发电机手柄至额定转速，读取电动机绕组的相间绝缘电阻；将接线柱 E 接机壳，L 接电动机绕组，摇动兆欧表发电机手柄至额定转速，读取电动机绕组对地绝缘电阻，如图 1-39（b）所示。

（5）测量电缆的绝缘电阻。接线柱 E 接电缆外壳，L 接导电线芯，G 接在电缆线芯与外壳之间的绝缘层上，如图 1-39（c）所示，摇动兆欧表发电机手柄至额定转速，读取电缆线芯与外壳之间的绝缘电阻。

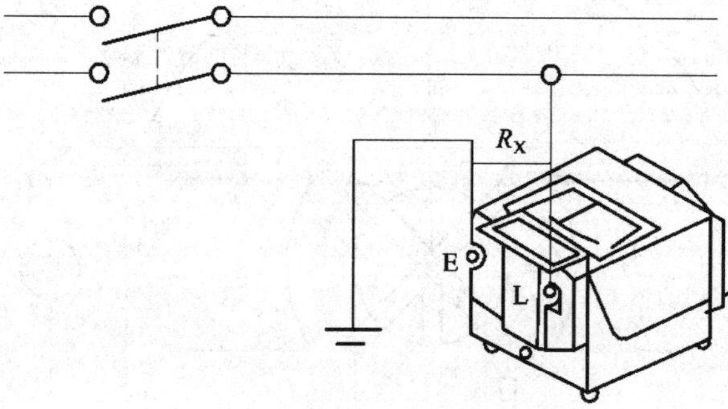

（a）测线路绝缘电阻

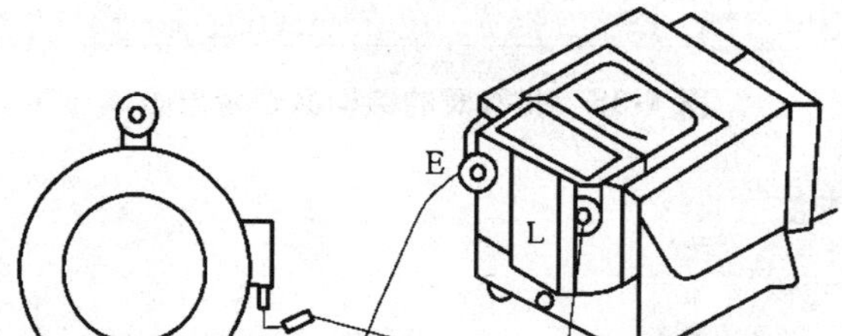

（b）测电机绝缘电阻

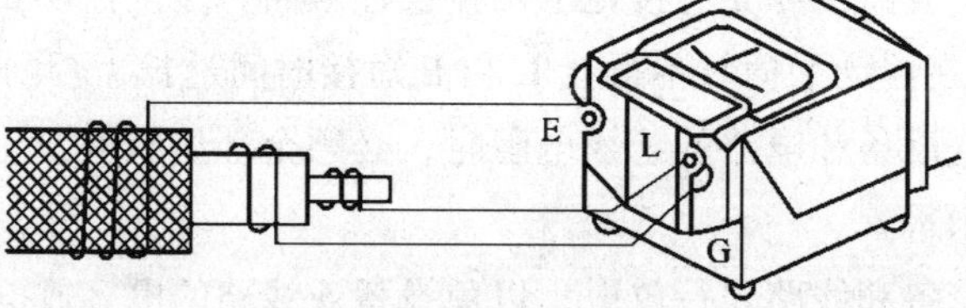

（c）测电缆绝缘电阻

图 1-39 兆欧表的使用方法

4. 使用兆欧表的注意事项

（1）根据被测量阻值合理选择兆欧表。

（2）测量电器设备的绝缘电阻时，必须先切断电源，然后再将设备放电，以保证人身安全和测量精度。

（3）L、E、G 与被测物的连接线必须用单根线，绝缘良好，不得绞合，表面不得与被测物体接触。

（4）摇动手柄的转速要均匀，一般要求为 120 r/min 左右。由于绝缘电阻阻值随着测量时间的长短而有所不同，因此规定摇动 1 min 后，待指针稳定下来再读数。如被测电路中有电容时，先持续摇动一段时间，让兆欧表对电容充电，待指针稳定后再读数。测量结束后先拆去接线，再停止摇动。若测量中发现指针指“0”，应立即停止摇动手柄，以防表内线圈过热而损坏。

（5）测量完毕，应对设备充分放电，否则容易引起触电事故。

（6）禁止在雷电时或附近有高压导体的设备上测量绝缘。只有在设备不带电又不可能受其他电源感应而带电的情况下才可测量。

（7）兆欧表停止转动以前，切勿用手去触及设备的测量部分或兆欧表接线柱。拆线时也不可直接触及引线的裸露部分。

（8）兆欧表应定期校验。校验方法是直接测量有确定值的标准电阻，检查其测量误差是否在规定范围以内。

1.3.6　电度表

了解电度表的结构及工作原理，对于正确使用电度表测量电能是非常必要的。在实际使用过程中，若能熟悉各类电度表的技术性能、接线方式以及选择条件，则能减少许多不必要的损失。下面介绍电度表的主要技术特性及使用要求。

1. 主要技术特性

1）准确度

电度表的准确度是指电度表的基本误差。电度表的基本误差主要由转动部分的摩擦以及电流元件的电流和磁通之间的非线性关系引起。因此，在实际使用中，很难在不同转速、不同负载下做到合理补偿，这就是电度表基本误差产生的原因。此外，由于外界工作条件的变化，电度表还要产生一些附加误差。

国家标准规定有功电度表准确度等级为 1.0 级和 2.0 级两种。对应的基本误差和附加误差都有相应的规定。单相电度表基本误差（电度表读数的相对误差百分数）如表 1-3 所示。负载不对称的三相有功电度表，以及三相无功电度表的基本误差则另有规定，不在此介绍。

表 1-3 单相电度表的基本误差

负载电流（额定电流的百分数）	功率因数	基本误差	
	$\cos\phi$	1.0 级	2.0 级
5	1	±1.5	±2.5
10 至额定最大电流	L	±1.0	±2.0
10	0.5（感性）	±1.5	±3.0
20 至额定最大电流	0.5（感性）	±1.0	±2.0

2）灵敏度

电度表在额定电压、额定频率及 $\cos\phi = 1$ 的条件下，负载电流从零增加至铝盘开始转动时的最小电流与额定电流的百分比。

标准中规定，这个电流不应大于额定电流的 0.5%。例如，额定电流为 5 A 的电度表，铝盘开始转动的电流应不大于 0.025 A，在 220 V 的线路上其功率相当于 5.5 W。

3）潜　动

潜动是指电度表无载自转。按规定当负载电流为 0、电压为电度表额定电压的 80%～110%时，铝盘的潜动不应超过 1 圈。

2. 电度表的选择

电度表的选择应从用途、量程以及测量值的准确度等方面来考虑。

根据用途的要求，可选择不同系列的电度表。如 DD 系列的单相电度表、DS 系列的三相三线有功电度表、DT 系列的三相四线有功电度表以及 DX 系列的三相无功电度表。

选择电度表的量程时，应根据负载的额定电压和最大额定电流，选取与额定电压、额定电流相符的电度表。

3. 电度表的接线

电度表的接线较为复杂，容易接错。一旦电度表电压线圈或电流线圈有一个接反，电表铝盘将会反转。因此，在接线前应查看说明书，根据说明书要求和接线图，把进线和出线依次对号接在电度表的对应端钮上。接线时必须遵守发电机端守则，即电流线圈和电压线圈的发电机端应共同接到电源的同一极性端子上。除此之外，还应注意电源相序，特别是无功电度表更应注意相序。

当发现电度表铝盘反转时，必须对产生原因进行具体分析。这一情况有可能是接线错误引起，但并非所有的反转现象都是接线错误的原因。下列情况的反转属于正常现象：

（1）装在双侧电源联络盘上的电度表，当一段母线向另一段母线输出电能改变为另一段母线向这段母线输出电能，电度表铝盘会出现反转现象。

（2）用两只单相电度表测量三相三线有功负载，在电流与电压的相位差角大于 60°，即 $\cos\phi<0.5$ 时，其中一只电度表会出现反转现象。

电度表通过仪用互感器接入电路时，其接线要求也和功率表相同，电压线圈和电流线圈内的电流方向与不用互感器接入电路时相同。图 1-40 为三相有功和无功电度表与仪用互感器的联合接线方式。

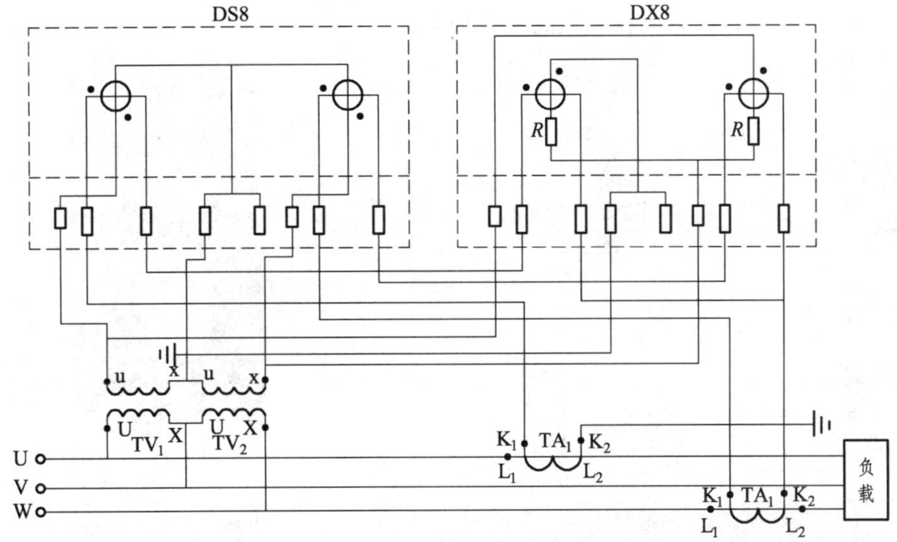

图 1-40　三相有功、无功电度表和仪用互感器的联合接线图

4. 电度表的读数

对于直接接入电路的电度表以及与所标明的互感器配套使用的电度表，被测电能均可从电表中直接读数。当电度表上标有“10 × kW · h”或“100 × kW · h”字样，应将表的读数乘 10 或 100 才是被测电能值。

当配套使用的互感器变比和电度表标明的不同时，必须将电度表的读数进行换算才能表示被测电能值。例如，电度表上标注互感器变比为 10 000/100 V、100/5 A，而实际使用的互感器变比为 10 000/100 V、50/5 A，被测电能实际值应为电度表读数除以 2 的换算值。

实际工作中，经常利用有功电度表和无功电度表的月计量值，算出某车间用户的月平均功率因数。

1.3.7　示波器

以 YB43020B 模拟示波器为例，讲解示波器的使用。

YB43020B 模拟示波器整体外观如图 1-41 所示。

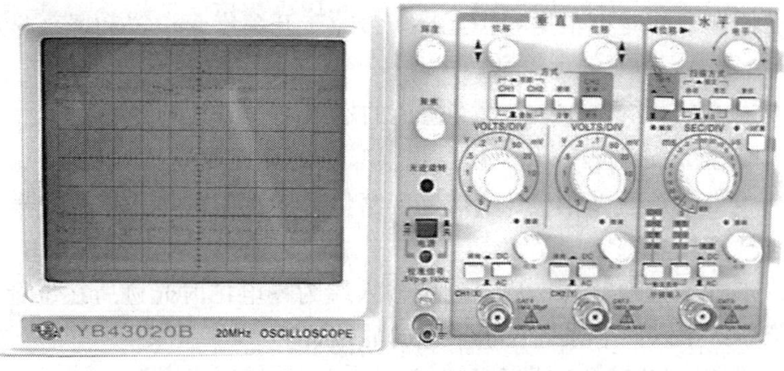

图 1-41　YB43020B 模拟示波器整体外观

主要按键（见图 1-42）以及旋钮的功能如下：

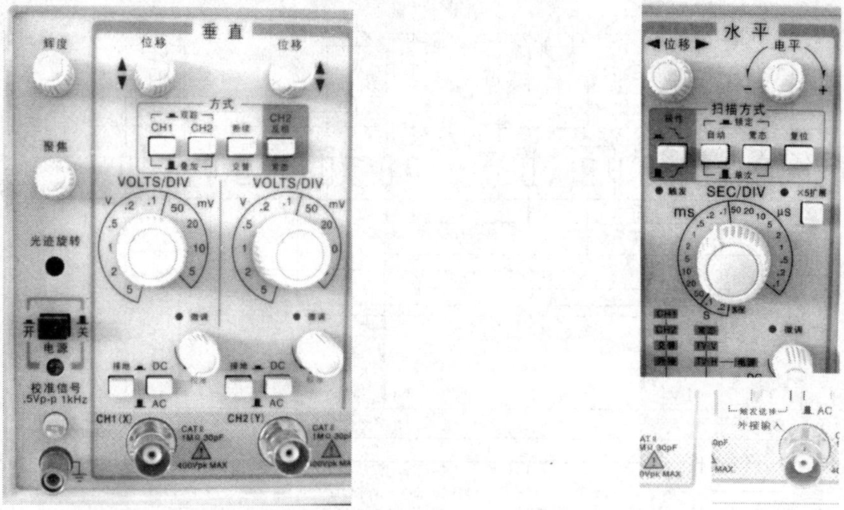

图 1-42　YB43020B 模拟示波器主要按键

（1）电源开关：按入此开关，仪器电源接通，指示灯亮。

（2）聚焦：用以调节示波管电子束的焦点，使显示的光点成为细而清晰的圆点。

（3）校准信号：此端口输出幅度为 0.5 V、频率为 1 kHz 的方波信号

（4）垂直位移：用以调节光迹在垂直方向的位置。

（5） 垂直方式：选择垂直系统的工作方式。

CH1：只显示 CH1 通道的信号。

CH2：只显示 CH2 通道的信号。

交替：用于同时观察两路信号，此时两路信号交替显示，该方式适合于在扫描速率较快时使用；

断续：两路信号断续工作，适合于在扫描速率较慢时，同时观察两路信号。

叠加：用于显示两路信号相加的结果，当 CH2 极性开关被按入时，则两信号相减。

CH2 反相：按入此键，CH2 的信号被反相。

（6）灵敏度选择开关（VOLTS/DIV）：选择垂直轴的偏转系数，从 2 mV/div ~ 10 V/div 分 12 个档级调整，可根据被测信号的电压幅度选择合适的档级。

（7）灵敏度的“微调”：用以连续调节垂直轴偏转系数，调节范围≥2.5 倍，该旋钮逆时针旋足时为校准位置，此时可根据“VOLTS / DIV”开关度盘位置和屏幕显示幅度读取该信号的电压值。

（8）耦合方式（AC GND DC）：垂直通道的输入耦合方式选择。

AC：信号中的直流分量被隔开，用以观察信号的交流成分。

DC：信号与仪器通道直接耦合，当需要观察信号的直流分量或被测信号的频率较低时应选用此方式。

GND：输入端处于接地状态，用以确定输入端为零电位时光迹所在位置。

（9）水平位移：用以调节光迹在水平方向的位置。

（10）电平：用以调节被测信号在变化至某一电平时触发扫描。

（11）极性：用以选择被测信号在上升沿或下降沿触发扫描。

（12）扫描方式：选择产生扫描的方式。

自动：当无触发信号输入时，屏幕上显示扫描光迹，一旦有触发信号输入，电路自动转换为触发扫描状态，调节电平可使波形稳定的显示在屏幕上，此方式适合观察频率在 50 Hz 以上的信号。

常态：无信号输入时，屏幕上无光迹显示，有信号输入时，且触发电平旋钮在合适位置上，电路被触发扫描，当被测信号频率低于 50 Hz 时，必须选择该方式。

锁定：仪器工作在锁定状态后，无须调节电平即可使波形稳定地显示在屏幕上。

单次：用于产生单次扫描，进入单次状态后，按动复位键，电路工作在单次扫描方式，扫描电路处于等待状态，当触发信号输入时，扫描只产生一次，下次扫描需再次按动复位按键。

（13）×5 扩展：按入后扫描速度扩展 5 倍。

（14）扫描速率选择开关（SEC/DIV）：根据被测信号的频率高低，选择合适的档极。当扫描“微调”置校准位置时，可根据度盘的位置和波形距水平轴的距离读出被测信号的时间参数。

（15）水平扫描速度“微调”：用于连续调节扫描速率，调节范围≥2.5 倍，逆时针旋足为校准位置。

（16）触发源：用于选择不同的触发源。

CH1：在双踪显示时，触发信号来自 CH1 通道，单踪显示时，触发信号则来自被显示的通道。

CH2：在双踪显示时，触发信号来自 CH2 通道，单踪显示时，触发信号则来自被显示的通道。

交替：在双踪交替显示时，触发信号交替来自两个 Y 通道，此方式用于同时观察两路不相关的信号。

外接：触发信号来自外接输入端口。

对于现代手持式智能示波表、数字示波器、智能示波器、虚拟仪器的使用，请见厂家提供使用手册，或者通过厂家的网址提供的下载地址下载使用手册。

1.4　常用电工材料

1.4.1　绝缘材料

电工绝缘材料是指不导电或导电甚微的物质，在直流电压作用下其电阻率在 $10^7 \sim 10^{20}\ \Omega \cdot m$ 以上。绝缘材料主要用作隔离带电的或不同电位的导体。如隔离变压器绕组与铁心，隔离高、低压绕组，隔离导体以保证人身安全等；用于制造电容器时，又能起到储能的作用。有时，绝缘材料还起机械支撑、保护导体和防电晕、灭弧等作用。

1. 电工绝缘材料的分类

电工常用绝缘材料种类繁多，具体分类见表 1-4。

表 1-4 电工绝缘材料分类

分类状态	材料类型	举 例
物理状态不同	气体绝缘材料	常用的有空气、氮气、二氧化硫和六氟化硫（SF_6）等
	液体绝缘材料	常用的有变压器油、断路器油、电容器油、电缆油等
	固体绝缘材料	常用的有绝缘漆、胶和熔敷粉末；纸、纸板等绝缘纤维制品；漆布、漆管和绑扎带等绝缘浸渍纤维制品；绝缘云母制品；电工用薄膜、复合制品和黏带；电工用层压制品；电工用塑料和橡胶等
化学性质不同	无机绝缘材料	有云母、石棉、大理石、瓷器、玻璃和硫黄等，主要用作电机和电器绕组绝缘、开关的底板和绝缘子等
	有机绝缘材料	有矿物油、虫胶、树脂、橡胶、棉纱、纸、麻、蚕丝和人造丝等，大多用于制造绝缘漆、绕组和导线的被覆绝缘物等
	混合绝缘材料	由无机绝缘材料和有机绝缘材料经加工后制成的各种成形绝缘材料，用作电器的底座、外壳等

2. 绝缘材料的特性

电工绝缘材料的质量一般用其电气、力学、物理和化学性能来衡量。电工产品的质量和使用寿命，在很大程度上取决于绝缘材料的性能。绝缘材料特性主要有:电介质击穿强度、绝缘电阻、耐热性和力学性能等。

1）电介质击穿强度

绝缘材料在高于某一极限数值的电场强度作用下，通过电介质的电流与施加在介质上的电压之间的关系就不再符合欧姆定律了，电流将会突然猛增。这时绝缘材料被破坏而失去了绝缘性能，这种现象称为“电介质的击穿”。电介质发生击穿时的电压称为击穿电压。电介质被击穿时的电场强度称为击穿强度，单位为 kV/mm。固体绝缘的击穿常发生在电极边缘，一般分为热击穿、电击穿和局部放电击穿三种形式。

2）绝缘电阻

绝缘材料并不是绝对不导电的材料，在一定的直流电压作用下，绝缘材料中会流过非常微弱的电流，并随时间增长而逐渐减小，最后趋于一个稳定的数值。一般认为，绝缘材料加上电压 1 min 后，所测的电流为漏导电流，依此计算出来的电阻即为绝缘电阻。工程上常以绝缘电阻值的大小来判断电机、电器、变压器等设备的受潮程度，并决定能否运行。在检查低压电动机绕组对机座的绝缘时，一般绝缘电阻在 0.5 MΩ以上时，说明该电动机的绝缘尚好，可以继续使用。若在 0.5 MΩ以下，则说明该电动机已受潮，或绕组绝缘很差。

3）耐热性

耐热性是指绝缘材料承受高温而不改变介电性能，以及其力学、理化等特性的能力。由于各种因素的长期作用，绝缘材料在使用过程中，会发生化学变化和物理变化，使其电气性能和力学性能变坏，这种变化称为老化。使用绝缘材料时温度过高会加速绝缘材料的老化过程，因此对各种绝缘材料都规定了其在使用过程中的极限温度。绝缘材料的耐热性，按其长期正常工作所允许的最高温度共分为 7 个耐热等级，见表 1-5。

表 1-5　电机、电器用绝缘材料耐热等级

等级代号	耐热等级	极限工作温度/°C	耐热等级定义	绝缘材料类别
0	Y	90	在 90 °C 极限温度下能长期使用的绝缘材料或其组合物所组成的绝缘结构	木材、棉花、纸、纤维等天然纺织品；以醋酸纤维和聚酰胺为基础的纺织品；易于热分解和熔点较低的塑料（脲醛树脂）
1	A	105	在 105 °C 极限温度下能长期使用的绝缘材料或其组合物所组成的绝缘结构	工作于矿物油中的 Y 级材料；用油或油树脂复合胶浸过的 Y 级材料；漆包线、漆布、漆丝的绝缘漆及油性漆、沥青漆等
2	E	120	在 120 °C 极限温度下能长期使用的绝缘材料或其组合物所组成的绝缘结构	聚酯薄膜和 A 级材料复合、玻璃布、油性树脂漆；聚乙烯醇缩醛高强度漆包线、醋酸乙烯耐热漆包线
3	B	130	在 130 °C 极限温度下能长期使用的绝缘材料或其组合物所组成的绝缘结构	聚酯薄膜经合适树脂黏合或浸涂后的云母、玻璃纤维、石棉制品等；聚酯漆、聚酯漆包线
4	F	155	在 155 °C 极限温度下能长期使用的绝缘材料或其组合物所组成的绝缘结构	以有机纤维材料补强和石棉带补强的云母片制品；玻璃丝和石棉纤维为基础的层压制品；以无机材料作补强和石棉带补强的云母粉制品；化学热稳定性较好的聚酯和醇酸类材料、复合硅有机聚酯漆
5	H	180	在 180 °C 极限温度下能长期使用的绝缘材料或其组合物所组成的绝缘结构	无补强或以无机材料为补强的云母制品、加厚的 F 级材料、复合云母、有机硅云母制品、硅有机漆、橡胶聚酰亚胺复合玻璃布、复合薄膜、聚酰亚胺漆等
6	G	>180	在超过 180 °C 极限温度下能长期使用的绝缘材料或其组合物所组成的绝缘结构	不采用任何有机胶黏剂及浸渍剂的无机物，如石英、石棉、云母、玻璃和电瓷材料等

4）力学性能

力学性能主要是指绝缘材料的硬度和强度。硬度表示绝缘材料表面承受压力后不变形的能力；强度包括抗拉强度、抗压强度、抗弯强度以及冲击强度等。由绝缘材料构成的各种绝缘零件和绝缘结构，在使用中都要承受一种或多种机械负荷，如拉伸、扭曲、弯折、振动等多种形式力的作用，因此，要求绝缘材料本身应具有一定的机械硬度和机械强度。

除上述基本性能外，在实际选择应用时，绝缘材料的极化、损耗、老化、吸湿性；液体绝缘材料的黏度、酸值和干燥时间等也都是一些重要的技术指标，在选用时必须加以考虑。

3. 常用绝缘材料的选用

电工生产和实践中常用的绝缘材料主要有绝缘浸渍漆、电缆浇注胶、浸渍纤维制品、层压制品、绝缘纸、黑胶布带和聚氯乙烯带等，选用指导见表 1-6。

表 1-6 常用绝缘材料选用指导

名称	外 形	选用指导
2432 醇酸玻璃漆布（带）		其电气性能、耐油性和耐潮性都较好，且机械强度较高，具有一定的防霉性能，可用于油浸式变压器、油断路器等线圈的绝缘
2730 醇酸玻璃漆管		具有良好电气性能和力学性能，耐油性、耐潮性较好，但弹性较差，主要用作电机、电器和仪表的引出线或连接线的绝缘套管
绑扎带		脂浸渍无碱玻璃纤维绑扎带是由无碱玻璃纤维带浸渍专用树脂处理而成，主要用于绑扎变压器铁心和电机转子绕组端部，可使电机、电器获得更优良的绝缘性能
绝缘纸		通常称为青壳纸，可用于绝缘保护材料和耐振绝缘零部件
黑胶布带		用于低压电线、电缆接头的绝缘包扎
聚氯乙烯带		其绝缘性能较好，耐潮性及耐蚀性好。其中电缆用特种软聚氯乙烯带是专门用来包扎电缆接头的。常制成黄色（*U* 相）、绿色（V 相）、红色（W 相）、黑色（零线）等几种颜色，又称为相色带

1.4.2 磁性材料

磁性材料是电工技术中实现能量转换及信号耦合、变换、记录等的关键媒质。根据磁性材料所表现出的外部磁性不同，可分为抗磁性物质、顺磁性物质、铁磁性物质、反铁磁性物质、亚铁磁性物质和变磁性物质六种。其中铁磁性物质和亚铁磁性物质为强磁性物质，其他均为弱磁性物质。根据磁性材料的矫顽力大小，一般分为软磁材料和永磁（硬磁）材料。

1. 金属及合金磁性材料

常用的金属及合金磁性材料有：电工用纯铁及低碳钢、电工硅钢片、铁镍合金、铁铝合金、铝镍钴合金、钕铁硼合金等，外形如图 1-43 所示。

（a）电机用硅钢片

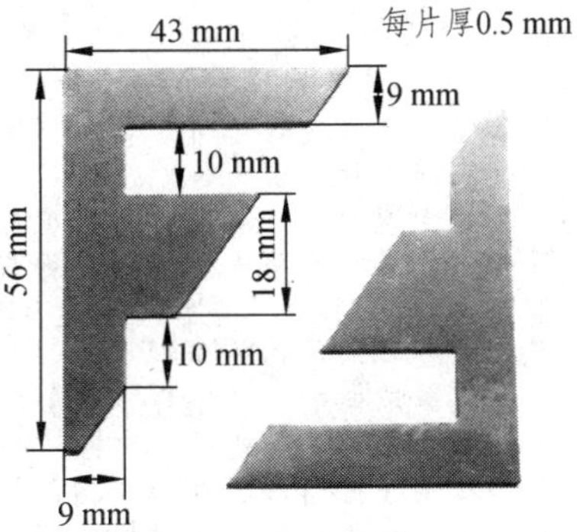

（b）变压器用硅钢片

（c）电机、仪表用铝镍钴合金

（d）精密仪器用铁镍合金

图 1-43　金属及合金磁性材料

金属及合金磁性材料的种类、特性及应用见表 1-7。

表 1-7　金属及合金磁性材料的种类、特性及应用

种类	特性	应用
电工用纯铁及低碳钢	电工用纯铁是一种含铁的质量分数 99.95%以上，碳质量分数极低的软钢。用于电磁铁铁心和磁极的纯铁应有高的磁感应强度，而用于磁屏蔽的纯铁则要求在小磁场下有大的磁导率，继电器用的纯铁其矫顽力（H_c）和饱和磁感应强度（B_s）应小。 我国生产的电工用纯铁品种有热轧（锻）和冷拉棒、热轧和冷轧带。并可根据要求提供软化和冷硬态料。低碳钢又称为无硅钢片。低碳钢片冲片后需要进行脱碳退火以提高磁性。退火温度为 732～788 °C，厚度为 0.50 m 和 0.65 m 两种。与硅钢相比，其硬度低，冲压特性好，在较强磁场下（2～4 kA/m）磁感应强度高，电阻率高	电工用纯铁电阻率小，一般只用于直流磁场。低碳钢用作家用电器的小电机、小变压器和 75 kW 以下的非连续运行的电机铁心

续表

种类	特性	应用
电工硅钢片	工业生产的电工硅钢片是硅的质量分数为 0.5%～4.8%的铁硅合金板材的带材。目前我国生产的电工硅钢片有热轧硅钢片（带）和冷轧无取向电工硅钢片（带）、冷轧单取向电工硅钢片（带）和电信用冷轧单取向电工硅钢片（带）等 冷轧无取向电工硅钢片（带）与热轧硅钢片相比，具有表面光滑、厚度均匀、利用率较高等特点，其叠装系数可高达 94%～96%，现在正逐步取代热轧硅钢片 冷轧单取向电工硅钢片（带）的质量分数为 2.5%～3.5%。利用二次再结晶，绝大部分晶粒整齐排列形成高斯结构，与热轧硅钢片相比，冷轧单取向硅钢片（带）具有更优良的磁性能、更好的塑性和表面质量，带材平滑 电信用冷轧单取向电工硅钢片（带）要求在弱磁场范围内具有较高的磁导率和高的磁感应强度，在较高的频率下，其涡流损耗要小。为了减少涡流损耗和提高交变磁场下的有效磁导率，钢片一般做得很薄，通常为 0.2～0.35 mm	硅的质量分数为 1%～2%的低硅钢片，具有高的饱和磁感应强度 B_s 和好的力学性能，厚度一般为 0.5 mm，主要用作发电机和电动机转动部件材料，又称为热轧电机硅钢片 硅的质量分数为 3%～5%的高硅钢片，具有低的损耗和高的磁导率，厚度多为 0.35 mm，主要用作变压器的铁心材料，又称为变压器硅钢片 冷轧无取向电工硅钢片（带）材料厚度有 0.35 mm 和 0.5 mm 两种，主要用于制造电机的小型叠片铁心，所以又称为冷轧电机硅钢片（带） 冷轧单取向电工硅钢片（带）主要用于变压器制造，又称为冷轧变压器电工钢带 电信用冷轧单取向电工硅钢片（带）主要在电信和仪表仪器工业中应用广泛，用于制造各种变压器、扼流圈等电磁元件
铁镍合金	这类合金以镍为主，添加铝、铬、铜等元素，该材料在中等和弱磁场中具有较高的磁导率、较低的矫顽力、较好的耐蚀性，并且磁滞损耗低，其电阻率比硅钢片高，加工性能高，能轧成极薄的带材，可在较高的频率下工作	广泛用于无线电、精密仪表、仪器和其他行业，也可用作标准量具、微波谐振腔、阴极障板、双金属波动层等
铝镍钴合金	铝镍钴合金的特点是其组织结构比其他永磁材料更稳定，磁感应强度系数很小，居里温度高。矫顽力和最大磁能积在永磁材料中可达中等以上，组织结构稳定，是目前我国电机、电器、仪器、仪表以及航空航天工业中应用较多的永磁材料。按制造工艺不同，可分为铸造铝镍钴合金（又称为铸造磁钢）和粉末烧结铝镍钴合金（又称为烧结磁钢） 铸造方法生产的铸造铝镍钴合金易产生气孔、缩孔、砂眼、疏松、冷隔、夹渣及皱缩等情况，并且在铸件棱边易形成圆角，边角处易产生裂纹等，且其质地硬而脆，不能机械加工，只能研磨，在研磨过程中还会出现边角掉落，在强烈振动和冲击下易破碎，当磁体极面研磨粗糙度达不到要求时，对磁性能有一定影响 粉末烧结铝镍钴合金无铸造缺陷，力学性能好，表面光洁，尺寸精确，可钻孔和切削，料耗小，磁性均匀，但磁性比铸造法生产的合金略低	铸造铝镍钴合金不宜用于生产小而形状复杂的磁体 粉末烧结铝镍钴合金宜作体积小及对工作磁通均匀性要求高的永磁体

续表

种类	特性	应用
钕铁硼合金	钕铁硼合金是一种新型稀土铁永磁材料，又称为第三代稀土永磁。其各种磁性能均是目前永磁材料中最高的，最大磁能积分别为 131 kJ/m^3和 366 kJ/m^3。由于它不含 Sm 等稀有元素，原材料资源丰富、价廉，同时该合金的机械强度比其他永磁材料高，韧性好，密度比稀土钴永磁的小 13%，更有益于实现磁体轻量、小型化	采用钕铁硼合金的永磁发电机，在同样输出功率的情况下，整机的体积质量可以减少 30%以上；在同样体积质量情况下，输出功率可增加 50%以上。钕铁硼合金正大量取代铝镍钴及其他磁钢，也正在不断取代永磁铁氧体

2. 非金属磁性材料

目前常用的非金属磁性材料以黏结永磁材料为主。黏结永磁材料是用黏结剂（橡胶或塑料）与某一种永磁材料（如铝镍钴合金、铁氧化永磁、稀土钴永磁、钕铁硼合金）的粉末（磁粉）混合制成的复合永磁材料，与烧结或铸造磁体相比，其优点是：成品率高，成本低，宜大批量生产，材料可再利用；尺寸精度高，不需要进行二次加工；机械特性好，不易破损开裂；磁性均匀，一致性好；能制成形状复杂的、细的或薄的磁体，与其他部件可一体成形，可制成径向取向磁体和多极充磁。目前常见的黏结永磁材料有黏结铁氧体和黏结稀土永磁体两大类。

1）特　性

用于制作铁氧体橡胶磁体的磁粉是粒径为 0.5 ~ 3 μm 的钡铁氧体或锶铁氧体。橡胶磁体要求的性能主要是磁性和可挠性，根据其用途不同还要求抗氧化、耐油、耐化学性等。为了获得较高的磁性能，要选择能混入大量磁粉且不失去可挠性的橡胶，多采用天然橡胶、氯丁橡胶、丁腈橡胶、异丁烯橡胶、聚异丁烯、聚氯乙烯等。

铁氧体塑料磁体的生产分为注射成形和压制成形两种。注射成形的生产方法用尼龙、聚丙烯、聚乙烯或氧化聚苯等方面热塑性黏结剂。压制成形的生产方法用酚醛树脂、环氧树脂或不饱和聚酯的热固性黏结剂。从强度、磁性、生产性和成本等方面综合考虑，市场上大多数使用的是用尼龙作黏结剂的塑料磁体。塑料磁体的制造工艺为：混炼—成形—固化—充磁。

稀土系黏结永磁体主要使用了 $SmCo_5$、Sm_2Co_5，或 NdFeB 永磁体粉末，具有较高的磁性能。稀土系黏结永磁体的成形方法与铁氧体的成形方法塑料永磁体基本相同，包括压制成形和注射成形两种。压制成形的生产方法用热固性树脂（环氧树脂）黏结剂，黏结剂的质量分数为 2% ~ 3%，使用压制成形的稀土系黏结永磁体磁性能是黏结永磁体中最高的，但是结构形状不是很复杂。注射成形的生产方法用黏性较低的热塑性树脂（如尼龙），树脂质量分数应为 2%～10%，因此磁性能比压制成形的差，但生产性好，树脂能重复使用，原则上无废料。由于尼龙与磁粉没有黏合力，混炼前磁粉表面需要添加偶联剂。稀土永磁体的表面处理很重要，不仅要能够提高磁粉和黏结剂的黏结力，还应起到防止磁粉氧化的作用。

2）用　途

黏结铁氧体主要用于电冰箱磁性门封、教具、玩具及音响设备和舌簧接点元件及微型电机等。黏结稀土永磁材料主要用于旋转电机、音响设备、测量通信设备以及某些日用品。

3. 磁记录材料

现在应用较多的磁记录材料是高分子磁性材料。高分子磁性材料是一种具有记录声、光、电等信息的功能并能释放出相应信息的高分子材料。磁性高分子材料分为结构型和复合型两种。结构型本身具有强磁性；复合型是指以塑料或橡胶为胶黏剂，将磁粉混入其中而制成的磁性体，俗称塑料磁铁和橡胶磁铁。

常见磁性塑料制品如图 1-44 所示。常用磁记录材料的种类、特性和用途见表 1-8。

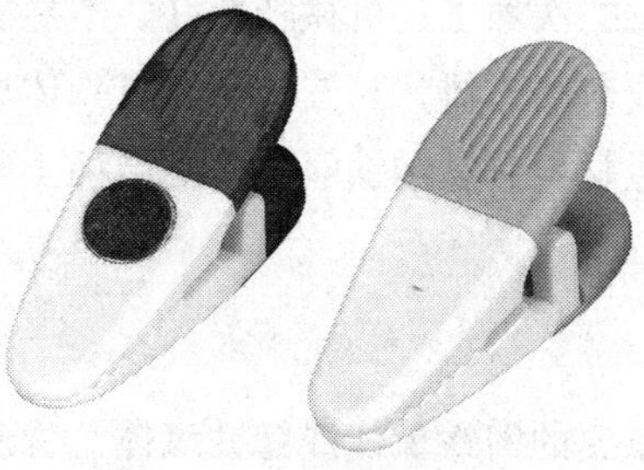

（a）磁性塑料夹

（b）磁性塑料字母

（c）磁性塑料门帘

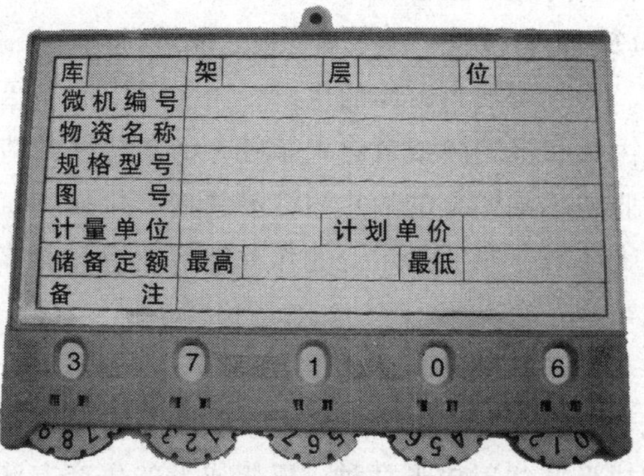

（d）磁性塑料标签

图 1-44　磁性塑料制品

表 1-8　常用磁记录材料的种类、特性和用途

种类	特　性	用　途
铁氧体类磁性塑料	铁氧体类磁性塑料与烧结磁铁相比，具有质量轻，质地柔韧，成形收缩小，制品设计灵活，可制成薄壁或复杂形状，宜于连续成形和批量生产，不需要后续加工以及可加入嵌件进行双色成形和整体成形等优点。铁氧体类磁性塑料可通过变更磁粉含量来控制磁性，但其缺点是磁性差、大量填充磁粉影响强度等	铁氧体磁性塑料主要用于电器、日用品，同时正在向电子工业领域发展。在家用电器方面，其可用来制作电视机、录音机、洗衣机、吸尘器等部件
稀土类磁性塑料	稀土类磁性塑料有热固性和热塑性两种，前者使用环氧树脂作为胶黏剂；后者则使用尼龙、聚乙烯、EVA 等作胶黏剂。使用稀土类合金磁粉有两种类型；1 对 5 型使用的合金磁粉和 2 对 17 型。1 对 5 型主要是 SmCo；2 对 17 型主要为 SM（Co，Cu，Fe，M）（M = Zr，Hf，Nb，Mn 等）。稀土类磁性塑料与烧结型稀土类钴磁铁相比，虽然在磁性和耐热性方面较差，但其成形性和机械强度优良，特别是其组装、使用方便，有助于降低废品率，这是烧结磁铁无法比拟的	用于各种磁性材料
氯化聚乙烯磁性橡胶	良好的柔韧性、耐热性	用于多种磁性材料
磁性涂料（Ⅰ）	该涂料的漆膜表面光泽度为 90%，封闭性和附着力好，不易被污染。该涂料的磁性粉体分散性好，耐久性优	用于磁带、纸带、卡片、圆盘等磁性体
磁性涂料（Ⅱ）	保磁力为 62.5，最大磁束密度为 1070，角型比为 0.82，光泽度为 28%	用于磁带、磁性记录载体
磁性涂料（Ⅲ）	该涂料柔韧耐磨，磁粉分散性好，对带基的附着力好，耐水解性高，涂膜光泽度高达 90%	用于磁带、磁记录材料等
磁性状涂料（Ⅳ）	该磁性涂料不存在增塑迁移问题，磁粉分散性好，得到的磁记录介质的抗张力、表面平滑性、耐热性及耐久性良好	用于磁带、磁卡、磁盘，磁性记录材料等
磁性记录材料用聚氨酯涂料	此种聚氨酯磁性涂料磁粉分散性好，磁性体表面光滑，耐湿性优良；涂于聚酯薄膜上成 5 μm 干膜，光泽度 130%，强度为 420 MPa，伸长率为 460%；在温度 70 °C、相对湿度 95%环境下放置 2 周后，强度为 380 MPa，伸长率为 480%	用于磁记录材料，制备磁性记录涂料

4. 铁氧体磁性材料

铁氧体是氧化铁与一种或几种金属氧化物的复合化合物，其生产过程、机械性质均与陶瓷相似，因此常称为磁性瓷。铁氧体分为两大类：软磁铁氧体和永磁铁氧体。软磁铁氧体在磁场中很容易磁化，当外磁场撤去时磁性又会很快消失，其磁滞回线窄而陡。

常见铁氧体磁性材料如图 1-45 所示。

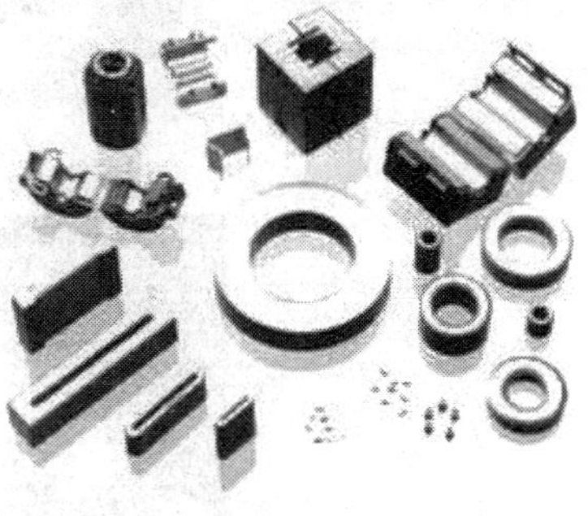

图 1-45　铁氧体磁性材料

1）锰锌铁氧体

锰锌铁氧体晶粒较大，结构比较紧密，常呈黑色，μ 值可以做得很高，如超高磁导率锰锌铁氧体的 μ 值可达 10 000 × 4π × 10^{-3} H/m，但其电阻率较低，在 10^3 Ω · cm 以下，高频损耗较大，稳定性较差，因而只适用于 2 MHz 以下的磁性元件，如滤波线圈、中频变压器、偏转线圈、中波磁性天线等的磁芯。锰锌铁氧体是目前高 μ 值软磁铁氧体中性能最好的一种。

2）镍锌铁氧体

镍锌铁氧体晶粒细小，多孔结构，常呈棕色。一般 μ 值较低，μ 值最高可达 5 000 × 4 π × 10^{-7} H/m，但电阻率较高，通常在 $10^5 \sim 10^8$ Ω · cm。其高频损耗较小，稳定性也较好，工作频率范围可达 2 ~ 20 MHz，常用于制作短波天线磁棒以及调频中周和高频线圈的磁芯。有时为降低成本，以镁锌铁氧体代替镍锌，但其高频特性不如镍锌铁氧体，只适用于 25 MHz 以下电路使用。

1.4.3 电热材料

电热材料用于制造各种电阻加热设备中的发热元件，其作为电阻体接在电路中，把电能转变为热能，使炉温升高。它在高温下具有良好的氧化性能和一定的机械强度，电阻率较高，电阻温度系数较小，易于加工成形。

电热材料有金属和非金属之分，金属电热材料包含贵金属及其合金（如铂、铂铱、钽等）和重金属及其合金（如钨、钼、镍铬、铁铬铝等）两种，通常铁铬铝用得较多；非金属电热材料包含硅碳（又称为碳化硅）和硅钼（又称为二硅化钼）等。常用的电热材料中，合金材料使用较广。高熔点纯金属材料的工作温度一般比合金高，但它需要在保护气氛中工作。硅碳及硅钼电热材料是以制成元件的状态供应的，其工作温度也较高，但质硬而脆，使用中不如金属电热材料方便。此外，还有在金属套管内绝缘埋入合金电热线形成的管状电加热元件，所用绝缘材料一般为氧化镁粉。

常用电热材料如图 1-48 所示。常用电热材料的种类、特性和用途见表 1-9。

（a）镍铬合金丝

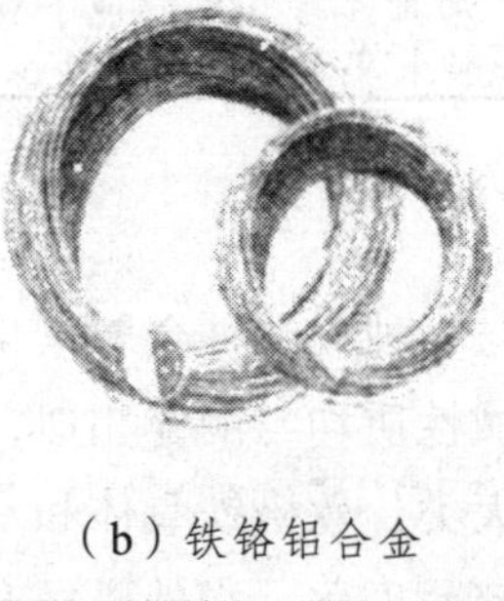
（b）铁铬铝合金

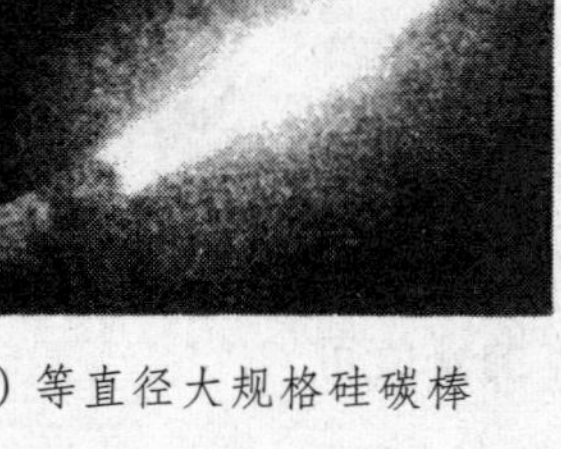
（e）等直径大规格硅碳棒

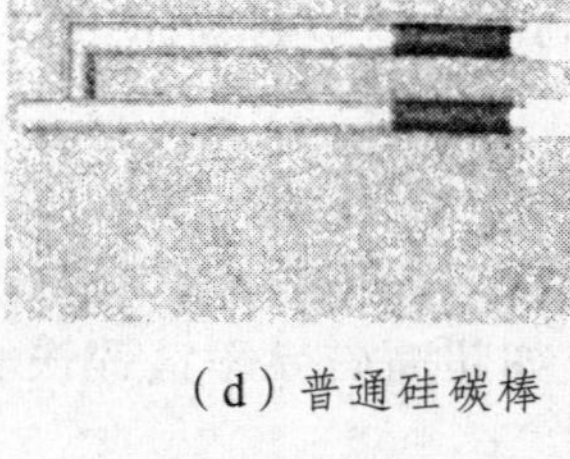
（d）普通硅碳棒

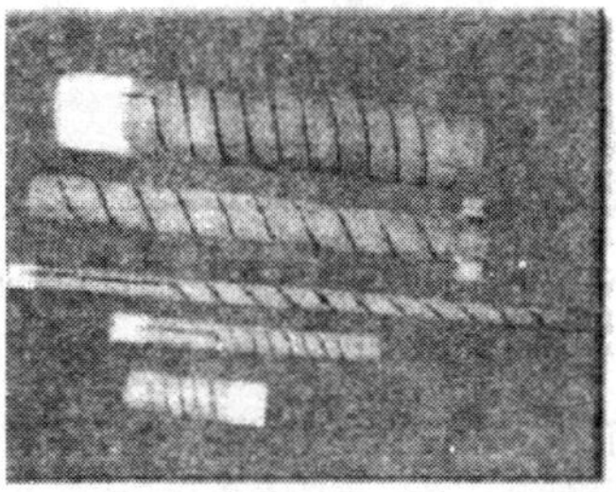
（e）硅碳管

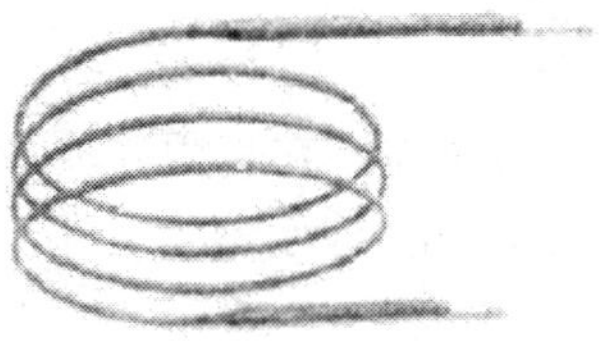
（f）硅钼棒

图 1-46 常用电热材料

表 1-9 常用电热材料的种类、特性和用途

种类		发热体工作温度/°C		特点和用途
		常用	最高	
镍铬合金	$Cr_{20}Ni_{80}$	1000～1050	1150	1．电阻率较高 2．加工性能好，可拉成细丝 3．高温强度较好，用后不变脆，适用于移动式设备 4．具有奥氏体组织，基本无磁性
	$Cr_{15}Ni_{60}$	900～950	1050	
铁铬铝合金	$1Cr_{13}Al_4$	900～950	1100	1．抗氧化性能比镍铬好 2．电阻率比镍铬高，密度较小，用料省 3．不用镍，价较低廉 4．高温强度低，且用后变脆，适用于各种固定式设备 5．加工性能稍差 6．具有铁素体组织，有磁性
	$0Cr_{13}Al_6Mo_2$	1050～1200	1300	
	$0Cr_{25}Al_5$	1050～1200	1300	
	$0Cr_{27}Al_7Mo_2$	1200～1300	1400	
高熔点金属	铂 Pt	1300～1400	1600	1．铂可在空气中使用，但其氧化物在高温下易挥发而影响使用寿命。钨、钼必须在惰性气体、真空及氢中使用。钽除不适用于氢以外，其他同钨、钼 2．电阻率较低，电阻温度系数较大（必须配备调压装置，开始加热时，必须降低电压，防止电流过大） 3．材料价高 4．适用于实验室或特殊电炉
	钼 Mo		1800	
	钽 Ta		2200	
	钨 W		2400	
石墨 C			3000	1．电阻率较低（必须配大电流低电压调压器） 2．适用于真空或保护气氛中使用
硅碳棒 硅碳管 SiC		1250～1400	1500	1．高温强度高 2．硬而脆 3．元件间的电阻值一致性较差 4．易老化，电阻随使用时间延长而增大（须配调压装置）
硅钼棒 $MoSi_2$		1500～1600	1700	1．表面有 SiO_2 保护膜，抗氧化性能好，无老化现象 2．正向电阻温度系数较大（必须配备调压装置，开始加热时，必须降低电压，防止电流过大） 3．室温下质硬而脆，1 350 °C 开始变软，而有延展性 4．不宜在 800 °C 以下长期使用。因不能形成较好的氧化膜
管状电加热元件		550 °C 以下（介质温度）		1．结构简单 2．可直接在液体中加热，热效率较高 3．机械强度好，可弯成各种形状 4．拆装便利，使用安全 5．适用于液体加热槽、易熔金属熔化炉、空气干燥加热器及日用电热器等 6．必须在规定的加热介质和工作温度下使用

1.4.4 光纤材料

光纤是光导纤维的简称，它是用硅玻璃或特制塑料拉成的柔软细丝，直径在几微米（光波波长的几倍）到 120 μm。像水流过管子一样，光能沿着这种细丝在内部传输。因而这种细丝叫作光导纤维。

按照制造光纤所用的材料分类，分为硅系光纤、多组分玻璃光纤、塑料包层硅芯光纤、全塑料光纤和氟化物光纤等，如图 1-47 所示。

（a）硅光纤

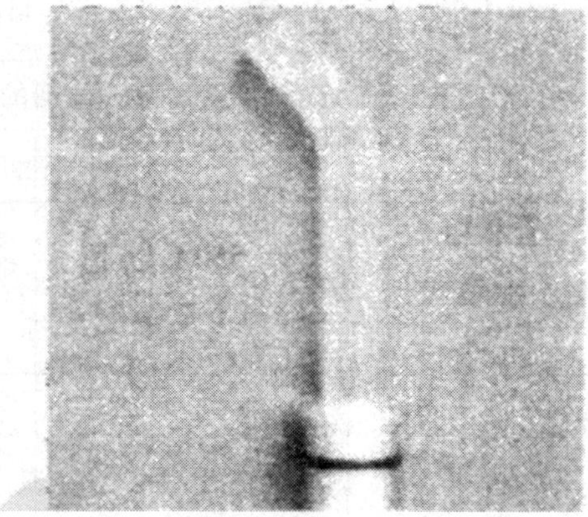

（b）玻璃光纤

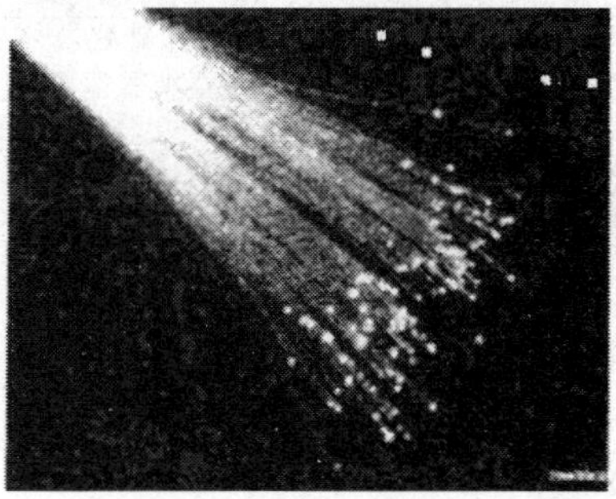

（c）装饰照明塑料光纤

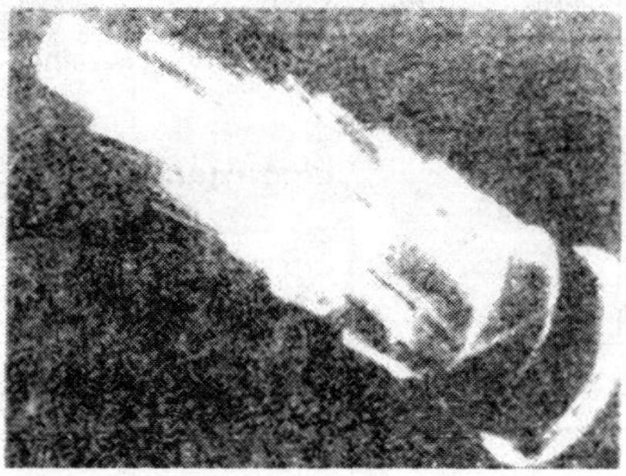

（d）氟化物光导纤维光缆

图 1-47 光纤材料

按光在光纤中的传输模式又可分为多模光纤和单模光纤两种。

1）多模光纤

多模光纤的中心玻璃芯较粗（50μm 或 62.5μm），可传多种模式的光。但其模间色散较大，这就限制了传输数字信号的频率，而且随距离的增加会更加严重。例如 600 MB/km 的光纤在 2 km 时则只有 300 MB 的带宽了。因此，多模光纤传输的距离比较近，一般只有几千米。

2）单模光纤

单模光纤中心玻璃芯很细（芯径一般为 9 μm 或 10 μm），只能传输一种模式的光。因此，其模间色散很小，适用于远程通信，但单模光纤存在着材料色散和波导色散，所以单模光纤对光源的谱宽和稳定性有较高的要求，即谱宽要窄、稳定性要好。后来又发现在 1.31 μm 波长处，单模光纤的材料色散和波导色散一为正、一为负，大小也正好相等。这就是说在 1.31 μm 波长处，单模光纤的总色散为零。从光纤的损耗特性来看，1.31 μm 处正好是光纤的一个低损耗窗口。这样，1.31 μm 波长区就成了光纤通信的一个很理想的工作窗口，也是现在实用光纤通信系统的主要工作波段。1.31 μm 常规单模光纤的主要参数是由国际电信联盟 ITU-T 在 G652 建议中确定的，因此这种光纤又称为 G652 光纤。

1.4.5　压电材料

某些电介质，当受到一定方向外力作用时，在其表面会产生电荷，当外力取消后电荷随之消失，回到无电荷状态。这种将机械能转变为电能的现象称为"正压电效应"。反之，如果在电场作用下，电介质产生机械形变，而取消外加电场后，电介质的形变又随之消失，这种将电能转变为机械能的现象称为"逆压电效应"。若改变作用力或电场方向，晶体表面产生的电荷极性或变形方向也随之改变，这种现象称为"压电效应"。具有压电效应的电介质称为压电材料。常见的压电材料有压电晶体、压电陶瓷和高分子压电材料三大类。

1. 压电效应

以石英晶体为例介绍压电效应的概念。石英晶体化学式为 SiO_2，是单晶体结构。石英晶体的压电效应分析如图 1-50 所示。

图 1-50（a）表示了天然结构的石英晶体外形，它是一个正六面体。石英晶体各个方向的特性是不同的，如图 1-50（b）所示。其中纵向轴 z 称为光轴，经过六面体棱线并垂直于光轴的 x 轴称为电轴，与 x 轴和 z 轴同时垂直的轴 y 称为机械轴。通常把沿电轴 x 方向的力作用下产生电荷的压电效应称为"纵向压电效应"，而把沿机械轴 y 方向的作用下产生电荷的压电效应称为"横向压电效应"。而沿光轴 z 方向受力时不产生压电效应。若从晶体上沿 y 方向切下一块如图 1-48（c）所示的晶片，当沿电轴方向施加作用力时，在与电轴 x 垂直的平面上将产生电荷；若在同一晶片上，沿机械轴 y 方向施加作用力，不仅仍在与 x 轴垂直的平面上产生电荷。

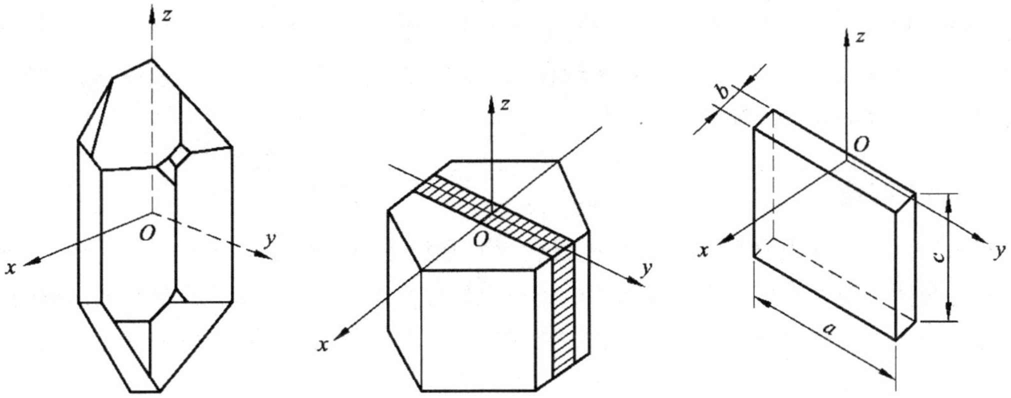

（a）外形　　（b）特性　　（c）晶片

图 1-48　石英晶体的压电效应分析

2. 压电晶体

常见压电晶体主要有石英单晶、$LiNbO_3$、$LiTaO_3$、$Bi1_2GeO_{20}$、$Bi1_2SiO_{20}$等。

1）压电晶体的特性

典型单晶材料的声表面波特性见表1-10。

表 1-10 典型单晶材料的声表面波特性

晶体名称	切型	传播方向	传播速度/$(m\cdot s^{-1})$	机电耦合系数/（%）	温度系数/（$\times10^{-6}$ °C^{-1}）	相对介电常数	传播损耗/（dB/m，GHz）
石英晶体	Y	X	3159	0.23	−22	4.5	0.82，1
	ST	X	3158	0.16	0	4.5	0.95，1
$LiNbO_3$	Y	Z	3485	4.5	−85	38.5	0.31，1
	131Y	X	4000	5.5	−74	38.5	0.26，1
	128Y	X	400	5.5	−72		
	Y	Z	3230	0.74	−37	44	0.35，1
$LiTaO_3$	X	112Y	3295	0.64	−18	44	
$Bi_{12}GeO_{20}$	（100）	（011）	1681	1.5	−130	38	0.89，1
$Bi_{12}SiO_{20}$	（100）	（00）	1622	0.69	−118	42	

2）压电晶体的应用

（1）石英（水晶） 石英（水晶）是使用最早、现在仍被广泛使用的压电材料。石英单晶具有品质因数高、压电呈各向异性、在常温常压下稳定性很好、容易加工、损失少等优点。其缺点是带宽窄、输入损耗大、频率降低时阻抗值难以匹配等。石英主要用于晶体拾音器、扬声器和传声器等。

（2）铌酸锂和钽酸锂 $LiNbO_3$和$LiTaO_3$是拉制生长的单晶体，均匀无色或黄绿色或淡黄色，具有居里点高、弹性损耗小、耦合系数大等优点。其在高温或高频材料方面应用较为广泛。$LiNbO_3$和$LiTaO_3$晶体主要用于制作压电换能器、超声延迟线介质、晶体滤波器、参量振荡器和声表面波器件等。

3. 压电陶瓷

压电陶瓷是人工制造的多晶体压电材料。它在极化前不存在压电效应，只有在100～175 °C温度下，对两个极化面施加高压电场极化处理，才具有压电特性。最早的压电陶瓷是钛酸钡，随后又相继出现了性能更好的锆钛酸铅压电陶瓷、铌镁酸铅压电陶瓷等。随着压电陶瓷性能的不断改善，压电陶瓷应用范围越来越广。

1）压电陶瓷的特性

常用压电陶瓷的特性参数见表1-11。

表 1-11　常用压电陶瓷的特性参数

名称	弹性刚性系数/($\times10^{11}$ N/m^2)	压电常数 d_{31}/($\times10^{-11}$ N/m^2)	压电常数 d_{33}/($\times10^{-11}$ N/m^2)	介电常数 ε_{33}/($\times10^{-11}$ N/m^2)	机电耦合系数/%	
					K_{31}	K_{32}
$BaTiO_3$	1.18	−5.6	16	1250	17	45
97 $BaTiO_3$ 3$CaTiO_3$	1.22	−5.3	13.5	1230	17	43
90$BaTiO_3$ 4$PbTiO_3$ 6$CaTiO_3$	1.24	−4.0	11.5	710	16.7	48
96$BaTiO_3$ 4$PbTiO_3$	1.14	−3.8	10.5	880	14	39
PZT-4	0.815	−9.7	23.5	875	28	63
PZT-5	0.675	−14.0	32.0	1200	32	70
PZT-6	0.865	−7.8	19.1	860	25	60
$Pb(NbO_3)_2$	0.29	−3.3	9.0	240	11.5	31

2）压电陶瓷的应用

常用压电陶瓷的分类、特点和应用见表 1-12。

表 1-12　常用压电陶瓷的分类、特点和应用

分类	材料	特点	应用
二元系压电陶瓷	$BaTiO_3$	相对介电常数高，对温度很敏感	声呐发生器、超声换能器
	PZT-4	压电常数高，耦合性和驱动性好	声呐发生器、超声换能器、高压发生器
	PZT-5 A	时间常数大，压电常数高，低老化	传声器和扬声器及仪表换能器、水听器
	PZT-7 A	压电常数高，电容率低，低老化	延迟线换能器
	PZT-8	压电常数高，驱动性很好	声呐发生器、超声换能器
	$Pb(NbO_3)_2$	相对介电常数小，居里点高	水声换能器
三元系压电陶瓷	$xPb(Mg_{1/3}\cdot Nb_{2/3})O_3$ -$yPbTiO_3$ -$zPbZrO_3$	介电常数和品质因数高，稳定性较好	拾音器、换能器、超声延迟线、引爆引燃火花塞
	$xPb(Zn_{1/3}\cdot Nb_{2/3})O_3$ -$yPbTiO_3$ -$zPbZrO_3$	介电常数和致密度高，稳定性较好，绝缘性能好	陶瓷滤波器、机械滤波器的换能器
	$xPb(CO_{1/3}\cdot Nb_{2/3})O_3$ -$yPbTiO_3$ -$zPbZrO_3$	机械品质因数和机电耦合系数调节范围较宽	超声波振子、滤波器拾音器

4．高分子压电材料

高分子压电材料是一种新型的压电材料，主要有聚偏二氟乙烯（PVDF）、聚氟乙烯（PVF）、聚氯乙烯（PVC）等，这些都是有机高分子半晶态聚合物。根据不同的使用要求，高分子压电材料可以制成薄膜、厚膜和管状等不同形状。目前使用较多的是做成薄膜状的聚偏二氟乙烯材料，当薄膜受外力作用时，剩余极化强度改变，薄膜呈现出压电效应。

聚偏二氟乙烯（PVDF）薄膜具有电压灵敏度高（比 PZT 压电陶瓷大 17 倍）、频率响应好、柔软、不脆、耐冲击、价格便宜等优点。PVDF 薄膜最早应用于电声器件中，近年来在超声和水声探测、医疗器械、地震预测、红外探测等方面的应用发展很快。

第 2 章　电工安全基础

生产必须安全，安全促进生产。在供用电工作中，我们电气工作人员必须以“安全第一、预防为主”的方针为根本。

2.1　触电和触电急救

当人体不慎触及带电体或漏电设备时，由于电流通过人体而引起的人身伤残或死亡现象，称为电击。被电弧灼伤，称为电灼。电击和电灼俗称触电。

一般触电事故发生突然，致伤时间极短，死亡率却较高。本节介绍预防触电及触电急救的措施。

2.1.1　电流对人体的生理作用与安全电流

1）电流的生物效应

电流会对人体产生热效应、化学效应及刺激作用等生物效应。

（1）热效应。人体是一个复杂的导体，当电流通过人体时会产生一定量的热量。热量较小时，仅使局部组织温度轻度升高，对人体健康无妨。但热量较大时，可使人体温度急剧升高，甚至损伤人体组织引起死亡。

（2）化学效应。电流通过人体时，体内会发生电解、电泳和电渗等作用，其最终会产生酸、碱等多种电解产物，影响蛋白质代谢、细胞通透性等，显著影响人体功能和反应性。严重时，还能损伤人体组织，危及人体生命。

（3）刺激作用。现代医学揭示，生物体的肌肉运动经常伴随着电气现象，当电流通过神经纤维刺激到肌肉时，肌肉便会收缩。触电时，当通过人体的电流和通电持续时间超过某一限值时，心脏正常搏动的电信号便受到干扰而被打乱，心脏便不能再进行强有力地收缩而出现心肌震动，即所谓“心室纤维性颤动”。心脏失去功能后，对人体各部分的供血中断，细胞将因缺氧而开始麻痹。

大多数触电死亡事故，是由于心室纤维性颤动导致心跳停止而造成。

2）安全电流

为了确保人身安全，一般以触电后人体未产生有害的生理效应作为安全的基础。因此，通过人体一般无有害生理效应的电流值，即称为安全电流。安全电流又可分为容许安全电流和持续安全电流两种。当人发生触电时，通过人体的电流值不大于摆脱电流值时称为容许安全电流。根据国家标准确定 50 ~ 60 Hz 交流电容许安全电流值为 10 mA，对于矿井容许的作业电流则规定为 6 mA；直流电的人体安全电流定为 50 mA。当人发生触电时，通过人体的电流与相应的持续通电时间对应的电流值称为持续安全电流。交流持续安全电流值与持续通电的时间关系为

$$I_{ac}=10+10/t \tag{2-1}$$

式中 I_{ac}——交流持续安全电流，mA；

t——持续通电时间，0.03 s≤t≤10 s。

人体容许电流是人体遭受电击后在可能延续的时间内不致危及生命的电流。一般情况下，人体容许电流可按摆脱电流考虑；对装有防触电的漏电速断保护装置的电路中，人体的容许电流可按 20 ~ 30 mA 设定，其漏电保护的时间设定一般不宜超过 1 s；在容易发生二次伤害事故的场所，应按不致引起人体生理有强烈感觉和反应的容许电流值设定，一般按 5 mA 考虑。

3）影响电流对人体伤害程度的因素

关于触电电流对人体伤害程度的课题，人们做了长期研究，其结果表明，伤害的程度主要取决于电流强度、电流频率、电流途径及电压高低等因素。

2.1.2 人体阻抗与安全电压

1）人体阻抗

当人发生触电时，人体阻抗是决定通过人体的电流的大小、人对电流的反应程度及伤势轻重的关键因素之一。人体阻抗由人体内部阻抗及人体外部（皮肤）阻抗两部分组成，其值受一系列因素影响。人体内部阻抗基本是电阻性的，其值主要由电流途径决定。人体皮肤阻抗可以认为是电阻和电容的串并联电路，其值是由接触电压、频率、通电持续时间、接触面积、接触压力、皮肤潮湿和温度等共同决定的。

2）安全电压

对人体无致残致命影响的电压称为安全电压。安全电压取决于人体允许的安全电流和人体阻抗，它是制定安全措施的依据之一。

对频率为 50 ~ 500 Hz 的交流电，把安全电压的额定值分为 42 V、36 V、24 V、12 V、6 V 五个等级。安全电压等级和选用举例见表 2-1。

在正常和故障情况下，任何两个导线间或任一导线与地之间均不得超过表 2-1 内电压上限值。

某些重负荷的电器设备，虽然符合表 2-1 列出的额定值规定，但空载时电压却很高，若空载电压超过规定上限值，仍不能认为符合这级安全电压。

表 2-1　安全电压等级及选用举例

安全电压交流有效值/V		选用举例
额定值	空载上限值	
42	50	在有触电危险的场所使用的手持式电动工具等
36	43	潮湿场所，如矿井、多导电粉尘及类似场所使用的行灯等
24	29	工作面积狭窄，操作者容易大面积接触带电体的场所，如锅炉、金属容器等
12	15	人体需要长期触及器具上带电体的场所
6	8	

2.1.3　预防触电措施

1）触电类型

触电类型大体有：直接触电、间接触电、雷电触电、感应电压触电、残余电荷触电及静电触电等几类。

（1）直接触电。直接触电是指人与带电导体直接触及。当人体某一部位与大地接触，另一部位触及一相带电体所致的触电，称为单相触电。发生触电时，人体不同部位同时触及两相带电体，称为两相触电。此时，加在人体上的是电源线电压。

（2）间接触电。间接触电是指接触电压、跨步电压触电。

当电气设备绝缘不良或击穿时，会产生漏电及接地短路故障。接地电流经过电气设备外壳和接地装置，以及雷电流经过接地装置时，在电气设备外壳及接地装置上均会存在接触电压。接地电流（及雷电流）在地面上形成分布电位，按定义，地面水平距离为 0.8 m 的两点间的分布电位之差称为跨步电压。实际人体受到的跨步电压是指人体不同部位接触到的地面分布电位之差。

出现上述漏电、接地短路故障以及雷击放电情况时，原本不带电的非电气设备组成部分的一些金属构架等也可能出现接触电压。带电导体断落在地面上时，地面上也有跨步电压。跨步电压触电时，电流从人体两下肢间与大地构成回路，基本上不通过重要器官，按理来说危险性不大。但实际并非如此。因为通过下肢的触电电流，给人感觉仍很明显，可能使人突然受此刺激，惊吓过度致死。另外，当跨步电压较高、触电电流较大时，触电致使下肢肌肉强烈收缩，身体重心不稳、跌倒，造成电流经人体要害器官而致身亡。

由于接触电压、跨步电压不为人们所注意，且容易接触到，因而这类触电事故在总触电事故中所占比例较大。

（3）雷电触电。雷电是自然界的一种放电现象。多数放电发生在空中雷云之间，也有一小部分放电发生在雷云对地或地面物体之间。

（4）感应电压触电。由于带电设备及雷电放电时的电磁感应和静电感应作用，使附近停电设备、金属管道、金属构架上产生较高的感应电压，致人触电。此外，还有感应电压引燃引爆事故。

（5）残余电荷触电。由于电气设备的电容效应，使之在刚断开电源后，尚保留一定量的电荷，即所谓残余电荷。当人体触及时，残余电荷通过人体放电，形成触电。

电容效应较大的装置主要为电力电容器、电力电缆及架空线路等。其中电容器通常设有放电装置，但电力电缆及架空线路停电后，必须由专人用接地短路线等对其进行放电，使残余电荷消散。

（6）静电触电。由于物体摩擦而产生的电荷称为静电电荷。静电电荷大量积聚会形成较高电位，一旦放电，也会对人身造成危害。

2）防触电的措施

预防触电的措施主要有：采用接地保护、漏电保护、绝缘防护、屏护、安全电压、安全标志、非导电场所、电气隔离、不接地的局部等电位连接、保持安全距离及设置障碍等。

（1）接地保护。电气设备发生一相对壳漏电时，接地保护能降低漏电设备外壳上的接触电压，因而这是一个预防间接触电的重要措施。但实践表明，在多数情况下，接触电压不可能降至安全电压值。因此，接地保护在保护人身安全方面有局限性，必须有漏电保护与其配合。

（2）漏电保护。当低压电气系统发生一相对地漏电或人身一相对地触电时，漏电保护装置能快速（通常为 0.1 s）切断电源，从而有效地防止人身间接或直接触电。同时，漏电保护也是预防由漏电引起电气火灾的一种措施。

（3）绝缘防护。绝缘防护是用绝缘材料把带电体封闭起来，借以隔离带电体或不同电位的导体，使电流能按一定的路径流通。

电气线路、电气设备的绝缘以及众多的绝缘安全用具，必须与所采用的电压等级、使用环境和运用条件相适应。还应定期对它们做预防性试验和检测，使其绝缘性保持合格状态。

（4）屏护。当电气设备、电气线路（主要是指配电内线）的带电部分不便于包以绝缘或绝缘不足以保证安全时，就需采用屏护装置。常用的屏护装置有安全遮栏、护罩、护盖、箱盒等。屏护装置可将带电体与外界隔绝，以防止人体触及或过分接近带电体而引起触电、电弧短路或电弧灼人。

（5）安全电压。采用安全电压时，应根据场所特点、使用方式和人员情况等因素，对照规定选用相应等级的安全额定电压。应注意：除 6 V、12 V 安全电压直接触及无危险外，24 V 安全电压应尽量避免直接触及，36 V、42 V 安全电压严禁直接触及。因此，在使用 24 V 及以上安全电压时，同样要采取绝缘隔离措施。

（6）安全标志。悬挂各种安全标示牌，是限定电气检修人员活动范围和警示人们不要靠近带电设备以防直接触电的重要措施。

（7）非导电场所。采用非导电场所，是要求当电气设备绝缘损坏时，人体有可能触及不同电位的两点所属环境，即室内地板及墙壁应为绝缘体。同时，有可能出现不同电位的两点之间要有足够的距离，一般为 2 m 以上。上述绝缘体的绝缘电阻，额定电压 500 V 及以下的应不小于 50 kΩ；额定电压超过 500 V 的应不小于 100 kΩ。

（8）电气隔离。所谓电气隔离，是指用电设备及操作人员与电网电源间无通过大地构成的电流回路，所以人体站在地面上作业触电电流甚小。若再加上必要的绝缘防护，即可避免触电伤亡事故。一般小功率系统电气隔离方法有：脉冲变压器隔离法、继电器隔离法、光电耦合器隔离法。常用的电力电气隔离方法有：采用低压中性点不直接接地系统-TT 系统供电；采用 1∶1 隔离变压器供电，隔离变压器一、二次侧对地额定电压均不超过 250 V；采用具有隔离能力的多绕组电动发电机组供电。

（9）不接地的局部等电位连接。不接地的局部等电位连接是将人体能触及的所有电气设备的金属外壳（指 I 类电器）和操作场所内所有非电气设备组成部分的可导电部分，包括导电的地板等，互相连接在一起，以防止这些金属件间出现电位差。等电位连接系统不可与大地发生直接的电气接触，具有隔离功能。等电位连接范围应不小于可能触及带电体的范围。

当人员进入等电位连接场所，要注意防止人体的两脚或手和脚跨接于存在有危险电位差的导体之间。一般应在等电位连接场所的出入口内外铺设绝缘垫。

（10）安全距离。为了防止人体触及或过分接近带电体，车辆或其他物体碰撞或过分接近带电体，以及电气火灾、过电压放电及各种短路事故发生，在带电体与操作人员之间、带电体与地面之间、带电体与带电体之间、带电体与其他设备或设施之间均应保持一定的间隔与距离，通常称为安全距离。安全距离的大小取决于电压高低、设备类型以及安装方式等因素。人体与带电体间的安全距离为：低压（经验值）0.3 m；10 kV 及以下 0.7 m（人体与 10 kV 带电体之间加装遮栏时为 0.35 m）；35 kV 及以下，1 m（人体与 35 kV 带电体之间加装遮栏时为 0.6 m）。

（11）设置障碍。设置栅栏、围栏等障碍（阻挡物），可防无意触及或接近带电体而发生触电。这一措施旨在保护少年儿童和一些家畜的安全。对成年人仅起警示作用，不能防止其有意绕过障碍去触及带电体的行为。

2.1.4　触电急救

现场抢救触电伤员的原则：现场抢救必须做到迅速、就地、准确、坚持。

迅速就是要争分夺秒，千方百计地使触电者脱离电源，并将受害者放到安全地方。这是现场抢救的关键。

就地就是争取时间，在现场（安全地方）就地抢救触电者。

准确就是抢救的方法和施行的动作姿势要合适得当。

坚持就是抢救必须坚持到底，直至医务人员判定触电者已复苏方可送往医院进一步治疗；或判定触电者已经死亡，已无法再抢救时，才能停止抢救。

1. 触电伤害的临床表现

触电造成的伤害主要分为全身性反应和局部电灼伤两类。

1）全身性反应

触电时电流通过心脏可引起心室纤维性颤动，颤动达一定强度时，可使心肌纤维透明性变，甚至引起心肌纤维断裂、凝固变性，这些损伤可使触电者立即死亡。较大的电流还可使肌肉痉挛性收缩。电流直接通过中枢时，可抑制中枢，引起心跳、呼吸停止。但是，有些触电者心跳、呼吸虽停止，却并未死亡，无严重的器质性病变发生。这种情况，若及时（4 min

左右）正确按心肺复苏法抢救，有可能救活触电者，故这类情况称为“假死”。

2）局部电灼伤

局部电灼伤常见于电流进出的接触处。人体的皮肤、结缔组织和肌肉等组织均有阻抗，接触处的阻抗最大。当电流通过时，接触处在瞬间释放出大量热量，从而造成组织损伤。电流进入人体所致的伤口通常为一个，电流从人体流出时，其流出点数量由人体与低电位面接触情况而定，不一定仅是一点。所以电流流出所致伤口可能为一个以上。电灼伤可对人体造成多种伤害。

2. 触电急救

1）触电急救原则

触电急救必须分秒必争，立即就地迅速地用心肺复苏法进行抢救，并坚持不断地进行。同时，应尽早与医疗部门联系，争取医务人员前来接替救治。在医务人员未来到接替救治前，不应放弃现场抢救，更不得擅自判定伤员死亡，放弃抢救。只有医生才有权做出伤员死亡的诊断。

触电急救的具体操作，可分为迅速解脱电源、简单诊断伤情和对症处理三部分。

2）脱离电源

触电急救，首先要使触电者迅速脱离电源，越快越好。触电者未脱离电源前，身上有电，若是带电物在触电者手中，则由于刺激作用，抓得特别紧。因此，抢救者此时只能用绝缘物裹好手后才能触及触电者，而且最好用一只手进行，尽量在解脱电源后再松开触电者的手。触电者位于高处时，应采取必要的预防措施，以防止脱离电源后摔伤。若切断电源后失去照明，无法抢救，则应派人准备备用光源。

3）触电者脱离电源后的处理

（1）触电者如神志清醒，应使其就地躺平、观察，暂时不要使其站立或走动。

（2）触电者如神志不清醒，应就地仰面躺平，且确保其气道畅通，并用 5 s 时间，呼叫伤员或轻拍其肩部，以判定伤员是否意识丧失。禁止摇动伤员头部呼叫伤员。

（3）若已假死，应立即就地坚持正确抢救，并打急救电话与医疗部门联系，由医疗人员前来接替救治。

4）呼吸、心跳情况的判定

触电伤员如意识丧失，应在 10 s 内，用看、听、试的方法判定伤员呼吸、心跳情况。

看一看伤员的胸部、腹部有无起伏动作。

用耳贴近伤员的口鼻处听一听，有无呼气声音。

可用纤维类轻微物品试测口鼻有无呼气的气流；用两手指轻试喉结旁凹陷处的颈动脉有无搏动。

若看、听、试结果既无呼吸又无颈动脉搏动，则可判定为呼吸、心跳停止。

5）心肺复苏法

触电伤员的呼吸和心跳均已停止时，应立即按心肺复苏法支持生命的三项基本措施，正确进行就地抢救。三项基本措施是：通畅气道；口对口（鼻）人工呼吸；胸外按压（人工循环）。

（1）通畅气道。触电伤员呼吸停止，重要的是应始终确保气道通畅，如发现伤员口中有异物，可将其身体及头部同时侧转，并迅速用一只手指或用两手指交叉从口角处插入，取出异物。操作中注意防止将异物推到咽喉深部。

通畅气道可采用图 2-1 所示的仰头抬颏法。用一只手放在触电伤员前额，另一只手的手指将其下颏骨向上抬起，两手协同将头部推向后仰，舌根随之抬起，气道即可通畅。

严禁用枕头或其他物品垫在伤员头下。头部抬高前倾，会加重气道的阻塞，且使胸外按压时心脏流向脑部的血流减少，甚至消失。

（2）口对口（鼻）人工呼吸。在保持伤员气道通畅的同时，救护人员应用放在伤员额头上的手指，捏住伤员的鼻翼（见图 2-2）。救护人员深吸气后，与伤员口对口紧合，在不漏气的情况下，先连续大口吹气两次，每次 1 ~ 1.5 s。如两次吹气后试测颈动脉仍无搏动，可判断心跳已经停止，要立即同时进行胸外按压。

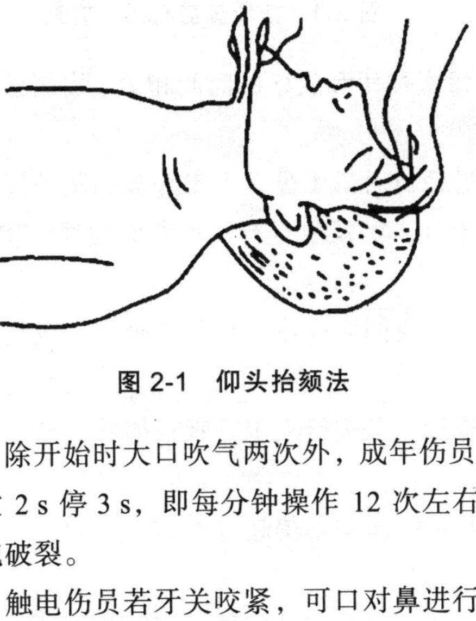

图 2-1　仰头抬颏法

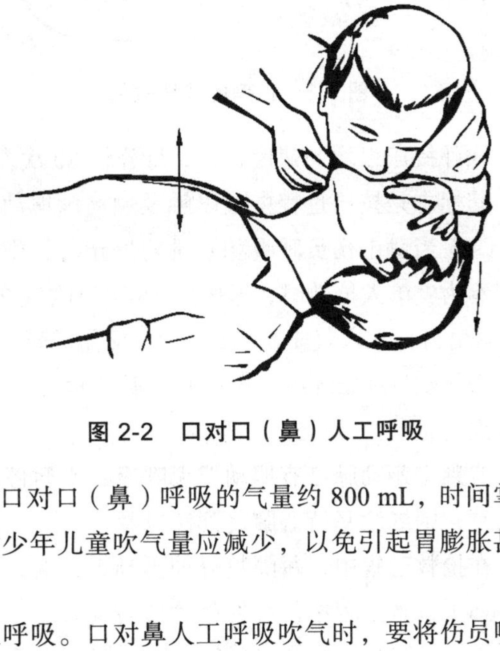

图 2-2　口对口（鼻）人工呼吸

除开始时大口吹气两次外，成年伤员正常口对口（鼻）呼吸的气量约 800 mL，时间掌握在吹 2 s 停 3 s，即每分钟操作 12 次左右。对少年儿童吹气量应减少，以免引起胃膨胀甚至肺泡破裂。

触电伤员若牙关咬紧，可口对鼻进行人工呼吸。口对鼻人工呼吸吹气时，要将伤员嘴唇紧闭，防止漏气。

（3）胸外按压。正确的按压位置是保证胸外按压效果的重要前提。确定正确按压位置的步骤如下：

第一，右手的食指和中指沿触电伤员的右侧肋弓下缘向上，找到肋骨和胸骨接合处的中点；

第二，两手指并齐，中指放在切迹中点（剑突底部），食指平放在胸骨下部；

第三，另一只手的掌根紧挨食指上缘，置于胸骨上，即为正确的按压位置（见图 2-3）。

正确的按压姿势是达到胸外按压效果的基本保证。正确的按压姿势如下：

① 使触电伤员仰面躺在平硬的地方，救护人员站立或跪在伤员一侧肩旁，两肩位于伤员胸骨正上方，两臂伸直，肘关节固定不屈，两手掌根相叠，手指翘起，不接触伤员胸壁。

② 以髋关节为支点，利用上身的重力，垂直将正常成年人胸骨压陷 3 ~ 5 cm（儿童和瘦弱者酌减）。

③ 按压至要求程度后，立即全部放松。但放松时救护人员的掌根不得离开胸壁（见图 2-4）。

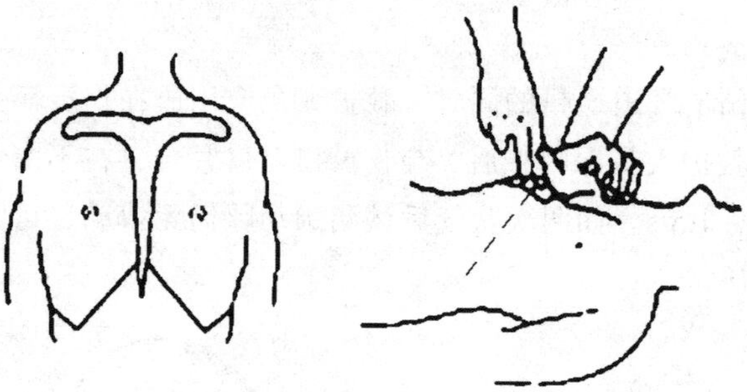

图 2-3　正确的按压位置

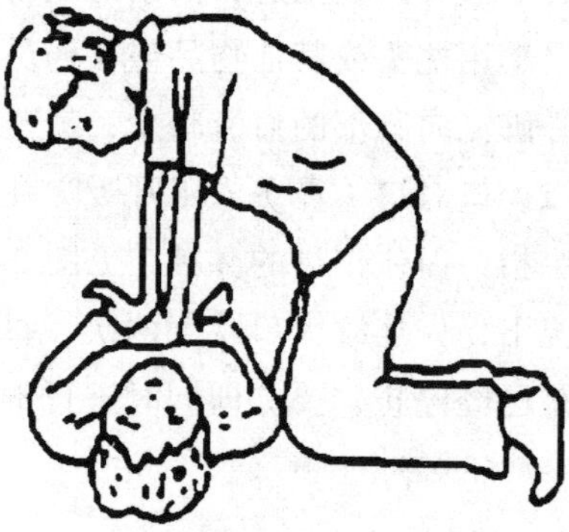

图 2-4　按压姿势与用力方法

胸外按压以均匀速度进行，每分钟 80 次左右，每次按压和放松的时间相等。按压必须有效，其标志是按压过程中可以触及颈动脉搏动。

（4）当触电伤员呼吸和心跳均停止时，则同时进行口对口（鼻）人工呼吸和胸外按压。其节奏为：单人抢救时，每按压 15 次后吹气 2 次（15：2），反复进行；双人抢救时，每按压 5 次后由另一人吹气 1 次（5：1），反复进行。

按压吹气 1 min 后，应用看、听、试方法在 5 ~ 7 s 时间内完成对伤员呼吸和心跳是否恢复再判定。

若判定颈动脉已有搏动但无呼吸，则暂停胸外按压，只进行人工呼吸；如脉搏和呼吸均未恢复，则继续坚持心肺复苏法抢救。

在抢救过程中，每隔数分钟再判定一次，每次判定时间均不得超过 5 ~ 7 s。

（5）抢救过程中伤员的移动与转院。

① 心肺复苏法应在现场就地坚持进行，不要为方便而随意移动伤员，如确实需要转移时，抢救中断时间不应超过 30 s。

② 动伤员或将伤员送往医院时，应使伤员平躺在担架上，并在其背部垫以平硬阔木板。移动或送往医院过程中应继续抢救。

③ 应创造条件，用塑料袋装入砸碎了的冰屑做成帽状包绕在伤员头部，露出眼睛，使脑部温度降低，争取心肺脑完全复苏。

（6）伤员好转后的处理。如伤员的心跳和呼吸经抢救后均已恢复，可暂停心肺复苏法操作，但心跳和呼吸恢复的早期仍有再次骤停的可能，故应严密监护，随时准备再次抢救。

初期恢复后，伤员可能神志不清或精神恍惚、躁动，应设法使伤员安静。

2.2　防静电及防电磁场

2.2.1　静电危害及其防护

与电流相比，静电是相对静止的电荷。它广泛存在于生产、生活和自然界中，如雷云带电、电容器残余电荷、摩擦带电以及在生产实践中被广泛利用的诸如静电印刷、静电喷漆、静电除尘、静电植绒等都属于这类电荷。但事物都具两面性，静电有被人们利用的一面，也有造成危害的一面。下面介绍对在生产工艺过程中摩擦产生的有害静电的防护。

1. 静电起因

只要两个物质之间存在运动或摩擦，都会产生静电。

当两种物质紧密接触，相距小于 25×10^{-10} m 时，由于不同物质的原子、原子团或分子得失电子的能力不同，就发生电子的转移，从而使接触面两侧出现大小相等、符号相反的两层电荷，称为双电层；当两种物质分离时，一种物质把电子传给另一种物质后就带正电，而另一种物质得到电子就带负电，这样就产生了静电。

静电电荷的多少不仅取决于静电的产生，还决定于静电的消散。若消散条件良好，即使有严重的静电荷，也是积聚不起来的。

产生静电荷的多少与生产物料的性质、料量、摩擦力大小和摩擦长度、液体和气体的喷射速度、粉体颗粒粗细等因素有关。

2. 静电危害

静电所能产生的危害如下：

（1）爆炸和火灾。造成爆炸和火灾是静电最大的危害。在可燃液体、气体的输送与存储场所，面粉、锯末、煤粉、铝粉、氢气、纺织等作业场所，都有静电产生，而这些场所空气中常有气体、蒸汽爆炸混合物或有粉尘、纤维类爆炸混合物，静电火花可能导致火灾。

当静电火花能量超过这些爆炸混合物的最小引爆能量时，就会引起爆炸。

（2）电击。衣着等固体物质的接触和分离，或人体在生产场所靠近带静电的物体，均可使人体带静电。当带静电荷的人体接近接地体时会发生放电，人即遭到电击。

也有带静电物体通过人体放电的现象。由于静电能量较小，电击不致直接致命，但人体可能因电击引起坠落、摔倒等二次伤害。电击还可能使操作者精神紧张而引起误操作事故。

（3）妨碍生产。静电除造成上述一些不安全因素外，还可能直接影响生产，降低产品质量。

3. 静电防护基本方法

对于静电的防护，首先要改进工艺过程，限制静电荷的产生和积聚，使其不超过安全限度。另外是要将已产生的静电荷尽快消除。目前常用以下几种方法：

1）接地法

接地法是消除静电荷最简单的方法，但它主要用来消除导体上的静电。对绝缘体上的静电，采用接地法效果不佳，相当于把大地电位引向绝缘体，反而有可能增加火花放电的危险性，所以带静电的绝缘物体不宜采用接地法。

静电接地线要有足够机械强度和化学稳定性，不得有中断处，其接地电阻应小于 1 000 Ω。此外，采用导电性地面或在绝缘地板上喷导电性涂料，也能达到接地作用。

2）泄漏法

泄漏法即在绝缘体表面增湿，结成薄水膜，使其表面电阻大为降低而加速静电泄漏。此外，增湿还能提高爆炸性混合物的最小引爆电流，有利于安全。

从消除静电危害考虑，应保持增湿场所空气相对湿度在 70%以上。

3）抗静电添加剂法

在产生静电的绝缘物料中添加少量的抗静电添加剂后，能增加材料的吸湿性或离子性，以加速静电泄漏。目前，合成纤维一般用此方法。此外，抗静电添加剂还具有降低摩擦系数，抑制摩擦产生静电的作用。

4）静电中和法

静电中和法是消除静电的重要措施。它是在静电荷密集的地方设法产生带电离子，将静电荷中和掉。静电中和法可用来消除绝缘体上的静电。静电中和法依其产生相反电荷或带电离子方式的不同，主要有下列几种类型：

（1）感应中和器。感应中和器不带电源，其工作原理见图 2-5（a）。当感应中和器工作时，生产物料上的静电在中和器的金属针（接地）上感应出相反的电荷，在金属针尖附近形成很强的电场。在这个强电场的作用下，和生产物料混杂在一起的气体或其他介质发生电离，并产生正离子和负离子。在电场的作用下，正、负离子分别向生产物料和针尖移动，从而把生产物料上的静电电荷中和掉。感应中和器适用于石油、化工、橡胶等行业。

（2）高压中和器。高压中和器带有高压电源，其工作原理见图 2-5（b）。按电源种类不同，可分为直流高压中和器和交流高压中和器两类，而交流高压中和器又有工频和高频之分。

（a）感应中和器工作原理　　（b）高压中和器工作原理

图 2-5　中和器工作原理图

高压中和器是利用高压电在放电针尖端附近形成强电场使空气电离来消除静电。高压中和器适用于化纤、橡胶、塑料、印刷等行业。

（3）放射线中和器。放射线中和器是利用放射性同位素使空气电离，产生正、负离子消除生产物料上的静电。

放射线中和器工作时不产生任何火花，适用于有火灾和爆炸危险的场所。

（4）离子流中和器。离子流中和器是将其产生的空气离子通过压缩空气吹向带静电体来消除静电的一种中和器。这种中和器的作用范围大，消静电效果也较好，可用于要求严格防光的场所。

（5）工艺控制法。工艺控制法是指从生产工艺上采取一些措施，来限制静电的产生和积聚。其方法为：适当选用物料，如在摩擦场合用导电性材料制造，或涂上导电性涂料；在搅拌过程中，适当安排加料顺序等，都可降低静电危害。

（6）防止人体带电。在日常工作和生产场所，为防静电危害，在易燃环境中最好不要穿化纤织物。在有爆炸粉尘混合物、氢气和乙炔等工作场所，应穿用导电纤维制成的防静电工作服和工作鞋。

2.2.2　电磁场对人体的危害及其防护

1. 电磁场及电磁辐射

1）电磁场的物理概念

电磁场由电场与磁场组成。电场是电荷产生的，存在于电荷周围，和电荷一样，电场也具有质量、能量和动量，是一种特殊物质。电场与电势之间有力的作用，因此，处在电场中的电荷会受到吸引力或推斥力的作用。

磁场是由运动着的电荷，即电流产生的，存在于运动电荷周围的空间。磁场也是一种特殊物质。磁场与磁场之间也有力的作用。因此，载流导体在磁场中会受到力的作用。

电磁场是由电场和磁场组成的统一体，两者是互相联系、同时存在的。但由于运动形式不同，有时只能显示电场，有时却只能显示磁场。运动的带电体除显示出电场外，也能显示出磁场；运动的磁铁除显示出磁场外，也能显示出电场，即运动的带电体及运动的磁铁都能显示出电磁场。

电磁场是具有能量的，其值为电场能量与磁场能量之和。处于电磁场中的物质，由于接受电磁场的能量，将产生损耗而发热。

2）电磁辐射的概念

当交流电通过电路时，其周围可产生频率变化相同的电磁场，这种可变化场的传播就形成了电磁波。电磁波可不依靠任何传输线而在空间传播，此现象称为电磁辐射。

不同频率的电磁波，对人的影响也不尽相同。当振动频率在 300 MHz 以下，感应场区作用范围是波长的 1/6，此区内的电磁能量呈储存状态，人体处于感应场区，对人体的影响主要为场能（电磁能）的作用。

2. 电磁场和电磁辐射对人体的危害

人体在电磁场和电磁辐射作用下，会吸收辐射的能量，产生生物效应。因此，电磁场可对人体造成不同程度的伤害。

1）高频电磁场的生物效应

人体是由离子、水、胶体和微粒等许多有机物和无机物构成的复杂机体，人体体液中含有丰富的电介质。电磁场作用于人体时，会使人体内各种离子和偶极子发生一系列变化，从而造成对机体的损伤。高频电磁场对人体的损伤主要由热效应所引起。

2）高频危害的临床表现

在一定强度的高频电磁场的热效应和热外生物效应作用下，人体会受到损伤，使中枢神经系统及自主神经系统功能失调。此外，心血管系统也会出现一系列临床症状，如心动过速或过慢、窦性心律不齐、现房性及室性期外收缩等现象。对周围血象也有影响，微波会使外周血液中白细胞总数下降。高频电磁场不影响人的视力，但长期接触大强度微波的人员，可能出现晶状体点状或小片状混浊等症状。

3）工频电磁场对人体的危害

电脑及其他家用电器会产生极低频电磁场，并可发射电磁辐射，这是继大气污染、水污染和噪声污染后的第四污染。

极低频电磁场可使血液、淋巴液和细胞原生质发生改变，造成细胞内的脱氧核糖核酸（DNA）受损、染色体损伤及遗传基因发生突变而致畸形，进而诱发人体下一代白血病、胚胎染色体改变，并导致婴儿畸形或自然流产。

3. 电磁场防护措施

为了限制电磁场的危害，通常采用三大类防护措施，即屏蔽发生源、控制与发生源间的距离以及个人防护。这些措施中，屏蔽发生源是主要环节。此外，还可通过改善高频设备的工艺结构和高频设备的配置，来降低现场的电磁场强度。

1）电场屏蔽

电场屏蔽接地如图 2-6 所示，即在电场发生源四周用以接地的金属屏蔽体。按静电感应原理，屏蔽体内侧感应出异性电荷，但外侧的电荷将通过接地线泄入大地，从而对外起到了屏蔽作用。

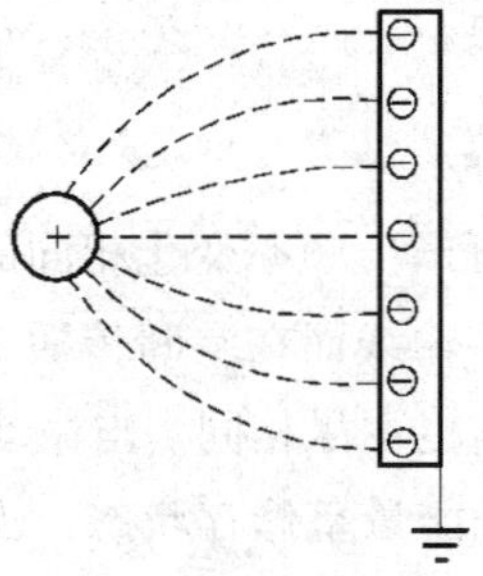

图 2-6 电场屏蔽接地

对于交变电磁场，会在屏蔽体内产生功率损耗，即屏蔽体吸收一定的能量，使进入屏蔽体的电磁波很快衰减下来。同时，电磁波传播到屏蔽体表面时，有部分能量被反射回去；进入有限厚度的屏蔽体的电磁波，由于多重反射，也会消耗部分能量。

2）屏蔽体

屏蔽体分板状和网状两类。这两类屏蔽体均可用铜、铝或铁制成，其中铁磁材料屏蔽效果最好，但消耗功率较多。一般屏蔽体为单层，必要时可做成双层结构。

随着屏蔽体厚度增加，屏蔽效果提高。一般厚 1 mm 即可满足屏蔽要求。对于网状体，目数越大，金属丝越粗，屏蔽效果越好。

屏蔽体的边角应尽量圆滑，以避免尖端效应。

在生产工艺允许的情况下，应适当加大屏蔽体与场源间的距离。这样做的原因有两个：一是可避免影响高频设备的工作；二是可提高屏蔽效果。

当因工作需要必须在屏蔽体上开孔、开缝时，孔直径尺寸不宜超过电磁波波长的 1/5，缝隙宽度不宜超过电磁波波长的 1/10。对于圆筒形磁场屏蔽，屏蔽体在圆周方向应是连续的，即不得在圆筒上开纵缝，以保持感应电流畅通。

较大区域的整体屏蔽即构成所谓屏蔽室。屏蔽室除用于防止电磁场泄漏造成危害外，还用来防止外界电磁场对屏蔽范围内设备或仪器的干扰。屏蔽室也有板状和网状之分。从屏蔽室的缝隙、门窗和通风孔道均可能泄漏出电磁场，因此，在这些部位上应采取适当的防泄漏措施，屏蔽室各部分的连接力求严密。

3）高频接地

高频接地包括高频设备外壳的接地和屏蔽的接地。高频接地除应符合一般电气设备接地的要求外，还应符合高频接地的特殊要求，特别是屏蔽的接地。

高频接地装置的接地线不宜太长，最好能限制在波长的 1/4 内。如无法达到这一要求，也要避开波长 1/4 的奇数倍，以防止在接地线上产生驻波，出现较高的电压而危害人身安全。高频接地线宜采用多股铜线或多层铜皮制成，以减小接地线的电感和其中的涡流损耗。高频接地体宜采用铜材制成。板状接地体的面积取 1.5 ~ 2 m^2 即可。

屏蔽装置有了良好的接地后，可提高屏蔽效果，且以中波波段较为明显。屏蔽装置接地，只宜在屏蔽体的一点与接地体相连。如果同时有几点与接地体相连，则由于各点情况不完全相同，可能会产生有害的不平衡电流。

4）防止极低频电磁场对人体伤害的措施

（1）间距。电磁辐射在空间传播是随距离、按指数规律迅速衰减，即电磁辐射强度与辐射源距离的平方成反比。因此，在使用电器时，使用人员应当与电器保持一定的间距，即可得到有效的防护。例如使用电视机和微波炉时，间距应不小于 3 m。

（2）时间。电磁辐射对人体作用时间越长，受损越大。因此，在电磁环境操作，时间不宜过长。

（3）防护材料。目前，我国已成功研制用于防电磁辐射的含多元素纺织物，并已制成电脑防护服、电热毯罩、微波炉罩等防护用品，其防护效果可达 90%以上。

第3章 电气照明基础

电气照明是利用一定的装置和设备将电能转换成光能，为人们的生活、工作和生产提供的照明。照明及动力所用电能靠输电线路传送，内线是输电线路中用于室内传送电能的部分。照明设备和室内线路的安装维修工艺是电气装修人员必须掌握的专业技能。

3.1 电气照明的基本常识

在电气安装与维修中，照明电路的安装与维修占着十分重要的地位。要从事照明电路的装修行业，必须懂得有关电气照明的基本知识。

3.1.1 电气照明常用物理量

1. 光

光是电磁波辐射到人的眼睛，经视觉神经转换为光线，即能被肉眼看见的那部分光谱。这类射线的波长范围在 360 ~ 830 nm，仅仅是电磁辐射光谱中非常少的一部分。

2. 光　谱

光线依波长大小顺序之分布称为光谱。每种光源都可以依其波长组成在光谱图上显示出其光谱能量分布图。太阳光及白炽灯泡的光谱能量分布为连续曲线，而一般放电灯的光谱能量分布为非连续曲线。

3. 光通量

光源在单位时间内发射出的光能称为光源的光通量，单位为流明（lm）。用光通量表示电光源发光的能力。如：额定功率为 15 W 的白炽灯泡的光通量为 110 lm，60 W 的白炽灯泡的光通量为 630 lm。

4. 照度及亮度

照度是指单位面积上接收到的光通量。照度符号是 E，照度单位是勒克斯（lx），即

$$E = \frac{\Phi}{A} \tag{3-1}$$

式中　Φ——光通量，lm；

A——照度面积，m^2；

E——照度，lx。

1 勒克斯（lx）相当 1 m^2 被照面上光通量为 1 流明（lm）时的照度。

亮度是指发光体在视线方向单位投影面上的发光强度。其单位是 cd/m^2（坎德拉/平方米）。这里所指的发光体不是光源，由于所有受照物体都是反射光线，因此对于人眼来说均可视为间接发光体。应该指出的是，发光体的亮度值实际上与视线无关。

3.1.2　常用电光源

凡可以将其他形式的能量转换成光能，从而提供光通量的设备、器具统称为光源。而其中可以将电能转换为光能，从而提供光通量的设备、器具则称为电光源。常用的电光源有：

（1）热致发光电光源（如白炽灯、卤钨灯等）。

（2）气体放电发光电光源（如荧光灯、汞灯、钠灯、金属卤化物灯等）。

（3）固体发光电光源（如 LED 和场致发光器件等）。

在这三类电光源中，各种电光源的发光效率有较大差别，热致发光电光源如白炽灯，它利用斯忒藩-玻耳兹曼定律（Stefan-Beltzmann law）：物体温度越高，它辐射出的能量越大。这一定律可用公式 $E=\sigma\xi T^4$ 表示。式中，E 表示物体在温度 T 时单位面积和单位时间内的辐射总能量；σ 表示斯忒藩-玻耳兹曼常数[$\sigma=5.669\,7\times10^{-12}$ W/（$cm^2\cdot K^4$）]；ξ 表示比辐射率，即物体表面辐射本领与黑体辐射本领的比值；T 表示物体的绝对温度。利用热致发光原理制成的电光源制作简单，成本低，但是发光效率低，其余的能量则以热的形式消耗掉。

白炽灯的发光效率一般为 7～20 lm/W，发光效率仅有 11%，红外、热能消耗分别占 69%、20%；大部分能量被发热损耗了。而气体放电发光器件，如荧光灯（Florescent）、金卤灯（Halide）、高强度放电灯（HID）等气体放电发光器件的发光效率比热辐射电光源就要高很多，它们的发光效率为普通白炽灯的数十倍，一般情况下，可以逐步用发光效率高的气体放电电光源替代热辐射电光源。

由于气体放电灯的功率可以做得较大（数千瓦），发光效率又高，是一种绿色照明电光源。

由于气体放电灯电光源在灯的发光效率和工作寿命方面具有白炽灯无可比拟的优势，因此，从它诞生之日起就一直受到人们的广泛关注，由此派生的产品可谓异彩纷呈。目前，市场上已有约 5 000 多种电光源。热辐射电光源以普通白炽灯泡和卤钨系列灯泡为代表。气体放电电光源，主要是指弧光放电电光源和辉光放电电光源，例如荧光灯、高强度气体放电灯和霓虹灯等。弧光放电电光源又可分为低气压放电电光源和高强度放电电光源。

低气压气体放电电光源以荧光灯及节能灯为代表；高强度气体放电电光源以高压水银荧光灯、高压钠灯（国外还有低压钠灯）和金卤灯为代表。例如，高压钠灯的发光效率是白炽灯的 8～10 倍，其寿命长、特性稳定、光通量维持率高，适用于在显色性要求不高的道路、广场、码头和室内高大的厂房、仓库等场所的照明场合应用。

金属卤化物灯，具有发光效率高、显色性好、功率大的特点，适用于剧院、总装车间等大面积照明场所应用。

单端紧凑型荧光灯的发光效率为 50 lm/W。采用一只 9 W、寿命为 3 000 ~ 5 000 h 的节能灯完全可以替代 40 W 的白炽灯泡；双端直管 T12 型的荧光灯的发光效率为 55 lm/W，寿命为 3 000 ~ 5 000 h，而现在的 T5 荧光灯的发光效率可达 90 ~ 110 lm/W，寿命可达 8 000 ~ 10 000 h。

近些年来，许多其他类型的新型电光源在不断地产生和发展，如准分子光源（ELS）、微波光源以及固体光源（如 LED）等。而固体发光光源，如发光二极管、等离子体发光器件等，尽管它们的发光效率高，但目前还不能得到大功率（如数百瓦），所以固体发光器件与进入大规模实用阶段还有一段距离，据分析，在近十几年内，传统电光源将还是主流（如白炽灯和荧光灯等）。气体放电光源的分类如下：

1. 按放电形式划分

① 弧光放电灯。这类气体放电电光源主要利用弧光放电柱产生光。阴极工作在较高温度下，所以又叫热阴极灯。这类气体放电电光源通常需要专门的启动器件和线路才能工作，电光源主要有荧光灯、汞灯、钠灯等。

② 辉光放电灯。这类气体放电电光源由辉光放电柱产生光，放电时阴极温度不高，所以又叫冷阴极气体放电电光源。阳极到阴极的电压降较大（100 V 左右），电流密度小。霓虹灯即属此类。

2. 按放电时电流经过的媒质划分

① 气体放电灯。利用气体的放电发光。如氙灯、荧光灯和氖灯等。

② 金属蒸汽灯。利用金属蒸汽（如汞蒸汽、钠蒸汽等）产生光，如汞灯、钠灯等。

3. 按放电时灯内大气压的高低划分

① 低气压灯。放电时，灯内气压为 1%个大气压（1 个大气压 = 1.01×10^5 Pa）左右，如荧光灯、低压钠灯等。

② 高气压灯。放电时，灯内气压为 1 ~ 5 个大气压，如高压汞灯、高压钠灯、高压氙灯等。

③ 超高气压灯。放电时，灯内气压大于 10 个大气压，如镝灯、钪钠灯、钠铊烟灯等。

其中高压汞灯的发光效率可达 50 lm/W，显色指数 *Ra* 超过 65，色温 4 000 ~ 6 000 K，寿命也可达到约 10 000 h，功率规格有 35 ~ 3 500 W，已形成系列化。高压钠灯发光效率达到 120 lm/W，显色指数 *Ra* 为 25，寿命达到 24 000 h，功率规格有 30 ~ 1 000 W。HID 灯所散发的热量只是卤素灯的一半，灯具寿命可达 2 500 h 以上。

荧光灯比白炽灯节电 70%，适用于在办公室、宿舍及顶棚高度低于 5 m 的车间等室内照明场合应用。紧凑型荧光灯发光效率比普通荧光灯高 5%，细管型荧光灯比普通荧光灯节电 10%，因此，紧凑型和细管型荧光灯是当今“绿色照明工程”实施方案中推出的高效节能电光源。

3.1.3 常用照明方式

电气照明按其用途不同分为生活照明、工作照明和事故照明三种方式。

1. 生活照明

生活照明指人们日常生活所需要的照明，属于一般照明。它对照度要求不高，可选用光通量较小的光源，但应能比较均匀地照亮周围环境。

2. 工作照明

工作照明指人们从事生产劳动、工作学习、科学研究和实验所需要的照明。它要求有足够的照度。在局部照明、光源与被照物距离较近等情况下，可用光通量不太大的光源；在公共场合，则要求有较大光通量的光源。

3. 事故照明

在可能因停电造成事故或较大损失的场所，必须设置事故照明装置，如医院急救室、手术室、矿井、地下室、公众密集场所等。事故照明的作用是：一旦正常的生活照明或工作照明出现故障，它能自动接通电源，代替原有照明。可见，事故照明是一种保护性照明，对可靠性要求很高，决不允许在运行时出现故障。

3.1.4 电气照明的质量要求

对照明的要求，主要是由被照明的环境内所从事活动的视觉要求决定的。一般应满足下列要求：

1. 照度均匀

照度均匀指被照空间环境及物体表面应有尽可能均匀的照度，这就要求电气照明应有合理的光源布置，选择适用的照明灯具。

2. 照度合理

根据不同环境和活动的需要，电气照明应提供合理的照度。

3. 限制眩光

集中的高亮度光源对人眼的刺激作用称为眩光。眩光损坏人的视力，也影响照明效果。为了限制眩光，可采用限制单只光源的亮度，降低光源表面亮度（如用磨砂玻璃罩），或选用适当的灯具遮挡直射光线等措施。实践证明，合理地选择灯具悬挂高度，对限制眩光的效果十分显著。一般照明灯具距地面最低悬挂高度的规定见表 3-1。

表 3-1 照明灯具距地面最低悬挂高度的规定

光源种类	灯具形式	光源功率/W	最低悬挂高度/m
白炽灯	有反射罩	≤60 100～150 200～300 ≥500	2.0 2.5 3.5 4.0
	有乳白玻璃漫反射罩	≤100 150～200 300～500	2.0 2.5 3.0
卤钨灯	有反射罩	≤500 1000～2000	6.0 7.0
荧光灯	无反射罩	<40 >40	2.0 3.0
	有反射罩	≥40	2.0
高压汞灯	有反射罩	≤125 125～250 ≥400	3.5 5.0 6.0
	有反射罩带格栅	≤125 125～250 ≥400	3.0 4.0 5.0
金属卤化灯	搪瓷反射罩	250	6.0
	铝抛光反射罩	1000	7.5
高压钠灯	搪瓷反射罩 铝抛光反射罩	250 400	6.0 7.0

该标准同样适用于 LED 照明灯具的安装。

3.1.5 照明器具的布置和安装要求

1. 灯具的安装方式

灯具安装方式应根据设计施工要求确定。通常采用的有悬吊式（悬挂式）、吸顶式、壁式等几种，如图 3-1 所示。

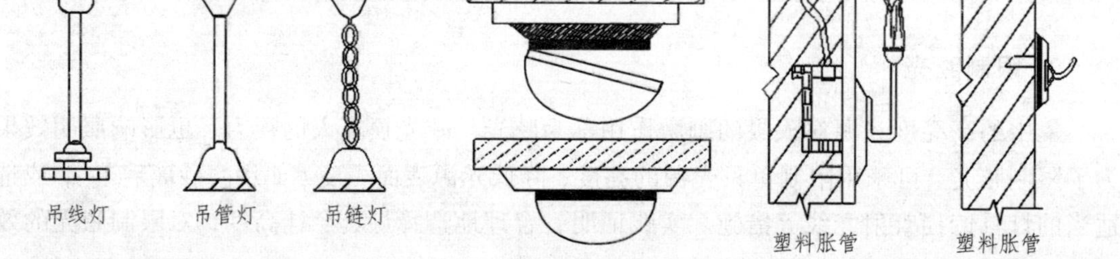

（a）悬吊式　（b）吸顶式　（c）壁式

图 3-1 灯具安装方式

悬吊式又分为吊线式、吊链式和吊管式。吊线式直接由软电线承受灯具重量（如普通白炽灯）。由于其挂线盒内接线桩承重较小，软线在挂线盒出口内侧应打结以承受灯具重量。吊链式和吊管式的灯具一般重量较大。在暗管配线安装时，用吊管式更为美观方便，其结构如图 3-2 所示。

吸顶式分为吸顶式和嵌入式两种。吸顶式是利用木台（圆木）将灯具安装在天花板上。嵌入式适用于室内有吊顶的场所。在制作吊顶时，应根据灯具的尺寸留出位置，然后将灯具装在留有位置的吊顶上，如图 3-3 所示。

壁式灯具简称为壁灯，通常安装在墙壁和柱上。为了安装牢固，需根据情况安装木榫、膨胀螺栓等紧固件，然后才固定灯具。

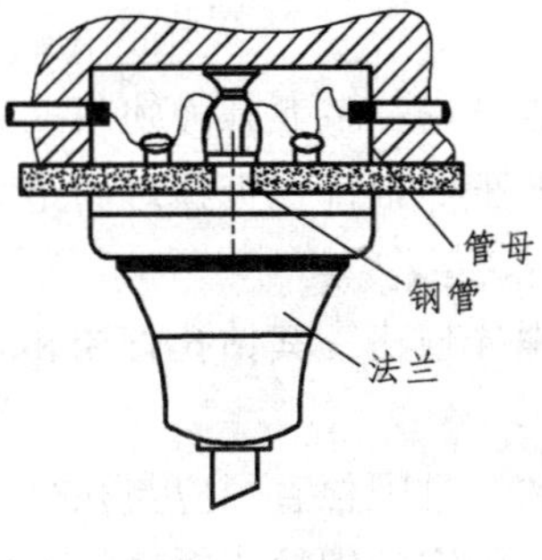

图 3-2　吊管式灯具

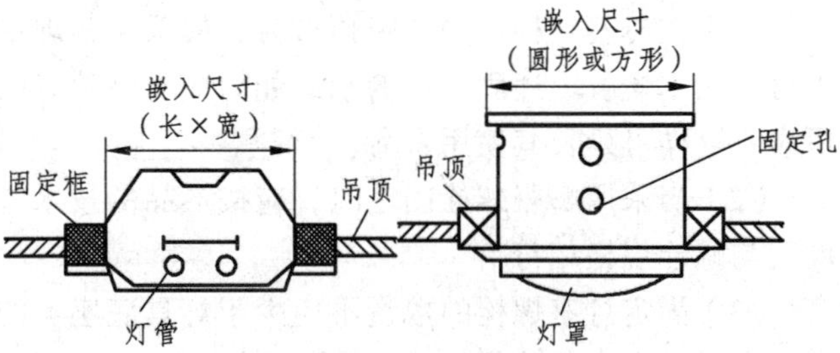

图 3-3　灯具的嵌入安装

2. 灯具的悬挂高度

室内照明灯具的最低悬挂高度一般为 2.5 m。

3. 开关和插座距地面的高度

普通灯开关和普通插座距地面的高度不应低于 1.3 m，如因特殊需要，欲将插座降低时，其高度不能低于 150 mm，并换用安全插座。

3.2　常用照明灯具、开关、插座的安装

3.2.1　LED 灯的安装

LED 是英文 Light Emitting Diode（发光二极管）的缩写，它的基本结构是一块电致发光的半导体材料芯片，用银胶或白胶固化到支架上，用银线或金线连接芯片和电路板，然后四周用环氧树脂密封，起到保护内部芯线的作用，最后安装外壳。所以 LED 灯的抗震性能好。LED 灯的运用领域涉及手机、台灯、家电等日常家电和机械生产等方面。

LED，是一种能够将电能转化为可见光的固态的半导体器件，它可以直接把电转化为光。LED 的心脏是一个半导体的晶片，晶片的一端附在一个支架上，一端是负极，另一端连接电源的正极，使整个晶片被环氧树脂封装起来。半导体晶片由两部分组成：一部分是 P 型半导

体，在里面空穴占主导地位；另一部分是N型半导体，在里面主要是电子。这两种半导体连接起来的时候，它们之间就形成一个P-N结。当电流通过导线作用于这个晶片的时候，电子就会被推向P区，在P区里电子跟空穴复合，然后就会以光子的形式发出能量，这就是LED灯发光的原理。

LED光源的应用非常灵活，可以做成点、线、面各种形式的轻薄短小产品；LED的控制极为方便，只要调整电流，就可以随意调光；不同光色的组合变化多端，利用时序控制电路，更能达到丰富多彩的动态变化效果。LED现已经被广泛应用于各种照明设备中，如电池供电的闪光灯、微型声控灯、安全照明灯、室外道路、室内楼梯照明灯以及建筑物与标记连续照明灯。

1）LED灯安装步骤

（1）在砖石结构中安装吸顶灯时，应采用预埋螺栓、膨胀螺栓、尼龙塞或塑料塞固定，不可使用木楔。上述固定件的承载能力应与吸顶灯的重量相匹配，以确保吸顶灯固定牢固、可靠，这样可延长其使用寿命。

（2）当采用膨胀螺栓固定时，应按产品的技术要求选择螺栓规格，其钻孔直径和埋设深度要与螺栓规格相符。

（3）固定灯座螺栓的数量不应少于灯具底座上的固定孔数，且螺栓直径应与孔径相配。底座上无固定安装孔的灯具（安装时自行打孔），每个灯具用于固定的螺栓或螺钉数不应少于2个，且灯具的重心要与螺栓或螺钉的重心相吻合；只有当绝缘台的直径在75 mm及以下时，才可采用1个螺栓或螺钉固定。

（4）LED吸顶灯不可直接安装在可燃的物件上。有的家庭为了美观，用油漆后的三夹板衬在吸顶灯的背后，实际上这很危险，必须采取隔热措施。如果灯具表面高温部位靠近可燃物，也要采取隔热或散热措施。

2）LED吸顶灯安装前应检查事项

（1）引向每个灯具的导线线芯的截面要求：铜芯软线截面面积不小于 0.4 mm^2，铜芯截面面积不小于0.5 mm^2，否则引线必须更换。

（2）导线与灯头的连接、灯头间并联导线的连接要牢固，电气接触应良好，以免由于接触不良，出现导线与接线端之间产生火花而发生危险。

3）LED灯的损坏原因

（1）电流的电压不稳定、供电电压升高特别容易造成LED灯毁坏。电压突然升高的原因很多，如电源的质量问题，或者用户的不当使用等原因都可能让供电的电源电压突然升高。

（2）灯管的供电通路局部短路。造成这种情况的原因通常是线路中某个部件，或者其他导线的短路使这个地方的电压增高。

（3）LED因为自身的质量原因损坏因而形成短路，它原有的电压降就转嫁到其他LED上。

（4）灯具的散热效果不好。灯管发光就是一个散热的过程，如果灯具内的温度过高就容易使LED的特性变坏。这样也容易对LED灯造成损坏。

（5）灯具里面进水。因为水是导电的，这样就会使灯具的线路短路。

（6）装配的时候没有做好防静电的工作，使LED的内部已经被静电所伤害。尽管施加的是正常电压和电流值，同样极易造成 LED 的损坏。

3.2.2　荧光灯的安装

1. 荧光灯的组成

荧光灯主要由灯管、镇流器和启辉器等部分组成。

1）灯　管

灯管是一根直径 15 ~ 40.5 mm 的玻璃管，在灯管内壁上涂有荧光粉，灯管两端各有一根灯丝，固定在灯管两端的灯脚上。灯丝上涂有氧化物。当灯丝中有电流通过而发热时，便发射出大量电子。管内在真空情况下充有一定量的氩气和少量水银，如图 3-4 所示。

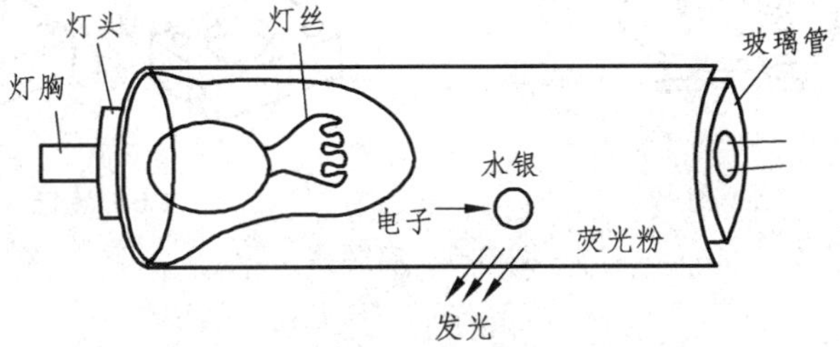

图 3-4　荧光灯灯管构造

2）镇流器

镇流器是具有铁心的电感线圈，它有两个作用：在启动时与启辉器配合，产生瞬时高压点燃灯管；在工作时利用串联于电路中的高电抗限制灯管电流，延长灯管使用寿命。

镇流器的结构形式有单线圈式和双线圈式两种，如图 3-5 所示。从外形上看，又分为封闭式、开启式和半开启式三种。图 3-5（a）是封闭式；图 3-5（b）是开启式。

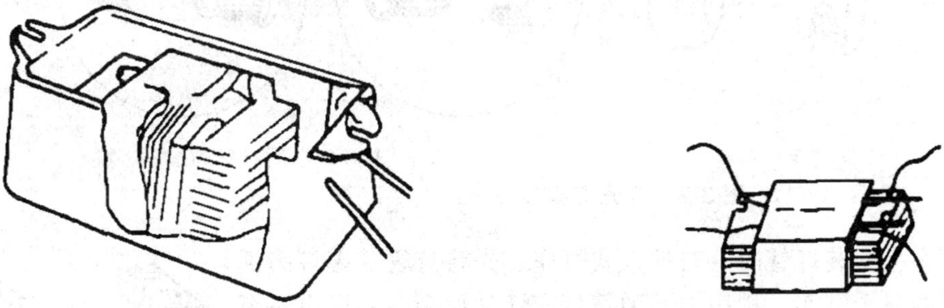

（a）封闭式　（b）开启式

图 3-5　荧光灯镇流器

镇流器的选用必须与灯管配套，即灯管瓦数必须与镇流器配套的标称瓦数相同。

3）启辉器

启辉器又名启动器、跳泡。启辉器由氖泡、纸介电容、引线脚和铝质或塑料外壳组成。氖泡内有一个固定的静止触片和一个双金属片制成的倒 U 形触片。双金属片由两种膨胀系数差别很大的金属薄片黏合而成，动触片与静触片平时分开，两者相距 1/2 mm 左右，其构造如图 3-6（a）所示，与氖泡并联的纸介电容容量在 5 000 pF 左右，它的作用是：第一，与镇流器线圈组成 *LC* 振荡回路，这样能延长灯丝预热时间和维持脉冲放电电压；第二，能吸收干扰收录机、电视机等电子设备的杂波信号。如果电容被击穿，去掉后氖泡仍可使灯管正常发光，但失去吸收干扰杂波的性能。

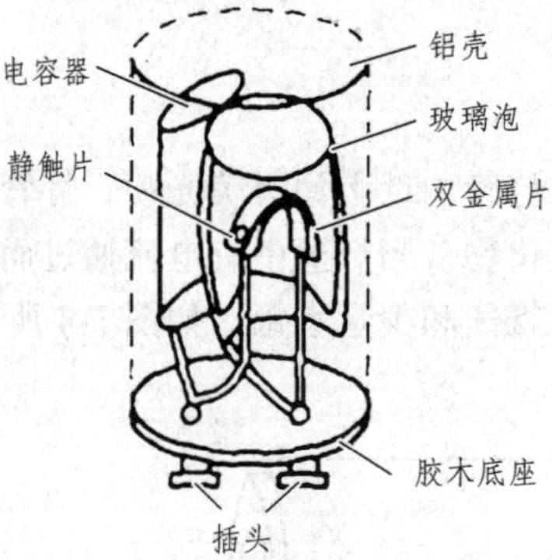

（a）结构

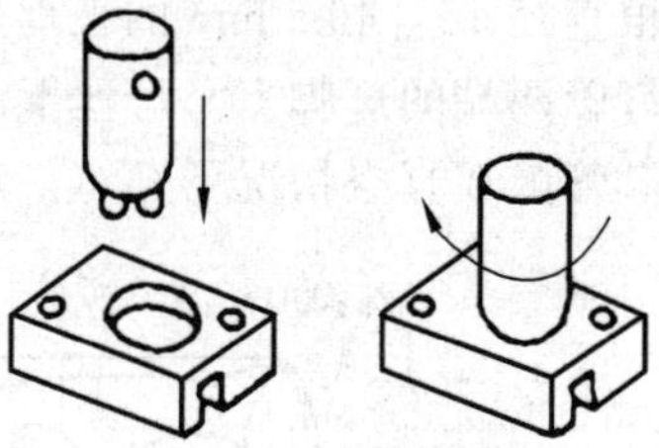

（b）装配

图 3-6 启辉器

4）灯 座

一对绝缘灯座将荧光灯管支承在灯架上，再用导线连接成荧光灯的完整电路。灯座有开启式和插入式两种，如图 3-7 所示。开启式灯座还有大型和小型两种，如 6 W、8 W、12 W、13 W 等的细灯管用小型灯座，15 W 以上的灯管用大型灯座。

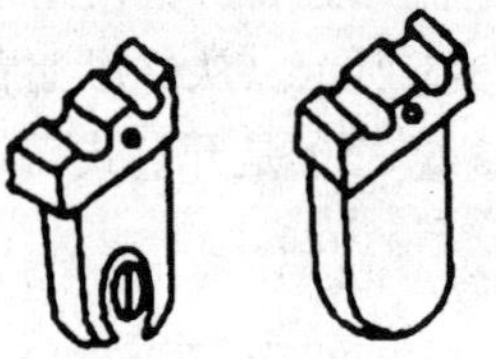

（a）开启式

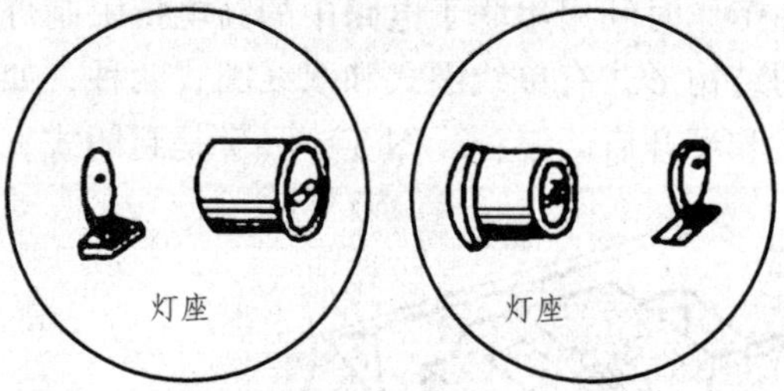

（b）插入式

图 3-7 荧光灯座

在灯座上安装灯管时，对插入式灯座，先将灯管一端灯脚插入带弹簧的一个灯座，稍用力使弹簧灯座活动部分向外退出一小段距离，另一端趁势插入不带弹簧的灯座；对开启式灯座，先将灯管两端灯脚同时卡入灯座的开缝中，再用手握住灯管两端灯头旋转约 1/4 圈，灯管的两个引出脚即被弹簧片卡紧使电路接通，如图 3-8 所示。

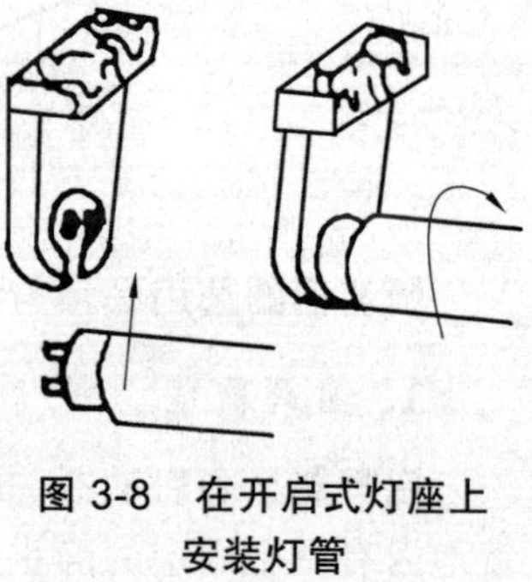

图 3-8 在开启式灯座上安装灯管

5）灯 架

灯架用来装置灯座、灯管、启辉器、镇流器等荧光灯零部件，有木制、铁皮制、铝皮制等几种。其规格应配合灯管长度、数量和光照方向选用。灯架长度应比灯管稍长。反光面应涂白色或银色油漆，以增强光线反射。

2. 荧光灯的工作原理

荧光灯的工作电路如图 3-9 所示。

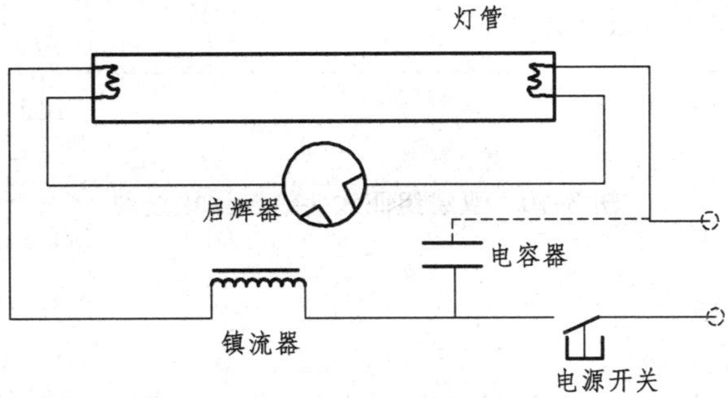

图 3-9　荧光灯的电路图

荧光灯的工作过程分启辉和工作两种状态。其工作原理是：灯管的灯丝又称阴极，通电后发热，称阴极预热，预热到 850 ~ 900 °C 时（通电 1 ~ 3 s 后），阴极发射电子。但荧光灯管属长管放电发光类型，启辉前内阻较高，阴极预热发射的电子尚不能使灯管内形成回路，需要施加较高的脉冲电压。

此时灯管内阻很大，镇流器因接近空载，其线圈两端的电压降极小，电源电压绝大部分加在启辉器上。在较高电压的作用下，氖泡内动、静两触片之间就产生辉光放电而逐渐发热，泡内 U 形双金属片因温度上升而动作，触及静触片，于是就形成启辉状态的电流回路。

接着，因辉光放电停止，U 形双金属片随温度下降而复位，动、静两触片分断，于是，在电路中形成一个触发，镇流器电感线圈中产生较高的感应电动势，出现瞬时高压脉冲。在脉冲电动势作用下，灯管内惰性气体被电离而引起弧光放电，弧光放电使管内温度升高，液态汞汽化游离，游离的汞分子因运动剧烈而使其撞击惰性气体分子的机会骤增，于是就引起汞蒸汽弧光放电，激励灯管内壁上的荧光材料发出可见光，光色近似“日光色”。

灯管启辉后，内阻下降，镇流器两端的电压随即增大（相当于电源电压的一半以上），同时在氖管两极间的电压也在下降，此时电压已不足以引起极间辉光放电，两触片保持分断状态，不起作用，电流即由灯管内气体电离而形成通路。灯管进入工作状态。

另外，镇流器还有两个作用：一是在阴极预热时，限制灯丝所需的预热电流值，防止预热温度过高而烧断，并保证阴极电子发射能力；二是在灯管启辉后，维持灯管的工作电压并限制灯管工作电流在额定值以内，以保证灯管能稳定放电。根据上述工作特性，通常都采用由铁心和线圈组成的镇流器。为了减少磁饱和，铁心磁路中应留有间隙，以增加漏磁而限制通过线圈的启动电流。

3. 荧光灯照明线路的安装

在荧光灯安装时可能会遇到有两个绕组的镇流器，其接线方式如图 3-10 所示。

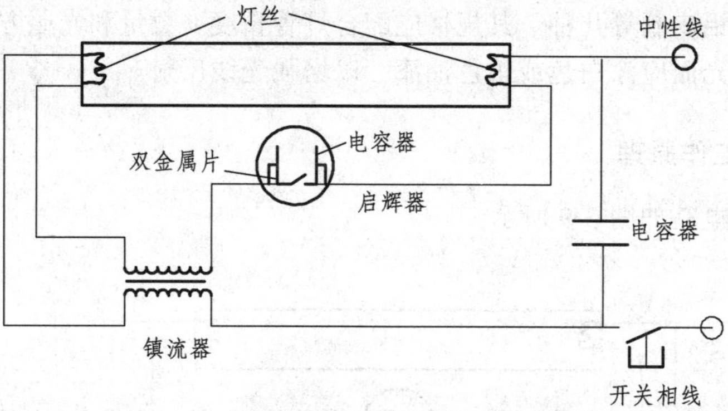

图 3-10　双绕组四线头镇流器接线图

3.2.3　照明开关安装

照明的电气控制方式有两种：一种是单灯或数灯控制；另一种是回路控制。单灯控制或数灯控制采用室内照明开关，即通常的灯开关。灯开关的品种、型号很多。为方便实用，同一建筑物、构筑物的开关应采用同一系列的产品，也可利于维修和管理。

1. 质量要求

（1）开关通过 1.25 倍额定电流时，其导电部分的温升不应超过 40 °C。

（2）开关的绝缘能承受 2 000 V（50 Hz）历时 1 min 的耐压试验，而不发生击穿和闪络现象；

（3）开关在通以试验电压 220 V、试验 1 倍额定电流、功率因数（$\cos\phi$）为 0.8，操作 10 000 次（开关额定电流为 1 ~ 4 A）、15 000 次（开关额定电流为 6 ~ 10 A）后，零件不应出现妨碍正常使用的损伤（紧固零件松动、弹性零件失效、绝缘零件碎裂等），以 1 500 V（50 Hz）的电压试验 1 min 不发生击穿或闪络，通以额定电流时其导电部分的温升不超过 50 °C。

（4）开关的操作机构应灵活轻巧，触头的接通与断开动作应由瞬时转换机构来完成。

（5）开关的接线端子应能可靠地，连接一根或两根截面面积为 1 ~ 2.5 mm^2 的导线。

（6）开关的塑料零件表面应无气泡、裂纹、铁粉、肿胀、明显的擦伤和毛刺等缺陷，并应具有良好的光泽等。

2. 安装位置

开关的安装位置应便于操作，还应考虑门的开启方向，开关不应设在门后，否则很不方便使用。住宅楼的进户门开关位置不但要考虑外开门的开启方向，还要考虑用户在装修时，后安装的内开门的开启方向，以防开关被挡在内开门的门后。《建筑电气工程施工质量验收规范》（GB 50303—2002）规定：开关边缘距门框边缘的距离 0.15 ~ 0.2 m，开关距地面高度 1.3 m。

开关的安装位置，应区别不同的使用场所，选择恰当的安装地点，以利美观协调和方便操作。

3. 接线盒检查清理

用錾子轻轻地将盒子内部残留的水泥、灰块等杂物剔除，用小号油漆刷将接线盒内杂物清理干净。清理时注意检查有无接线盒预埋安装位置错位（即螺钉安装孔错位 90°）、螺钉安装孔缺失、相邻接线盒高差超标等现象，如果有应及时修整。如接线盒埋入较深，超过 1.5 cm 时，应加装套盒。

4. 开关安装

拉线开关一般在 2 ~ 3 m 高，距门框为 0.15 ~ 0.2 m，且拉线出口位向下，用防水拉线。其他各种开关安装位置应距地面 1.3 m，距门框 0.15 ~ 0.2 m。拉线开关相邻间距一般不小于 20 mm，用防水拉线开关。

常见的开关有延时开关、轻触开关、光电开关等。根据不同布置需要有单联、双联、三联、四联等形式。单极开关安装方法如图 3-11 所示。

根据《建筑电气工程施工质量验收规范》（GB 50303-2002）的规定，照明开关的安装应符合下列规定：

（1）开关安装位置便于操作，开关边缘距门框边缘的距离 0.15 ~ 0.2 m，开关距地面高度 1.3 m；拉线开关距地面高度 2 ~ 3 m，层高小于 3 m 时，拉线开关距顶板不小于 100 mm，拉线出口垂直向下。

（2）相同型号并列安装及同一室内开关安装高度一致，且控制有序不错位。并列安装的拉线开关的相邻间距不小于 20 mm。

（3）暗装的开关面板应紧贴墙面，四周无缝隙，安装牢固，表面光滑整洁，无碎裂、划伤，装饰帽齐全。

安装时，先将开关盒预埋在墙内，埋入时要注意平正，不能偏斜；盒口面要与墙面一致。待穿完导线后，即可接线，接好线后装开关面板，使面板紧贴墙面。

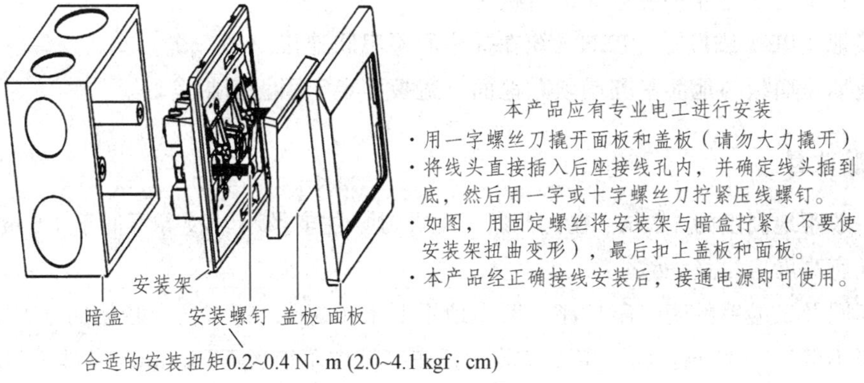

图 3-11　单极开关安装示意图

3.2.4　插座安装

插座是长期带电的电器，是各种移动电器的电源接取口（如台灯、电视机、计算机、洗衣机和壁扇等），也是线路中最容易发生故障的地方。插座的接线孔都有一定的排列位置，不能接错，尤其是单相带保护接地插孔的三孔插座，一旦接错，就容易发生触电伤亡事故。插座接线时，应仔细辨认盒内分色导线，正确地与插座进行连接。

在电气工程中，15 A 插座每一极的拔出力不应小于 6 N（三、四极的总拔出力分别不大于 70 N、90 N）；25 A 插座每一极的拔出力不应小于 10 N（四极总拔出力不小于 120 N）。

1. 安装要求

（1）当交流、直流或不同电压等级的插座安装在同一场所时，应有明显的区别，且必须选择不同结构、不同规格和不能互换的插座。配套的插头应按交流、直流或不同电压等级区别使用。

（2）住宅内插座的安装数量，不应少于《住宅设计规范》（GB 50096—2011）电源插座的设置数量见表 3-2 中的规定。

表 3-2 住宅插座设置数量表

部 位	设置数量
卧室、起居室（厅）	一个单相三线和一个单相二线的组合插座两组
厨房、卫生间	防溅水型一个单相三线和一个单相二线的组合插座一组
布置洗衣机、冰箱、排气机械和空调器等	专用单相三线插座一个

（3）暗装的插座面板紧贴墙面，四周无缝隙，安装牢固，表面光滑整洁，无碎裂、划伤，装饰帽齐全。

（4）舞台上的落地插座应有保护盖板。

（5）接地（PE）或接零（PEN）线在插座间不串联连接。

（6）地插座面板与地面平齐或紧贴地面，盖板固定牢固，密封良好。

2. 安装位置

（1）一般距地高度为 1.3 m，在托儿所、幼儿园、住宅及小学校等不低于 1.8 m；同一场所安装的插座高度应尽量一致。

（2）车间及试验室的明、暗插座一般距地不低于 0.3 m，特殊场所暗装插座，如图 3-12 所示，一般不低于 0.15 m；同一室内安装的插座高度差不应大于 5 mm；成排安装的插座间距离不大于 2 mm。暗设的插座应有专用盒，盖板应紧贴墙面。

（3）特殊情况下，当接插座有触电危险家用电器的电源时，采用能断开电源的带开关插座，开关断开相线；潮湿场所采用密封型并带保护地线触头的保护型插座，安装高度不低于 1.5 m。

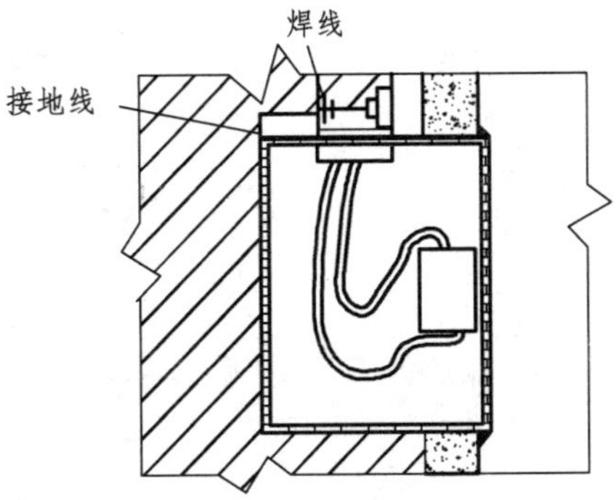

图 3-12　暗插座安装

（4）为安全使用，插座盒（箱）不应设在水池、水槽（盆）及散热器的上方，更不能被挡在散热器的背后。

（5）插座如设在窗口两侧，应对照采暖图，插座盒设在与采暖立管相对应的窗口另一侧墙垛上。

（6）插座盒不应设在室内墙裙或踢脚板的上皮线上，也不应设在室内最上皮瓷砖的上口线上。

（7）插座盒也不宜设在小于 370 mm（或混凝土柱）上。如墙垛或柱宽度为 370 mm 时，应设在中心处，以求美观大方。

（8）住宅厨房内设置供排油烟机使用的插座，应设在煤气台板的侧上方。

（9）插座的设置还应考虑躲开煤气管、表的位置，插座边缘距煤气管、表边缘不应小于 0.15 m。

（10）插座与给、排水管的距离不应小于 0.2 m；插座与热水管的距离小于 0.3 m。

3. 插座接线

插座接线时可参照图 3-13 进行，同时，还应符合下列各项规定：

（1）插座接线的线色应正确，盒内出线除末端外应做并接头，分支接至插座，不允许拱头（不断线）连接。

（2）单相两孔插座，面对插座的右孔（或上孔）与相线（L）连接，左孔（或下孔）与中性线（N）连接。

（3）单相三孔插座，面对插座的右孔与相线（L）连接，左孔与中性线（N）连接，PE 或 PEN 线接在上孔。

（4）三相四孔及三相五孔插座的 PE 或 PEN 线接在上孔，同一场所的三相插座，接线相序应一致。

（5）插座的接地端子（E）不与中性线（N）端子连接；PE 或 PEN 线在插座间不串联连接；插座的 L 线和 N 线在插座间不应串接；插座的 N 线不与 PE 线混同。

（6）照明与插座分回路敷设时，插座与照明或插座与插座各回路之间均不能混同。

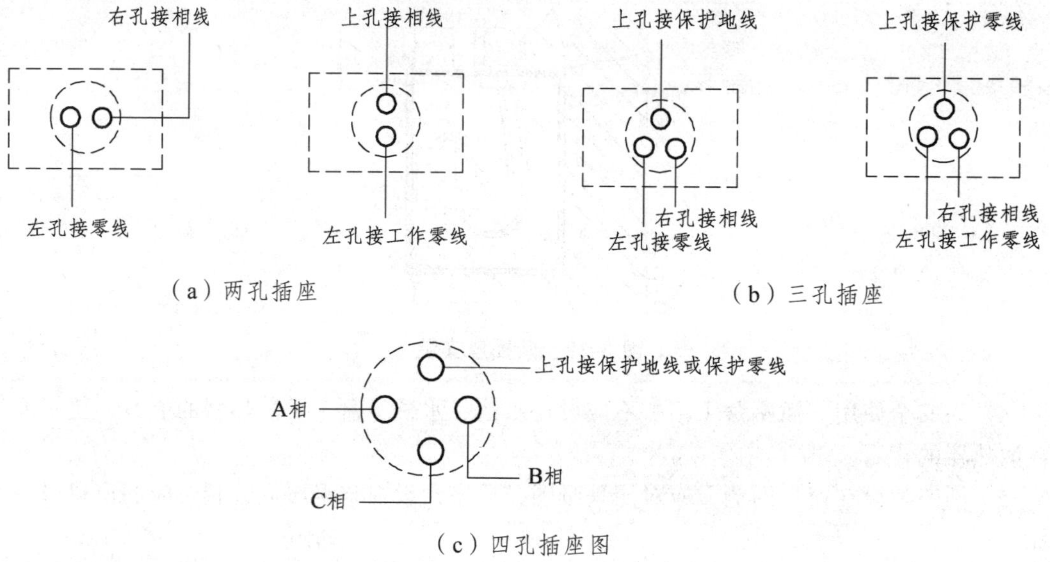

图 3-13 插座的接线图

3.3 室内配线知识

室内线路通常由导线、导线支持物和用电器具组成，室内线路的安装有明线安装和暗线安装两种。导线沿墙壁、天花板、梁及柱子等明敷设，称为明线安装。导线穿管埋设在墙内、地坪内或装设在顶棚里，称为暗线安装。

按配线方式分为瓷（塑料）夹板配线、槽板配线、瓷瓶配线、塑料护套线配线、电线管配线等。

瓷夹板配线线路虽然结构简单，布线费用少，安装和维护较为方便，但由于瓷夹板较薄，机械强度小，容易损坏，导线距离建筑物较近，因此在室内线路安装中，已逐渐被护套线线路取代。

槽板配线所用的槽板包括木槽板、塑料槽板和铝合金槽板。由于木槽板已被塑料槽板和铝合金槽板所取代，且工厂中使用较少。下面仅介绍塑料护套线配线和电线管配线。

3.3.1 室内配电线路导线的连接

1. 导线接头的基本要求

在配线过程中，因出现线路分支或导线太短等问题，经常需要将一根导线与另一根导线连接。在各种配线方式中，导线的连接除了针式绝缘子、鼓形绝缘子、蝶形绝缘子配线可在布线中间处理外，其余均需在接线盒、开关盒或灯头盒内处理。导线的连接质量对安装的线路能否安全可靠运行影响很大。常用的导线连接方法有绞接、绑接、焊接、压接和螺栓连接等。其基本要求如下：

（1）剖削导线绝缘层时，无论用电工刀或剥线钳，都不得损伤线芯。

（2）接头应牢固可靠，其机械强度不小于同截面导线的 80%。

（3）连接电阻要小。

（4）绝缘要良好。

2. 导线连接方法

（1）单芯、双芯铜导线铰接连接见图 3-14。

（2）单芯导线绑接法见图 3-15。

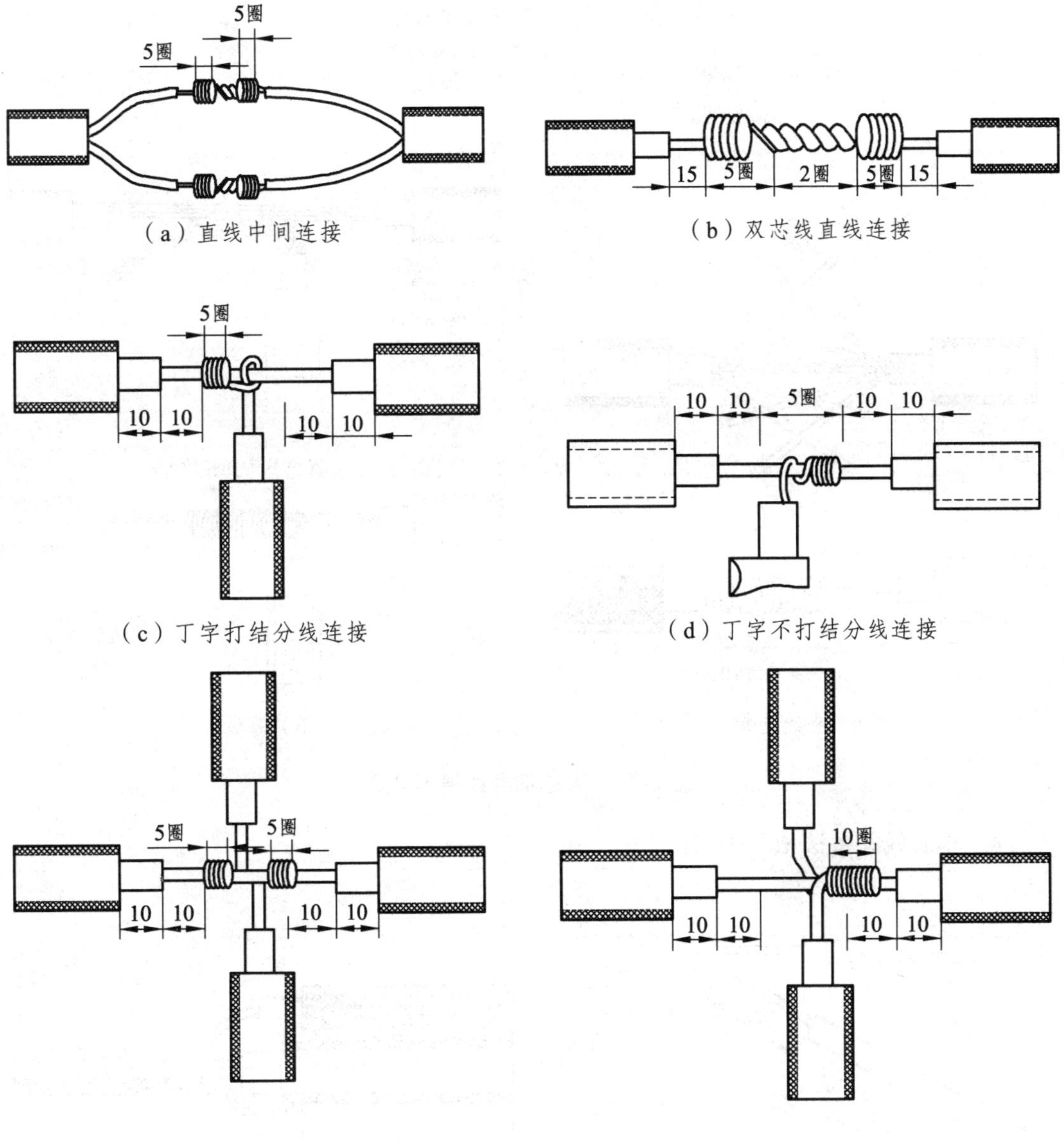

（a）直线中间连接　（b）双芯线直线连接

（c）丁字打结分线连接　（d）丁字不打结分线连接

（e）单芯线十字分线连接（一）　（f）单芯线十字分线连接（二）

图 3-14　单、双芯铜导线铰接连接

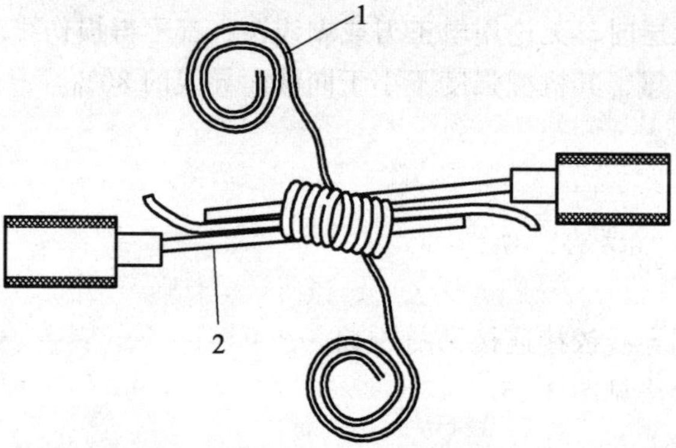

图 3-15　单芯导线绑接法

1—绑线（裸铜线）；2—辅助线

（3）多芯铜导线缠绑接法见图 3-16。

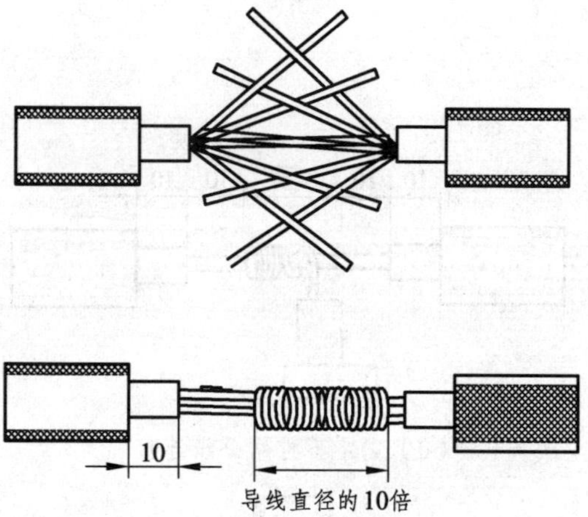

（a）直线连接

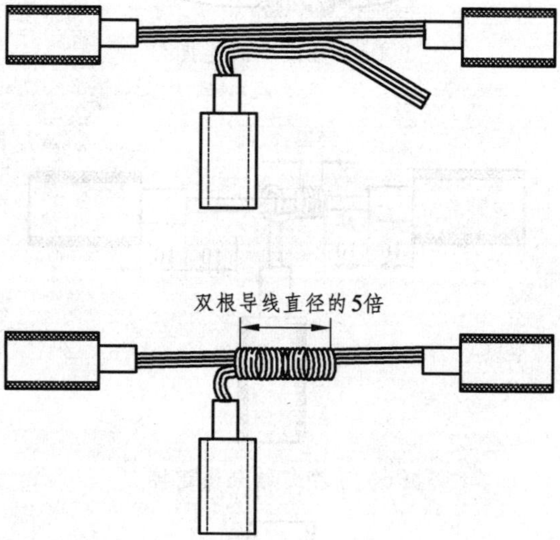

（b）分线连接

图 3-16　多芯铜导线缠绑接法

（4）单芯线并接法见图 3-17。

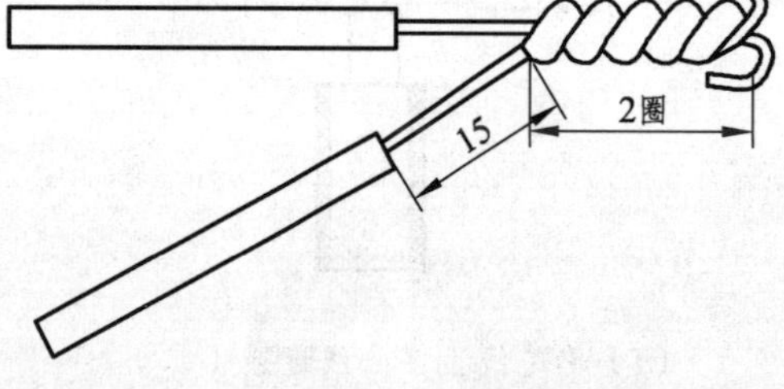

（a）单芯两根铜导线并接头

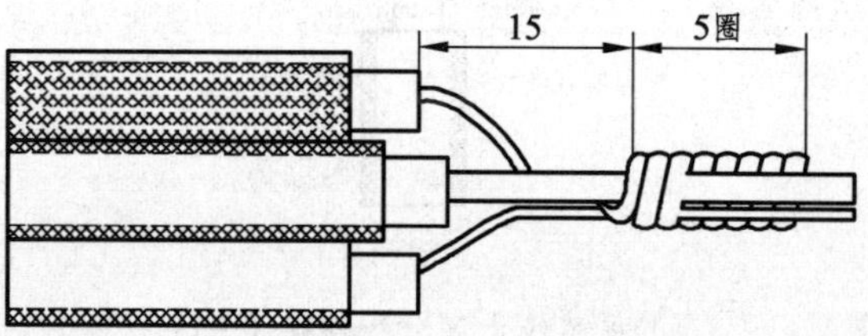

（b）单芯三根及以上铜导线并接头

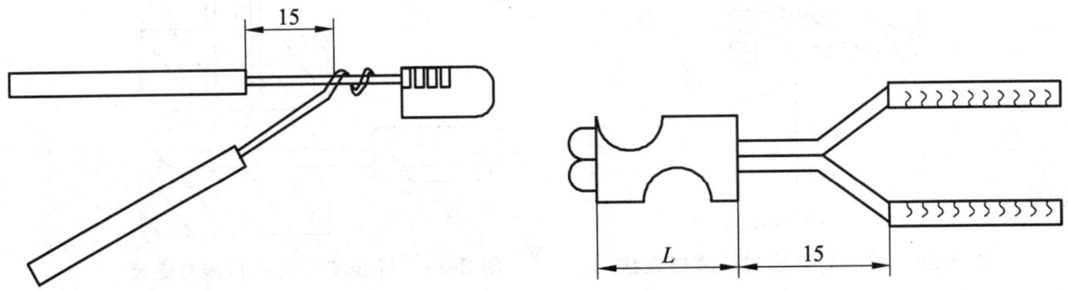

（c）单芯不同线径铜导线并接头　　（d）单芯铝导线并头管压接

图 3-17　单芯线并接法

（5）多股绞线的并接法见图 3-18。
（6）铝芯导线用压接管压接法见图 3-19。
（7）导线与接线柱的连接见图 3-20 和图 3-21。

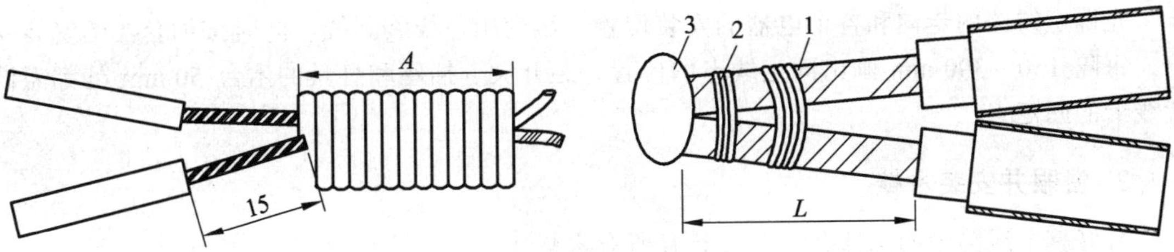

（a）多股铜绞线并接头　　（b）多股铝绞线气焊接头

图 3-18　多股绞线的并接法

1—石棉绳；2—绑线；3—气焊；A—缠绕长度；L—长度（由导线截面确定）

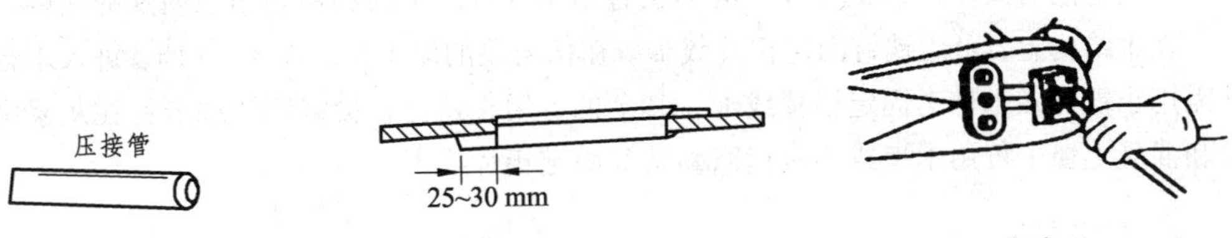

（a）　　（b）　　（c）

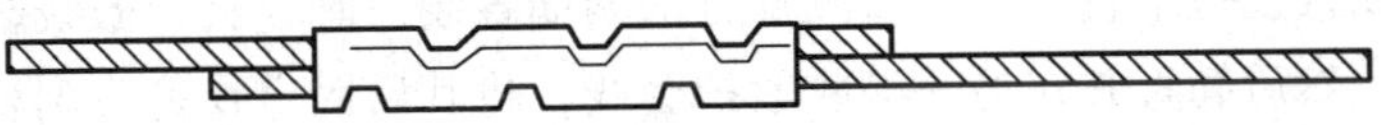

（d）

图 3-19　铝芯导线用压接管压接法

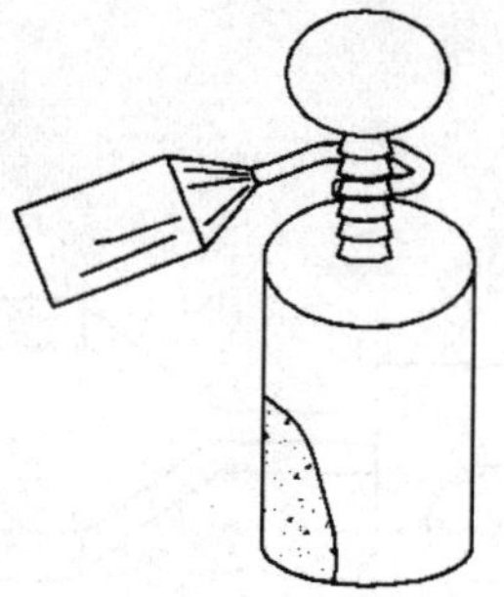

图 3-20 导线与平压式接线柱连接

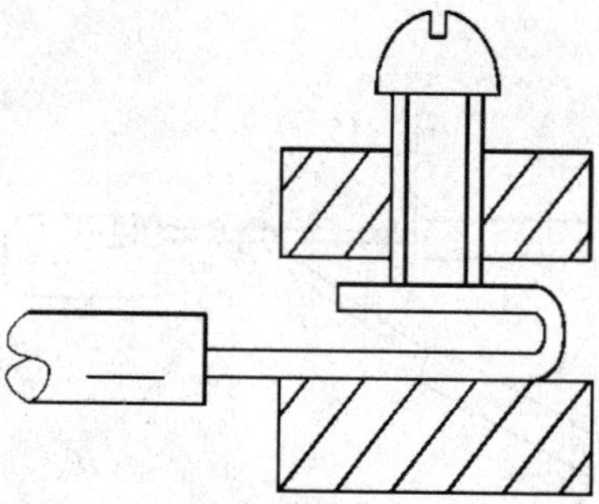

图 3-21 导线与针孔式接线柱连接

3.3.2 塑料护套线配线方法

塑料护套线是一种具有塑料保护层的双芯或多芯绝缘导线，具有防潮、耐酸、耐腐蚀、线路造价较低安装方便等优点，可以直接敷设在空心板、墙壁以及其他建筑物表面，用铝片线卡（俗称钢精轧头）或尼龙线卡作为导线的支持物。故目前电气照明线路大部分采用塑料护套线配线。但由于导线的截面面积较小，大容量电路不能采用。塑料护套线配线方法如下：

1. 划线定位

先确定线路的走向和各个电器的安装位置，然后用弹线袋划线。同时按护套线的安装要求，每隔 150 ~ 300 mm 画出固定线卡的位置，距开关、插座和灯具的木台 50 mm 处都需设置线卡的固定点。

2. 凿眼并安装木棒

打好整个线路中的木棒孔，并安装好所有木棒。

3. 固定绿皮线卡

铝片线卡的规格有 0、1、2、3 和 4 号等，号码越大，长度越长。在室内外照明线路中通常用 0 号和 1 号铝片线卡。

按固定的方式不同，铝片线卡的形状有用小铁钉固定的和用黏结剂固定的两种。

在木结构上，可用铁钉固定铝片线卡。在抹灰浆的墙上，每隔 4 ~ 5 档，进入木台和转角处需用小铁钉在木榫上固定铝片线卡。其余的可用小铁钉直接将铝片线卡钉在灰浆中，在砖墙和混凝土墙上可用木榫或环氧树脂黏结剂固定铝片线卡。

4. 敷设导线

为了使护套线敷设得平直，可在直线部分的两端各装一副瓷夹。敷线时，先把护套线一端固定在瓷夹内，然后勒直并在另一端收紧护套线，将其后固定在另一副瓷夹中，最后把护套线依次夹入铝片线卡中。

5. 铝片线卡的夹持

护套线均置于铝轧片的钉孔位后，即可将铝片线卡收紧夹持护套线。

3.3.3　线管配线方法

把绝缘导线穿在管内的配线称为线管配线。线管配线有耐潮耐腐、导线不易遭受机械损伤等优点，但其安装和维修不便且造价较高，适用于做室内外照明和动力线路的配线。

线管配线有明配和暗配两种。明配是把线管敷设在墙上或其他明露处，要求配得横平竖直，且要求管路短、弯头少。暗配是把线管埋设在墙内、楼板或地坪内以及其他看不见的地方，不要求横平竖直，只要求管路短，弯头少。

1. 线管的选择

根据敷设的场所来选择线管的类型。

（1）潮湿和有腐蚀气体的场所内明敷或埋地一般采用管壁较厚的白铁管。

（2）干燥场所内明敷或暗敷一般采用管壁较薄的电线管。

（3）腐蚀性较大的场所内明敷或暗敷一般采用硬塑料管。

根据穿管导线截面来选择管子直径。

一般要求穿管子导线的截面（包括绝缘层）面积不应超过线管内径截面的 40%，白铁管和电线管的管径可根据穿过管子的导线截面和根数来选择。

2. 落　料

落料前应检查线管质量，有裂缝、瘪陷及管内有杂物等均不能应用。接着应按两个接线盒之间的距离为一个线段，根据线路弯曲转角情况来决定用几根线管来接成一个线段和确定弯曲部位。一个线段应尽可能减少管口的连接接口。

3. 弯　管

经常使用的是管弯管器，管弯管器体积小，是弯管器中最简单的一件工具，适用于 50 mm 以下的管子。

为便于线管穿越，管子的弯曲角度不应小于 90°，明管敷设时，管子的曲率半径 $R\geqslant 4d$；暗管敷设时，管子的曲率半径 $R\geqslant 6d$。

直径在 50 mm 以下的线管，可用弯管器进行弯曲，在弯曲时，要逐渐移动弯管器棒且一次弯曲的弧度不可过大，否则可能造成弯裂或弯瘪线管。

凡管壁较薄而直径较大的线管，弯曲时，管内要灌满沙，否则会将钢管弯瘪。如采用加热弯曲，要用干燥无水分的沙灌满，并在管两端塞上木塞。

有缝管弯曲时，应将接缝处放在弯曲的侧边，作为中间层。这样，可使焊缝在弯曲变形时既不延长又不缩短，焊缝处不易裂开。

硬塑料管弯曲时，先将塑料管用电炉或喷灯加热，然后放到木坯具上弯曲成形。

4. 锯　管

按实际长度需要选用钢锯锯管，锯割时应使管口平整，并除去毛刺和锋口。

5. 套　丝

为了使管子与管子之间或管子与接线盒之间连接起来，就需要在管子端部进行套丝，钢管套丝时，应用线管钳夹在管钳，然后用套丝绞板来绞出螺纹。操作时用力要均匀，并加润滑油，以保持丝扣光滑，螺纹长度等于管箍（又称本结）长度的一半加 1 ~ 2 牙。第一次套完后松开板牙，再调整其距离比第一次小一点，再套一次。当第二次丝扣快要套完时，稍微松开板牙，边转边松，使其成为锥形丝扣。套丝完毕后，应用管箍试旋。选用板牙时必须注意管径是以内径还是外径标称的，否则无法应用。

6. 线管连接

1）钢管与钢管连接

钢管与钢管之间的连接，无论是明配管或是暗配管，最好采用管箍连接，尤其是埋地和防爆线管。为了保证管接口的严密性，管子的丝扣部分应顺螺纹方向缠上麻丝，并在麻丝上涂一层白漆，再用管钳拧紧，并使管端间吻合。

2）钢管与接线盒的连接

钢管的端部与各种接线盒连接时，应在接线盒内外各用一个薄形螺母（又称锁紧螺母），即安装时，先在线管管口拧入一个螺母，管口穿入接线盒后，在盒内再拧入一个螺母，然后用两把扳手，把两个螺母反向拧紧，如果需要密封，则在两螺母之间各垫入封口垫圈。

3）硬塑料管连接（插入法连接）

连接前先将连接的两根管子的管口分别倒成内侧角和外侧角，然后用汽油或酒精把管子的插接段的油污杂物擦干净，接着将阴管插接段（长度为 1.2 ~ 1.5 倍的管子直径）放在电炉或喷灯上加热至 145 °C 左右。管口呈柔软状态后，将阳管插入部分涂一层胶合剂（过氧乙烯胶）后迅速插入阴管，立即用湿布冷却，使管子恢复到原来硬度。

4）套接法连接

连接前先将同径的硬塑料管加热扩大成套管，然后把需要连接的两管端倒角，并用汽油或酒精擦干净，待汽油挥发后，涂上黏结剂，迅速插入热套管中。

5）线管的接地

线管配线的钢管必须可靠地接地，为此，在钢管与钢管，钢管与配电箱及接线盒等连接处，用 6 ~ 10 mm 圆钢制成的跨接线连接。并使干线始末两端和分支线管分别与接地体可靠连接，使线路所有线管都可靠地接地。

7. 线管的固定

1）线管明线敷设

线管明线敷设时，应采用管卡支持，线管直线部分，两管卡之间的距离不大于规定值。

线管进入开关、灯头、插座和接线盒孔前 300 mm 处和弯头两边均需用管卡固定，管卡均应安装在木结构或木榫上。

2）线管在砖墙内暗线敷设

线管在砖墙内暗线敷设时，一般应在土建砌砖时预埋，否则应先在砖墙上留槽或开槽，然后在砖墙缝内打入木榫并钉钉子，再用铁丝将线管绑扎在钉子上，进一步将钉子打入。

3）线管在混凝土内暗线敷设

线管在混凝土内暗线敷设时，可用铁丝将管子绑扎在钢筋上，也可用钉子钉在模板上，将管子用垫块垫高 15 mm 以上，使管子与混凝土模板间保持足够距离，并防止浇灌混凝土时管子脱开。

8. 扫管穿线

穿线工作一般是在土建地坪和粉刷工程结束后进行。

（1）穿线前先清扫线管，用压缩空气或在钢丝上绑以擦布，将管内杂物和水分清除。

（2）先用ϕ1.2 mm 的钢丝作引线，当线管较短且弯头较少时，可把钢丝引线由管子穿到另一端。如果线管较长或弯头较多时，将钢丝引线从一端穿入管子另一端有困难时，可从管的两端同时穿入钢丝，将引线端弯成小钩。当钢丝引线在管中相遇时，用手转动引线使其钩在一起，然后把一根阴线拉出，即可将导线牵引入管。

（3）导线穿入线管前，线管口应先套上护圈。接着按线管长度加上两端连接所需的长度余量截取导线，削去两端导线绝缘层，同时在两端头标出是同一根导线的记号，然后将所有导线与钢丝引线缠绕，由一个人将导线理成平行束往线管内送，另一个人在另一端慢慢抽拉钢丝引线。

3.3.4　家用配电箱

配电箱是按电气接线要求将开关设备、测量仪表、保护电器和辅助设备组装在封闭或半封闭金属柜中或屏幅上，构成的低压配电装置。配电箱正常运行时可借助手动或自动开关接通或分断电路；故障或不正常运行时可借助保护电器切断电路或报警。使用测量仪表可显示运行中的各种参数，还可对某些电气参数进行调整，对偏离正常工作状态进行提示或发出信号，常用于各发、配、变电所中。

配电箱具有体积小、安装简便、技术性能特殊、位置固定、配置功能独特、不受场地限制、应用比较普遍、操作稳定可靠、空间利用率高、占地少且有环保效应等特点。配电箱是指挥供电线路中各种元器件合理分配电能的控制中心，它们把上一级配电设备某一电路的电能分配给就近的负荷。这级设备应对负荷提供保护、监视和控制。它也是获取用户对供电质量满意与否的关键。提高动力配电箱的操作可靠性，是创优质工程的目标。

家庭电路的铺设更是至关重要的环节，家庭配电箱的安装涉及家居用电的安全，因此，本节主要介绍家庭配电箱安装的知识，以及家庭配电箱接线图。

家庭配电箱分金属外壳和塑料外壳两种，有明装式和暗装式两类，如图 2-22 所示。其箱体必须完好无缺。家用配电箱是家中所有电路的总控开关，配电箱的安装关系到家中电路的日常控制，需要在装修过程中格外注意。

家庭配电箱的箱体内接线汇流排应分别设立零线、保护接地线、相线，且要完好无损，具有良好绝缘性能。

空气开关的安装座架应光洁无阻并有足够的空间。

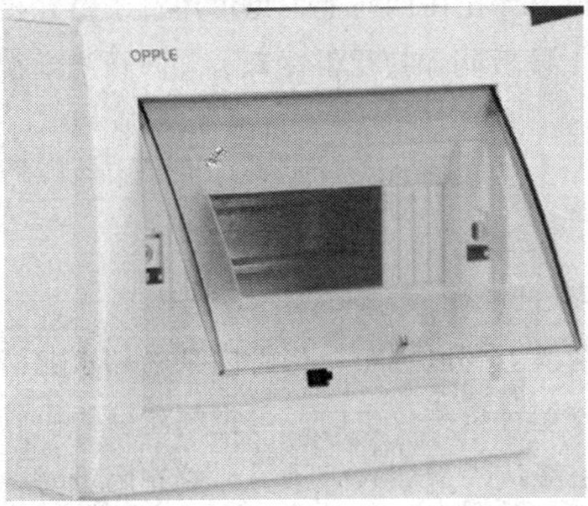

（a）明装

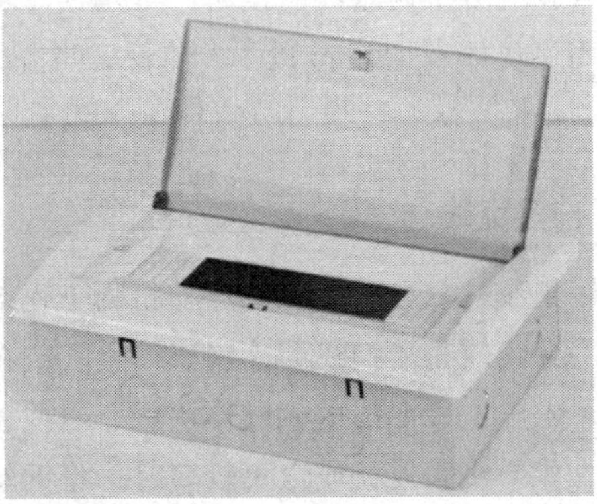

（b）暗装

图 3-22　家用配电箱

1. 家用配电箱的安装要求

（1）配电箱不得安装在潮湿、有蒸汽、有腐蚀的地方，应安装在干燥、通风部位，一般安装在大门后或进门边鞋柜上部易开关的地方。

（2）配电箱安装高度距离地面不低于 1.1 m，一般距离地面 1.5 m 左右比较便于操作。

（3）配电箱内应设置漏电断路，漏电动作电流不应大于 30 mA，有超负荷保护功能，并分出数路出线，分别控制照明、空调插座，其回路应确保负荷正常使用。

（4）照明及电热负荷线径截面的选择应使导线的安全流量大于该分路内所有电器额定电流之和，户内所有用电设备的总容量不允许超过进户线的容量。

（5）配电箱内，应分别设置中性线和保护地线（PE 线）汇流排，中性线和保护线应在汇流排上连接，不得绞接，并应有编号。

（6）配电箱内的漏电开关、空气开关应排列整齐，并标明各回路所控制的照明、空调、插座的用电回路名称及编号。

（7）配电箱应安装平整、牢固、可靠安全。

（8）配电箱进出回路线都应有电线保护管插入进行保护。

（9）电工作业后期完工后，应对插座、开关、灯具等进行检查试用，应符合《电气装置安装工程电气设备交接试验标准》（GB 50150—2006）的有关规定，并做好记录。

（10）并通过相关质检员检测验收合格后，方可交付使用。

2. 家用配电箱安装流程

1）家用配电箱断路器配置和连接线要求

（1）从电力部门设置的电表箱引入单元的电源线，经进户电源总控制断路器后，分几路经分路控断路器，分别控制照明回路及空调、洗衣机、抽油烟机、电冰箱等插座回路。

（2）所选控制断路器的工作电流应与终端电器的最大工作电流相匹配。

（3）家用配电箱内连接线一般按相线红色、中性线蓝色、保护地线黄绿双色配置（若是三相电源则 A 相线为黄、B 相线为绿、C 相线为红）。

2）家用配电箱箱体安装

（1）明装配电箱安装。配电箱安装在墙上时，应采用膨胀螺栓固定，螺栓长度一般为埋入深度（75 ~ 150 mm），是箱底板厚度、螺母和垫圈的厚度之和，再加上 5 mm 左右的余量。对于较小的配电箱，也可在安装处预埋好木榫（按配电箱四角安装孔的位置埋设），然后用木螺钉在木榫处固定配电箱。

（2）暗装配电箱安装。配电箱嵌入墙内安装，在砌墙时预留孔洞应比配电箱的长和宽各大 20 mm 左右，预留的深度为配电箱厚度加上洞内壁抹灰的厚度。在预埋配电箱时，箱体与墙之间填以混凝土固定住箱体。

（3）配电箱应安装牢固，横平竖直，垂直偏差不应大于 3 mm，暗装时，配电箱四周应无空隙，其面板四周边缘应紧贴墙面，箱体与建筑物、构筑物接触部分应涂防腐漆。

3）家用配电箱内部安装

（1）导轨与断路器安装。如图 3-23 所示，导轨安装要水平，并与配电箱盖板上断路器操作孔相匹配。断路器安装时首先要注意箱盖上断路器安装孔位置，保证断路器位置在箱盖预留位置。其次断路器安装时要从左向右顺序进行。

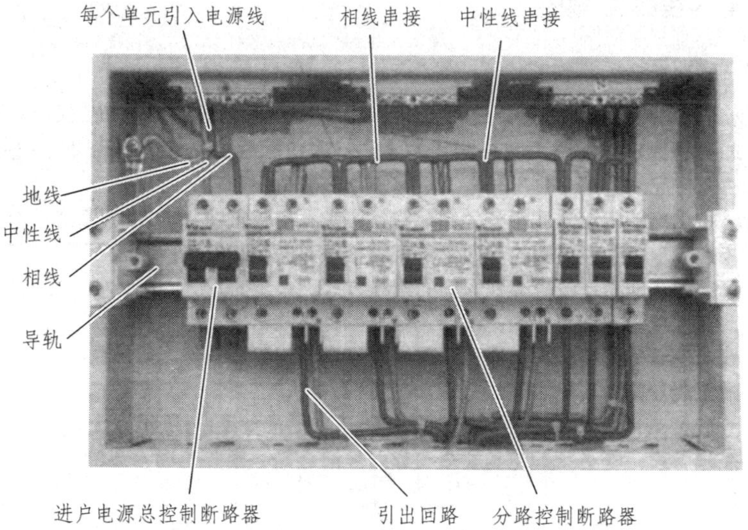

图 3-23　配电箱内导线连接

（2）家用配电箱内导线连接。配电箱内导线连接如图 3-23 所示，连接线路应注意：

① 区分电源进线端、出线端及相线、中性线的接法，不能接反。

② 端子上导线连接要牢固，无外露铜线，压板连接无松动，螺栓连接的同一端子上导线不得超过两根，防松垫圈应齐全。

③ 箱内配线要横平竖直，各分路相线、中性线、地线的导线颜色应一致。导线要用塑料绑扎带绑扎，绑扎带大小要合适，间距要均匀，绑扎带扎好后，不用的部分要用钳子剪掉。

④ 导线弯曲应一致，且不得有死弯，防止损坏导线绝缘皮及内部铜芯。

3.4 住宅供电线路导线的选择知识

1. 住宅的总供电量及各部分用电量的分布情况

根据用电情况才能合理选择供电导线。现在家庭用电器越来越多，主要有电视及音响设备、计算机、空调、电热水器、洗衣机、电冰箱、微波炉、电水壶、电饭煲等，此外还有各种不同的灯具。这些家用电器放置位置及用电量见表 3-3。

表 3-3 常用家用电器的用电量和放置位置表

电器名称	用电量/W	主要放置位置	电器名称	用电量/W	主要放置位置
电视机	100～150	中厅、卧室	洗衣机	80～100	卫生间
家庭影院或音响	100～200	中厅	电冰箱	80～150	厨房
计算机	100～150	书房	微波炉	500～1000	厨房
壁挂式空调	800～1000	各房间	电水壶	800～1000	中厅、厨房
柜式空调	2000～3000	中厅	电饭煲	800～1500	厨房
电热水器	1500～2000	卫生间			

2. 常用供电导线载流情况

1）常用橡皮绝缘电线的型号

常用橡皮绝缘电线包含：铝芯氯丁橡皮线（BLXF）、铜芯氯丁橡皮线（BXF）、铝芯橡皮线（BLX）、铜芯橡皮线（BX）、铜芯橡皮软线（BXR）。各种橡皮线的载流量如表 3-4 所示。

表 3-4 BX、BXR、BXL、BLXF 型橡皮线单芯单根电线在空气中敷设的载流量（环境温度 25 °C）

标称截面面积/mm^2	长期连续负荷允许载流量/A		相应电线表面温度/°C	标称截面面积/mm^2	长期连续负荷允许载流量/A		相应电线表面温度/°C
	铜芯	铝芯			铜芯	铝芯	
0.75	18	—	60	10	85	65	61
1	21	—	60	16	110	85	61
1.5	27	—	60	25	145	110	61
2.5	35	27	61	35	180	138	61
4	45	35	61	50	230	175	61
6	58	45	61	70	285	220	61

2）常用聚氯乙烯绝缘电线的型号

常用聚氯乙烯绝缘电线包含：铝芯聚氯乙烯绝缘电线（BLV）、铜芯聚氯乙烯绝缘电线（Bv）、铝芯聚氯乙烯绝缘聚氯乙烯护套电线（BLVV）、铜芯聚氯乙烯绝缘聚氯乙烯护套电线（BVV）、铜芯聚氯乙烯绝缘软电线（BVR）。各种聚氯乙烯绝缘电线的载流量如表 3-5 所示。

3）常用聚氯乙烯绝缘软线的型号

常用聚氯乙烯绝缘软线包含：铜芯聚氯乙烯绝缘连接软电线（RV）、铜芯聚氯乙烯绝缘平行连接软电线（RVB）、铜芯聚氯乙烯绝缘聚氯乙烯护套圆形连接软电线（RVV）、铜芯聚氯乙烯绝缘聚氯乙烯护套平行连接软电线（RVVB）、铜芯耐热 105 °C 聚氯乙烯绝缘连接软电线（RV-105）。各种聚氯乙烯绝缘软电线的载流量如表 3-5 所示。

表 3-5　RV、RVB、RVV、RVVB 型橡皮线单芯单根电线在空气中敷设的载流量（环境温度 25 °C）

标称截面面积/mm²	长期连续负荷允许载流量/A				标称截面面积/mm²	长期连续负荷允许载流量/A			
	一芯		二芯			一芯		二芯	
	铜芯	铝芯	铜芯	铝芯		铜芯	铝芯	铜芯	铝芯
0.3	9	—	7	—	2.0	28	—	22	—
0.4	11	—	8.5	—	2.5	32	25	26	20
0.5	12.5	—	9.5	—	4.0	42	34	36	26
0.75	16	—	12.5	—	6.0	55	43	47	33
1.0	19	—	15	—	10.0	75	59	65	51
1.5	24	—	19	—					

3. 导线的选择原则

可根据各房间和全部房间负载的总量，分别计算各分支和总干路的负载，要留一定的余量，然后换算成电流（要考虑电感性负载的功率因数，换算成实际的电流数）。若导线穿于明管或暗管中还要考虑到散热和多根的因素，对这些情况常取 0.6 的系数。根据计算出的最后电流值和使用的导线类型选择导线的截面面积。

3.5　敷设住宅供电线路的步骤

（1）从住宅图纸上了解住宅的暗线管路敷设路径。住宅在修建时根据房间内用电的基本规律，已将各房间与配电箱之间、各灯具与控制开关之间、插座与主供电线之间敷设了塑料管路，并在各部分管路的连接处留了许多接线盒，以便在住宅土建完成后进行供电线路的安装。一般住宅供电的配电箱安装在各层的楼梯间，其内部主要安装电度表、多个过电流自动断开的空气开关、漏电保护器等元件。

一般电度表直接连接在该单元的主供电线路上，而各单元的主供电线路连接该单元的总开关，各单元的总开关通过各单元的总电度表与该楼的总配电箱内的供电开关连接。住宅通常采用三相四线制供电方式，在总配电箱内按每相负载基本平衡的原则，将 A、B、C 三相分配给各单元，到达各单元的是 220 V 单相交流电。

（2）按照图纸查看住宅的配电箱、供电用管路敷设情况并弄清各管路的用途、各灯具和控制开关的安装位置、插座的安装位置、各房间的用电量情况。

按照上述的各种条件选择导线和各种元件，准备好需要的工具。

（3）安装配电箱。配电箱中主要有电度表、空气开关、漏电保护器等电器。按照电原理图接线组成配电箱。

① 电度表的安装：电度表有单相电度表和三相电度表两种，家庭用的主要是单相电度表。

电度表用螺钉固定在配电箱的底盘上，单相电度表共有 4 个接线柱头，从左到右按 1、2、3、4 编号。接线方法一般按号码 1、3 接电源进线，2、4 接出线。具体的接线方法应参照电度表接线柱盖子上的接线图进行如图 3-24 所示。

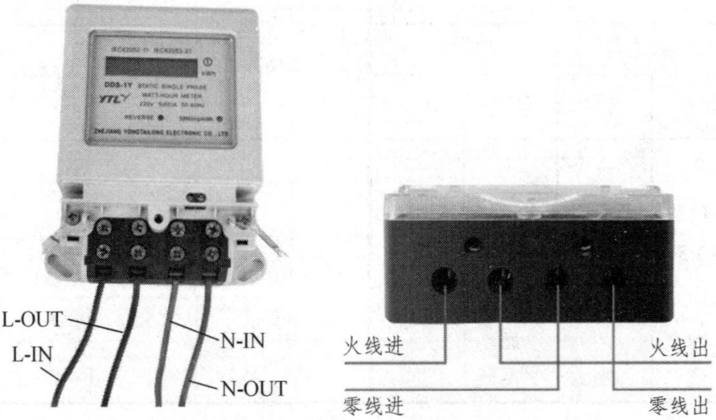

图 3-24　单相电子式家用电表

② 配电箱的安装：将电度表、各空气开关、漏电保护器固定在配电箱底盘上，按照接线图，接线电度表的输入端接本单元主供电线路，各空气开关的输出接相应的供电支路。

（4）安装灯具、开关、插座（按使用说明接线）。

（5）按电气接线图连接所有器件。连接完成后应用 500 V 兆欧表对绝缘情况进行测量。相对地的绝缘电阻不小于 0.22 MΩ；相对相不小于 0.38 MΩ；在潮湿、有蒸汽的房屋内此电阻值可适当降低。

第 4 章　电力供配电基础

电能由发电厂通过输电线路的输送，最后分配给各个用户，这样就构成了发电、输电和配电的完整系统。下面简单学习电力供配电基础知识。

4.1　电力系统

4.1.1　电力系统的构成

电力系统是由发电厂、输电网、配电网和电力用户组成的整体，是将一次能源转换成电能并输送和分配到用户的一个统一系统。输电网和配电网统称为电网，是电力系统的重要组成部分。发电厂将一次能源转换成电能，经过电网将电能输送和分配到电力用户的用电设备，从而完成电能从生产到使用的整个过程。电力系统还包括保证其安全可靠运行的继电保护装置、安全自动装置、调度自动化系统和电力通信等相应的辅助系统（一般称为二次系统）。输电网是电力系统中最高电压等级的电网，是电力系统中的主要网络（简称主网），起到电力系统骨架的作用，所以又可称为“网架”。在一个现代电力系统中既有超高压交流输电，又有超高压直流输电。这种输电系统通常称为交、直流混合输电系统。配电网是将电能从枢纽变电站直接分配到用户区或用户的电网，它的作用是将电力分配到配电变电站后再向用户供电，也有一部分电力不经配电变电站，直接分配到大用户，由大用户的配电装置进行配电。在电力系统中，电网按电压等级的高低分层，按负荷密度的地域分区。不同容量的发电厂和用户应分别接入不同电压等级的电网。大容量主力电厂应接入主网，较大容量的电厂应接入较高压的电网，容量较小的电厂可接入较低电压的电网。配电网应按地区划分，一个配电网担任分配一个地区的电力及向该地区供电的任务。因此，它不应当与邻近的地区配电网直接进行横向联系，若要联系应通过高一级电网发生横向联系。配电网之间通过输电网发生联系。不同电压等级电网的纵向联系通过输电网逐级降压形成。不同电压等级的电网要避免电磁环网。电力系统之间通过输电线连接，形成互联电力系统。连接两个电力系统的输电线称为联络线。电力网是电力系统的一部分，它包括变电所、配电所及各种电压等级的电力线路。电能用户（又称电力用户或电力负荷）是指一切消耗电能的用电设备。图 4-1 是从发电厂经变电所通过电力线路至电能用户的送电过程示意图。

1. 发电厂种类

发电厂有火力发电厂（锅炉-汽轮机-发电机）、水力发电厂（水库-水轮机-发电机）、核电能发电厂（核反应堆-汽轮机-发电机）及其他发电厂（如风能电厂、地热能电厂、太阳能电厂、潮汐电厂等）。

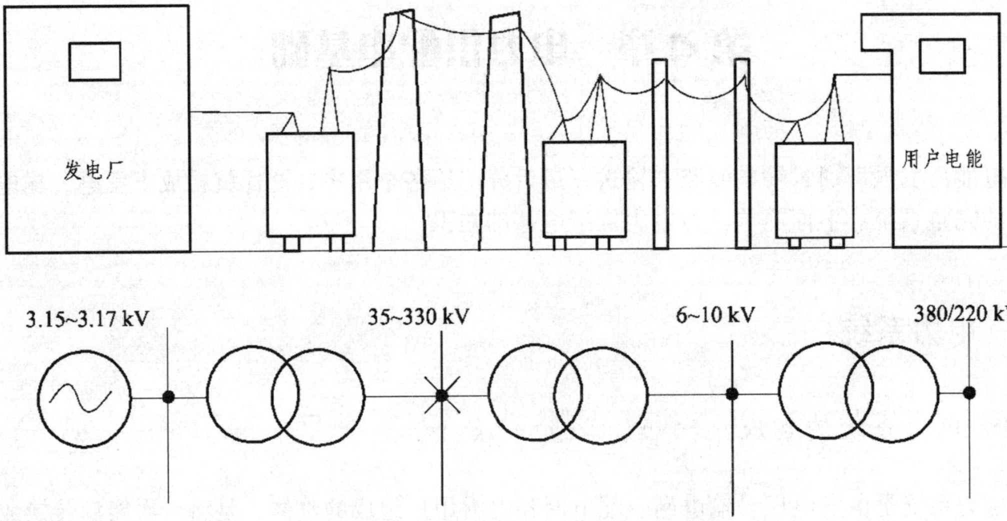

图 4-1 从发电厂到用户的送电过程示意图

2. 电力系统的一些基本概念

电力网络就是由变压器、电力线路等变换、输送、分配电能的设备所组成的部分。

动力系统是在电力系统的基础上，把发电厂的动力部分（例如火力发电厂的锅炉、汽轮机和水力发电厂的水库、水轮机以及核动力发电厂的反应堆等）包含在内的系统。

总装机容量是指该系统中实际安装的发电机组额定有功功率的总和，以千瓦（kW）、兆瓦（MW）、吉瓦（GW）为单位计。

年发电量是指该系统中所有发电机组全年实际发出电能的总和，以千瓦时（kWh）、兆瓦时（MWh）、吉瓦时（GWh）为单位计。

最大负荷是指规定时间内，电力系统总有功功率负荷的最大值，以千瓦（kW）、兆瓦（MW）、吉瓦（GW）为单位计。

额定频率是按国家标准规定，我国所有交流电力系统的额定功率为 50 Hz。

最高电压等级就是指该系统中最高的电压等级电力线路的额定电压。

4.1.2 电力系统的生产特点

（1）电力系统是担负生产、分配电能的一个整体，电能的生产、供给、分配和消费是同时进行的。电力系统的生产必须保证连续性和平衡性，也就是说在电力的供、需过程中，要求始终保持功率的平衡，始终保证不间断的供电。

（2）电力系统的生产具有先行性，在国民经济发展中电力生产应当先行，没有充足的电力工业发展，国民经济是不可能发展的。

（3）电力系统的集中统一调度，使得供电与用电之间的关系密不可分。

4.2　低压架空线路

4.2.1　低压架空线路的一般规定

（1）低压架空线路路径应尽量沿着道路平行敷设，避免通过起重机械频繁活动地区和各种露天堆场，还应尽量减少与其他设备交叉和跨越建筑物。

（2）向重要负荷供电的双电源线路，不应同杆架设；架设低压线路不同回路时，应使动力线在上，照明线在下，路灯照明回路应架设在最下层。为了维修方便，直线横担数不宜超过 4 层，各层横担间要满足最小距离的要求。

（3）低压线路的导线，一般采用水平排列，其次序为：面向负荷从左侧起，导线排列相序为 L_1、N、L_2、L_3，其线间距离不应小于规定数值。

（4）为保证架空线路的安全运行，架空线路在不同地区通过时，导线对地面、水面、道路、建筑物以及其他设施应保证一定的距离。

（5）两相邻电杆之间的距离（俗称档距）应根据所用导线规格和具体环境条件等因素来确定。

4.2.2　低压架空线路路径的选择

（1）应综合考虑运行、施工、交通条件和路径长度等因素。尽可能不占或少占农田，要求路径最短，尽量走近路，走直路，避免曲折迂回，减少交叉跨越，以降低成本。

（2）应尽量沿着道路平行架设，以便于施工维护；应尽量避免通过铁路、起重机或汽车起重机频繁活动的地区和各种露天堆放场。

（3）应尽量减少与其他设施的交叉和跨越建筑物，不能避免时，应符合规程规定的各种交叉跨越的要求。

（4）尽可能避开易被车辆碰撞的场所；可能发生洪水冲刷的地方；易被腐蚀污染的地方；地下有电缆线路、水管、暗沟、煤气管等场所；禁止从易燃、易爆的危险品堆放点上方通过。

4.3　低压架空线路主要部件

低压架空线路的结构如图 4-2 所示，主要由导线、电杆、横担、绝缘子、金具、拉线和电杆基础等组成。为了安全，有些架空线路还设有防雷保护设施（如避雷线）及接地装置。

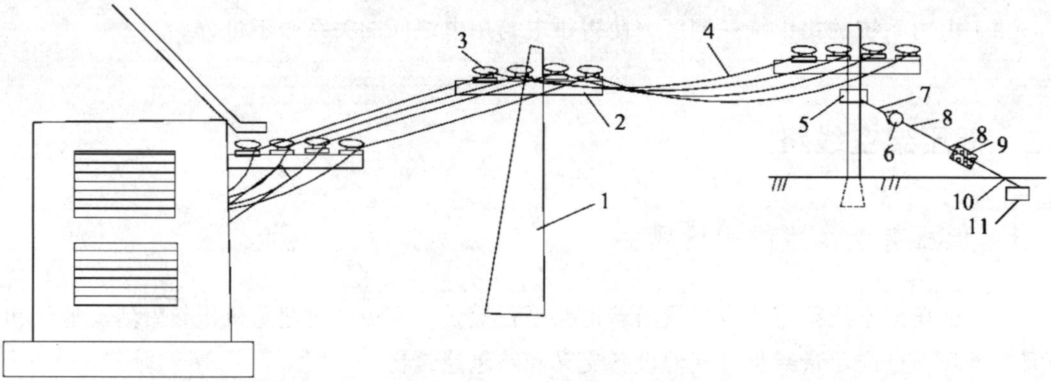

图 4-2 低压架空线路的结构

1—电杆；2—横担；3—绝缘子；4—导线；5—接线抱箍；6—接线绝缘子；7—接线上把；8—接线腰把；9—花篮螺栓；10—接线底把；11—接线底盘

4.3.1 电 杆

电杆是架空线路最基本的元件之一，其主要作用是支承导线、横担、绝缘子和金具等，使导线与地面及其他设施（如建筑物、桥梁、管道及其他线路等）之间能够保持应有的安全距离（限距）。

电杆按其材质分为木电杆、钢筋混凝土电杆和金属电杆三种。

电杆按在线路中的作用可分为直线杆、耐张杆、转角杆、终端杆、分支杆和跨越杆六种，如图 4-3 所示。

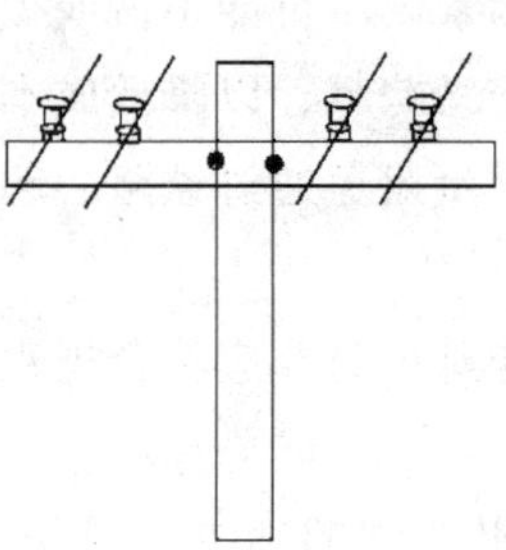

（a）直线杆

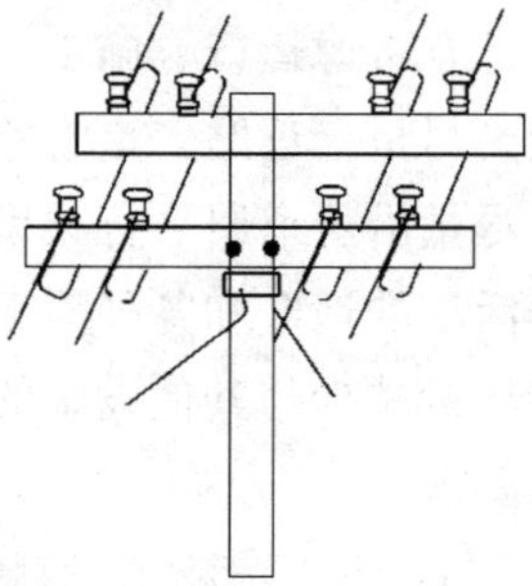

（b）耐张杆

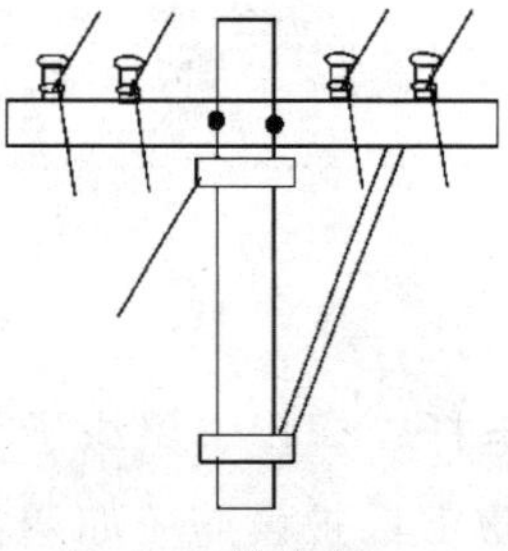

（c）转角杆

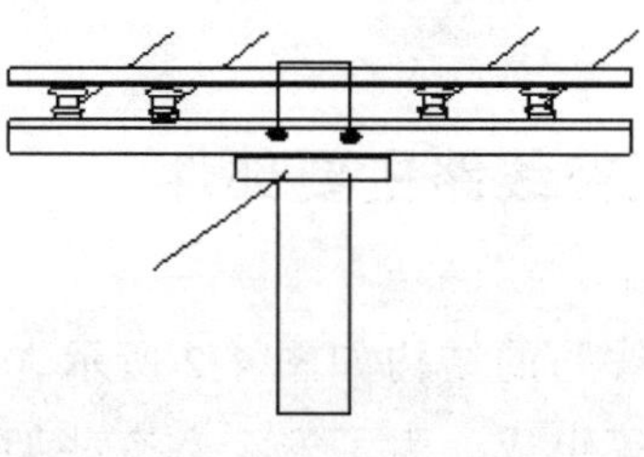

（d）终端杆

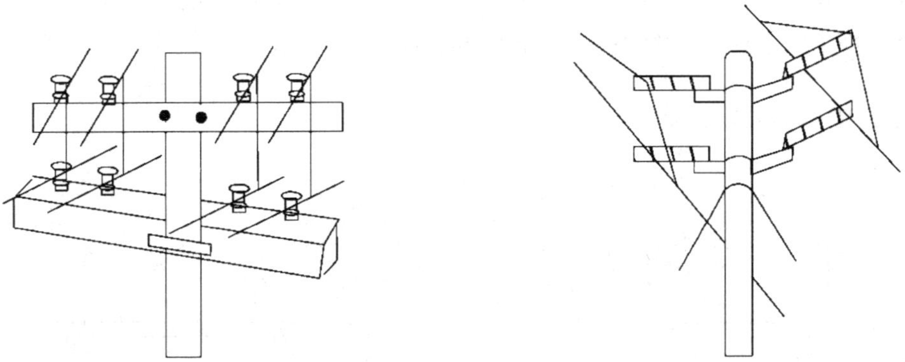

（e）分支杆　　（f）跨越杆

图 4-3　电杆的形式

电杆埋设深度，应根据电杆长度、承受力的大小和土质情况来确定。一般 15 m 及以下的电杆，埋设深度约为电杆长度的 1/6，但最浅不应小于 1.5 m；变台杆不应小于 2 m；在土质较软、流沙、地下水位较高的一带，电杆基础还应做加固处理。

4.3.2　横　担

横担是电杆上部用来安装绝缘子以固定导线的部件，其作用是使每根导线之间保持一定的距离，防止风吹摇摆而造成相间短路。因此，横担应具有一定的长度和足够的机械强度。

1. 横担的分类

横担按材料可分为木横担、铁横担和瓷横担三种。铁横担和木横担的外形如图 4-4 所示。

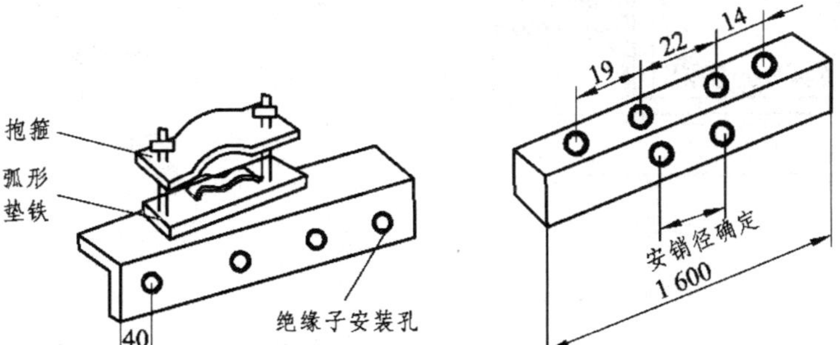

（a）四线角钢横担　　（b）四线木横担

图 4-4　角钢横担和木横担

2. 横担安装时应注意事项

10 kV 及以下架空线路的横担，直线杆应装于受电侧，90°转角杆及终端杆应装于拉线侧。

根据受力横担可分为中间型、耐张型、终端型三类。中间型横担只承受垂直负载；耐张型横担承受两端导线拉力差；终端型横担要承受导线的最大允许拉力。

3. 角钢横担的固定方法

角钢横担的固定方法如图 4-5 所示。

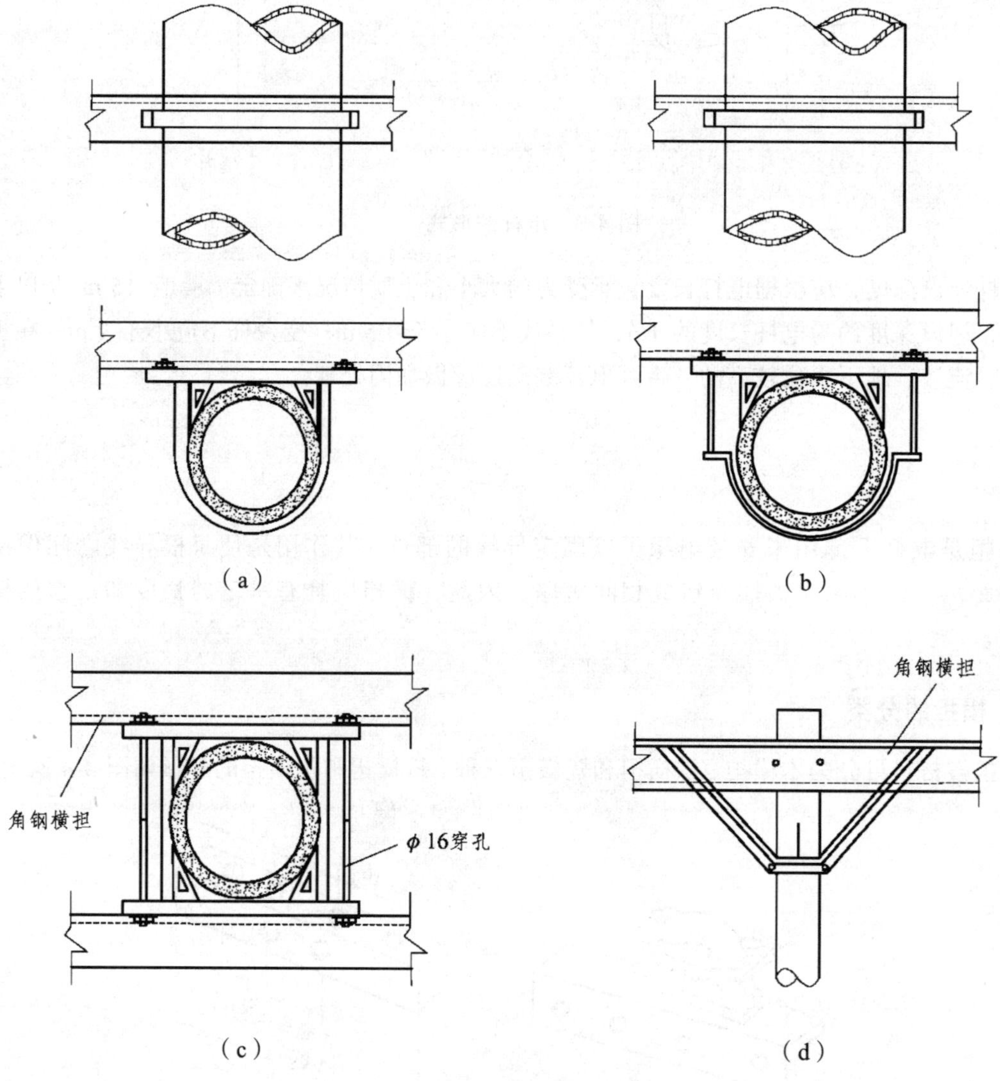

图 4-5 角钢横担的固定方法

4.3.3 绝缘子

绝缘子俗称瓷瓶，它的作用是固定或支持导线，并使导线与导线之间或横电杆及大地之间相互绝缘。正常情况下，它不但要承受工作电压和大气过电压的作用，还要承受导线的垂直荷重和水平荷重。另外，一旦导线断线还要承受导线的拉力。因此，绝缘子应具有良好的电气绝缘强度和足够的机械强度。

1. 绝缘子分类

绝缘子一般用电瓷材料与金属固定件组合制成。绝缘子按工作电压可分为高压绝缘子和低压绝缘子；按用途可分为电器绝缘子、装置绝缘子和线路绝缘子；按导线固定方式和绝缘子受力情况可分为针式绝缘子、蝶式绝缘子（俗称茶台）、悬挂绝缘子、拉线绝缘子及瓷担横担等。常用低压绝缘子的外形如图 4-6 所示。

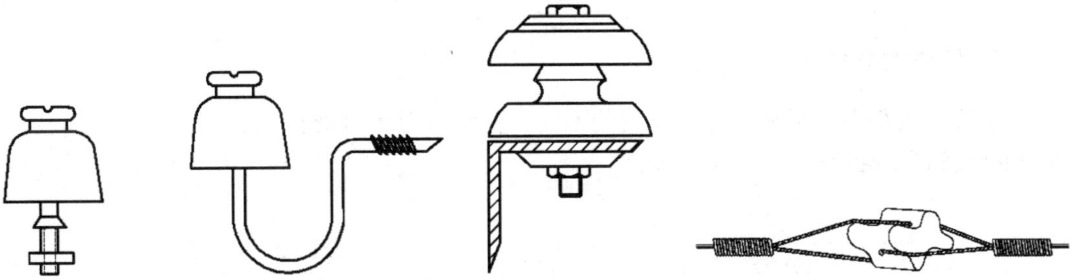

（a）直角针式绝缘子　（b）弯脚针式绝缘子　（c）蝶式绝缘子　（d）拉线绝缘子

图 4-6　常用低压绝缘子

2. 常用低压绝缘子的型号及技术数据（见表 4-1）

表 4-1　常用低压绝缘子的型号及技术数据

名称	型号	瓷件破坏负荷/N	瓷件外形尺寸/mm		质量/kg	用途
			高度	外径		
针式绝缘子	PD1-1	抗弯 10000	110	88	0.65	直线杆
	PD1-2	抗弯 8000	90	71	0.42	
	PD1-3	抗弯 3000	71	54	0.27	
碟式绝缘子	ED1-1	抗拉 18000	100	120	1.0	耐张杆、转角杆和终端杆
	ED1-2	抗拉 15000	80	90	0.50	
	ED1-3	抗拉 10000	65	75	0.25	
拉线绝缘子	J-2	抗拉 20000	72	43	0.2	拉线绝缘
	J-4,5	抗拉 45000	90	58	1.1	
	J-9	抗拉 90000	172	89	2.0	

3. 绝缘子的外观检查

（1）检查绝缘子的型号、规格、安装尺寸是否符合要求，安装是否适当，绝缘子的电压等级不得低于线路的额定电压。

（2）绝缘子的瓷件和铁件的结合应紧密，无歪斜、松动现象，铁件镀锌应良好。

（3）绝缘子瓷釉表面应光滑，无裂纹、掉渣、缺釉、斑点、烧痕、气泡等缺陷。

（4）绝缘子上弹簧锁、弹簧垫的弹力应适宜。

（5）检查中应剔除硫黄浇灌的绝缘子。

4.3.4　拉　线

拉线是为了平衡电杆各方面的作用力，防止电杆因受导线的拉力或风力的影响而倾倒。凡承受导线拉力不平衡的电杆（如转角电杆、终端杆和分支杆等）、受较大风力的电杆、土质松软地区的电杆、装有电气设备的电杆，均需要安装拉线。

1. 拉线的分类

在架空线路中，根据用途和作用的不同，拉线可分为普通拉线、人字拉线、高柱拉线、Y 形拉线和自身拉线，如图 4-7 所示。

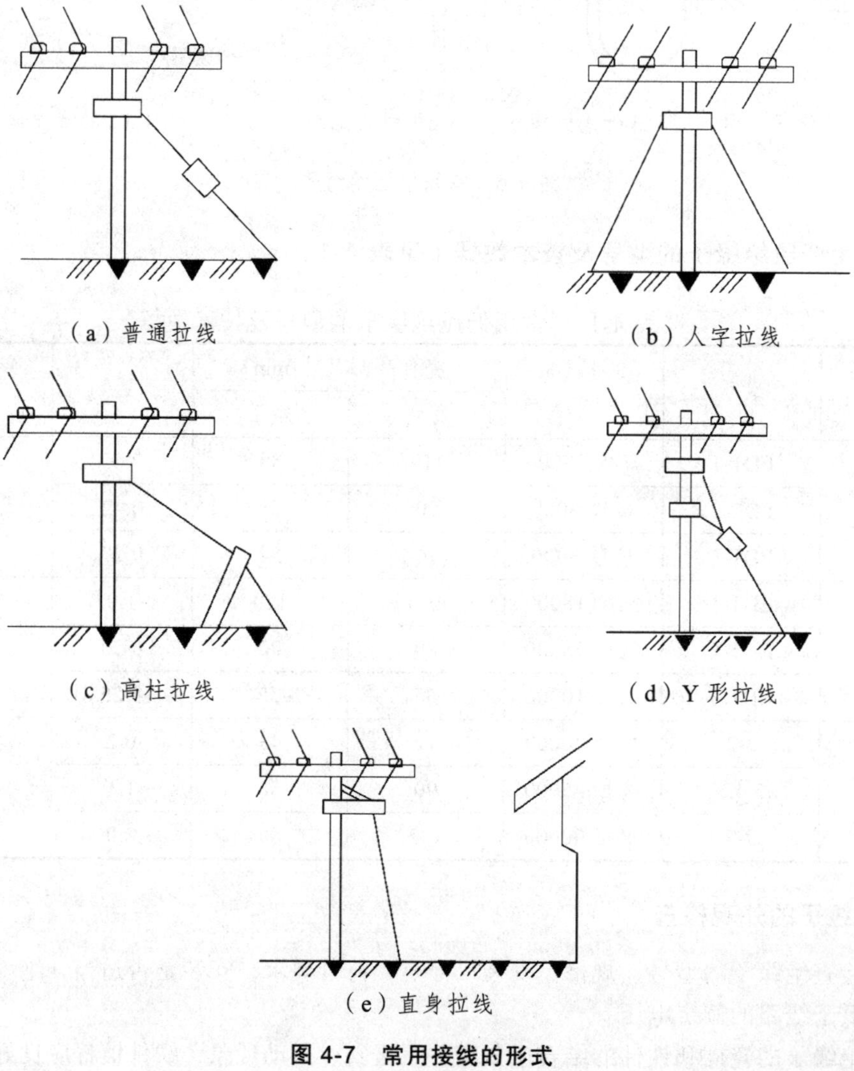

（a）普通拉线　（b）人字拉线　（c）高柱拉线　（d）Y 形拉线　（e）直身拉线

图 4-7　常用接线的形式

2. 拉线的结构

普通拉线主要由上把、腰把（或中把）、底把（或下把）三部分组成。拉线一般由直径为 4 mm 的镀锌铁丝绞合而成。

3. 安装拉线时的注意事项

（1）拉线的型号可按规定选用。

（2）拉线与电杆的夹角不宜小于 45°，当受到地形限制时也不应小于 30°。

（3）终端杆的拉线及耐张杆的承受力拉线应与线路方向对正，防风拉线应与线路方向垂直。

（4）拉线穿过公路时，对路面中心的垂直距离应不小于 6 m。

（5）采用 UT 型及楔形线夹固定接线时，应在线扣上涂润滑剂，线夹舍板与拉线接触应紧密，受力后无滑动现象，线夹的凸肚应在线尾侧，安装时不得损伤导线；拉线弯曲部分不应有明显松股，拉线断头处与拉线主线应有可靠固定，尾线回头后与本线应绑扎牢固。线夹处露出的拉线尾线长度为 300 ~ 500 mm，线夹螺杆露扣，并应有不小于 1/2 螺杆丝扣和长度可供调紧，调紧后其双螺母应并紧。若用花篮螺栓，则应封固。

（6）过道拉线的拉桩杆应向张力反方向倾斜 10° ~ 20°，其埋深为杆长的 1/10 再加 0.7 m，拉桩坠线与拉桩杆夹角应不小于 30°，拉桩坠线上端固定点的位置，距拉桩杆应为 0.25 m。

4.3.5　金　具

金具是用来安装导线、横担、绝缘子和拉线的，又称铁件。常用低压金具如图 4-8 所示。

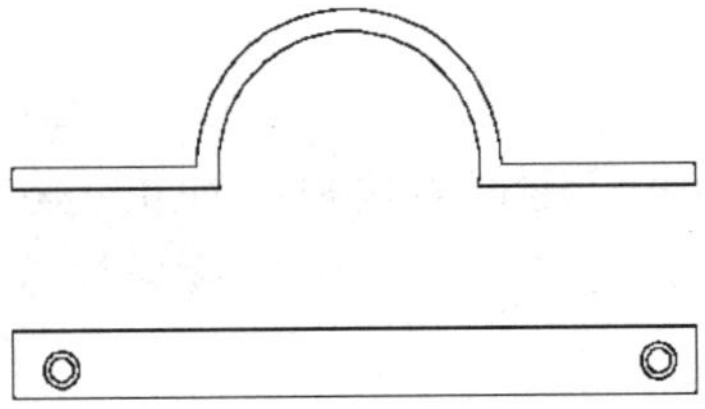

（a）圆形抱箍

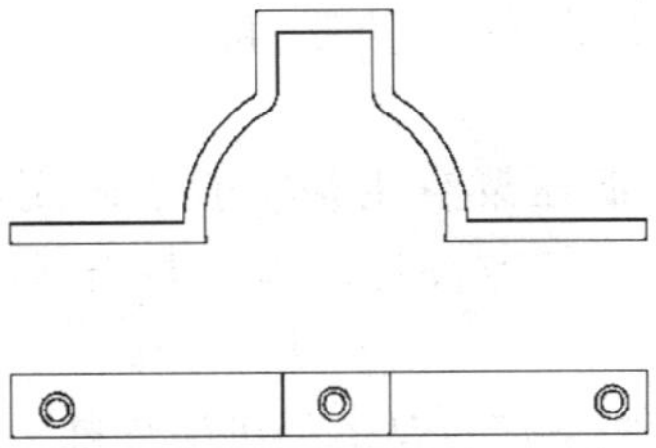

（b）带凸抱箍

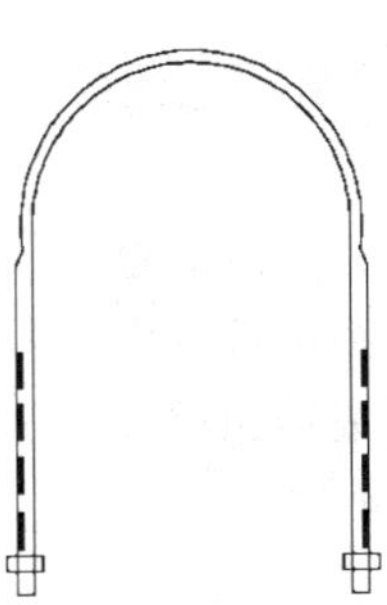

（c）横担抱箍

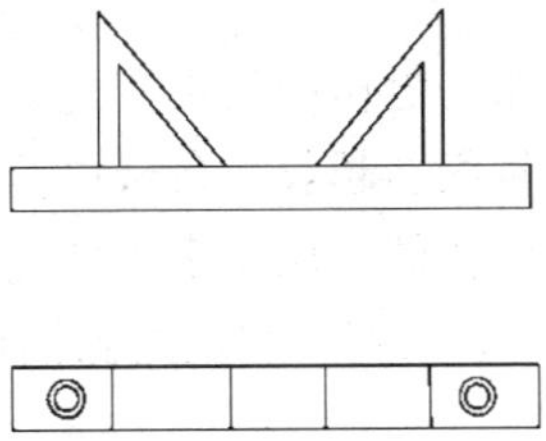

（d）横担垫铁

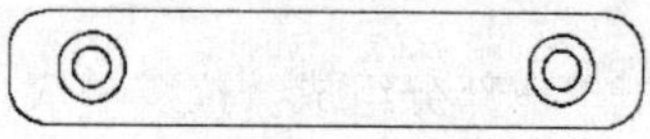

（e）支撑扁铁

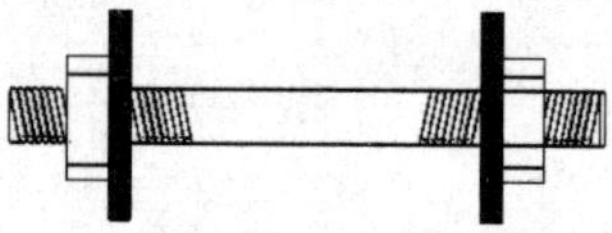

（f）穿心螺栓

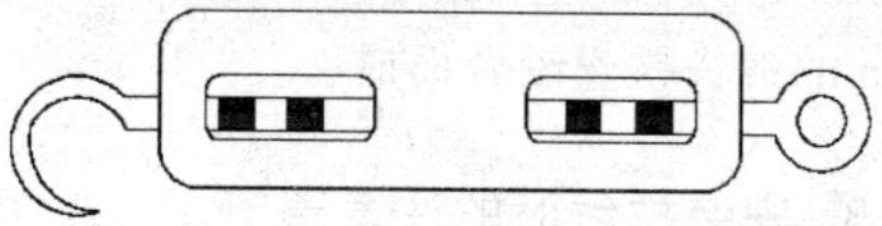

（g）花篮螺栓

图 4-8 常用低压金具

4.4 导 线

导线是架空线路的主体，负责传输电能。由于导线架设在电杆的上面，要经常承受自重、风、雨、冰、雪、有害气体的侵蚀以及空气湿度变化的影响，因此，要求导线不仅应具有良好的导电性能，还要有足够的机械强度和良好的耐蚀性能。

4.4.1 架空导线的分类

低压架空线路所用的导线分为裸导线和绝缘导线两种。按导线的结构可分为单股导线、多股导线和空心导线；按导线的材料又分为铜导线、铝导线和钢导线等。

4.4.2 架空导线的选用原则

（1）低压架空线路一般都采用裸导线，只有接近民用建筑的接户线和街道狭窄、建筑物稠密、架空高度较低等场合才选用绝缘导线。架空线路不应使用单股导线或已断股的绞线。

（2）应保证有足够的机械强度。架空线本身有一定的重量，在运行中还要受到风雨、冰雪等外力的作用，因此，必须具有一定的机械强度。为了避免发生断线事故，架空导线的截面面积一般不宜小于 16 mm^2 。

（3）导线允许的载流量应能满足负载的要求。导线的实际负载电流应小于导线的允许载流量。

（4）线路的电压损失不宜过大。由于导线具有一定的电阻，电流通过导线时会产生电压损失。导线越细、越长，负载电流越在，电压损失就越大，线路末端的电压就越低，甚至不能满足用电设备的电压要求。因此，一般应保证线路的电压损失不超过 5%。

（5）380 V 三相架空线路裸铝导线截面面积选择可参考表 4-2。

表 4-2　380 V 三相架空线路裸铝导线截面面积选择参考表　单位：mm^2

输送容量/kW	输送距离/km								
	0.2	0.3	0.4	0.5	0.6	0.7	0.8	0.9	1.0
6	16	16	16	16	25	25	35	35	35
8	16	16	16	25	35	35	50	50	50
10	16	16	25	35	50	50	50	70	70
15	16	25	35	50	70	70	95		
20	25	35	50	70	75				
25	35	50	70	95					
30	50	70	95						
40	50	95							
50	70								
60	95								

注：本表按 2 A/kW，功率因数 0.80、线间距离 0.6 m 计算，电压降不超过额定值的 5%。

4.4.3　架空导线的安全距离

1）档　距

档距是指相邻两电杆之间的水平距离。

档距与电杆高度之间相互影响。如加大档距，则可以减少线路电杆的数量，但弧垂增加，为满足导线对地距离的要求，就必须增加电杆的高度；反之，将档距减少，就可减小电杆的高度，因此，档距应根据导线对地的距离、电杆的高度以及地形的特点等因素来决定。

380/220 V 低压架空线路常用档距可参考表 4-3。

表 4-3　380/220 V 低压架空线路常用档距

导线水平间距/mm	300			400	
档距/m	25	30	40	50	60
适用范围	城镇闹市街道；城镇、农村居民点；乡镇企业内部		城镇非闹市区；城镇工厂区；居民点外围	城镇工厂区；居民点外围；田间	

2）弧垂（或弛度）

弧垂（或弛度）就是在两根电杆之间，导线悬挂点与导线最低点之间的垂直距离，如图 4-9 所示。

导线弧垂的大小与导线的截面面积有关，而且与当地的气候条件、风速、湿度以及导线架设的档距有关。

弧垂不宜太长，以防止导线在受风力而摆动时发生相间短路，或者因过分靠近旁边的树林或建筑物，而发生对地短路；弧垂也不能太小，否则导线内张力太大，会使电杆倾斜或导线本身断裂。另外，还要考虑到导线热胀冷缩等因素，冬季施工弧垂调小些，夏季施工弧垂调大些。同一档距内，导线的材料和弧垂必须相同，以防被风吹动时发生相间短路、烧伤或烧断导线。

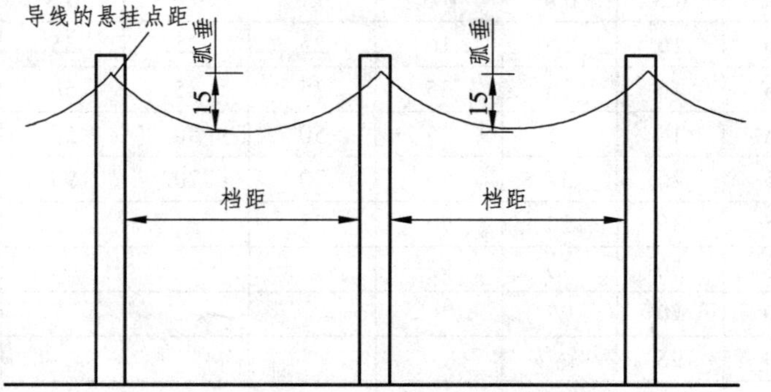

图 4-9 架空线路的档距与弧垂示意图

3）其他距离

在最大弧垂和最大风偏时，架空线对地和跨越物的最小距离数值按照相关规定执行。

4.5 接户线和进户线

4.5.1 低压进户线

低压进户线是指从低压架空线路的电杆上引至用户室外第一个支持点的一段架空线。进户线就是从用户户外第一个支持点至用户户内第一个支持点之间的导线。常用的低压线进户方式如图 4-10 所示。

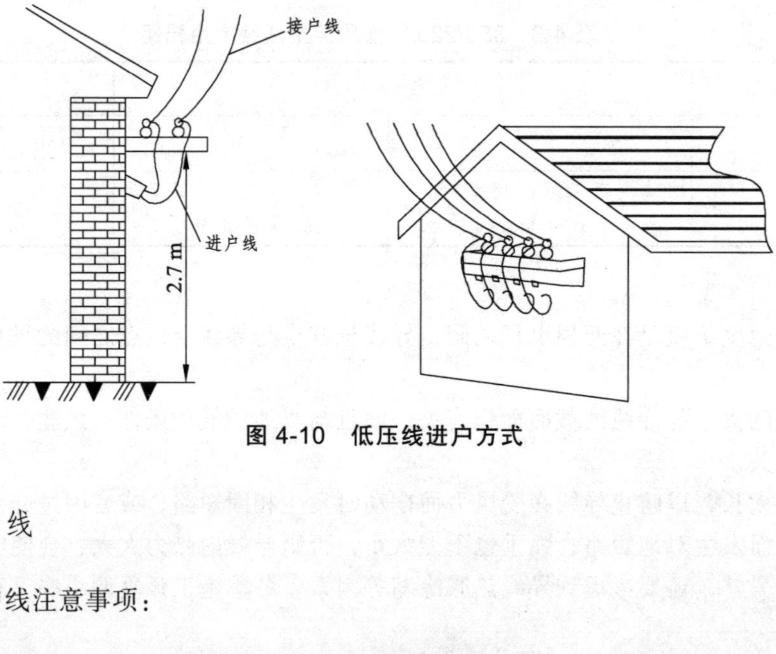

图 4-10 低压线进户方式

4.5.2 接户线

安装接户线注意事项：

（1）接户线的档距不宜超过 25 m。超过 25 m 时，应在档距中间加装辅助电杆。接户线的对地距离一般不小于 2.7 m，以保证安全。

（2）接户线应从接户杆上引接，不得从档距中间悬空连接。

（3）接户线安装施工过程中，低压接户线的线间距离以及接户线的最小截面，必须同时符合有关规定。

（4）接户线安装施工时，经常会遇到必须跨越街道、胡同（里弄）、巷及建筑物，以及与其他线路发生交叉等情况。为保证接户线能够安全可靠地供电，其距离必须符合有关规定。

4.5.3 进户线

1）安装进户线

（1）进户线应采用绝缘良好的铜芯或铝芯绝缘导线，并且不应有接头。铜芯线的最小截面面积不宜小于 1.5 mm^2，铝芯线的最小截面面积不宜小于 2.5 mm^2。

（2）进户线穿墙时，应套上瓷管、钢管、塑料管等保护套管。

（3）进户线在安装时应有足够的长度，户内一端一般接总熔断器，户外一端与接户线连接后一般应保持 200 mm 的弛度，户外一端进户线不应小于 800 mm 的弛度。

（4）进户线的长度超过 1 m 时，应用绝缘子在导线中间加以固定。套管露出墙壁部分应不小于 10 mm，在户外一端应稍低，并做成方向朝下的防水弯头。

为了防止进户线在套管内绝缘被破坏而造成相间短路，每根进户线线外部最好套上软塑料管，并在进户线防水弯处最低点剪一小孔，以防存水。

2）安装进户管注意事项

常用来保护进户线的进户管分为瓷管、钢管、塑料管三种，瓷管又分为弯口和反口两种。瓷管管径用内径标示，常用的有 13 mm、16 mm、19 mm、25 mm 和 32 mm 等。

（1）进户管的管径应根据进户线的根数和截面来确定，管内导线（含绝缘层）的截面不应大于管子的有效截面的 40%，最小管径不应小于 15 mm。

（2）进户瓷管必须每线一根，进户瓷管应采用弯头瓷管，户外的一端弯头向下，当进户线截面面积在 50 mm^2 以上时，宜用反口瓷管，户外一端应稍低。

（3）当一根瓷管的长度不能满足进户墙壁的厚度时，可用两根瓷管紧密连接，或用塑料管替代瓷管。

（4）进户钢管应用白铁管或经过涂漆的黑铁管；钢管两端应装护圈，户外一端应有防雨弯头，进户线必须全部穿于一根钢管内。

4.6 雷电的知识

雷电是一种在大气中发出的放电现象，产生于积雨云中，积雨云在形成过程中，某些云团带正电荷，某些云团带负电荷。它们对大地的静电感应，使地面或建（构）筑物表面产生异性电荷，当电荷积聚到一定程度时，不同电荷云团之间，或云与大地之间的电场强度可以击穿空气（一般为 25 ~ 30 kV/cm），开始游离放电，称之为“先导放电”。云对地的先导放电是云向地面跳跃式逐渐发展的，当到达地面时（地面上的建筑物、架空输电线等），便会产生由地面向云团的逆导主放电。在主放电阶段里，由于异性电荷的剧烈中和，会出现很大的雷电流（一般为几十千安至几百千安），并随之发生强烈的闪电和巨响，这就形成雷电。

雷电过电压又称大气过电压或外部过电压，是指雷云放电现象在电网中引起的过电压。根据雷电产生和危害特点的不同，雷电可分为以下四种：

1）直击雷

直击雷是云层与地面凸出物之间放电形成的。直击雷可在瞬间击伤或击毙人畜。巨大的雷电流流入地下，令在雷击点及与其连接的金属部分产生极高的对地电压，可能直接导致接触电压或跨步电压的触电事故。经验表明，直击雷雷击时雷电流可高达几百千安，雷击电压可达几百万伏。遭受直击雷雷击时均为灾难性结果，因此必须采取防御措施。

2）球形雷

球形雷是一种球形、发红光或极亮白光的火球。球形雷能从门、窗、烟囱等通道侵入室内，极其危险。

3）雷电感应

雷电感应分为静电感应和电磁感应两种。静电感应是由于雷云接近地面，在地面凸出物顶部感应出大量异性电荷所致。在雷云与其他部位放电后，凸出物顶部的电荷失去束缚，以雷电波形式，沿突出物极快地传播。电磁感应是由于雷击后，巨大雷电流在周围空间产生迅速变化的强大磁场所致。这种磁场能在附近的金属导体上感应出很高的电压，造成对人体的二次放电，从而损坏电气设备。经验表明，高压线路上感应雷电流可高达几十万安，低压线路上感应雷电流也可达几万安，对供电系统的危害很大。

4）雷电侵入波

雷电冲击波是由于雷击而在架空线路上或空中金属管道上产生的冲击电压，并沿线或管道迅速传播的雷电波。雷电侵入波可毁坏电气设备的绝缘，使高压窜入低压，造成严重的触电事故。据统计，雷电侵入波造成的雷电事故占所有雷害事故的 50% ~ 70%。

4.7 防雷技术

在设计建筑物的防雷设备时，应认真考虑地质、地貌、气象、环境等条件，雷电活动规律以及被保护物的特点等，来决定防雷措施，做到安全可靠、技术先进、经济合理。

4.7.1 防雷装置

防雷装置是接闪器、避雷器、引下线和接地装置等的总和，如图 4-11 所示。

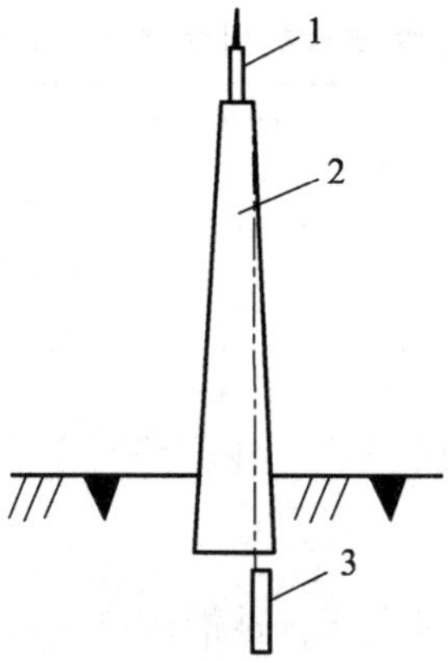

图 4-11　避雷针结构示意图

1—避雷针；2—引下线；3—接地装置

1．接闪器

接闪器是专门用来接受直击雷的金属物体。接闪的金属杆称为避雷针；接闪的金属线称为避雷线，或架空地线；接闪的金属带、网称为避雷带、避雷网。

1）避雷针

避雷针一般采用镀锌圆钢（针长 1 m 以下时，直径不小于 12 mm；针长 1 ~ 2 m 时，直径不小于 16 mm）或镀锌钢管（针长 1 m 以下时，直径不小于 20 mm；针长 1 ~ 2 m 时，直径不小于 25 mm）制成。它通常安装在电杆、构架或建筑物上，它的下端通过引下线与接地装置可靠连接。

避雷针实质是引雷针，它将雷电流引入地下，从而保护了附近的线路、设备和建筑物等。经验表明，避雷针的确避免了许多直击雷雷击事故的发生，但同时也因为避雷针是引雷针，所以做得不好的避雷针比不做更糟糕。

2）避雷线

避雷线一般用截面面积不小于 35 mm^2 的镀锌钢绞线，架设在架空线或建筑物的上面，以保护架空线或建筑物免遭直击雷雷击。由于避雷线既是架空的又是接地的，也称为架空地线。避雷线的功能和原理与避雷针基本相同。

3）避雷网和避雷带

避雷网和避雷带主要用来保护高层建筑物免遭直击雷雷击和感应雷击。避雷网和避雷带采用圆钢和扁钢制成，优先采用圆钢。圆钢直径不小于 9 mm、扁钢截面不小于 49 mm^2，其厚度不小于 4 mm。当烟囱上采用避雷环时，其圆钢直径不小于 12 mm、扁钢截面不小于 100 mm^2，厚度不小于 4 mm。

按建筑物防雷类别确定滚球半径和避雷网格尺寸，见表 4-4。

表 4-4 按建筑物防雷类别确定滚球半径和避雷网格尺寸

建筑物防雷类别	滚球半径/m	避雷网格尺寸/m×m
第一类防雷建筑物	30	≤5×5 或 6×4
第二类防雷建筑物	45	≤10×10 或 12×8
第三类防雷建筑物	60	≤20×20 或 24×16

2. 避雷器

避雷器是用来防止雷电产生的过电压波被沿线路侵入变电所或其他建筑物内，危及被保护设备的绝缘。

避雷器主要有阀式避雷器、排气式避雷器、角形避雷器和金属氧化物避雷器等几种。

4.7.2 雷的防御

1. 直击雷的防御

防御直击雷的方法：

（1）装设独立的避雷针。

（2）在建筑物上装设避雷针或避雷线。

（3）在建筑物屋面铺设避雷带或避雷网。

所有防雷装置都必须有可靠的引下线与合格的接地装置。除独立的避雷针外，建筑物上的防雷引下线应不少于两根。这既是为了可靠，又是对雷电进行分流，防止引下线上产生过高的电位。防直击雷的接地装置的安全距离如图 4-12 所示。避雷针与被保护物（如建筑物和配电装置）之间在空气中的间距，一般不小于 5 m；在地下的接地装置之间的距离，一般不小于 2 m。

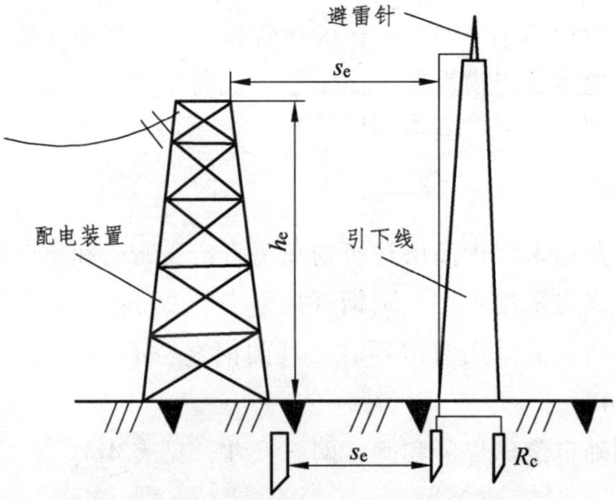

图 4-12 防直击雷的接地装置安全距离

2. 感应雷的防御

感应雷的防御方法如下：

（1）在建筑物屋面沿周边装设避雷带，每隔 20 m 左右引出接线一根。

（2）建筑物内所有金属物（如设备外壳、管道、构架等）均应接地，混凝土内的钢筋应绑扎或电焊成闭合回路。

（3）将突出屋面的金属物接地。

（4）对净距离小于 100 mm 平行铺设的长金属管道，每隔 20 ~ 30 m 用金属线跨接，避免因感应过电压而产生火花。

3. 雷电侵入波的防御

1）架空线雷电侵入波的防御方法

（1）对 6 ~ 10 kV 架空线，如有条件就采用 30 ~ 50 m 的电缆段埋地引入，在架空线终端杆装避雷器，避雷器的接地线应与电缆金属外壳相连后直接接地，并连入公共地网。

（2）对没有电缆引入的 6 ~ 10 kV 架空线，在终端杆处装避雷器，在避雷器附近除了装设集中接地线外，还应连入公共地网。

（3）对低压进出线，应尽量用电缆线，至少应有 50 m 的电缆段经埋地引入，在进户端将电缆金属外壳架相连后直接接地，并连入公共地网。

2）变配电所雷电侵入波的防御方法

（1）在电源进线处，主变压器高压侧装设避雷器，要求避雷器与主变压器尽量靠近安装，相互间最大电气距离不超过表 4-5 的规定。同时，避雷器接地端与变压器的低压侧中性点及金属外壳均应可靠接地。

表 4-5　阀式避雷器至 3 ~ 10 kV 主变压器的最大电气距离

雷雨季节经常运行的进线路数	1	2	3	≥4
避雷器至主变压器的最大电气距离/m	11	23	27	30

（2）3 ~ 10 kV 高压配电装置及车间变配电的变压器，要求在每路进线终端和各排母线上都装有避雷器。避雷器的接地端与电缆头的外壳相连后必须可靠接地。

（3）在低压侧装设避雷器。在多雷区、强雷区及向一级防雷建筑供电的 Yyn0 和 Dy11 联结的配电变压器，应装设一组低压避雷器。

3）高压电动机的防雷

高压电动机的防雷不能采用普通型的 FS、FD 系列避雷器，而要采用专门的保护旋转电动机的 FCD 系列磁吹式阀型避雷器，或用串联间隙的金属氧化物避雷器。

4.7.3　防雷装置的安装

1. 避雷针的安装方式

避雷针的安装方式有独立避雷针和构架避雷针。

1）独立避雷针

独立避雷针的支持物可采用铁管、铁塔、木杆和钢筋混凝土杆等结构。

独立避雷针通常用于35 kV及以下的变电所。

2）构架避雷针

构架避雷针通常用于保护建筑物或110 kV及以上的变电所，以节约器材和投资，其支持物多为金属杆塔。

2. 避雷针安装的施工方式

（1）避雷针可安装在钢筋混凝土电杆、木杆或用角钢、圆钢焊接而成的金属杆塔上，并用接地引下线将其与接地体相接。避雷针引下线下端必须与接装置焊接牢靠。

（2）接地引下线若采用圆钢，则其直径不入小于 8 mm；若采用扁钢，则其厚度不得小于4 mm，截面不得小于48 mm^2。

（3）当避雷针装在钢筋混凝土杆上时，也可采用其钢筋作接地引下线；若装在金属杆上时，也可利用金属杆本身作接地引下线，而不必另接引下线。

（4）接地引下线应短而直，避免转弯和穿越铁管等闭合结构，以减少其感抗。避雷针的引线安装要固定、可靠。

（5）防雷接地体的装设和接地引下线的固定一定要按规定连接。

（6）接地装置应与杆塔上的接地螺母牢固连接。

3. 安装避雷针注意事项

（1）独立装设时，避雷针及其他接地装置与配电装置之间应保持规定距离：

在地面上，由独立避雷针到配电装置的导电部分、变电所电气设备和构架接地部分之间的空气间距不应小于 5 m；在地下，避雷针的接地装置与变电所接地网之间的最小距离不应小于3 m。

（2）避雷针的接地电阻一般不应大于10 Ω。

（3）从避雷针与接地网的连接处起，到变压器与接地网的连接处止，沿接地线的地中距离不得小于15 m，以防避雷针放电时产生反击，击穿变压器绝缘。

（4）凡照明线、广播线、天线或电话线等线路严禁架设在独立避雷针的针杆上。

4.8 电气装置接地技术

4.8.1 接 地

在低压配电系统中，发生电击伤亡事故总是难以避免的。因此，必须加强安全保护的技术措施。根据IEC标准，电击三道防线中，第二道防线就是要求可靠接地。

1. 接地和接地装置

接地是保证人身安全和设备安全而采取的技术措施。“地”是指零电位，所谓接地就是与零电位的大地相连接。

TN-S 或 TN-C-S 系统接地，在我国俗称接零，“零”是指多相系统的中性点，所谓接零就是与中性点相连接，故接零又可称为接中性点。

接地体是埋入地中并直接与大地接触的金属导体，专门为接地而人为装设，由若干接地体在大地中相互用接地线连接起来的一个整体，称为接地网。如图 4-13 所示。

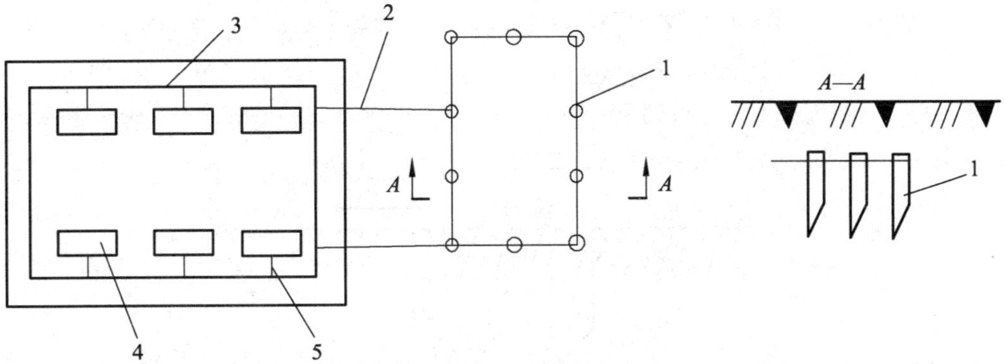

图 4-13　接地网示意图

1—接地体；2—接地线；3—接地干线；4—电气设备；5—接地支线

在正常或事故情况下，为保证电气设备可靠运行，必须在供配电系统中某点实行接地，称为工作接地。出于安全目的，对人员能经常触及的、正常时不能带电的金属外壳，因绝缘损坏而有可能带电的部分实行的接地，称为保护接地。只有在电压为 1 000 V 以下的中性点直接接地的系统中，才可采用接零保护作为安全措施，并实行重复接地，以减轻当中性线断裂时发生触电的危险。

2. 接地电流、对地电压

当电气设备发生接地故障时，电流就通过接体向大地作半散开，这一电流称为接地电流，用 I_e 表示，如图 4-14 所示。试验证明：在离接地点 20 m 处，实际散电流为零。

对地电压 U_e 是指电气设备的接地部分（如接地的外壳等）与零电位的地之间的电位差。

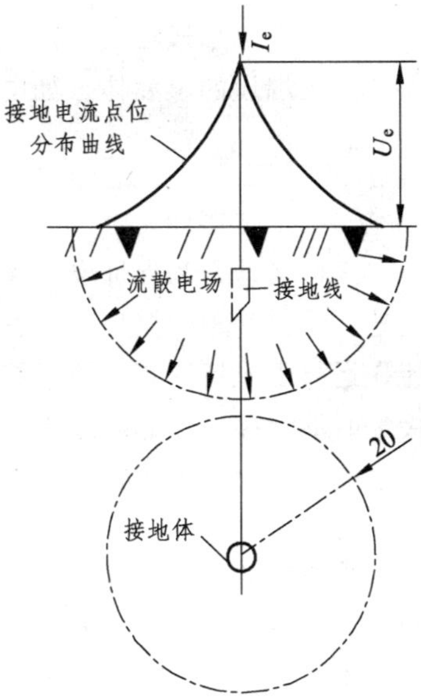

图 4-14　接地电流、对地电压及接地电位

3. 接地的种类

1）按作用进行分

（1）防雷接地。

防雷接地有防感应雷接地和防直击雷接地两种。为防止直击雷电作用而做的接地称为防直击雷接地；为防止雷电流感应产生高电位、产生电火花或局部发热，从而造成易燃易爆物品燃烧或爆炸而做的接地称为防雷电感应接地。

（2）保护接地。

保护接地是为保障人身安全、防止间接触电而将设备的外露可导电部分接地。保护接地的形式有两种：一是设备的外露可导电部分经各自的接地线直接接地，如 TT 和 IT 系统中的接地；二是设备的外露可导电部分经公共的 PE 线或 PEN 线接地，这种接地形式，在我国过去习惯上称为保护接零，如图 4-15 所示。

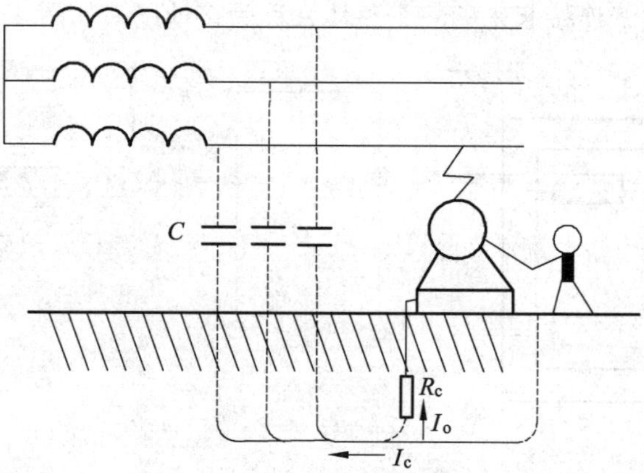

图 4-15　保护接地示意图

注意，在同一低压系统中，一般来说不能一部分采取保护接地，另一部分采用保护接零，否则当采取保护接地的设备发生单相接地故障时，采用保护接零设备的外露可导电部分会带上危险的过电压。

（3）防静电接地。

为防止可能产生或聚集的静电荷，对设备、管道和容器等进行的接地，称为防静电接地。设备在移动或物体在管道中流动时，因摩擦产生的静电，聚集在导管、容器或加工设备上，形成很高的电位，对人身安全和建筑物都有危害。防静电接地的作用是当静电产生后，通过静电接地线，把静电引向大地，从而防止静电产生后对人体和设备造成危害。

（4）防电蚀接地。

地下埋设的金属体，如电缆金属外皮、金属导管等，接地后可防止电蚀侵入。

2）按功能进行分

（1）工作接地。

工作接地是为保证电力系统和设备达到正常工作要求而进行的一种接地，如电源中性点接地、防雷装置的接地等。各种工作接地都有其各自的功能，例如，电源中性点直接接地，能在运行中维持三相电源系统中相线对地电压不变；电源中性点经消弧线圈接地，能在单相接地时消除接地点的断续电弧，防止系统出现过电压。至于防雷装置的接地，其功能是泄放雷电流，从而实现防雷的要求。

（2）重复接地。

为保证 PE 线或 PEN 线安全可靠，除在中性点进行工作接地外，还应在 PE 线或 PEN 线的下列地方进行重复接地：

① 在架空线路终端及沿线每 1 km 处；

② 电缆和架空线引入车间或大型建筑物处。

（3）屏蔽接地。

屏蔽接地是为了防止和抑制外来电磁感应干扰，而将电气干扰源引入在地的一种接地，如对电气设备的金属外壳、屏蔽线的外皮或建筑物的金属屏蔽体等进行的接地。这种接地，一可抑制外来电磁干扰对电子设备运行的影响，二可减少某一电子设备产生的干扰影响其他电子设备。

（4）逻辑接地。

为了确保稳定的参考电位而将电子设备中适当的金属进行接地的形式，称为逻辑接地，如一般将电子设备的金属底板进行接地。通常把逻辑接地及其他信号系统的接地称为直流地。

（5）信号接地。

为保证信号具有稳定的基准电位而设置的接地，就是信号接地。

4.8.2　接地电阻与电气装置的接地

1. 接地电阻

根据国家的规定，电气装置不带电的金属部位必须接地。

接地电阻是接地体的流散电阻和接地体电阻的总和。由于接地线和接地体的电阻相对很小，可忽略不计，因此接地电阻主要就是接地体的流散电阻。

工频接地电流流过接地装置所呈现的接地电阻，称之为工频接地电阻，用 R_{Σ} 表示。雷电流流过接地装置所呈现的接地电阻，称之为冲击接地电阻，用 R_{sh} 表示。

接地电阻的测量：

1）接地电阻测量仪

（1）常用的国产接地电阻测量仪主要是ZC-8型，其外形及其附件如图4-16所示。

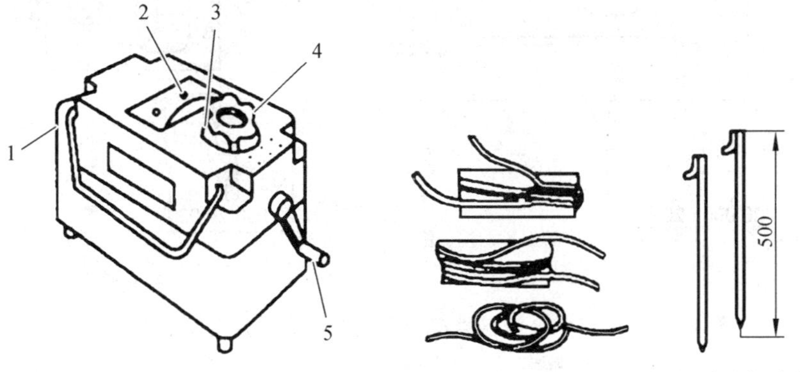

（a）接地电阻测量仪　（b）连接线　（c）测量接地棒

图4-16　ZC-8型接地电阻测量仪

1—接线桩；2—表头；3—微调拨盘；4—粗调旋钮；5—摇柄

ZC-8型接地电阻测量仪由手摇发电机、电流互感器、滑线电阻及检流计等组成，附有接地探测针、连接导线等。其面板如图4-17所示。

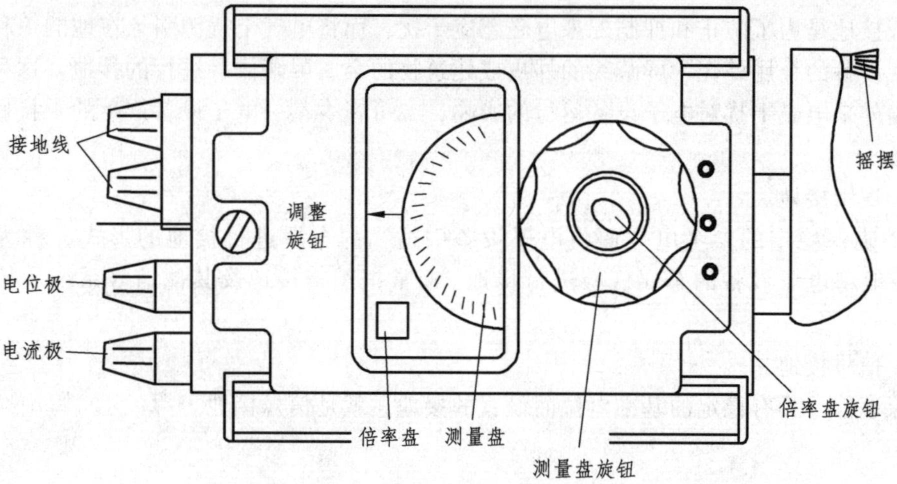

图 4-17　ZC-8 型接地电阻测试仪面板

接线端钮：接地极（C 2、P 2）、电位极（P1）、电流极（C1）用于连接相应的探测针。

调整旋钮：用于检流计指针调零调节倍率盘：显示测试倍率，如 ×0.1、×1、×10。

测量标度盘：测试标度所测接地电阻阻值。

测量盘旋钮：用于测试中调节旋钮，使检流计指针指于中心线。

发电机摇把：手摇发电，为地阻仪提供测试电源。

（2）用 ZC-8 型接地电阻测量仪测量接地电阻的实际接线如图 4-18 所示。

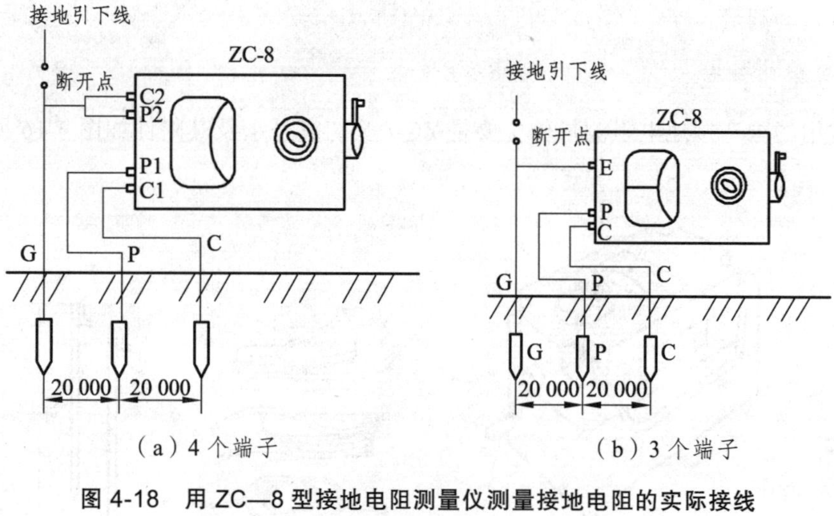

图 4-18　用 ZC—8 型接地电阻测量仪测量接地电阻的实际接线

G—接地极；P′—电位探测针；C′—电流探测针；
C1、C2、C、P1、P2、P、E—接地端钮

2）测量步骤

（1）拆开接地干线与接地体的连接点，或拆开接地干线上所有接地支线的连接点。

（2）沿被测接地地极 G、使电位探针 P′和电流探针 C′依直线彼此相距 20 m，且电位探针 P′插入接地极 G 和电流探测针 C′之间。

（3）用导线将 G、P′、C′连接于仪表相应的端钮。

（4）将仪表水平放置，检查检流计指针是否在中心线上，否则可用调零器将其调整于中心线。

（5）将检流计的“倍率标度盘”置于最大倍数，慢慢转动发电机摇把，同时旋动“测量标度盘”，使检流计指针指于中心线。

（6）当检流计的指针接近平衡时，加快发电机的转速，使其达到 120 r/min 以上，调整“测量标度盘”，使指针指于中心线上。

（7）如“测量标度盘”的计数小于 1，则应将“倍率标度盘”置于较小的标度倍数，再重新调整“测量标度盘”，以得到正确读数。

（8）用“测量标度盘”的读数乘以“倍率标度盘”的倍数即为所测的接地电阻。

3）注意事项

（1）当检流计的灵敏度过高时，可将电位探测针插入土壤浅一些；当检流计的灵敏度不够时，可沿电位探测针注水湿润。

（2）当接地极 G 和电流探测针 C′之间距离大于 40 m 时，电位探测计 P′的位置可插在离开 G、C′中间直线几米以外，其测量误差可忽略不计；当接地极 G 和电流探测针 C′之间的距离小于 40 m 时，则应将电位探测针 P′插入 G 和 C′的直线中间。

（3）当用 4 端钮 1 ~ 10 ~ 100 规格的仪表测量小于 1 Ω电阻时，应将接线端钮 C2、P2 的连接片打开，分别用导线连接到接地体上，以消除测量时连接导线电阻产生的误差。

2. 电气装置的接地

1）自然接地体的利用

在设计和装设接地装置时，首先应考虑自然接地体的利用，以节约投资，节约钢材。如果实地测量所利用的自然接地体能满足要求，而且这些自然接地体又满足热稳定条件，就不必再装设人工接地装置。否则，应加装人工接地装置。

可作为自然接地体的有：与大地有可靠连接的建筑物的钢结构和钢筋、行车的钢轨、埋在地里的金属管道（但不包括可燃或有爆炸物质的管道），以及埋地敷设的不少于两根的电缆金属外皮等。对于变配电所来说，可利用建筑物钢筋混凝土基础作为自然接地体。利用自然接地体时，一定要保证良好的电气连接，在建筑物结构的结合处，除已焊接者外，凡用螺栓连接或其他连接的，都要必须采用跨接焊接，而且跨接线不少于规定值。

2）人工接地体的安装

人工接地体是特地为接地体而装设的接地装置。人工接地体基本结构有两种：垂直埋设的人工接地体和水平埋设的人工接地体，如图 4-19 所示，人工接地体电阻要占要求电阻值的一半以上。

接地网的布置应尽量使地面电位分布均匀，以降低接触电压和跨步电压。加装均压带的接地网如图 4-20 所示。

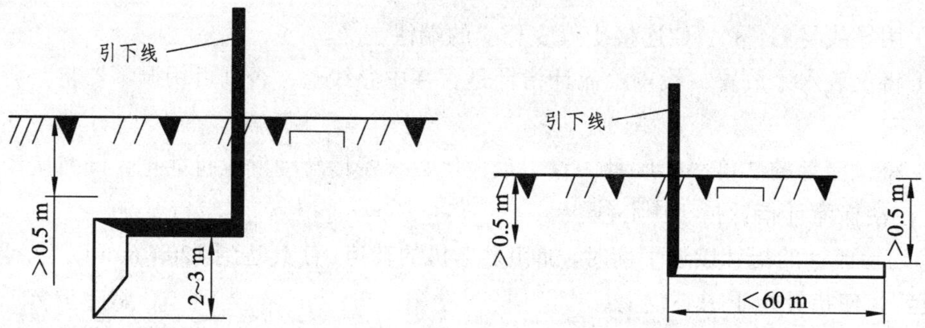

（a）垂直埋设的人工接地体　（b）水平埋设的人工接地体

图 4-19　人工接地体的结构

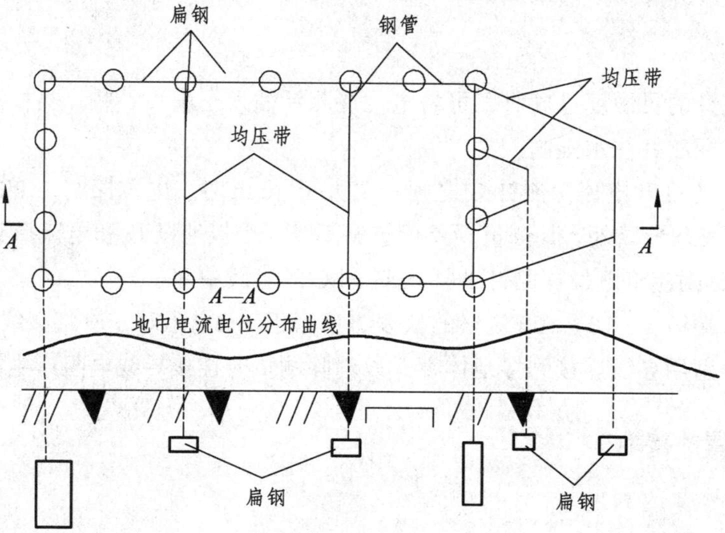

图 4-20　加装均压带的接地网

3. 防雷装置接地的要求

避雷针宜装设独立的接地装置，防雷的接地装置及避雷针引下线的结构尺寸，应符合《建筑物防雷设计规范》（GB 50057—1994）的规定。

为了防止雷击时雷电流在接地装置上产生的高电位对被保护的建筑物和配电装置及其接地装置进行反击闪络，危及建筑物和配电装置的安全，防止直击雷的接地装置与建筑物和配电装置之间，应有一定的安全距离，此距离与建筑物防雷等级有关。一般来说，空气中安全距离为>5 m，地下为 3 m。为了降低跨步电压、保障人身安全，防止直击雷的人工接地体距离建筑物出入口或人行道的距离不应小于 3 m，否则要采取其他措施进行防范。

4.9　低压配电系统的等电位连接

等电位连接，是将建筑物中各电气装置和其他装置外露的金属及可导电部分与人工或自然接地体连接起来以达到减少电位差。等电位连接的作用是降低接触电压、保障人身安全。一个等电位连接和局部等电位连接的示意图如图 4-21 所示。

按《低压配电设计规范》（GB 50054—95）的规定：进行低压接地故障保护时，应在建筑物内作总等电位连接（用文字符号 MEB 表示），当电气装置或某一部分的接地故障保护不能满足规定要求时，还应在局部范围作局部等电位连接（用文字符号 LEB 表示）。

电位差是引起电气事故的重要原因。我国以前对电网和线路的安全比较重视，但忽视了电位差的危害。实际上，特别在低压配电系统中，电位差的存在是造成人身电击、电气火灾以及电气、电子设备损坏的重要原因。

总等电位连接，是在建筑物的电源线路进线处，将 PE 干线或 PEN 线与电气装置的接地干线、建筑物金属构件及各种金属都相互作电气连接，使它们的电位基本相等，如图 4-21 所示的 MEB 部分。

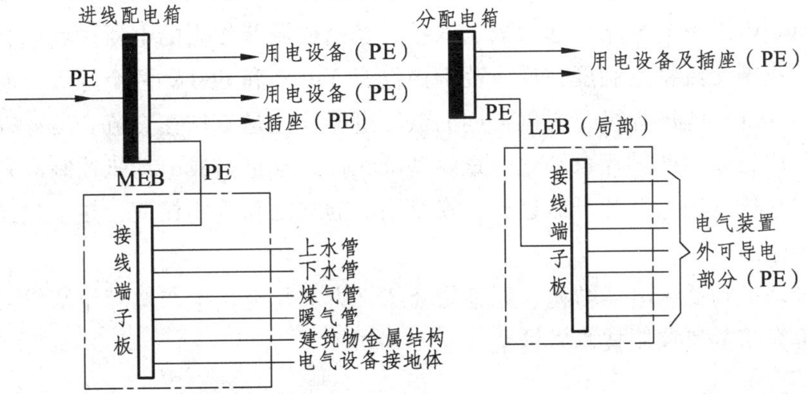

图 4-21　MEB—总等电位连接和 LEB—局部等电位连接

辅助等电位连接是总等电位连接的辅助措施，它是某一局部范围内的等电位连接，如在远距离总等电位的连接处，非常潮湿及触电危险性大的局部地域进行的补充等电位连接，如图 4-21 所示的 LEB 部分。

在一般电气连接中，要求等电位连接系统的导通性能良好，从等电位连接端子到被连接体末端的阻抗不大于 4 Ω。

注意：无论是总等电位连接，还是辅助等电位连接，其与每一电气装置的其他接地系统只可连接一次。

第5章 电动机及常用低压电器

电动机俗称马达，是一种把电能转换为机械能的电磁机械装置。它用来驱动各种用途的生产机械和其他装置，以满足不同的要求。电动机作为原动机，大至冶炼行业使用的上万千瓦的超大功率电动机，小至家庭使用的仅有几瓦的小功率电动机，在各行各业中都得到了广泛的应用。

低压电器（简称电器）是用于交流 50 Hz（或 60 Hz）额定电压为 1200 V 以下、直流额定电压为 1 500 V 以下的电路内起通断、保护、控制或调节作用的电器，例如，接触器、继电器等。由于我国交流供电制度在低压范围内仅有 380 V 和 660 V 两个等级，而工业低压用电设备多采用 380 V 电压等级，所以常用的低压电器往往是工作在交流 500 V 以下的电器。低压电器是现代工业生产过程自动化的重要基础元件，也是组成电动机控制成套设备的基础配套元件。它是低压用电系统可靠运行、安全用电的基础和重要保证，在国民经济中有不可替代的地位和作用。

本章对电动机和低压电器结构、原理做介绍，力求与现代生产实际相结合，突出实际应用，也为后续介绍电气控制技术做铺垫。

5.1 异步电动机结构及工作原理

异步电动机主要用来拖动中、小型轧钢设备，各种机床、矿山机械、轻工机械，农用排灌、脱粒、粉碎和其他农副产品加工机械。根据统计，在电力网的总负荷中，异步电动机占总负荷的80%以上，由此可见异步电动机在工农业生产中的重要性。近年来，随着科技的发展、人民生活水平的提高、家用电器的普及，单相异步电动机在家庭中的使用也越来越多，如洗衣机、电风扇、电冰箱、空调机等都用电动机来拖动。

5.1.1 三相交流异步电动机的工作原理

电动机有三相对称定子绕组，接通三相对称交流电源后，绕组中流有三相对称电流，在气隙中产生一个旋转磁场，转速为 n_0，其大小取决于电动机的电源频率 f 和电动机的极对数 p，即 $n_0 = 60f / p$。此旋转磁场切割转子导体，在其中产生感应电动势和感应电流，其方向可用右手定则确定。此感应电流与磁场作用产生转矩，转矩方向可用左手定则确定，于是电动机便顺着旋转磁场方向旋转，但转子速度 n 必须小于 n_0，否则转子中无感应电流，也就无转矩，转子转速 n 略低于且接近于同步转速 n_0，这是异步电动机“异步”的由来。通常用转

差率 S 表示转子转速 n 与同步转速 n_0 相差的程度，即

$$S = (n_0 - n)n_0$$

一般在额定负载时三相异步电动机的转差率在 1% ~ 9%。

5.1.2　三相交流异步电动机的分类

1. 按电动机结构尺寸分类

（1）大型电动机。

电动机机座中心高度大于 630 mm，或 16 号机座及以上，或定子铁心外径大于 990 mm 者，称为大型电动机。

（2）中型电动机。

电动机机座中心高度在 355 ~ 630 mm，或 11 ~ 15 号机座，或定子铁心外径在 560 ~ 990 mm 者，称为中型电动机。

（3）小型电动机。

电动机机座中心高度在 80 ~ 315 mm，或 10 号及以下机座，或定子铁心外径在 125 ~ 560 mm 者，称为小型电动机。

2. 按电动机转速分类

（1）恒转速电动机，有普通笼型、特殊笼型（深槽式、双笼式、高启动转矩式）和绕线型。

（2）调速电机，就是配有换向器的电动机。一般采用三相并励式的绕线转子电动机（转子控制电阻、转子控制励磁）。

（3）变速电动机，有变极电动机、单绕组多速电动机、特殊笼型电动机和转差电动机等。

3. 按机械特性分类

（1）普通笼型异步电动机适用于小容量、转差率变化小的恒速运行的场所，如鼓风机、离心泵、车床等低启动转矩和恒负载的场合。

（2）深槽笼型适用于中等容量、启动转矩比普通笼型异步电动机稍大的场所。

（3）双笼型异步电动机适用于中、大型笼型转子电动机，启动转矩较大，但最大转矩稍小。适用于传送带、压缩机、粉碎机、搅拌机、往复泵等需要启动转矩较大的恒速负载上。

（4）特殊双笼型异步电动机采用高阻抗导体材料制成。特点是启动转矩大，最大转矩小，转差率较大，可实现转速调节。适用于冲床、切断机等设备。

（5）绕线转子异步电动机适用于启动转矩大、启动电流小的场所，如传送带、压缩机、压延机等设备。

5.1.3　三相交流异步电动机的结构

三相异步电动机由定子（固定部分）和转子（转动部分）两大部分组成，还包括机壳和

端盖等。三相笼型异步电动机的结构如图 5-1 所示。

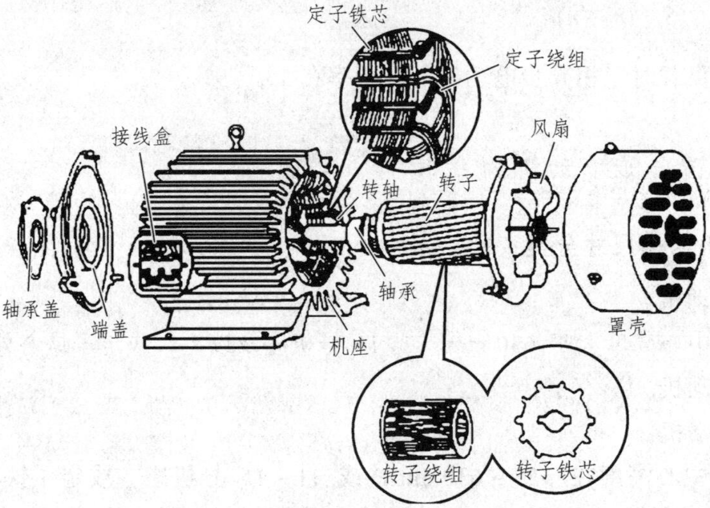

图 5-1　三相笼型异步电动机的结构

表 5.1　电动机结构部件及其作用

结构部件		作用	材料		示意图
定子	机座（机壳）	固定、支撑定子铁芯等	多采用铸铁制造		
	定子铁芯	导磁、嵌放定子绕组	由硅钢片叠压成圆筒形压入机座		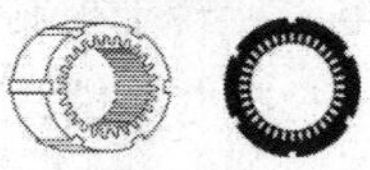
	定子绕组	是组成电动机的电路部分，以实现电磁能量的转换	用漆包线绕制，镶嵌在定子槽内		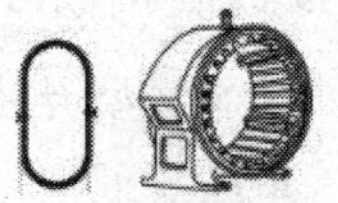
转子	转子铁芯	导磁、嵌放转子绕组	巳冲槽的硅钢片叠成		
	转子绕组	电动机电路部分，实现电磁能量的转换	绕线式		
			鼠笼式	铜条式转子	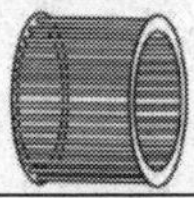
				铸铝式转子	

5.1.4　三相笼型异步电动机定子绕组的接线方式

定子绕组组成电动机的电路部分，它是由若干线圈组成的三相绕组，在定子圆周上均匀分布，按一定的空间角度镶放在定子铁心槽内。每相绕组有两个引出线端：一个为首端，另一个为尾端。三相绕组共有六个引出端，分别引到机座接线盒内的接线柱上。通过改变接线柱间连接片的连接关系，根据供电电压不同，三相定子绕组可以接成星形（Y），也可以接成三角形（△），如图 5-2 所示。

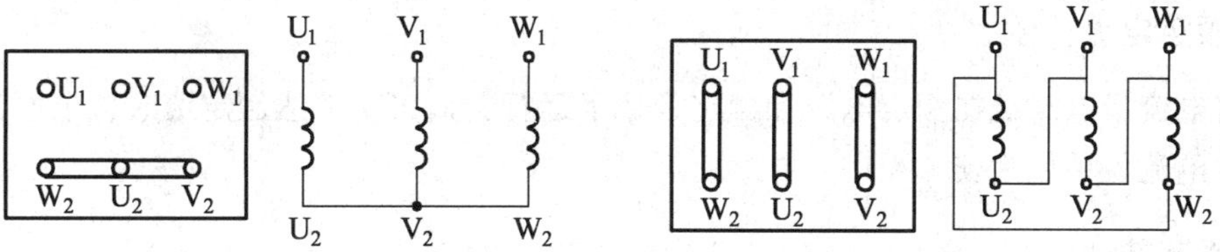

图 5-2　三相定子绕组的接线方式

5.1.5　三相交流异步电动机的铭牌

每台异步电动机的机座上都装有一块铭牌，它表明了电动机的类型、主要性能、技术指标和使用条件，为用户使用和维修提供了重要依据，如图 5-3 所示。

三相异步电动机		
型号Y112M-2	额定功率 4 kW	频率 50 Hz
额定电压 380 V	额定电流 8.2 A	接法 △
额定转速 2900 r/min	绝缘等级 B	工作方式连续
2005年6月	编号×××	×××电机厂

图 5-3　三相交流步电动机的铭牌

1. 型　号

异步电动机的型号的含义以 Y112 M-4 为例进行说明。

“Y”表示 Y 系统鼠笼异步电动机（YR 表示绕线式异步电动机），“112”表示电机的中心高为 112 mm，“M”表示中机座（L 表示长机座，S 表示短机座），“4”表示 4 极电机。

有些电动机型号在机座代号后面还有一位数字，代表铁心号，如 Y132S2-2 型号中 S 后面的“2”表示 2 号铁心长（1 为 1 号铁心长）。

2. 额定功率

额定功率指电动机按铭牌所给条件运行时，轴端所能输出的机械功率，单位为千瓦（kW）。

3. 接　法

表示电动机在额定电压下，定子绕组的连接方式（Y 或△）。当电压不变时，如将 Y 型连接为△连接，线圈的电压为原线圈的$\sqrt{3}$，这样电机线圈的电流过大而发热。如果把△连接的电机改为Y连接，电机线圈的电压为原线圈的$1/\sqrt{3}$，电动机的输出功率就会降低。

4. 额定电压

额定电压指电动机在额定运行状态下加在定子绕组上的线电压，单位为伏（V）。Y系列电动机的额定电压都是380 V。凡功率小于3 kW的电机，其定子绕组均为Y连接，4 kW以上都是△连接。

5. 额定电流

额定电流指电动机在额定电压和额定频率下运行，输出功率达额定值时，电网注入定子绕组的线电流，单位为安（A）。

6. 额定转速

额定转速指电动机转子输出额定功率时每分钟的转数。通常额定转速比同步转速（旋转磁场转速）低2%～6%。

7. 频　率

频率指电动机所用电源的频率。

8. 绝缘等级

绝缘等级指电动机绕组所用绝缘材料按它的允许耐热程度规定的等级，这些级别为：A级，105 °C；E级，120 °C；F级，155 °C。

5.2 单相交流异步电动机

单相交流异步电动机工作时，因为只需要单相交流电源，特别是可以直接用220 V交流电源供电，所以，广泛应用在电风扇、洗衣机、电冰箱、吸尘器、空调器以及各种医疗器械和小型机械。

单相交流异步电动机除了供电方便外，还具有结构简单、成本低廉、运行可靠及维修方便等优点，但它也有不足之处，如运行性较差，效率较低，与功率相同的三相异步电动机相比，体积较大。因此，一般只做成0.6 kW以下的小容量电动机。

5.2.1 单相交流异步电动机的工作原理

使单相异步电动机启动运转的关键就是设法建立旋转磁场。不同类型的单相电动机，产生旋转磁场的方法也不同，常见的是电容启动式单相异步电动机。电容启动式单相异步电动机的定子中装有两相绕组：一相称主绕组，一相称副绕组。主绕组直接与电源连接，副绕组与一电容器串联后与主绕组并联接入电源，其接线如图 5-4 所示。两个绕组由同一单相电源供电，由于副绕组支路中串有电容器，故两个绕组中的电流相位不同。如果电容 C 选择合适，可以使两个电流的相位差 90°。相差 90°的两个正弦交流电分别通入在空间互差 90°的两个绕组，就会产生旋转磁场（实际上两个绕组中电流有一定的相位差，便可以产生旋转磁场，并不一定准确相差 90°才可以。电动机启动后，借助离心开关 S，自动把启动绕组的电源切断，电动机进入正常运行。

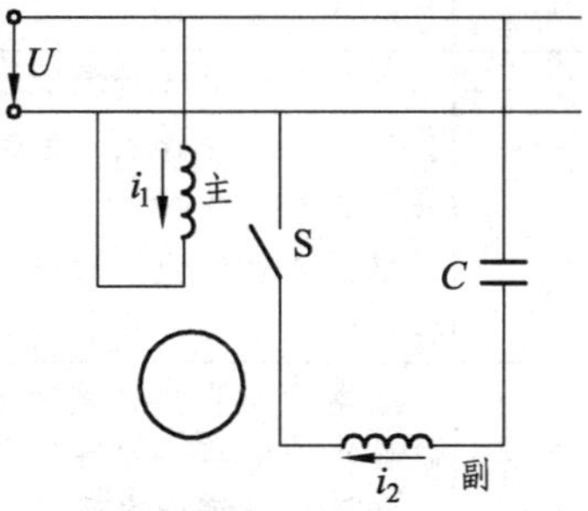

图 5-4　单相交流异步电动机的工作原理图

5.2.2　单相交流异步电动机的结构

从结构上看，单相异步电动机和三相笼型异步电动机相似，如图 5-5 所示，主要由转子、定子、端盖、轴承、外壳等组成。但是单相异步电动机的定子一般有两套绕组：它们在空间上相差 90°，一套称为主绕组（工作绕组），用于产生磁场；另一套称为副绕组（启动绕组），用于产生启动转矩。

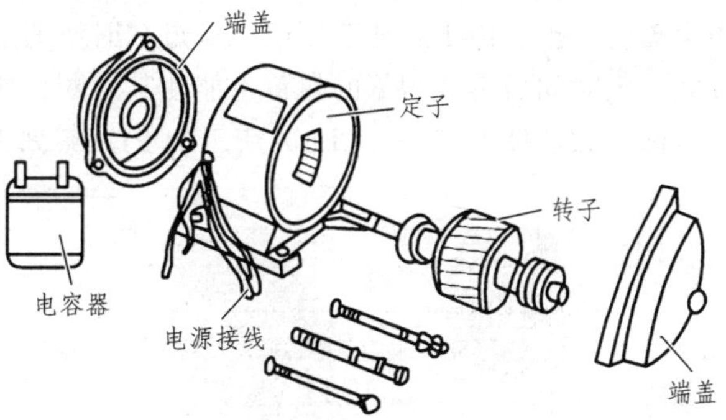

图 5-5　单相异步电动机结构

5.3　常用低压电器

5.3.1　常用低压电器的基本知识

常用的低压电器元件主要有熔断器、隔离器刀开关、低压断路器、接触器、继电器、主令电器等，学习识别与使用这些电器元件是掌握电气控制技术的基础。低压电器元件的分类如表 5-2 所示。

表 5-2 低压电器元件的分类

分类方式	类型	说明
按用途控制对象分类	低压配电电器	主要用于低压配电系统中，实现电能的输送、分配及保护电路和用电设备的作用。包括刀开关、组合开关、熔断器和自动开关等
	低压控制电器	主要用于电气控制系统中，实现发布指令、控制系统状态及执行动作等作用。包括接触器、继电器、主令电器和电磁离合器等
按工作原理分类	电磁式电器	根据电磁感应原理来动作的电器。如交流、直流接触器，各种电磁式继电器，电磁铁等
	非电量控制电器	依靠外力或非电量信号（如速度、压力、温度等）的变化而动作的电器。如转换开关、行程开关、速度继电器、压力继电器、温度继电器等
按动作方式分类	自动电器	自动电器指依靠电器本身参数变化（如电、磁、光等）而自动完成动作切换或状态变化的电器。如接触器、继电器等
	手动电器	手动电器指依靠人工直接完成动作切换的电器。如按钮、刀开关等

5.3.2 熔断器

1. 熔断器的结构和用途

熔断器是串联连接在被保护电路中的，当电路短路时，电流很大，熔体急剧升温，立即熔断，所以熔断器可用于短路保护。由于熔体在用电设备过载时所通过的过载电流能积累热量，当用电设备连续过载一定时间后熔体积累的热量也能使其熔断，所以熔断器也可作过载保护。熔断器一般分成熔体座和熔体等部分。图 5-6 所示为 RL1 系列螺旋式熔断器外形图。

图 5-6 RL1 系列螺旋式熔断器外形

2. 掌握熔断器的表示方式

（1）型号。

熔断器的型号组成及含义如图 5-7 所示。

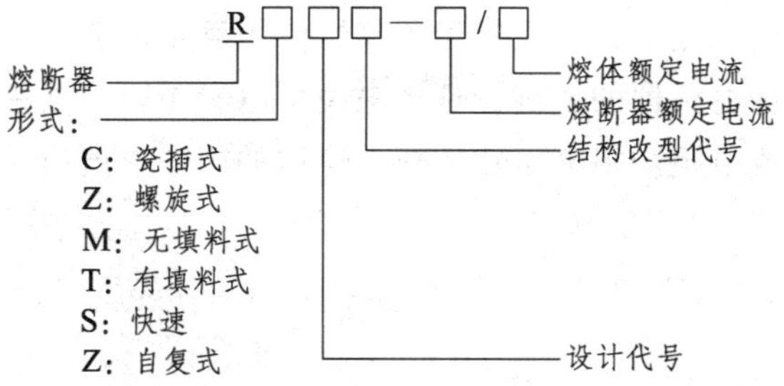

图 5-7　熔断器的型号组成及含义

（2）电气符号。

熔断器的图形符号和文字符号如图 5-8 所示。

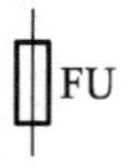

图 5-8　熔断器图形、文字符号

3. 熔断器的主要技术参数

熔断器的主要技术参数有额定电压、额定电流和极限分断能力，如表 5-3 所示。

表 5-3　熔断器的主要技术参数

型号	额定电压/V	额定电流/A		分断能力/kA
		熔断器	熔体	
RL6－25	~500	25	2，4，6，10，20，25	50
RL6－63		63	35，50，63	
RL6－100		100	80，100	
RL6－200		200	125，160，200	
RLS2－30	~500	30	16，20，25，30	50
RLS2－63		63	32，40，50，63	
RLS2－100		100	63，80，100	
RT12－20	~415	20	2，4，6，10，15，20	80
RT12－32		32	20，25，32	
RT12－63		63	32，40，50，63	
RT12－100		100	63，80，100	
RT14－20	~380	20	2，4，6，10，16，20	100
RT14－32		32	2，4，6，10，16，20，25，32	
RT14－63		63	10，16，20，25，32，40，50，63	

4. 熔断器的选择与常见故障的处理方法

熔断器的选择主要包括熔断器类型、额定电压、额定电流和熔体额定电流等的确定。

熔断器的类型主要由电控系统整体设计确定，熔断器的额定电压应大于或等于实际电路的工作电压；熔断器额定电流应大于或等于所装熔体的额定电流。

确定熔体电流是选择熔断器的关键，具体来说可以参考以下几种情况：

（1）对于照明线路或电阻炉等电阻性负载，熔体的额定电流应大于或等于电路的工作电流，即

$$I_{fN} \geq I \tag{5-1}$$

式中 I_{fN}——熔体的额定电流；

I——电路的工作电流。

（2）保护一台异步电动机时，考虑电动机冲击电流的影响，熔体的额定电流可按下式计算：

$$I_{fN} \geq (1.5 \sim 2.5) I_N \tag{5-2}$$

式中 I_N——电动机的额定电流。

（3）保护多台异步电动机时，若各台电动机不同时启动，则应按下式计算：

$$I_{fN} \geq (1.5 \sim 2.5) I_{Nmax} + \sum I_N \tag{5-3}$$

式中 I_{Nmax}——容量最大的一台电动机的额定电流；

$\sum I_N$——其余电动机额定电流的总和。

（4）为防止发生越级熔断，上、下级（即供电干、支线）熔断器间应有良好的协调配合，为此，应使上一级（供电干线）熔断器的熔体额定电流比下一级（供电支线）大 1～2 个级差。

熔断器的常见故障及其处理方法如表 5-4 所示。

表 5-4 熔断器的常见故障及其处理方法

故障现象	产生原因	修理方法
电动机启动瞬间熔体即熔断	1. 熔体规格选择太小 2. 负载侧短路或接地 3. 熔体安装时损伤	1. 调换适当的熔体 2. 检查短路或接地故障 3. 调换熔体
熔丝未熔断但电路不通	1. 熔体两端或接线端接触不良 2. 熔断器的螺帽盖未旋紧	1. 清扫并旋紧接线端 2. 旋紧螺帽盖

5.3.3 刀开关

1. 刀开关的结构和用途

刀开关又称闸刀开关，是一种手动配电电器。刀开关主要作为隔离电源开关使用，用在不频繁接通和分断电路的场合。如图 5-9 所示为胶底瓷盖刀开关。如图 5-10 所示为胶底瓷盖刀开关结构图。此种刀开关由操作手柄、熔丝、触刀、触刀座和瓷底座等部分组成，带有短路保护功能。

图 5-9　胶底瓷盖刀开关

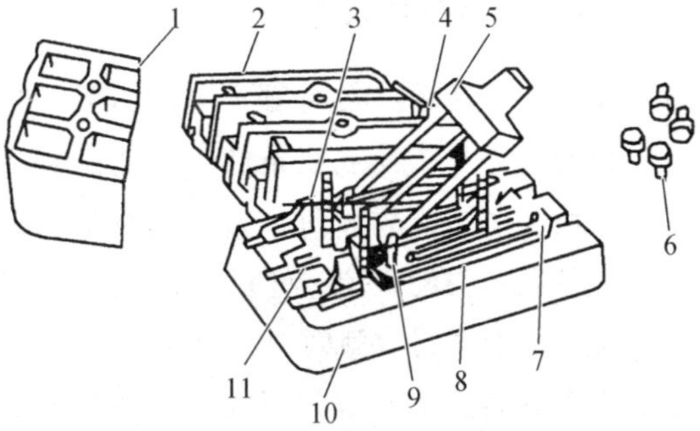

图 5-10　胶底瓷盖刀开关结构

1—上胶盖；2—下胶盖；3—插座；4—触刀；5—瓷柄；6—胶盖紧固螺钉；7—出线座；8—熔丝；9—触刀座；10—瓷底座；11—进线座

刀开关在安装时，手柄要向上，不得倒装或平装，避免由于重力自动下落，引起误动合闸。接线时，应将电源线接在上端，负载线接在下端，这样断开后，刀开关的触刀与电源隔离，既便于更换熔丝，又可防止可能发生的意外事故。

2. 刀开关的表示方式

刀开关的主要类型有：带灭弧装置的大容量刀开关，带熔断器的开启式负荷开关（胶盖开关），带灭弧装置和熔断器的封闭式负荷开关（铁壳开关）等。常用的产品有：HD11 ~ HD14 和 HS11 ~ HS13 系列刀开关，HK1、HK2 系列胶盖开关，HH3、HH4 系列铁壳开关。

刀开关按刀数的不同分有单极、双极、三极等几种。

（1）型号。

刀开关的型号组成及含义如图 5-11 所示。

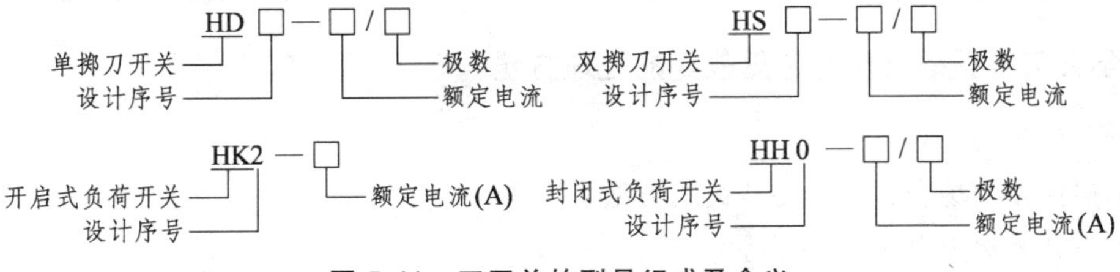

图 5-11　刀开关的型号组成及含义

（2）电气符号。

刀开关的图形符号及文字符号如图 5-12 所示。

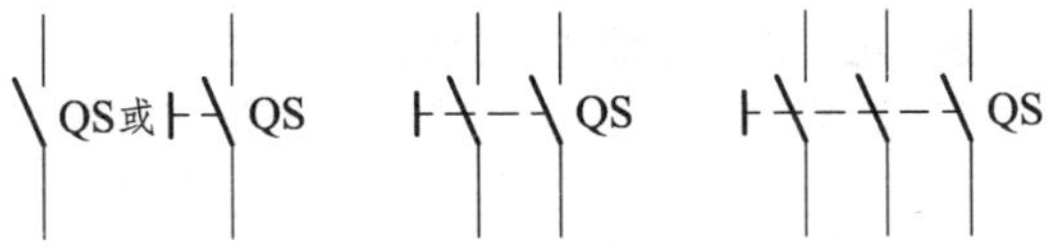

（a）单极　（b）双极　（c）三极

图 5-12　刀开关图形、文字符号

3. 刀开关的主要技术参数

刀开关的主要技术参数有额定电压、额定电流、通断能力、动稳定电流、热稳定电流等。

（1）通断能力是指在规定条件下，能在额定电压下接通和分断的电流值。

（2）电路发生短路故障时，刀开关并不因短路电流产生的电动力作用而发生变形、损坏或触刀自动弹出之类的现象，这一短路电流（峰值）即称为刀开关的动稳定电流。

（3）电路发生短路故障时，刀开关在一定时间内（通常为 1 s）通过某一短路电流，并不会因温度急剧升高而发生熔焊现象，这一最大短路电流称为刀开关的热稳定电流。

表 5-5 列出了 HK1 系列胶盖开关的技术参数。近年来中国研制的新产品有 HD18、HD17、HS17 等系列刀形隔离开关，HG1 系列熔断器式隔离开关等。

表 5-5 HK1 系列胶盖开关的技术参数

<table>
<tr><th rowspan="3">额定电流值/A</th><th rowspan="3">极数</th><th rowspan="3">额定电压值/V</th><th colspan="2" rowspan="2">可控制电动机最大容量值/kW</th><th rowspan="3">触刀极限分断能力（$\cos\phi=0.6$）/A</th><th rowspan="3">熔丝极限分断能力/A</th><th colspan="4">配用熔丝规格</th></tr>
<tr><th colspan="3">熔丝成分/%</th><th rowspan="2">熔丝直径/mm</th></tr>
<tr><th>220 V</th><th>380 V</th><th>铅</th><th>锡</th><th>锑</th></tr>
<tr><td>15</td><td>2</td><td>220</td><td>—</td><td>—</td><td>30</td><td>500</td><td rowspan="2">98</td><td rowspan="2">1</td><td rowspan="2">1</td><td>1.45 ~ 1.59</td></tr>
<tr><td>30</td><td>2</td><td>220</td><td>—</td><td>—</td><td>60</td><td>1000</td><td>2.30 ~ 2.52</td></tr>
<tr><td>60</td><td>2</td><td>220</td><td>—</td><td>—</td><td>90</td><td>1500</td><td rowspan="4">98</td><td rowspan="4">1</td><td rowspan="4">1</td><td>3.36 ~ 4.00</td></tr>
<tr><td>15</td><td>2</td><td>380</td><td>1.5</td><td>2.2</td><td>30</td><td>500</td><td>1.45 ~ 1.59</td></tr>
<tr><td>30</td><td>2</td><td>380</td><td>3.0</td><td>4.0</td><td>60</td><td>1000</td><td>2.30 ~ 2.52</td></tr>
<tr><td>60</td><td>2</td><td>380</td><td>4.4</td><td>5.5</td><td>90</td><td>1500</td><td>3.36 ~ 4.00</td></tr>
</table>

4. 学会刀开关的选择与常见故障的处理方法

刀开关选择的注意点：

（1）根据使用场合，选择刀开关的类型、极数及操作方式。

（2）刀开关额定电压应大于或等于线路电压。

（3）刀开关额定电流应等于或大于线路的额定电流。对于电动机负载，开启式刀开关额定电流可取电动机额定电流的 3 倍；封闭式刀开关额定电流可取电动机额定电流的 1.5 倍。

刀开关的常见故障及其处理方法如表 5-6 所示。

表 5-6 刀开关的常见故障及其处理方法

故障现象	产生原因	修理方法
合闸后一相或两相没电	1. 插座弹性消失或开口过大 2. 熔丝熔断或接触不良 3. 插座、触刀氧化或有污垢 4. 电源进线或出线头氧化	1. 更换插座 2. 更换熔丝 3. 清洁插座或触刀 4. 检查进出线头

续表

故障现象	产生原因	修理方法
触刀和插座过热或烧坏	1. 开关容量太小 2. 分、合闸时动作太慢造成电弧过大，烧坏触点 3. 夹座表面烧毛 4. 触刀与插座压力不足 5. 负载过大	1. 更换较大容量的开关 2. 改进操作方法 3. 用细锉刀修整 4. 调整插座压力 5. 减轻负载或调换较大容量的开关
封闭式负荷开关的操作手柄带电	1. 外壳接地线接触不良 2. 电源线绝缘损坏碰壳	1. 检查接地线 2. 更换导线

5.3.4　低压断路器

1. 低压断路器的结构和用途

低压断路器又称自动空气开关，在电气线路中起接通、分断和承载额定工作电流的作用，并能在线路和电动机发生过载、短路、欠电压的情况下进行可靠的保护。它的功能相当于刀开关、过电流继电器、欠电压继电器、热继电器及漏电保护器等电器部分或全部的功能总和，是低压配电网中一种重要的保护电器。常用的低压断路器有 DZ 系列、DW 系列和 DWX 系列。图 5-13 所示为 DZ 系列低压断路器外形图。

低压断路器的结构示意如图 5-14 所示，低压断路器主要由触点、灭弧系统、各种脱扣器和操作机构等组成。脱扣器又分电磁脱扣器、热脱扣器、复式脱扣器、欠压脱扣器和分励脱扣器 5 种。

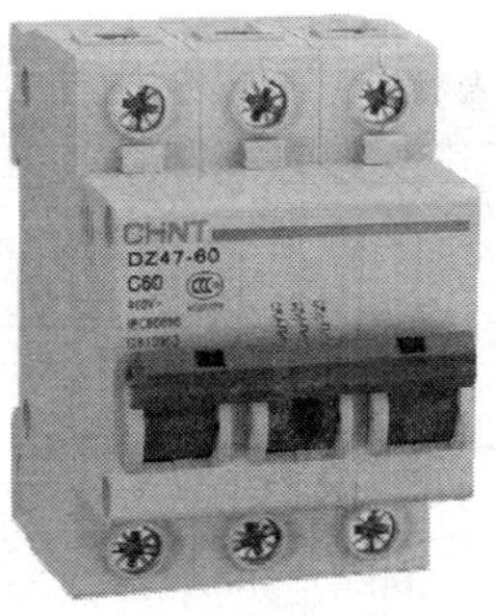

图 5-13　DZ 系列低压断路器外形

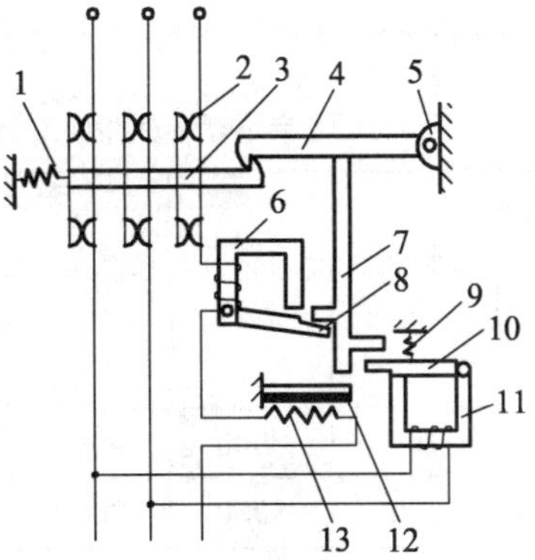

图 5-14　低压断路器结构示意图

1—弹簧；2—主触点；3—传动杆；4—锁扣；5—轴；6—电磁脱扣器；7—杠杆；8、10—衔铁；9—弹簧；11—欠压脱扣器；12—双金属片；13—发热元件

图 5-14 所示断路器处于闭合状态，3 个主触点通过传动杆与锁扣保持闭合，锁扣可绕轴 5 转动。断路器的自动分断是由电磁脱扣器 6、欠压脱扣器 11 和双金属片 12 使锁扣 4 被杠杆 7 顶开而完成的。正常工作中，各脱扣器均不动作，而当电路发生短路、欠压或过载故障时，

分别通过各自的脱扣器使锁扣被杠杆顶开，实现保护作用。

2. 掌握低压断路器的表示方式

（1）型号。

低压断路器的型号组成及其含义如图 5-15 所示：

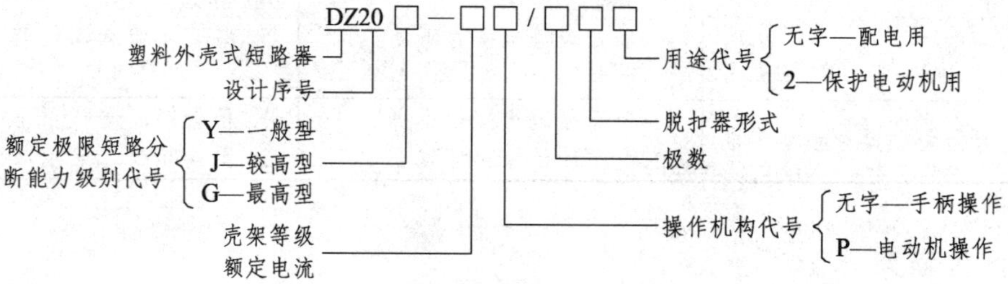

图 5-15 低压断路器型号组成及含义

（2）电气符号。

低压断路器的图形符号及文字符号如图 5-16 所示。

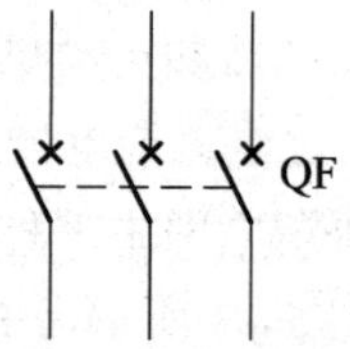

图 5-16 低压断路器图形、文字符号

（3）低压断路器的主要技术参数。

低压断路器的主要技术参数有额定电压、额定电流、通断能力和分断时间等。

通断能力是指断路器在规定的电压、频率以及规定的线路参数（交流电路为功率因素、直流电路为时间常数）下，能够分断的最大短路电流值。

分断时间是指断路器切断故障电流所需的时间。

DZ20 系列低压断路器的主要技术参数如表 5-7 所示。

表 5-7 DZ20 系列低压断路器的主要技术参数

型号	额定电流/A	机械寿命/次	电气寿命/次	过电流脱扣器范围/A	短路通断能力			
					交流		直流	
					电压/V	电流/kA	电压/V	电流/kA
DZ20Y－100	100	8000	4000	16、20、32、40、50、63、80、100	380	18	220	10
DZ20Y－200	200	8000	2000	100、125、160 、180、200	380	25	220	25
DZ20Y－400	400	5000	1000	200、225、315、350、400	380	30	380	25
DZ20Y－630	630	5000	1000	500、630	380	30	380	25
DZ20Y－800	800	3000	500	500、600、700、800	380	42	380	25
DZ20Y－1250	1250	3000	500	800、1000、1250	380	50	380	30

（4）低压断路器的选择与常见故障的处理方法

低压断路器的选择应注意以下几点：

① 低压断路器的额定电流和额定电压应大于或等于线路、设备的正常工作电压和工作电流。

② 低压断路器的极限通断能力应大于或等于电路最大短路电流。

③ 欠电压脱扣器的额定电压等于线路的额定电压。

④ 过电流脱扣器的额定电流大于或等于线路的最大负载电流。

使用低压断路器来实现短路保护比熔断器优越。因为当三相电路短路时，很可能只有一相的熔断器熔断，造成断相运行。对于低压断路器来说，只要造成短路都会使开关跳闸，将三相同时切断。另外还有其他自动保护作用，但其结构复杂、操作频率低、价格较高，因此适用于要求较高的场合，如电源总配电盘。

低压断路器常见故障及其处理方法如表 5-8 所示。

表 5-8　低压断路器常见故障及其处理方法

故障现象	产生原因	修理方法
手动操作断路器不能闭合	1. 电源电压太低 2. 热脱扣的双金属片尚未冷却复原 3. 欠电压脱扣器无电压或线圈损坏 4. 储能弹簧变形，导致闭合力减小 5. 反作用弹簧力过大	1. 检查线路并调高电源电压 2. 待双金属片冷却后再合闸 3. 检查线路，施加电压或调换线圈 4. 调换储能弹簧 5. 重新调整弹簧反力
电动操作断路器不能闭合	1. 电源电压不符 2. 电源容量不够 3. 电磁铁拉杆行程不够 4. 电动机操作定位开关变位	1. 调换电源 2. 增大操作电源容量 3. 调整或调换拉杆 4. 调整定位开关
电动机启动时断路器立即分断	1. 过电流脱扣器瞬时整定值太小 2. 脱扣器某些零件损坏 3. 脱扣器反力弹簧断裂或落下	1. 调整瞬间整定值 2. 调换脱扣器或损坏的零部件 3. 调换弹簧或重新装好弹簧
分励脱扣器不能使断路器分断	1. 线圈短路 2. 电源电压太低	1. 调换线圈 2. 检修线路调整电源电压
欠电压脱扣器噪声大	1. 反作用弹簧力太大 2. 铁心工作面有油污 3. 短路环断裂	1. 调整反作用弹簧 2. 清除铁心油污 3. 调换铁心
欠电压脱扣器不能使断路器分断	1. 反力弹簧弹力变小 2. 储能弹簧断裂或弹簧力变小 3. 机构生锈卡死	1. 调整弹簧 2. 调换或调整储能弹簧 3. 清除锈污

5.3.5　接触器

1. 接触器的结构和用途

接触器是用于远距离频繁地接通和切断交直流主电路及大容量控制电路的一种自动控制电器。其主要控制对象是电动机，也可以用于控制其他电力负载、电热器、电照明、电焊机与电容器组等。接触器具有操作频率高、使用寿命长、工作可靠、性能稳定、维护方便等优点，同时还具有低压释放保护功能。因此，在电力拖动和自动控制系统中，接触器是运用最广泛的控制电器之一。

按控制电流性质不同，接触器分为交流接触器和直流接触器两大类。图 5-17 所示为几款接触器外形图。

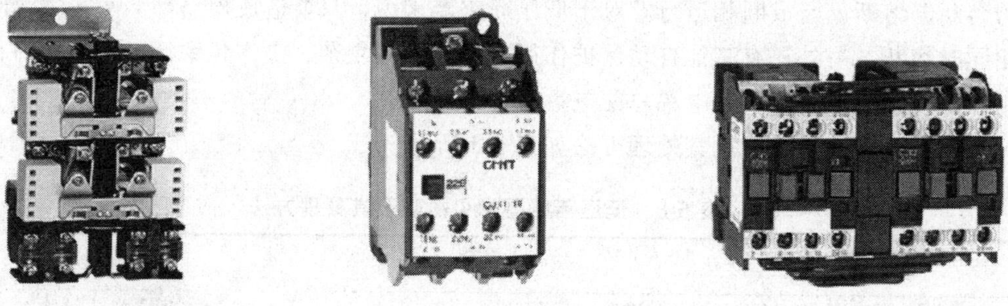

（a）CZ0 直流接触器　（b）CJX1 系列交流接触器　（c）CJX2－N 系列可逆交流接触器

图 5-17　接触器外形

交流接触器常用于远距离、频繁地接通和分断额定电压至 1 140 V、电流至 630 A 的交流电路。图 5-18 为交流接触器的结构示意图，它分别由电磁系统、触点系统、灭弧状置和其他部件组成。

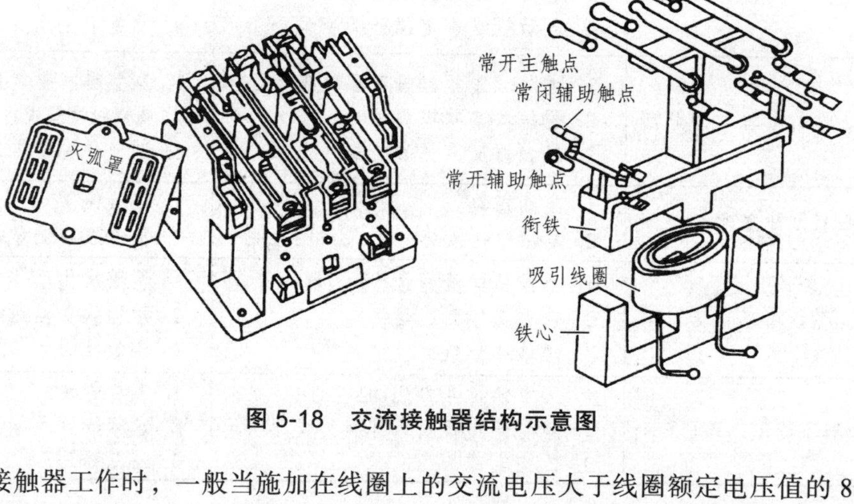

图 5-18　交流接触器结构示意图

交流接触器工作时，一般当施加在线圈上的交流电压大于线圈额定电压值的 85%时，铁心中产生的磁通对衔铁产生的电磁吸力克服复位弹簧拉力，使衔铁带动触点动作。触点动作时，常闭触点先断开，常开触点后闭合，主触点和辅助触点是同时动作的。当线圈中的电压值降到某一数值时，铁心中的磁通下降，吸力减小到不足以克服复位弹簧的拉力时，衔铁复位，使主触点和辅助触点复位。这个功能就是接触器的失压保护功能。

常用的交流接触器有 CJ10 系列，可取代 CJ0、CJ8 等老产品，CJ12、CJ12B 系列可取代 CJ1、CJ2、CJ3 等老产品，其中 CJ10 是统一设计产品。

2. 接触器的表示方式

（1）型号。

接触器的型号组成及含义如图 5-19 所示：

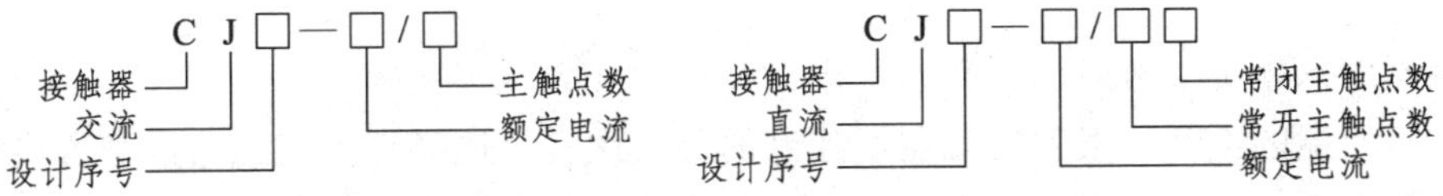

图 5-19　接触器的型号组成及含义

（2）电气符号。

交、直流接触器的图形符号及文字符号如图 5-15 所示。

图 5-20　接触器图形、文字符号

3. 接触器的主要技术参数

接触器的主要技术参数有额定电压、额定电流、额定操作频率、机械寿命和电气寿命，如表 5-9 所示。

表 5-9　CJ10 系列交流接触器的技术参数

型号	额定电压/V	额定电流/A	可控制的三相异步电动机的最大功率/kW			额定操作频率/（次/h）	线圈消耗功率/（V·A）		机械寿命/万次	电气寿命/万次
			220 V	380 V	550 V		启动	吸持		
CJ10-5		5	1.2	2.2	2.2		35	6		
CJ10-10		10	2.2	4	4		65	11		
CJ10-20		20	5.5	10	10		140	22		
CJ10-40	380 500	40	11	20	20	600	230	32	300	60
CJ10-60		60	17	30	30		485	95		
CJ10-100		100	30	50	50		760	105		
CJ10-150		150	43	75	75		950	110		

接触器铭牌上的额定电压是指主触点的额定电压，交流有 127 V、220 V、380 V、500 V 等档次；直流有 110 V、220 V、440 V 等档次。

接触器铭牌上的额定电流是指主触点的额定电流，有 5 A、10 A、20 A、40 A、60 A、100 A、150 A、250 A、400 A 和 600 A 等档次。

接触器的电气寿命用其在不同使用条件下无须修理或更换零件的负载操作次数来表示。接触器的机械寿命用其在需要正常维修或更换机械零件前，包括更换触点，所能承受的无载操作循环次数来表示。

额定操作频率是指接触器的每小时操作次数。

4. 接触器的选择与常见故障的修理方法

接触器的选择主要考虑以下几个方面：

（1）接触器的类型。根据接触器所控制的负载性质，选择直流接触器或交流接触器。

（2）额定电压。接触器的额定电压应大于或等于所控制线路的电压。

（3）额定电流。接触器的额定电流应大于或等于所控制电路的额定电流。对于电动机负载可按下列经验公式计算：

$$I_c = \frac{PN}{KU_N} \tag{5-4}$$

式中 I_c——接触器主触点电流，A；

P_N——动机额定功率，kW；

U_N——电动机额定电压，V；

K——经验系数，一般取 1～1.4。

接触器常见故障及其处理方法如表 5-10 所示。

表 5-10 接触器常见故障及其处理方法

故障现象	产生原因	修理方法
接触器不吸合或吸不牢	1. 电源电压过低 2. 线圈断路 3. 线圈技术参数与使用条件不符 4. 铁心机械卡阻	1. 调高电源电压 2. 调换线圈 3. 调换线圈 4. 排除卡阻物
线圈断电，接触器不释放或释放缓慢	1. 触点熔焊 2. 铁心表面有油污 3. 触点弹簧压力过小或复位弹簧损坏 4. 机械卡阻	1. 排除熔焊故障，修理或更换触点 2. 清理铁心极面 3. 调整触点弹簧力或更换复位弹簧 4. 排除卡阻物
触点熔焊	1. 操作频率过高或过负载使用 2. 负载侧短路 3. 触点弹簧压力过小 4. 触点表面有电弧灼伤 5. 机械卡阻	1. 调换合适的接触器或减小负载 2. 排除短路故障更换触点 3. 调整触点弹簧压力 4. 清理触点表面 5. 排除卡阻物
铁心噪声过大	1. 电源电压过低 2. 短路环断裂 3. 铁心机械卡阻 4. 铁心极面有油垢或磨损不平 5. 触点弹簧压力过大	1. 检查线路并提高电源电压 2. 调换铁心或短路环 3. 排除卡阻物 4. 用汽油清洗极面或更换铁心 5. 调整触点弹簧压力
线圈过热或烧毁	1. 线圈匝间短路 2. 操作频率过高 3. 线圈参数与实际使用条件不符 4. 铁心机械卡阻	1. 更换线圈并找出故障原因 2. 调换合适的接触器 3. 调换线圈或接触器 4. 排除卡阻物

5.3.6　继电器

继电器是根据某种输入信号的变化，接通或断开控制电路，实现自动控制和保护电力装置的自动电器。

无论继电器的输入量是电量或非电量，继电器工作的最终目的总是控制触点的分断或闭合，而触点又是控制电路通断的，就这一点来说接触器与继电器是相同的。但是它们又有区别，主要表现在以下两个方面：

（1）所控制的线路不同。继电器用于控制电讯线路、仪表线路、自控装置等小电流电路及控制电路；接触器用于控制电动机等大功率、大电流电路及主电路。

（2）输入信号不同。继电器的输入信号可以是各种物理量，如电压、电流、时间、压力、速度等，而接触器的输入量只有电压。

1. 电磁式继电器

1）几种常用电磁式继电器

在低压控制系统中采用的继电器大部分是电磁式继电器，电磁式继电器的结构及工作原理与接触器基本相同。主要区别在于：继电器是用于切换小电流电路的控制电路和保护电路，而接触器是用来控制大电流电路；继电器没有灭弧装置，也无主触点和辅助触点之分等。图 5-21 为几种常用电磁式继电器的外形图。

（a）电流继电器　（b）电压继电器　（c）中间继电器

图 5-21　电磁式继电器外形

电磁式继电器的典型结构如图 5-22 所示，它由电磁机构和触点系统组成。按吸引线圈电流的类型，可分为直流电磁式继电器和交流电磁式继电器。按其在电路中的连接方式，可分为电流继电器、电压继电器和中间继电器等。

（1）电流继电器。

电流继电器的线圈与被测电路串联，以反映电路电流的变化。其线圈匝数少，导线粗，线圈阻抗小。电流继电器除用于电流型保护的场合外，还经常用于按电流原则控制的场合。电流继电器有欠电流继电器和过电流继电器两种。

（2）电压继电器。

电压继电器反映的是电压信号。使用时，电压继电器的线圈并联在被测电路中，线圈的匝数多、导线细、阻抗大。继电器根据所接线路电压值的变化，处于吸合或释放状态。根据动作电压值不同，电压继电器可分为欠电压继电器和过电压继电器两种。

（3）中间继电器。

中间继电器实质上是电压继电器，只是触点对数多，触点容量较大（额定电流 5 ~ 10 A）。其主要用途为：当其他继电器的触点对数或触点容量不够时，可以借助中间继电器来扩展他们的触点数或触点容量，起到信号中继作用。中间继电器体积小，动作灵敏度高，并在 10 A 以下电路中可代替接触器起控制作用。

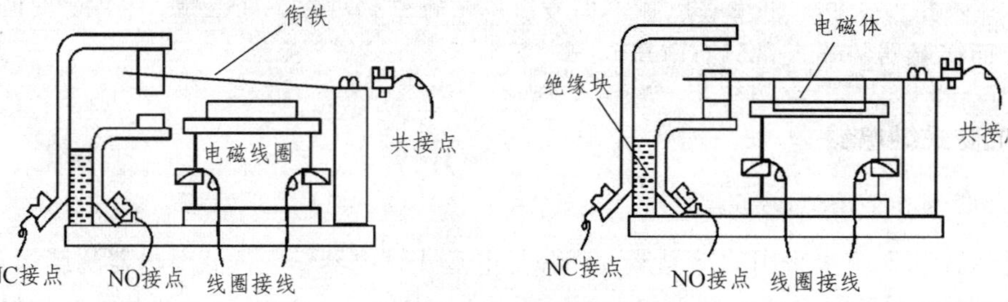

图 5-22 电磁式继电器结构示意图

2）电磁式继电器的表示方式

(1)型号。电磁式继电器的型号组成及含义如图 5-23 所示：

JL14 —□□/□□

- 电流继电器（JL）
- 设计序号（14）
- 基本规格代号：用数字表示线圈额定工作电流等级
- 派生代号：J—交流；Z—直流；S—手动复位；F—高返回系数型
- 辅助规格代号：第一位数——常开触点数；第二位数——常闭触点数
- TH为热带型

（a）电流继电器的型号组成及含义

JT 4 —□□/□

- 通用继电器（JT）
- 设计序号（4）
- 基本规格代号：第一位数—常开触点数；第二位数—常闭触点数
- 派生代号：L—欠电流继电器；不标时为电压继电器
- 作为延时继电器时，数字 1、3、5表示延时秒数

（b）通用继电器的型号组成及含义

JZ 7 —□□

- 中间继电器（JZ）
- 设计序号（7）
- 基本规格代号：第一位数—常开触点数；第二位数—常闭触点数
- 辅助规格代号：J—交流操作；Z—直流操作

（c）中间继电器的型号组成及含义

图 5-23 电磁式继电器的型号组成及含义

（2）电气符号。电磁式继电器的图形符号及文字符号如图 5-24 所示，电流继电器的文字符号为 KI，电压继电器的文字符号为 KV，中间继电器的文字符号为 KA。

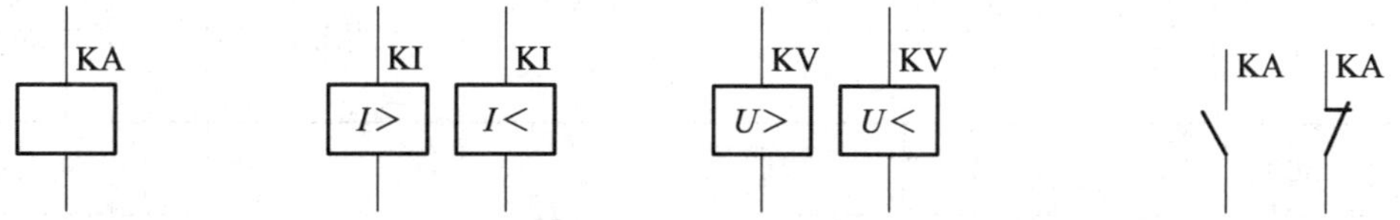

（a）中间继电器线圈　（b）电流继电器线圈　（c）电压继电器线圈　（d）中间继电器常开、常闭触点

图 5-24　电磁式继电器图形、文字符号

3）继电器的主要技术参数

继电器的主要技术参数有额定工作电压、吸合电流、释放电流、触点切换电压和电流。

额定工作电压是指继电器正常工作时线圈所需要的电压。根据继电器的型号不同，可以是交流电压，也可以是直流电压。

吸合电流是指继电器能够产生吸合动作的最小电流。在正常使用时，给定的电流必须略大于吸合电流，这样继电器才能稳定地工作。而对于线圈所加的工作电压，一般不要超过额定工作电压的 1.5 倍，否则会产生较大的电流而把线圈烧毁。

释放电流是指继电器产生释放动作的最大电流。当继电器吸合状态的电流减小到一定程度时，继电器就会恢复到未通电的释放状态。这时的电流远远小于吸合电流。

触点切换电压和电流是指继电器允许加载的电压和电流。它决定了继电器能控制电压和电流的大小，使用时不能超过此值，否则很容易损坏继电器的触点。

常用电磁式继电器有 JL14、JL18、JZ15、3TH80、3TH82 及 JZC2 等系列。其中 JL14 系列为交直流电流继电器，JL18 系列为交直流过电流继电器，JZ15 为中间继电器，3TH80、3TH82 与 JZC2 类似，为接触器式继电器。表 5-10、表 5-11 分别列出了 JL14、JZ7 系列继电器的技术数据。

表 5-10　JL14 系列交直流电流继电器技术数据

电流种类	型号	吸引线圈额定电流/A	吸合电流调整范围	触点组合形式	用途	备注
直流	JL14－□□Z JL14－□□ZS	1，1.5，2.5，5，10，15，25，40，60，300，600，1200，1500	$(70\% \sim 300\%)I_N$	3 常开，3 常闭 2 常开，1 常闭 1 常开，2 常闭 1 常开，1 常闭	在控制电路中过电流或欠电流保护用	可替代 JT3-1 JT4－JJT4-S JL3 JL3-JJL3-S 等老产品
	JL14－□□ZO		$(30\% \sim 65\%)I_N$ 或释放电流在$(10\% \sim 20\%)I_N$ 范围			
交流	JL14－□□J JL14－□□JS		$(110\% \sim 400\%)I_N$	2 常开，2 常闭 1 常开，1 常闭		
	JL14－□□JG			1 常开，1 常闭		

表 5-11 JZ7 系列中间继电器的技术参数

型号	触点额定电压/V	触点额定电流/A	触点对数		吸引线圈电压/V（交流 50 Hz）	额定操作频率/（次/h）	线圈消耗功率/（V·A）	
			常开	常闭			启动	吸持
JZ7-44	500	5	4	4	12，36，127，220，380	1200	75	12
JZ7-62	500	5	6	2			75	12
JZ7-80	500	5	8	0			75	12

4）电磁式继电器的选择与常见故障的修理方法

继电器是组成各种控制系统的基础元件，选用时应综合考虑继电器的适用性、功能特点、使用环境、工作制、额定工作电压及额定工作电流等因素，做到合理选择。具体应从以下几方面考虑：

（1）类型和系列的选用。

（2）使用环境的选用。

（3）使用类别的选用。典型用途是控制交、直流电磁铁，例如交、直流接触器线圈。使用类别如 AC-11、DC-11。

（4）额定工作电压、额定工作电流的选用。继电器线圈的电流种类和额定电压，应注意与系统要一致。

（5）工作制的选用。工作制不同对继电器的过载能力要求也不同。

2. 时间继电器

在自动控制系统中，需要有瞬时动作的继电器，也需要延时动作的继电器。时间继电器就是利用某种原理实现触点延时动作的自动电器，主要作为辅助电器元件用于电气保护及自动装置中，使被控元件达到所需要的延时。时间继电器按其延时原理有电磁式、空气阻尼式、电动机式、双金属片式、电子式、可编程式和数字式等。

时间继电器的延时方式有以下两种。

第一种:通电延时。接受输入信号后延迟一定的时间，输出信号才发生变化。当输入信号消失后，输出瞬时复原。

第二种:断电延时。接受输入信号时，瞬时产生相应的输出信号。当输入信号消失后，延迟一定的时间，输出才复原。

1）空气阻尼式时间继电器的结构和用途

空气阻尼式时间继电器是利用空气阻尼原理获得延时的，其结构由电磁系统、延时机构和触点三部分组成。电磁机构为双正直动式，触点系统用 LX5 型微动开关，延时机构采用气囊式阻尼器。图 5-25 为 JS7 系空气阻尼式时间继电器外形。

图 5-25　JS7 系空气阻尼式时间继电器外形

空气阻尼式时间继电器的电磁机构可以是直流的，也可以是交流的；既有通电延时型，也有断电延时型。只要改变电磁机构的安装方向，便可实现不同的延时方式：当衔铁位于铁心和延时机构之间时为通电延时，如图 5-26（a）所示；当铁心位于衔铁和延时机构之间时为断电延时，如图 5-26（b）所示。

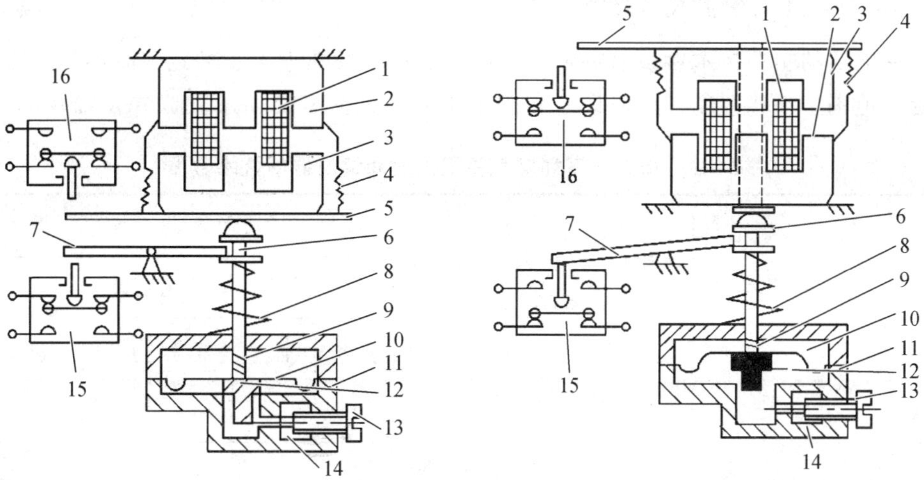

（a）通电延时型　　（b）断电延时型

图 5-26　JS7–A 系列空气阻尼式时间继电器结构原理图

1—线圈；2—铁心；3—衔铁；4—反力弹簧；5—推板；6—活塞杆；7—杠杆；8—塔形弹簧；9—弱弹簧；10—橡皮膜；11—空气室壁；12—活塞；13—调节螺钉；14—进气孔；15、16—微动开关

空气阻尼式时间继电器的特点是：延时范围较大（0.4 ~ 180 s），结构简单，寿命长，价格低。但其延时误差较大，无调节刻度指示，难以确定整定延时值。在对延时精度要求较高的场合，不宜使用这种时间继电器。

2）时间继电器的表示方式

（1）型号。

时间继电器的型号组成及含义如图 5-27 所示。

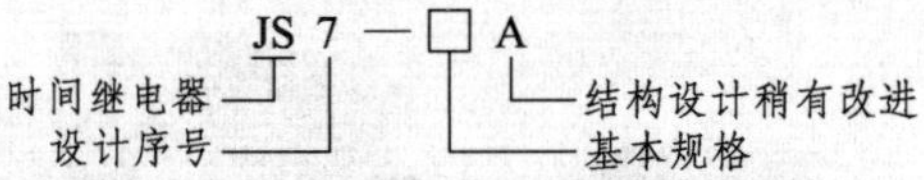

图 5-27 时间继电器型号组成及含义

（2）电气符号。

时间继电器的图形符号及文字符号如图 5-28 所示。

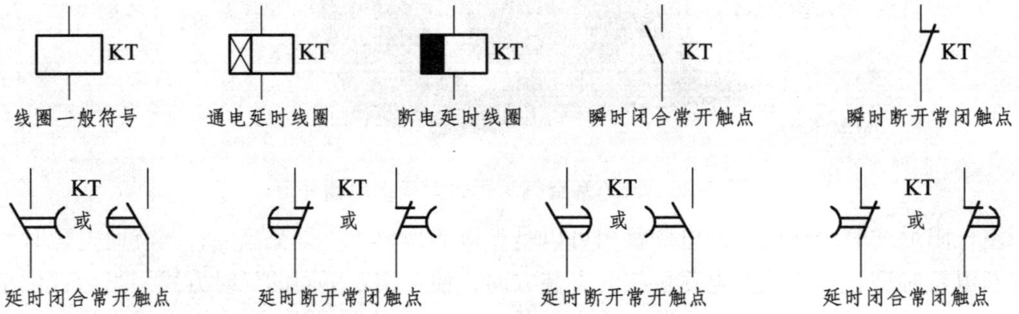

图 5-28 时间继电器图形、文字符号

3）时间继电器的主要技术参数

时间继电器的主要技术参数有额定工作电压、额定发热电流、额定控制容量、吸引线圈电压、延时范围、环境温度、延时误差和操作频率，如表 5-12 所示。

表 5-12 JS7-A 系列空气阻尼式时间继电器的技术数据

型号	吸引线圈电压/V	额定电压/V	额定电流/A	延时范围/s	延时触点				瞬动触点	
					通电延时		断电延时		常开	常闭
					常开	常闭	常开	常闭		
JS7-1 A	24，36，110，127，220，380，420	380	5	0.4 ~ 60 及 0.4 ~ 180	1	1	—	—	—	—
JS7-2 A					1	1	—	—	1	1
JS7-3 A					—	—	1	1	—	—
JS7-4 A					—	—	1	1	1	1

4）时间继电器的选择与常见故障的修理方法

时间继电器形式多样，各具特点，选择时应从以下几方面考虑：

（1）根据控制电路对延时触点的要求选择延时方式，即通电延时型或断电延时型。

（2）根据延时范围和精度要求选择继电器类型。

（3）根据使用场合、工作环境选择时间继电器的类型。如电源电压波动大的场合可选空气阻尼式或电动式时间继电器，电源频率不稳定的场合不宜选用电动式时间继电器；环境温度变化大的场合不宜选用空气阻尼式和电子式时间继电器。

空气阻尼式时间继电器常见故障及其处理方法如表 5-13 所示。

表 5-13　空气阻尼式时间继电器常见故障及其处理方法

故障现象	产生原因	修理方法
延时触点不动作	1. 电磁铁线圈断线 2. 电源电压低于线圈额定电压很多 3. 电动式时间继电器的同步电动机线圈断线 4. 电动式时间继电器的棘爪无弹性，不能刹住棘齿 5. 电动式时间继电器游丝断裂	1. 更换线圈 2. 更换线圈或调高电源电压 3. 调换同步电动机 4. 调换棘爪 5. 调换游丝
延时时间缩短	1. 空气阻尼式时间继电器的气室装配不严，漏气 2. 空气阻尼式时间继电器的气室内橡皮薄膜损坏	1. 修理或调换气室 2. 调换橡皮薄膜
延时时间变长	1. 空气阻尼式时间继电器的气室内有灰尘，使气道阻塞 2. 电动式时间继电器的传动机构缺润滑油	1. 清除气室内灰尘，使气道畅通 2. 加入适量的润滑油

3. 电子式时间继电器

电子式时间继电器在时间继电器中已成为主流产品，电子式时间继电器是采用晶体管或集成电路和电子元件等构成，目前已有单片机控制的时间继电器。电子式时间继电器具有延时范围广、精度高、体积小、耐冲击和耐振动、调节方便及寿命长等优点，所以发展快、应用广泛。

晶体管式时间继电器是利用 *RC* 电路电容器充电时，电容器上的电压逐渐上升的原理作为延时基础的。因此改变充电电路的时间常数（改变电阻值），即可整定其延时时间。继电器的输出形式有两种：有触头式，用晶体管驱动小型电磁式继电器；无触头式，采用晶体管或晶闸管输出。图 5-29 为 JSJ 型晶体管时间继电器的原理图。

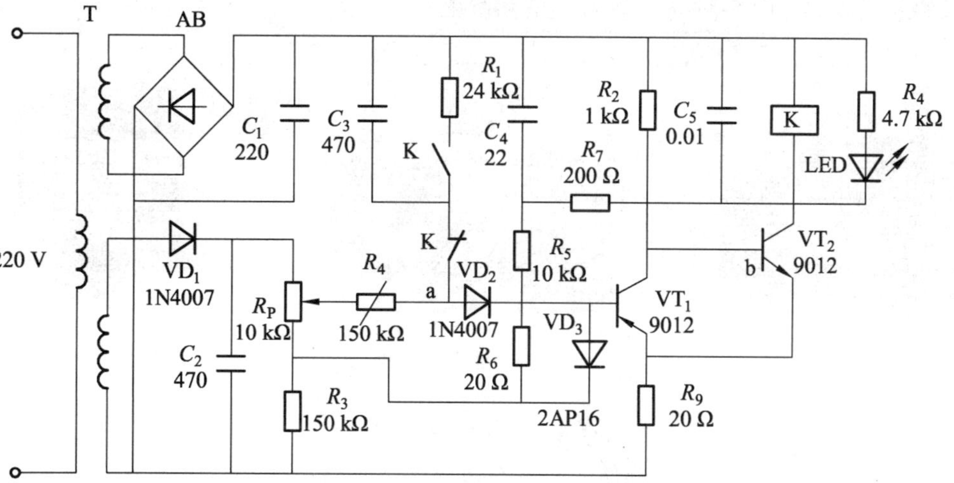

图 5-29　JSJ 型晶体管时间继电器的原理图

DHC6 时间继电器采用单片机控制，LCD 显示，具有 9 种工作制式，正计时、倒计时任意设定，8 种延时时段，延时范围从 0.01 s ~ 999.9 h 任意设定，键盘设定，设定完成后可以锁定按键，防止误操作。可按要求任意选择控制模式，使控制线路最简单可靠，其外形如图 5-30 所示。

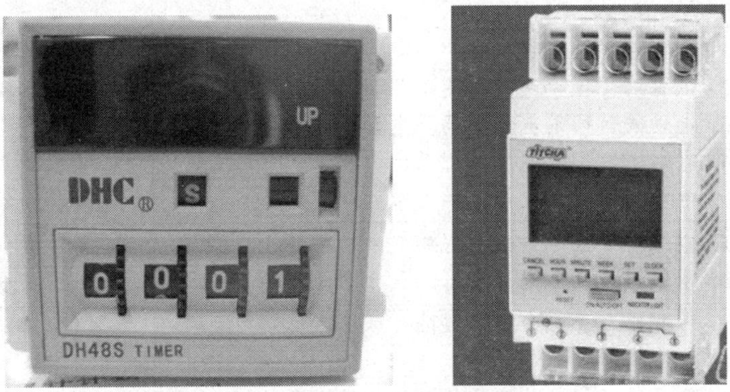

图 5-30　DHC6 时间继电器

JSS17 系列时间继电器由大规模集成电路、稳压电源、指轮开关、拨动开关、四位 LED 数码显示器、执行继电器及塑料外壳几部分组成。其时基采用 32 kHz 石英晶体振荡器，引出线为圆形 11 脚插头，安装方式有面板式和装置式两种。

4. 热继电器

1）热继电器的结构和用途

电动机在运行过程中若过载时间长，过载电流大，电动机绕组的温升就会超过允许值，使电动机绕组绝缘老化，缩短电动机的使用寿命，严重时甚至会使电动机绕组烧毁。因此，电动机在长期运行中，需要对其过载提供保护装置。热继电器是利用电流的热效应原理实现电动机的过载保护。图 5-31 为几种常用的热继电器外形图。

（a）JR16 系列热继电器　（b）JRS5 系列热继电器　（c）JRS1 系列热继电器

图 5-31　热继电器外形

热继电器具有反时限保护特性，即过载电流大，动作时间短；过载电流小，动作时间长。当电动机的工作电流为额定电流时，热继电器应长期不动作。其保护特性如表 5-14 所示。

表 5-14　热继电器的保护特性

项号	整定电流倍数	动作时间	试验条件
1	1.05	>2 h	冷态
2	1.2	<2 h	热态
3	1.6	<2 min	热态
4	6	>5 s	冷态

热继电器主要由热元件、双金属片和触点 3 部分组成。双金属片是热继电器的感测元件，由两种线膨胀系数不同的金属片用机械碾压而成。线膨胀系数大的称为主动层，小的称为被动层。图 5-32 是热继电器的结构示意图。热元件串联在电动机定子绕组中，电动机正常工作时，热元件产生的热量虽然能使双金属片弯曲，但还不能使继电器动作。当电动机过载时，流过热元件的电流增大，经过一定时间后，双金属片推动导板使继电器触点动作，切断电动机的控制线路。

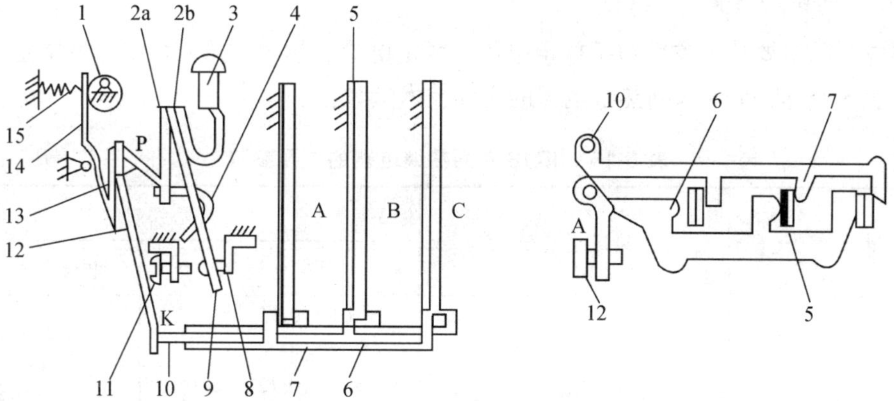

（a）结构示意图　　（b）差动式断相保护示意图

图 5-32　JR16 系列热继电器结构示意

1—电流调节凸轮；2—2a、2b 簧片；3—手动复位按钮；4—弓簧；5—双金属片；6—外导板；7—内导板；8—常闭静触点；9—动触点；10—杠杆；11—调节螺钉；12—补偿双金属片；13—推杆；14—连杆；15—压簧

电动机断相运行是电动机烧毁的主要原因之一，因此要求热继电器还应具备断相保护功能，如图 5-32（b）所示。热继电器的导板采用差动机构，在断相工作时，其中两相电流增大，一相逐渐冷却，这样可使热继电器的动作时间缩短，从而更有效地保护电动机。

2）热继电器的表示方式

（1）型号。

热继电器的型号组成及含义如图 5-33 所示。

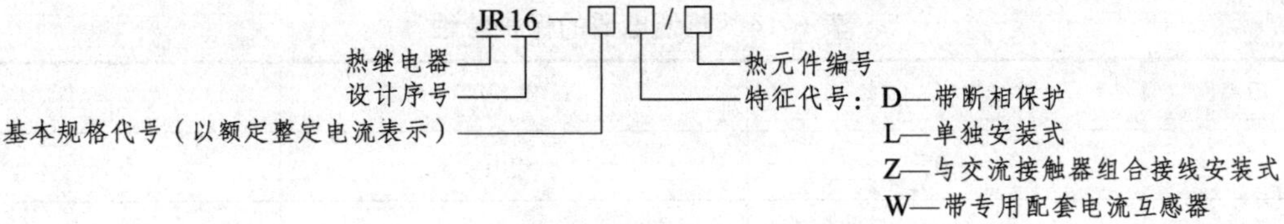

图 5.33　热继电器型号组成及含义

（2）电气符号。

热继电器的图形符号及文字符号如图 5-34 所示。

（a）热继电器的驱动件　　（b）常闭触点

图 5-34　热继电器图形、文字符号

3）热继电器的主要技术参数

热继电器的主要技术参数包括额定电压、额定电流、相数、热元件编号及整定电流调节范围等。表 5-15 是 JR16 系列热继电器的主要技术参数。

表 5-15　JR16 系列热继电器的主要参数

型号	额定电流/A	热元件规格	
		额定电流/A	电流调节范围/A
JR16-20/3 JR16-20/3D	20	0.35 0.5 0.72 1.1 1.6 2.4 3.5 5 7.2 11 16 22	0.25 ~ 0.35 0.32 ~ 0.5 0.45 ~ 0.72 0.68 ~ 1.1 1.0 ~ 1.6 1.5 ~ 2.4 2.2 ~ 3.5 3.5 ~ 5.0 6.8 ~ 11 10.0 ~ 16 14 ~ 22
JR16-60/3 JR16-60/3D	60 100	22 32 45 63	14 ~ 22 20 ~ 32 28 ~ 45 45 ~ 63
JR16-150/3 JR16-150/3D	150	63 85 120 160	40 ~ 63 53 ~ 85 75 ~ 120 100 ~ 160

热继电器的整定电流是指热继电器的热元件允许长期通过又不致引起继电器动作的最大电流值。对于某一热元件，可通过调节其电流调节旋钮，在一定范围内调节其整定电流。

常用的热继电器有 JRS1、JR20、JR16、JR15、JR14 等系列，引进产品有 T，3UP、LR1-D 等系列。

JR20、JRS1 系列具有断相保护、温度补偿、整定电流值可调、手动脱扣、手动复位、动作后的信号指示灯功能。安装方式上除采用分立结构外，还增设了组合式结构，可通过导电杆与挂钩直接插接，可直接电气连接在 CJ20 接触器上。

4）热继电器的选择与常见故障的处理方法

热继电器主要用于电动机的过载保护，使用中应考虑电动机的工作环境、启动情况、负载性质等因素，具体应按以下几个方面来选择。

（1）热继电器结构形式的选择：Y 接法的电动机可选用两相或三相结构热继电器；△接法的电动机应选用带断相保护装置的三相结构热继电器。

（2）根据被保护电动机的实际启动时间选取 6 倍额定电流下具有相应可返回时间的热继电器。一般热继电器的可返回时间为 6 倍额定电流下动作时间的 50%～70%。

（3）热元件额定电流一般可按下式确定：

$$I_N = (0.95\sim1.05)I_{MN} \tag{5-5}$$

式中　I_N——热元件额定电流；

I_{MN}——电动机的额定电流。

对于工作环境恶劣、启动频繁的电动机，则按下式确定：

$$I_N = (1.15\sim1.5)I_{MN} \tag{5-6}$$

热元件选好后，还需用电动机的额定电流来调整它的整定值。

（4）对于重复短时工作的电动机（如起重机电动机），由于电动机不断重复升温，热继电器双金属片的温升跟不上电动机绕组的温升，电动机将得不到可靠的过载保护。因此，不宜选用双金属片热继电器，而应选用过电流继电器或能反映绕组实际温度的温度继电器来进行保护。

热继电器的常见故障及其处理方法如表 5-16 所示。

表 5-16　热继电器的常见故障及其处理方法

故障现象	产生原因	修理方法
热继电器误动作或动作太快	1. 整定电流偏小 2. 操作频率过高 3. 连接导线太细	1. 调大整定电流 2. 调换热继电器或限定操作频率 3. 选用标准导线
热继电器不动作	1. 整定电流偏大 2. 热元件烧断或脱焊 3. 导板脱出	1. 调小整定电流 2. 更换热元件或热继电器 3. 重新放置导板并试验动作灵活性

续表

故障现象	产生原因	修理方法
热元件烧断	1. 负载侧电流过大 2. 反复 3. 短时工作 4. 操作频率过高	1. 排除故障调换热继电器 2. 限定操作频率或调换合适的热继电器
主电路不通	1. 热元件烧毁 2. 接线螺钉未压紧	1. 更换热元件或热继电器 2. 旋紧接线螺钉
控制电路不通	1. 热继电器常闭触点接触不良或弹性消失 2. 手动复位的热继电器动作后，未手动复位	1. 检修常闭触点 2. 手动复位

5. 速度继电器

1）速度继电器的结构和用途

速度继电器是用来反映转速与转向变化的继电器。它可以按照被控电动机转速的大小使控制电路接通或断开。速度继电器通常与接触器配合，实现对电动机的反接制动。图 5-35 为速度继电器的结构示意图。

速度继电器的转轴和电动机的轴通过联轴器相连，当电动机转动时，速度继电器的转子随之转动，定子内的绕组便切割磁感线，产生感应电动势，而后产生感应电流，此电流与转子磁场作用产生转矩，使定子开始转动。电动机转速达到某一值时，产生的转矩能使定子转到一定角度使摆杆推动常闭触点动作；当电动机转速低于某一值或停转时，定子产生的转矩会减小或消失，触点在弹簧的作用下复位。

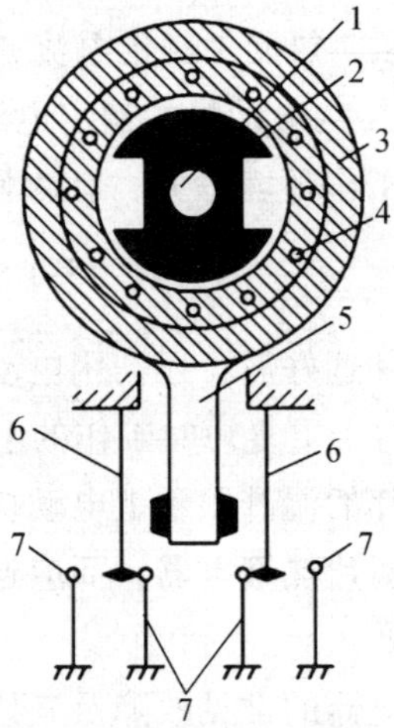

图 5-35　JY1 型速度继电器结构示意图

1—转轴；2—转子；3—定子；4—绕组；5—胶木摆杆；6—动触点；7—静触点

速度继电器有两组触点（每组各有一对常开触点和常闭触点），可分别控制电动机正、反转的反接制动。常用的速度继电器有 JY1 型和 JFZ0 型，一般速度继电器的动作速度为 120 r/min，触点的复位速度值为 100 r/min。在连续工作制中，能可靠地工作在 1 000 ~ 3 600 r/min，允许操作频率每小时不超过 30 次。

2）速度继电器的表示方式

（1）型号。

速度继电器的型号组成及含义如图 5-36 所示。

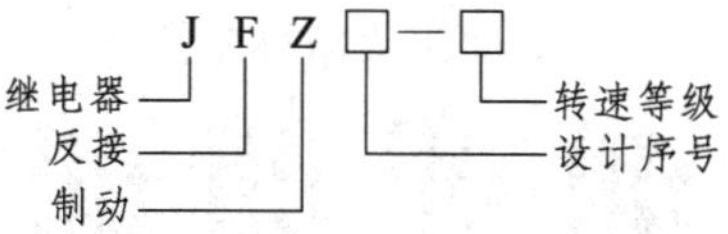

图 5-36　速度继电器型号组成及含义

（2）电气符号。

速度继电器的图形符号及文字符号如图 5-37 所示。

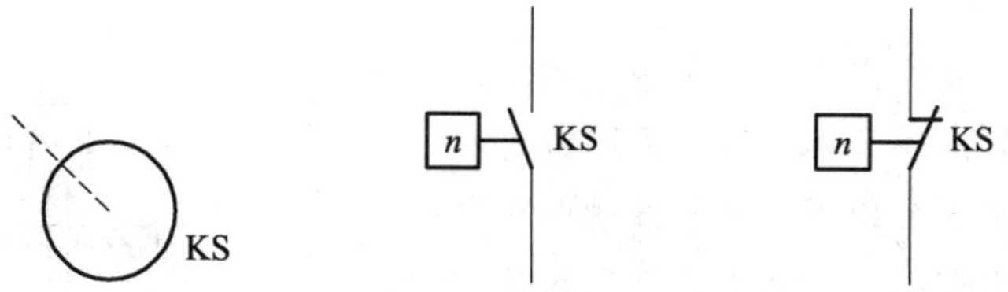

（a）转子　　（b）常开触点　　（c）常闭触点

图 5-37　速度继电器图形、文字符号

3）速度继电器的主要技术参数

JY1、JFZ0 系列速度继电器的主要参数如表 5-17 所示。

表 5-17　JY1、JFZ0 系列速度继电器的主要参数

型号	触点额定电压/V	触点额定电流/A	触点数量		额定工作转速/（r/min）	允许操作频率/次
			正转时动作	反转时动作		
JY1 JFZ0	380	2	1 常开 0 常闭	1 常开 0 常闭	100 ~ 3 600 300 ~ 3 600	<30

4）速度继电器的选择与常见故障的处理方法

速度继电器主要根据电动机的额定转速来选择。使用时，速度继电器的转轴应与电动机同轴连接；安装接线时，正反向的触点不能接错，否则不能起到反接制动时接通和断开反向电源的作用。

速度继电器的常见故障及其处理方法如表 5-18 所示。

表 5-18　速度继电器的常见故障及其处理方法

故障现象	产生原因	修理方法
制动时速度继电器失效，电动机不能制动	1. 速度继电器胶木摆杆断裂 2. 速度继电器常开触点接触不良 3. 弹性动触片断裂或失去弹性	1. 调换胶木摆杆 2. 清洗触点表面油污 3. 调换弹性动触片

5.3.7　主令电器

1. 按　钮

按钮是一种手动且可以自动复位的主令电器，其结构简单，控制方便，在低压控制电路中得到广泛应用。图 5-38 所示为 LA19 系列按钮外形。

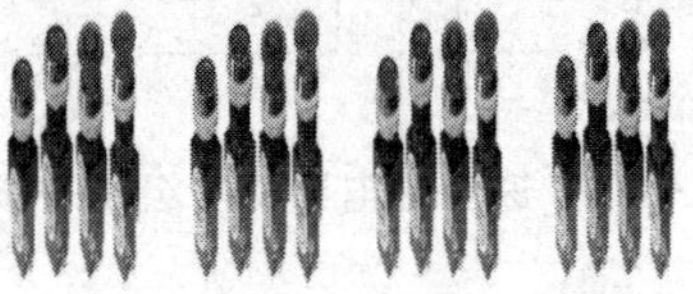

图 5-38 LA19 系列按钮外形

1）按钮的结构和用途

按钮由按钮帽、复位弹簧、桥式触点和外壳等组成，其结构如图 5-39 所示。触点采用桥式触点，触点额定电流在 5 A 以下，分常开触点和常闭触点两种。在外力作用下，常闭触点先断开，然后常开触点再闭合；复位时，常开触点先断开，然后常闭触点再闭合。

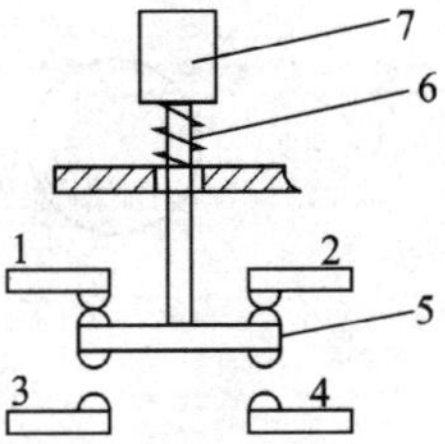

图 5-39 按钮结构示意图

1、2—常闭触点；3、4—常开触点；5—桥式触点；6—复位弹簧；7—按钮帽

按用途和结构的不同，按钮分为启动按钮、停止按钮和复合按钮等。

按使用场合、作用不同，通常将按钮帽做成红、绿、黑、黄、蓝、白、灰等颜色。国标 GB 5226.1-2008 对按钮帽颜色做了如下规定：

① “停止”和“急停”按钮必须是红色。

② “启动”按钮的颜色为绿色。

③ “启动”与“停止”交替动作的按钮必须是黑白、白色或灰色。

④ “点动”按钮必须是黑色。

⑤ “复位”按钮必须是蓝色（如保护继电器的复位按钮）。

2）按钮的表示方式

（1）型号。

按钮型号组成及含义如图 5-40 所示。

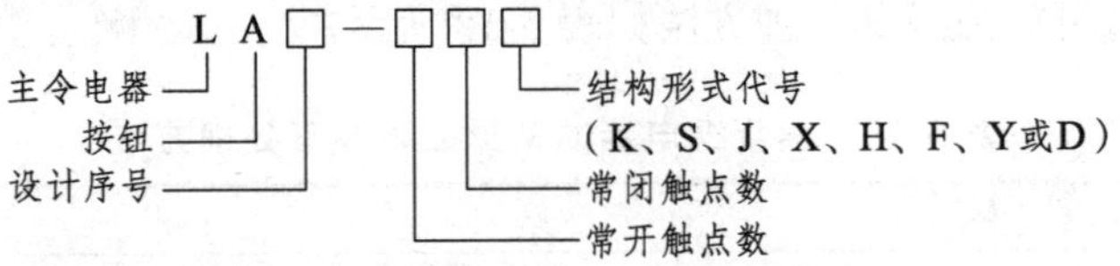

图 5-40 按钮型号组成及含义

其中，结构形式代号的含义为：K 为开启式，S 为防水式，J 为紧急式，X 为旋钮式，H 为保护式，F 为防腐式，Y 为钥匙式，D 为带灯按钮。

（2）电气符号。

按钮的图形符号及文字符号如图 5-41 所示。

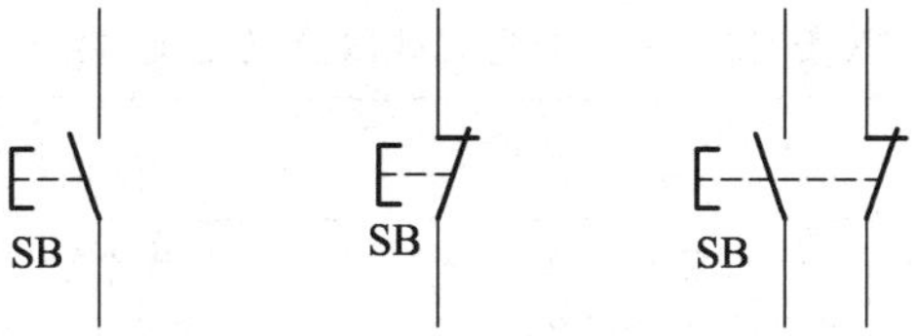

（a）常开触点　（b）常闭触点　（c）复合触点

图 5-41　按钮图形、文字符号

3）按钮的主要技术参数

按钮的主要技术参数有额定绝缘电压 U_i、额定工作电压 U_N、额定工作电流 I_N，如表 5-29 所示。

表 5-19　LA19 系列按钮的技术参数

型号规格	额定电压/V		约定发热电流/A	额定工作电流		信号灯		触点对数		结构形式
	交流	直流		交流	直流	电压/V	功率/W	常开	常闭	
LA19-11	380	220	5	380 V/0.8 A	220 V/0.3 A			1	1	一般式
LA19-11D	380	220	5			6	1	1	1	带指示灯式
LA19-11J	380	220	5	220 V/1.4 A	110 V/0.6 A			1	1	蘑菇式
LA19-11DJ	380	220	5			6	1	1	1	蘑菇带灯式

4）按钮的选择与常见故障的处理办法

按钮主要根据使用场合、用途、控制需要及工作状况等进行选择。

（1）根据使用场合，选择控制按钮的种类，如开启式、防水式、防腐式等。

（2）根据用途，选用合适的形式，如钥匙式、紧急式、带灯式等。

（3）根据控制回路的需要，确定不同的按钮数，如单钮、双钮、三钮、多钮等。

（4）根据工作状态指示和工作情况的要求，选择按钮及指示灯的颜色。

按钮的常见故障及其处理方法如表 5-20 所示。

2. 行程开关

1）行程开关的结构和用途

行程开关是一种利用生产机械的某些运动部件的碰撞来发出控制指令的主令电器，用于控制生产机械的运动方向、行程大小和位置保护等。当行程开关用于位置保护时，又称限位开关。

表 5-20　按钮的常见故障及其处理方法

故障现象	产生原因	修理方法
按下启动按钮时 有触电感觉	1. 按钮的防护金属外壳与连接导线接触 2. 按钮帽的缝隙间充满铁屑，使其与导电部分形成通路	1. 检查按钮内连接导线 2. 清理按钮及触点
按下启动按钮， 不能接通电路，控制失灵	1. 接线头脱落 2. 触点磨损松动，接触不良 3. 动触点弹簧失效，使触点接触不良	1. 检查启动按钮连接线 2. 检修触点或调换按钮 3. 重绕弹簧或调换按钮
按下停止按钮， 不能断开电路	1. 接线错误 2. 尘埃或机油、乳化液等流入按钮形成短路 3. 绝缘击穿短路	1. 更改接线 2. 清扫按钮并相应采取密封措施 3. 调换按钮

行程开关的种类很多，常用的行程开关有按钮式、单轮旋转式、双轮旋转式行程开关，其外形如图 5-42 所示。

（a）按钮式　　（b）单轮旋转式　　（c）双轮旋转式

图 5-42　行程开关外形

各种系列的行程开关其基本结构大体相同，都是由操作头、触点系统和外壳组成，其结构如图 5-43 所示。操作头接受机械设备发出的动作指令或信号，并将其传递到触点系统，触点再将操作头传递来的动作指令或信号通过本身的结构功能变成电信号，输出到有关控制回路。

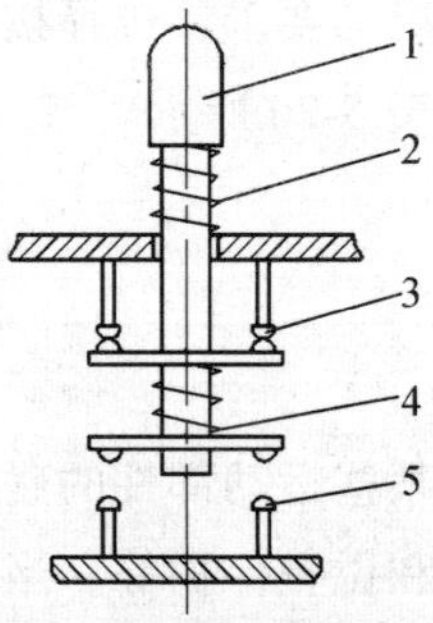

图 5-43　行程开关结构示意图

1—顶杆；2—弹簧；3—常闭触点；4—触点弹簧；5—常开触点

2）行程开关的表达方式

（1）型号。行程开关的型号组成及其含义如图 5-44 所示。

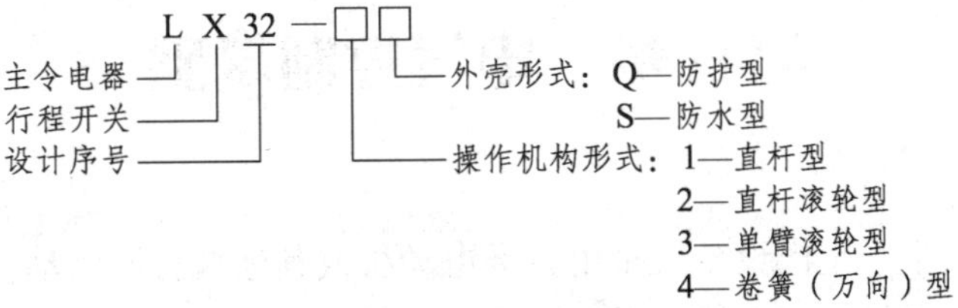

图 5-44　行程开关型号组成及含义

（2）电气符号。行程开关的图形符号及文字符号如图 5-45 所示。

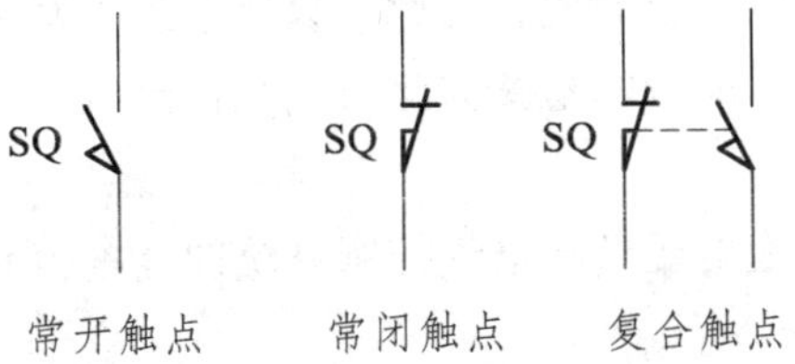

图 5-45　行程开关图形、文字符号

3）行程开关的主要技术参数

行程开关的主要技术参数有额定电压、额定电流、触点数量、动作行程、触点转换时间、动作力等，如表 5-21 所示。

表 5-21　LX19 系列行程开关的技术参数

型号	触点数量		额定电压/V		额定电流/A	触点换接时间/s	动作力/N	动作行程/mm 或角度
	常开	常闭	交流	直流				
LX19-001	1	1	380	220	5	≤0.4	≤9.8	1.5 ~ 3.5 mm
LX19-111							≤7	≤30°
LX19-121							≤19.6	
LX19-131								
LX19-212								
LX19-222								≤60°
LX19-232								

4）行程开关的选择

目前，国内生产的行程开关品种规格很多，较为常用的有 LXW5、LX19、LXK3、LX32、LX33 等系列。新型 3SES3 系列行程开关的额定工作电压为 500 V，额定电流为 10 A，其机械、电气寿命比常见行程开关更长。LXW5 系列为微动开关。

行程开关在选用时，应根据不同的使用场合，满足额定电压、额定电流、复位方式和触点数量等方面的要求。

第6章 电气控制基础

在现场实际生产中，生产设备大多由各类电动机或其他执行器驱动，电动机或执行器就是我们的被控对象。电气控制系统是以继电器、接触器、保护元件等电器元件按一定的控制方式，用导线连接起来组成的自动控制电路。其作用是对被控对象实现自动控制，以满足生产工艺的要求，实现生产过程的自动化。

控制电路由基本控制环节组合而成，因此，只要掌握了基本环节和典型控制电路的工作原理、分析方法、设计方法，就很容易掌握复杂电气控制电路的工作原理、分析方法和设计方法。

本章介绍绘制电路图的基本要求和电气控制系统的基本控制电路、电机制动控制电路、电机调速控制电路等。

6.1 电气控制系统图及基本控制电路

6.1.1 电气控制系统图

电气控制系统是由许多电器元件按照一定的要求连接而成。设计电气控制系统时，需要用统一的工程语言，即用工程图的形式表达，这种图就是电气工程图。常用的电气工程图有三种：电气原理图、电气元件布置图和电气安装图。电气工程图依据国家电气制图标准，用规定的图形符号、文字符号以及规定的画法绘制。

1. 电气原理图

电气原理图是为了便于阅读与分析控制电路，根据简单、清晰的原则，采用电器元件展开的形式绘制而成的图样，表示电气电路工作原理以及电气元件间的相互作用和关系。它包括所有电器元件的导电部件和接线端点，但并不按照电器元件的实际布置位置绘制，也不反映电器元件的大小。

绘制电气原理图时，一般应遵循以下规则：

（1）电气原理图一般分为主电路和辅助电路。主电路是从电源到电动机或电路末端的电路，是强电流通过的部分，画在原理图的左侧或上面。辅助电路是通过小电流的电路，一般是由按钮、电器元件的线圈、接触器的辅助触点、继电器的触点等组成的控制电路、照明电路、信号电路及保护电路等，画在原理图的右侧。复杂的系统则分图绘制。

（2）每一电气元件采用国家规定的统一的图形符号来表示，在图形符号附近用文字符号标注属于哪类电器。例如，接触器的线圈和触点皆用文字符号 KM 标注。需要测试和拆、接的外部引出线的端子，用图形符号“空心圆”表示，电路的连接点用“实心圆”表示。

（3）同一电器的各个部件（如接触器的线圈和触点）在图中的位置，根据便于阅读和研究的原则来安排，可以不画在一起，但属于同一电器的部件均编以相同的文字符号。若有多个同一种类的电器元件，可在文字符号后加上数字序号，如 SBl、SB2 等。

（4）对于接触器、继电器的触点按吸引线圈不通电状态画出，控制器手柄按趋于零位时的状态画出，按钮、行程开关触点按不受外力作用时的状态画出。

（5）在原理图中，无论是主电路还是辅助电路，各电气元件一般应按动作顺序和信号流从上到下、从左到右依次排列，可水平布置或者垂直布置，并尽可能减少和避免线条交叉。电路中各元器件触点图形符号，当图形垂直放置时，以“左开右闭”原则绘制，当图形为水平放置时以“上闭下开”原则绘制。

（6）直流和单相电源电路用水平线画出，一般画在图样上方（直流电源的正极）和下方（直流电源的负极）。多相电源电路，用水平线集中画在图样上方，相序自上而下排列。中性线（N）和保护接地线（PE）放在相线之下。主电路与电源电路垂直画出。控制电路与信号电路垂直画在两条水平电源线之间。耗电元件（如线圈、电磁铁、信号灯等）直接与下方水平线连接，控制触点连接在上方水平线与耗电元件之间。

（7）为了便于检索电气电路，方便对其阅读和分析，在原理图的上方或右方将图分成若干图区，并标明该区电路的用途与作用。

（8）在电气原理图中，接触器和继电器线圈与触点之间的从属关系要加以说明，即在原理图中相应线圈的下方，给出触点的文字符号，并在其下注明相应触点的索引代号。对未使用的触点用“×”表示，也可以不画。如图 6-1 所示是对接触器 KM 相应触点的索引。

各栏的含义如下：

左栏，主触点所在的图区号。

中栏，动合辅助触点所在的图区号。

右栏，动断辅助触点所在的图区号。

对于继电器，其各栏的含义如下：

左栏，动合触点所在的图区号。

右栏，动断触点所在的图区号。

KM

2	4	×
2	×	×
2		

图 6-1　接触器 KM 相应触点的索引

2. 电气元件布置图

电气元件布置图主要由机床电气设备布置图、控制柜及控制板电气设备布置图、操纵台或悬架操纵箱电气设备布置图等组成。它主要是用来表明成套设备中所有电动机电器的实际位置的一种图，如电动机要和被拖动的机械部件画在一起、行程开关应放在要取得信号的地方、操作元件放在操作的地方、一般电气元件应放在控制柜内，从而为生产机械电气控制设备的制造、安装提供必要的资料。图中各电器代号应与有关电路图和电器清单上所用的元器件代号相同。图中不需要标注尺寸。图 6-2 为 CW 6132 车床电气柜内的电气元件布置图。

3. 电气安装图

电气安装图又称电气互连图、安装接线图，用于电气设备和电气元件的安装、配线或检修。它清楚地表明电气设备外部元件的相对位置及它们之间的电气连接，在具体施工和抢修中能够起到电气原理图所起不到的作用，在生产现场得到广泛应用。它是电气原理图具体实现的表现形式，可直接用于安装配线。

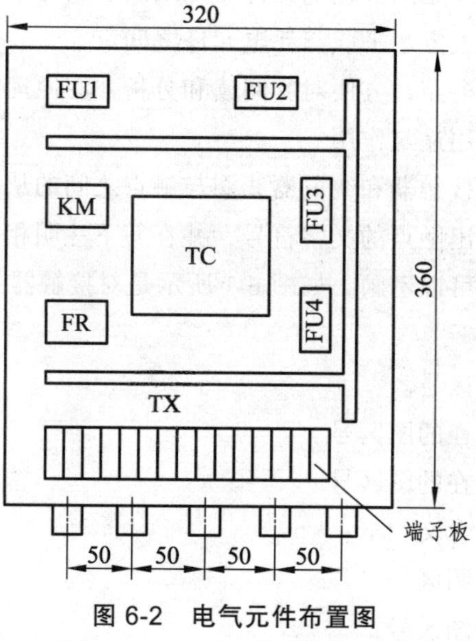

图 6-2　电气元件布置图

绘制电气安装图的原则是：

（1）同一电气的各部件画在一起，其尺寸和比例没有严格要求，各部件的位置尽量符合实际情况。

（2）各电气元件的图形符号、文字符号和回路标记，均应以原理图为准，并且要保持一致。

（3）不在同一控制箱内或不是同一块配电屏上的各电气元件之间，必须通过接线端子板进行连接。同一控制箱内的各控制元件之间可以直接连接。安装接线图上所表示的电气连接，一般不表示实际走线的途径，施工时由操作者根据实际情况选择最佳走线方式。

（4）应详细标明配线用的各种导线的型号、规格、截面面积及连接导线的根数，标明所穿管子的型号、规格等，并标明电源的引入点。

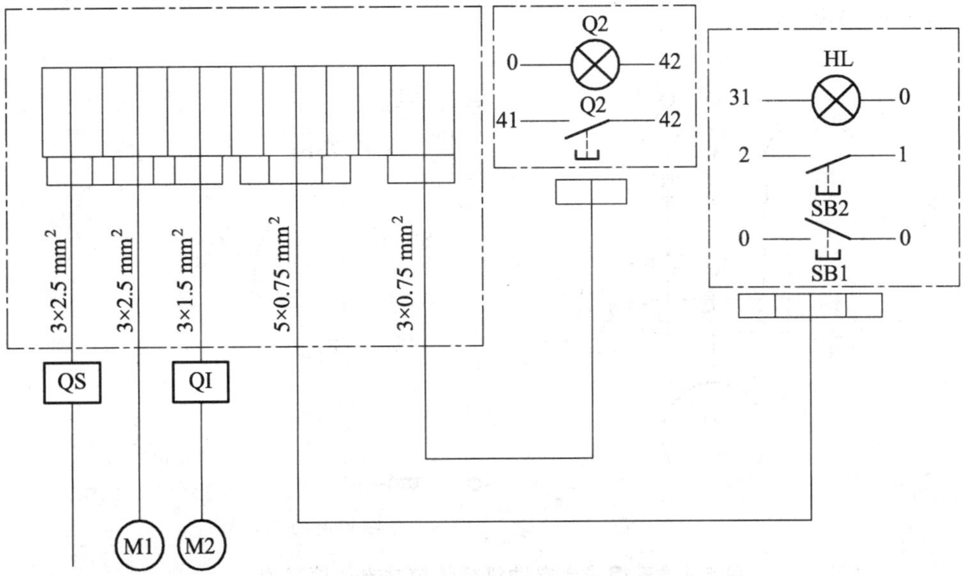

图 6-3　CW6132 车床电气安装图

图 6-3 为 CW6132 车床电气安装图的一部分。

6.1.2　继电器-接触器控制的基本控制电路

应用继电器、接触器及其他低压电器组成的控制系统，称为继电器-接触器控制系统，系统全部由低压电器硬件组成。采用继电器-接触器控制，无论机械设备的控制电路如何复杂，都可以将其分解为结构相对独立的基本控制环节，采用低压电器控制。常见的电路基本控制环节有：点动控制电路、自保持控制电路、正反转控制（可逆控制）电路、顺序起动与顺序停止控制电路、保护电路、延时控制电路等。复杂控制电路都是由基本的控制环节组合而成。本节重点介绍这些基本控制环节。

1. 起停、自锁环节和连续控制

图 6-4 为三相异步电动机单向全压起动、停止、连续自锁控制电路。主电路由刀开关（QS）、熔断器（FU）、接触器（KM）的主触点、热继电器（FR）的热元件和电动机（M）构成。控制回路由热继电器的常闭触点、停止按钮（SB1）、起动按钮（SB2）、接触器线圈（KM）和常开触点（KM）组成，这是最典型的起动、停止、连续、自锁控制电路，通常称为启保停电路。起动时，合上 QF，按下按钮 SB2，则 KM 线圈通电，接触器 KM 吸合，主触点闭合，电动机接通电源开始全压起动，同时接触器 KM 的辅助常开触点也闭合，使 KM 线圈经两条路通电。这样，当松开按钮 SB2 时，SB2 复位跳开，KM 线圈通过接触器 KM 的辅助常开触点，依然通电处于吸合状态，从而保证电动机的连续运行。这种依靠接触器自身的辅助触点而使其线圈保持通电的现象称为自锁或自保持。

要使电动机停止运转，只要按一下停止按钮 SB1 即可，这时接触器 KM 线圈断电，KM 的主触点断开主电源，电动机停止，此时 KM 的辅助常开触点是断开的，即使手松开停止按钮 SB1，控制回路也不会再自行起动。

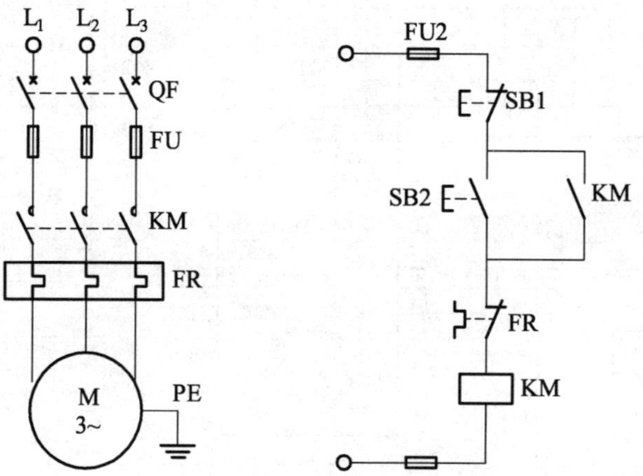

（a）主电路　（b）控制电路

图 6-4　三相异步电动机起停控制电气原理图

2. 点动控制

在生产实际中，有的生产机械需要点动控制，如夹紧机构在夹紧过程中机床的对刀调整、快速进给等。有的生产机械进行运动位置调整时，也需要点动控制。图 6-5 列出了几种点动控制电路。

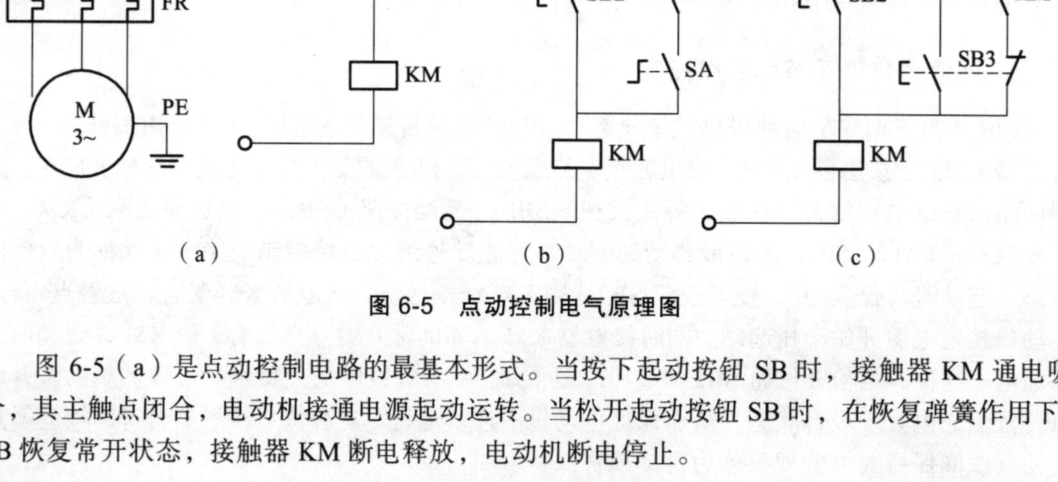

（a）　（b）　（c）

图 6-5　点动控制电气原理图

图 6-5（a）是点动控制电路的最基本形式。当按下起动按钮 SB 时，接触器 KM 通电吸合，其主触点闭合，电动机接通电源起动运转。当松开起动按钮 SB 时，在恢复弹簧作用下，SB 恢复常开状态，接触器 KM 断电释放，电动机断电停止。

图 6-5（b）是带手动开关 SA 的点动控制电路。当需要点动时，将开关 SA 打开，操作 SB2 即可实现点动控制。当需要连续控制时，将开关 SA 闭合，将 KM 的自锁触点接入，操作 SB2 即可实现连续自锁控制。

图 6-5（c）中增加了一个复合按钮 SB3。这样，需要点动控制时，按下按钮 SB3，其常闭触点先断开接触器 KM 自锁回路，常开触点后闭合，接通起动控制电路，KM 线圈通电，主触点闭合，电动机起动运转。当松开 SB3 时，KM 线圈断电，主触点断开，电动机停止转动。若需要电动机连续运转，由按钮 SB2、SB1 来实现连续自锁控制。

3. 电动机正、反转控制电路

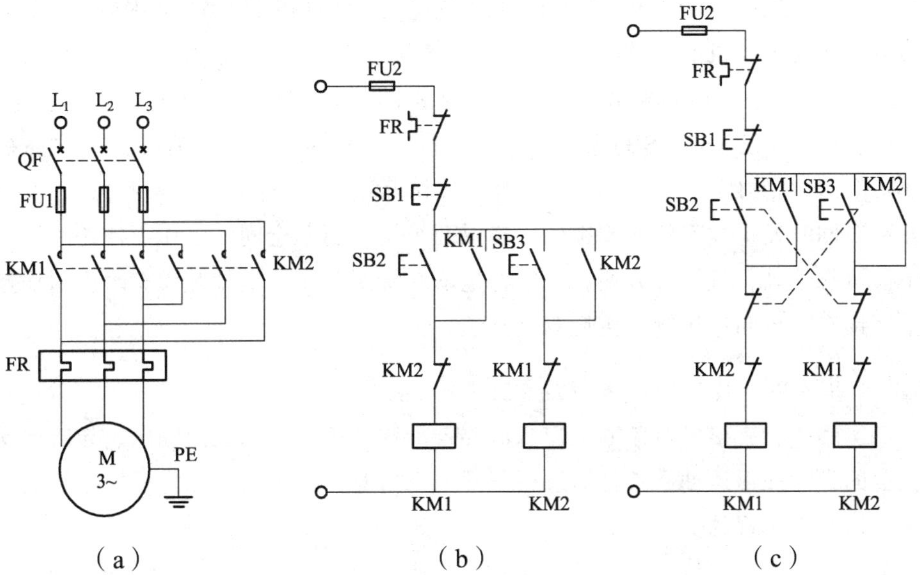

图 6-6　三相异步电动机正反转控制电气原理图

电动机正反向运行电路实质上是两个方向相反的单向运行电路的组合。为了避免正反向同时工作引起电源相间短路，必须在这两个运行电路中加设互锁装置，保证只能有一个电路工作。按照电动机正反转操作顺序的不同，分“正—停—反”和“正—反—停”两种控制电路。

1）电动机“正—停—反”控制电路

图 6-6 所示为接触器控制的三相异步电动机正、反转控制电气原理图。图 6-6（b）所示为电动机“正—停—反”控制电路，主电路中的 KM1、KM2 分别为实现正、反转的接触器主触点。为防止两个接触器同时得电而导致电源短路，利用两个接触器的常闭触点 KM1、KM2 分别串接在对方的工作线圈电路中，构成相互制约关系，以保证电路安全可靠地工作，这种相互制约的关系称为“联锁”，又称“互锁”，实现互锁的常闭辅助触点称为互锁（或联锁）触点。

图 6-6（b）所示控制电路在正、反向转换控制时，必须先按下停止按钮 SB1，待工作接触器线圈失电后，再按反向起动按钮实现反转，故它具有“正—停—反”控制功能。

2）电动机“正—反—停”控制电路

在实际应用中，为提高工作效率，减少辅助工作时间，要求直接实现从正转向反转转换的控制（通常采用这种控制方式的电动机的功率较小），这时图 6-6（b）所示控制电路就不能实现，可采用如图 6-6（c）所示的“正—反—停”控制电路。

在图 6-6（c）中采用复合按钮来控制电动机的正、反转。在该控制电路中，正转起动按钮 SB2 的常开触点串接于正转接触器 KM1 的线圈回路，用于接通 KM1 的线圈，而 SB2 的常闭触点则串接于反转接触器 KM2 线圈回路中，工作时首先断开 KM2 的线圈，以保证 KM2 不得电，同时 KM1 得电。反转起动按钮 SB3 的接法与 SB2 类似，常开触点串接于 KM2 的线圈回路，常闭触点串接于 KM1 的线圈回路中，从而保证按下 SB3 使 KM1 不得电，KM2 能可靠得电，实现电动机的反转。

在图 6-6（b）中，由接触器 KM1、KM2 常闭触点实现的互锁称为电气互锁，而图 6-6（c）中由复合按钮 SB2、SB3 常闭触点实现的互锁称为“机械互锁”，或称“按钮互锁”。

图 6-6（c）中既有“电气互锁”，又有“按钮互锁”，故称为“双重互锁”，控制电路中两种“互锁”同时发生故障的概率很低，确保两个接触器不会同时工作而使相间短路，所以该电路工作可靠性高，且操作方便，为电力拖动系统所常用。电气互锁有时也叫作接触器互锁，双重互锁有时也叫作接触器按钮双重互锁。

3）具有自动往复功能的正反转控制电路

在生产实际中，有很多机床的工作台需要自动往复运动，如龙门刨床、导轨磨床等。

工作台的自动往返运动通常是通过行程开关来检测往返运动的相对位置，从而控制电动机的正反转运行来实现的。

图 6-7（a）所示为机床工作台往复运动示意图。行程开关 SQl、SQ2 固定安装在机床身上，反映工作台的起点与终点。挡铁 A、B 固定在工作台上，行程开关 SQ3、SQ4 起正反向极限保护。

图 6-7（b）、（c）所示为自动往复控制电气原理图，工作原理分析如下：

（1）起动控制：合上开关 QF，按下按钮 SB2，使 KM1 线圈得电并自锁，其常闭触点断开，切断 KM2 线圈的回路，实现互锁，电动机 M 通电正转，工作台向前运动；当安装在工作台上的挡铁 B 压下 SQ2 时，SQ2 的常闭触点切断 KM1 线圈回路，电动机停止正转，紧接着其常开触点闭合，接通 KM2 线圈回路并使 KM2 自锁，同时 KM2 的常闭触点切断 KM1 回路，实现互锁，电动机开始反转，工作台向后运动；当安装在工作台上的挡铁 A 压下 SQ1 时，SQ1 的常闭触点切断 KM2 线圈回路，同时接通 KM1 回路并使其自锁，电动机又开始正转进入下一个循环。

（2）停机控制：按下 SB1，接触器 KM1、KM2 线圈失电，电动机 M 断电停机，工作台停止运动。若工作中因行程开关失灵而无法实现换向，则有极限行程开关 SQ3、SQ4 实现极限保护，避免运动部件因超出极限位置而发生事故。

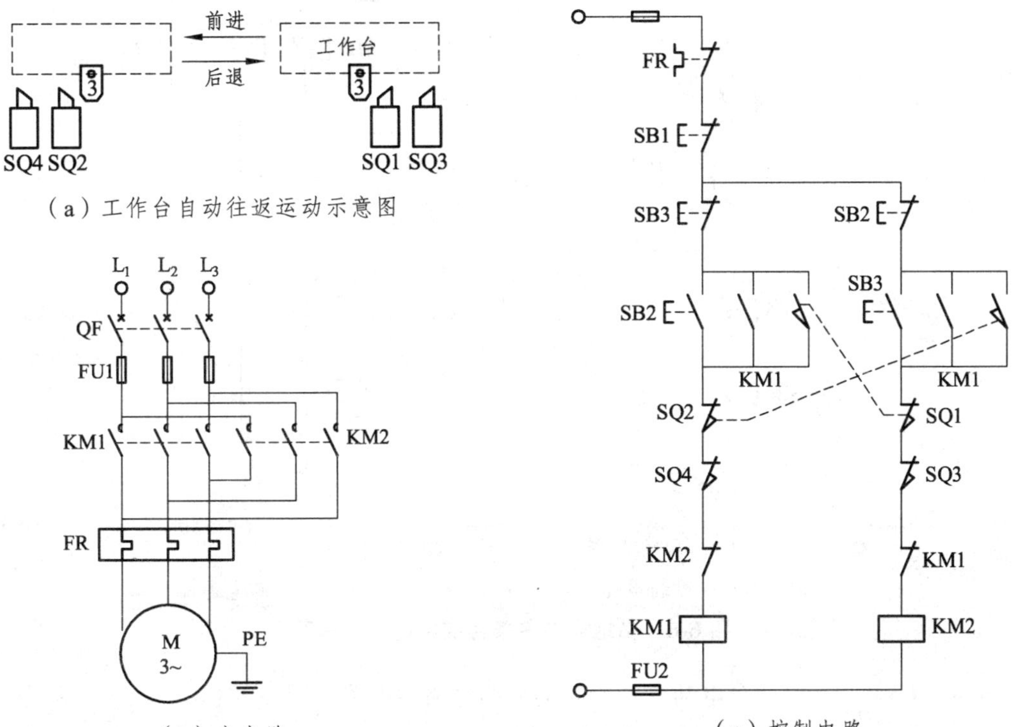

（a）工作台自动往返运动示意图

（b）主电路

（c）控制电路

图 6-7　工作台自动往返运动控制电气原理图

以上这种用行程开关来控制运动部件行程位置的方法，称为行程控制原则。行程控制原则是实现机械设备自动化和生产过程自动化应用中最广泛的控制方法之一。

4. 多地点与多条件控制

在一些大型生产机械和设备上，要求操作人员能在不同位置对大型机械和设备进行操作与控制，即实现多地点控制。在某些机械设备上，为保证操作安全，需要满足多个条件，设备才能开始工作，这样的控制称为多条件控制。多地点与多条件控制电路如图 6-8 所示（主电路与图 6-7 相同）。多地点控制是用多组起动按钮、停止按钮来进行的，这些按钮连接的原则是：起动按钮常开触点要并联，即逻辑或的关系；停止按钮常闭触点要串联，即逻辑与的关系。图 6-8（a）所示为多地点控制电路。多条件控制采用多组按钮或继电器触点来实现，这些按钮或触点连接的原则是：常开触点要串联，即逻辑与的关系；常闭触点视设备根据具体控制要求可并联或串联。图 6-8（b）所示为多条件控制电路。

5. 顺序控制电路

在多电机拖动系统中，各电动机所起的作用不同，有时需按一定的顺序起动，才能保证操作过程的合理性和工作的安全可靠。例如，磨床上要求先起动油泵电动机，再起动主轴电动机。顺序启停控制电路有顺序起动、同时停止的控制电路和顺序起动、顺序停止的控制电路两种类型。

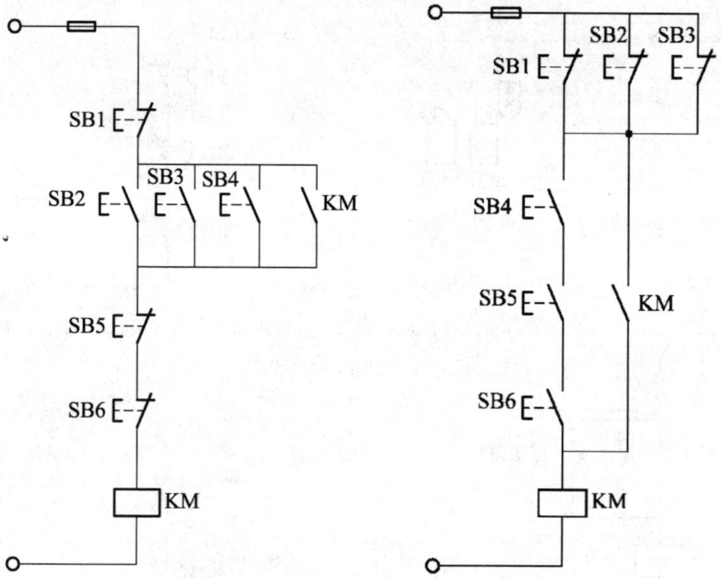

（a）多地点控制电路　　（b）多条件控制电路

图 6-8　多地点与多条件控制电气原理图

图 6-9（a）所示为两台电动机顺序起动控制电路主电路，图 6-9（b）、（c）所示为控制电路。其中图 6-9（b）所示电路工作原理如下：按下按钮 SB2，KM1 得电并自锁，电动机 M1 运转，同时串在 KM2 控制回路中的 KM1 常开触点也闭合。此时再按下 SB4，KM2 得电并自锁，则电动机 M2 起动。如果先按下 SB4，因 KM1 常开触点断开，电动机 M2 不能先起动，达到了按顺序起动的要求。

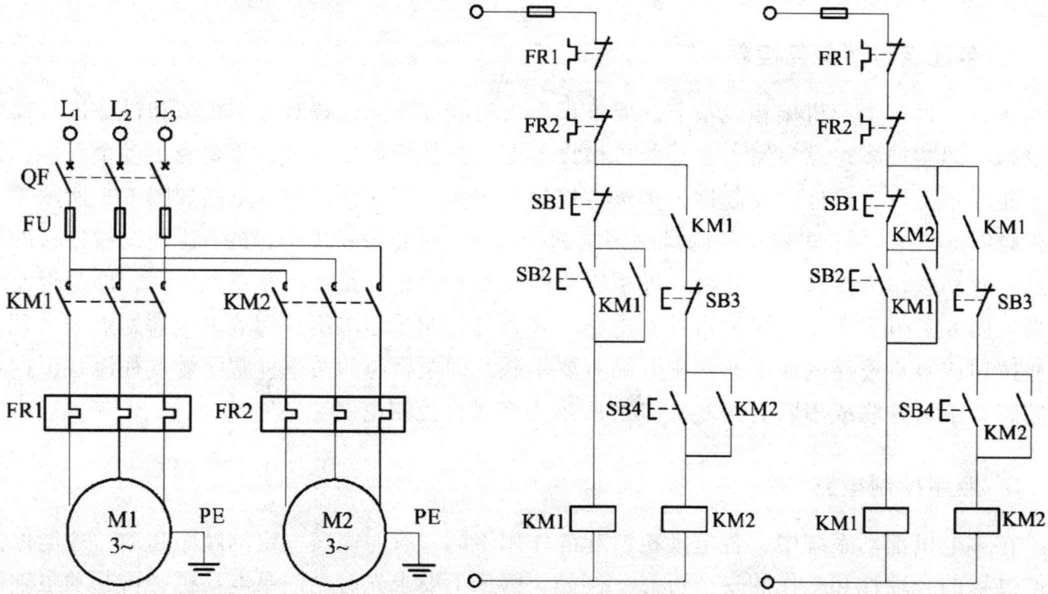

（a）　（b）　（c）

图 6-9　顺序控制电气原理图

生产机械除要求按顺序起动外，有时还要求按一定顺序停止，如带式输送机，第一台运输机先起动，再起动第二台；停车时应先停第二台，再停第一台，这样才不会造成物料在传送带上的堆积和滞留。另外有些机床也要求按一定顺序停止，如卧式铣床，起动时应先起动主轴电动机 M1，再起动进给电动机 M2；停止时应先停 M2，再停 M1，这样才不会破坏零件表面的精度及损坏刀具。图 6-9（C）所示为按顺序起动和停止控制电路，要达到这个目的，只需要在顺序起动控制电路图的基础上，将接触器 KM2 的一个常开辅助触点并接在停止按钮 SB1 的两端。这样，即使先按 SB1，由于 KM2 得电，电动机 M1 也不会停转。只有按下 SB3，电动机 M2 先停后，此时按下 SBl 才有效，达到先停 M2、后停 M1 的要求。

许多顺序控制还要求有一定的时间间隔，这可以通过时间继电器来实现。图 6-10 所示电路就具有这样的功能。图中 KM1、KM2 分别控制电动机 M1、M2，电动机 M1 起动 t 秒（时间继电器设定的延时时间）后，时间继电器 KT 延时时间到，其延时闭合的常开触点闭合，KM2 得电吸合，电动机 M2 起动，同时实现自锁。KM2 的常闭触点断开，切断时间继电器 KT 的线圈，使 KT 停止工作，避免时间继电器线圈常是得电状态而缩短使用寿命。

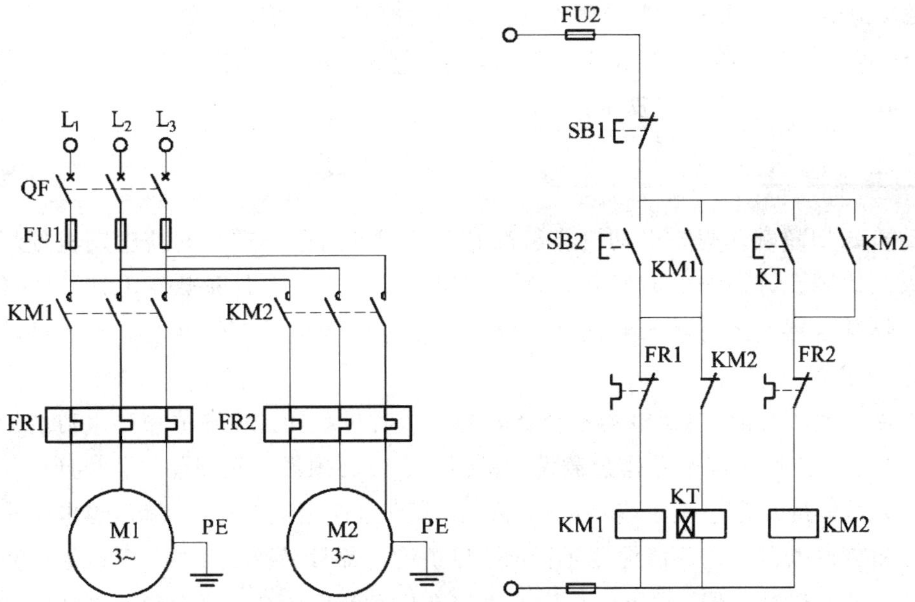

图 6-10　按时间顺序起动的控制电气原理图

6.1.3　电动机的保护环节

电气控制系统除能满足生产机械的加工工艺要求外，要想长期、正常、无故障地运行，还必须有各种保护措施。保护环节是所有机床电气控制系统不可缺少的组成部分，利用它来保护电动机、电网、电气控制设备以及人身安全等。

电气控制系统中常用的保护环节有短路电流保护、过载保护、过电流保护、零电压和欠电压保护以及弱磁保护等。

1. 短路电流保护

如果电动机绕组的绝缘损坏、导线的绝缘损坏或电路发生故障时，造成短路现象，就会产生短路电流，引起电气设备绝缘损坏或产生强大的电动力使电气设备损坏。因此产生短路现象时，必须迅速将电源切断。常用的短路保护元件有熔断器和断路器。

1）熔断器保护

熔断器的熔体串联在被保护的电路中，当电路发生短路或严重过载时，它自动熔断而切断电路，达到保护的目的。

2）断路器保护

断路器有短路、过载和欠电压保护。这种开关能在电路发生上述故障时快速地自动切断电源。它是低压配电重要的保护元件之一，常用作低压配电盘的总电源开关及电动机、变压器的合闸开关。

通常熔断器比较适用于动作准确度和自动化程度较差的系统，如小容量的笼型异步电动机、普通交流电源等。使用熔断器的设备在发生短路时，很可能导致一相熔断器熔断，造成单相运行；但对于断路器，只要发生短路就会自动跳闸，将三相同时切断。断路器结构复杂、操作频率低，广泛适用于要求较高的场合。

2. 过载保护

电动机长期超载运行，电动机绕组温升将超过允许值，严重时使电动机损坏。过载电流越大，达到允许温升的时间就越短。常用的过载保护元件是热继电器。在过载电流较小时，热继电器要经过较长时间才动作，过载电流较大时，热继电器则经过较短时间就会动作。

由于热惯性的原因，热继电器不会受电动机短时过载冲击电流或短路电流的影响而瞬时动作，所以在使用热继电器作过载保护的同时，还必须设有短路保护，并且选作短路保护的熔断器熔体的额定电流不应超过热继电器发热元件额定电流的 4 倍。当电动机的工作环境温度和热继电器工作环境温度不同时，保护的可靠性就受到影响。可以采用热敏电阻作为测量元件的热继电器，它可将热敏元件嵌在电动机绕组中，更准确地测量电动机绕组的温升。

3. 过电流保护

过电流保护广泛用于直流电动机或绕线转子异步电动机。对于三相笼型异步电动机，其短时过电流不会产生严重后果，故不采用过电流保护而采用短路保护。

过电流往往是由于不正确的起动和过大的负载转矩引起的，一般比短路电流要小。直流电动机和绕线转子异步电动机电路中过电流继电器也起着短路保护的作用，一般过电流动作时的强度值为起动电流的 1.2 倍。

4. 零电压与欠电压保护

当设备在运转时，电源电压因某种原因瞬时消失，机械停转，当电源电压恢复时，若电动机自行起动，可造成设备的损坏甚至人身事故。防止这种现象的保护叫零电压保护。

电源电压过分降低会导致一些电器释放，造成控制电路工作不正常，可能引起事故。同时电压降低，电动机转矩显著降低，影响电动机正常运行，严重时会引起“堵转”，故当电源电压降到一定允许值以下时要将电源切断，作欠电压保护。

一般常用磁式电压继电器实现欠电压保护。如图 6-11 所示，电压继电器 KV 起零电压保护作用。在该电路中，当电源电压过低或消失时，交流继电器 KA 就要释放，接触器 KM1 或 KM2 也马上释放，因为此时主令控制器 QC 不在零位（即 QC0 未闭合），所以在电压恢复时，KA 不会通电动作，接触器 KM1 或 KM2 就不能通电动作。若使电动机重新起动，必须先将主令开关 QC 拨回零位，使触点 QC0 闭合，KA 通电动作并自锁，然后将 QC 拨向正向或反向位置，电动机才能起动。这样就通过 KA 实现了零电压保护。

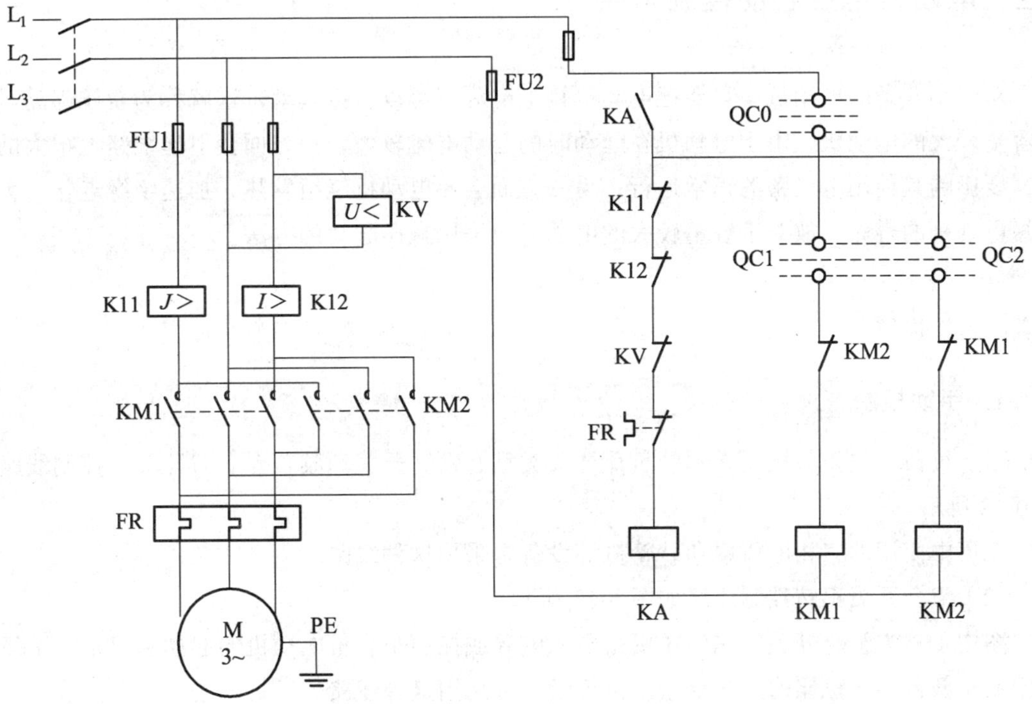

图 6-11　电动机常用保护环节

在图 6-11 中，各元件的保护作用分别为以下几点：

短路保护：熔断器 FU1。

过载保护（热保护）：热继电器 FR。

过电流保护：过流继电器 KI1、KI2。

零电压保护：交流继电器 KA。

低电压、欠电压保护：欠电压继电器 KV。

互锁保护：通过正向接触器 KM1 与反向继电器 KM2 的常闭触点实现。

在许多机床中不是用控制开关操作，而是用按钮操作。利用按钮的自动恢复作用和接触器的自锁作用，可不必另加设零电压保护继电器了。

5. 弱磁保护

直流电动机在磁场有一定强度下才能起动，如果磁场太弱，电动机的起动电流就会使直流电动机正在运行时磁场突然减弱或消失，电动机转速就会迅速升高，甚至发生飞车。因此需要采取弱励磁保护。弱励磁保护是通过将电动机励磁回路串入弱磁继电器（电流继电器）来实现的，在电动机运行中，如果励磁电流消失或降低很多，弱磁继电器就释放，其触点切断主回路接触器线圈的电源，使电动机断电停止。

6.2 电动机全压起动控制电路

对于小容量的电动机，只要把电动机接上电源就可以直接起动，这就称为全压起动。对于容量较大的电动机，由于电动机在起动时的起动电流较大，一方面会引起线路上很大的压降，要影响其他用电设备的正常运行；另一方面会使电动机绕组发热，加速绝缘老化，大大缩短电动机的寿命，故对于容量较大的电动机应采用减压起动的方法。

6.2.1 正转控制

1. 手动控制

（1）负荷开关正转控制常用的负荷开关类型有铁壳开关和胶盖瓷底刀开关，控制线路如图 6-12 所示。

工厂中使用的三相电风扇和砂轮机等设备常采用这种线路。

（2）组合开关正转控制线路如图 6-13 所示。

图中 QS 为组合开关。它的作用是引入电源或控制小容量电动机的起动和停止。工厂中使用的小型台钻、机床的冷却泵电动机等设备常采用这种线路。

（3）闸刀开关控制线路如图 6-14 所示。

闸刀开关 QS 合上时，使电机旋转。常用的瓷底闸刀开关内部有三个沟槽，可安装熔丝（保险丝）。电路上有较大过载和短路现象时，熔丝会马上熔化，保护电路的安全。

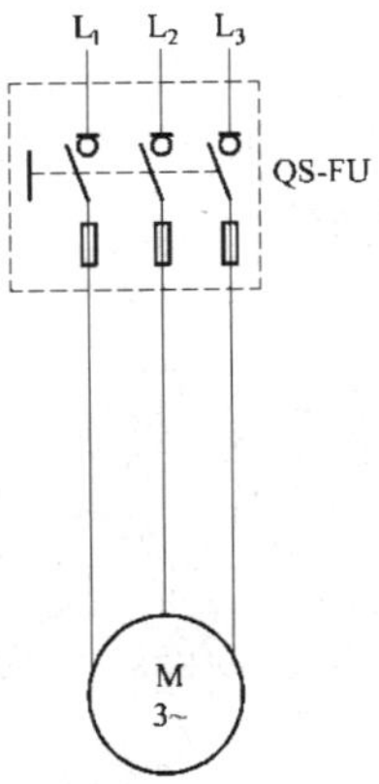

图 6-12　负荷开关正转控制电路图

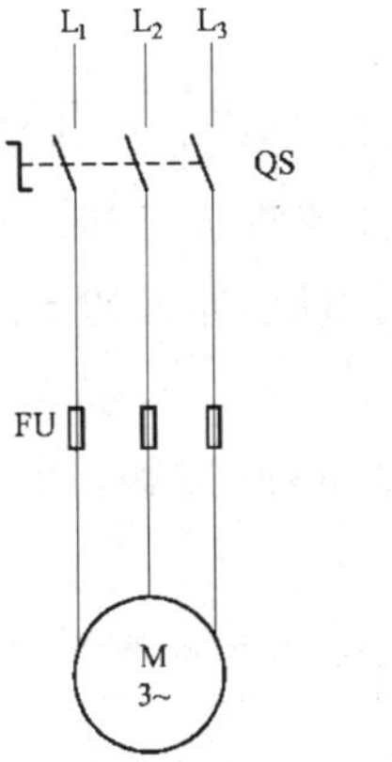

图 6-13　组合开关正转控制电路图

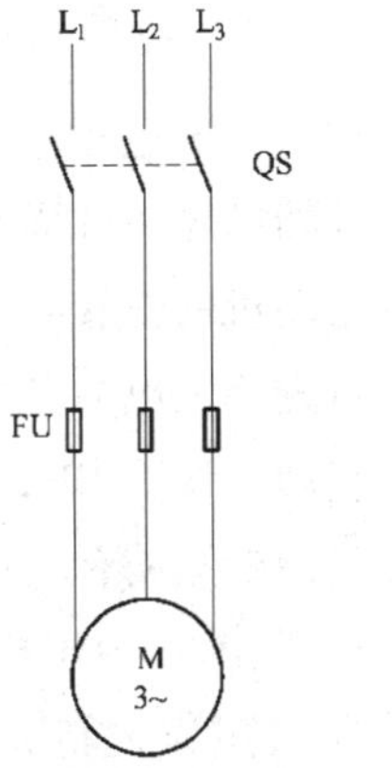

图 6-14　闸刀开关正转控制电路图

2. 点动控制

点动正转控制线路是用按钮和接触器控制电动机最简单的控制线路，实物接线图和电气原理图如图 6-15 所示。

图 6-15（a）为实物接线图，看起来较直观，初学者容易接受，但画起来却太麻烦，很不实用，再复杂一些的线路使用的电器元件更多，画成接线图反会使人不易看懂，所以用图 6-15（b）所示的电气原理图来表示。

在分析各种控制原理图时，为了简单明了，通常就用符号和箭头配以少量文字说明来表示其动作原理。如上述点动正转控制线路的动作原理如下：

起动：按下按钮 SB→接触器 KM 线圈得电→KM 主触头闭合电动机 M 运转。

停止：松开按钮 SB→接触器 KM 线圈得电→KM 主触头断开电动机 M 停转。

在用按钮、接触器控制电动机的线路中，仍需用转换开关 QS 作为电源隔离开关。

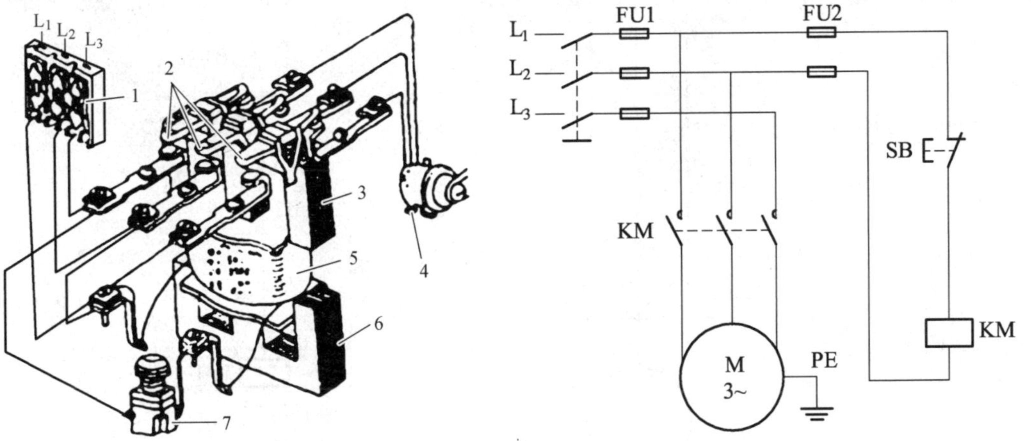

（a）实物接线图　　（b）电气原理图

图 6-15　电动机控制实物接线图及电气原理图

1—熔断器 FU1；2—主触头；3—上铁心；4—电动机；5—线圈；6—下铁心；7—按钮

3. 具有自锁的正转控制

如果要使电动机一经按过按钮起动后，在松开按钮时仍能连续运转，则需把接触器 KM 的常开辅助触头并联在起动按钮 SB2 的两端，同时，在控制回路中再串联一个停止按钮 SB1，控制电动机的停转，如图 6-16 所示，动作原理如下：

首先合上电源开关 QS。

起动：按下 SB2→KM 线圈得电→KM 主触头闭合，电动机 M 起动运转，与此同时 KM 常开辅助触头闭合自锁；

松开 SB2，由于接在按钮 SB2 两端的 KM 常开辅助触头闭合自锁，控制回路仍保持接通，电动机 M 继续运转。

停止：按 SB1→KM 线圈断电释放→KM 主触头断开电动机 M 停转，与此同时 KM 常开辅助触头断开。

这种当起动按钮 SB2 松开后，控制回路仍能自行保持接通的线路，叫作具有自锁（或自保）的控制线路，与起动按钮 SB2 并联的这一对常开辅助触头叫作自锁（或自保）触头。

4. 具有过载保护的正转控制

电动机在运转过程中，由于长期负载过大或操作频繁或断相运行等原因都可能使电动机的电流超过它的额定值，如熔断器在这种情况下仍不熔断，将引起绕组过热，若温度超过允许温升就会使绝缘损坏，影响电动机的使用寿命，严重的甚至烧坏电动机。因此，对电动机必须采用过载保护，一般采用热继电器作为过载保护元件，如图 6-16 所示。

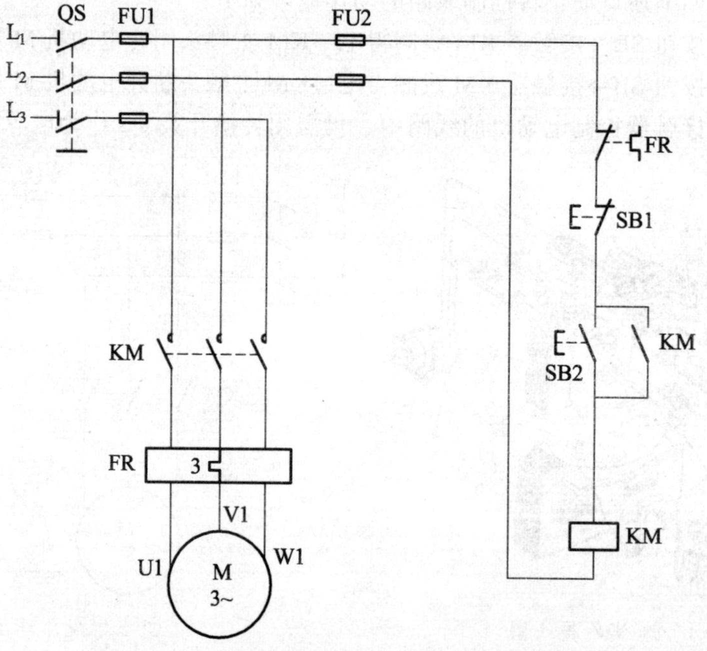

图 6-16 具有过载保护的电机控制电气原理图

图中 FR 为热继电器，它的热元件串接在电动机的主回路中，常闭触头则串接在控制回路中。

如果电动机在运行过程中，由于过载或其他原因，使负载电流超过额定值时，经过一定时间，串接在主回路中的热继电器的双金属片因受热弯曲，使串接在控制回路中的常闭触头分断，切断控制回路，接触器 KM 的线圈断电，主触头分断，电动机 M 便脱离电源停转，起到过载保护的作用。

6.2.2　正反转控制

详见 6.1 节。

6.3　电动机降压起动控制电路

三相异步电动机的直接起动电流为额定电流的 5 ~ 7 倍，因为起动电流大，直接起动只适用于小容量的电动机。当电机容量在 10 kW 以上时，应采用降压起动，以减小起动电流，但同时也减小了起动转矩，故降压起动适用于对起动转矩要求不高的场合。降压起动一般有如下几种方法：对于正常运行时定子绕组采用三角形连接的电动机，可采用 Y-△降压起动；三相自耦变压器降压起动，还可采取定子绕组电路串电阻或电抗器等 4 种方法。

这些起动方法的实质，都是在电源电压不变的情况下，起动时减小加在电动机定子绕组上的电压，以限制起动电流，而在起动以后再将电压恢复至额定值，电动机进入正常运行。

1. 定子串电阻或电抗降压起动控制

在电动机定子绕组中串联电阻或电抗，定子电流在电阻或电抗上产生电压降，使得电动机的定子电压降低，从而减小了起动电流。这种起动方法简单，但定子串联电阻起动能耗较多，主要用于低压小功率电动机。定子串联电抗起动投资大，主要用于高压大功率电动机。

电动机定子串电阻降压启动控制电路如图 6-17 所示，图中 KM1 为接通电源接触器，KM2 为短接电阻接触器，KT 为时间继电器，*R* 为降压启动电阻。

电路工作情况：合上电源刀闸开关 QS，按下启动按钮 SB2，KM1 线圈通电，KM1 主触头闭合电动机串电阻起动，KM1 辅助触点闭合自锁，同时时间继电器 KT 线圈通电并开始计时，经 KT 延时，其延时动合触点闭合，KM2 线圈通电动作，KM2 主触头闭合，将启动电阻 R 短接，电动机在额定电压下正常运行。KT 的延时长短根据电动机起动过程时间长短来确定。

定子串电抗减压起动与定子串电阻起动的控制类似，把电阻换为电抗即可。

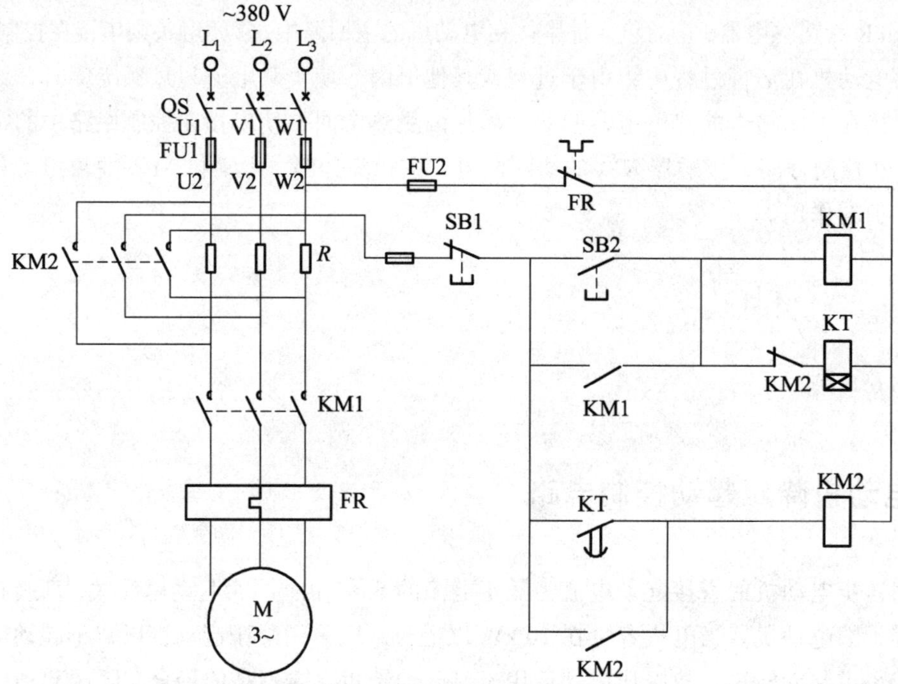

图 6-17 定子串电阻降压起动控制电气原理图

2. “Y-△”降压起动控制电路

国内三相 Y（异步）系列电动机额定电压为 380 V、功率为 4 kW 以上采取△接法，因此，电动机起动时接成 Y 连接，电压降为额定电压的$\frac{1}{\sqrt{3}}$，起动后再换成△连接。由电工基础知识可知

$$I_{\triangle L}=3I_{YL}$$

式中 $I_{\triangle L}$——电动机“△”连接时线电流；

I_{YL}——电动机“Y”连接时线电流。

“Y”连接时起动电流仅为“△”接时的 1/3，相应的起动转矩也是“△”接时的 1/3。因此，Y-△起动仅适用于空载或轻载下的起动。

图 6-18 所示为 Y-△降压起动电气原理图，图中 KM1 为接通电源接触器，KM3 为“Y”连接接触器，KM2 为“△”连接接触器，KT 为延时时间继电器。

合上电源刀闸开关 QS，按下起动按钮 SB2，KMl 通电并自锁，KM3 通电，KM3 主触点闭合，电动机接成“Y”连接，接入三相电源进行降压起动，同时时间继电器 KT 通电并开始计时，经一段时间延时后，KT 的延时动断触点断开，KM3 断电释放，电动机“Y”中性点断开，同时，KT 的延时动合触点闭合，KM2 通电并自锁，电动机接成△连接运行，同时用 KM2 断开 KT 的线圈，另外，辅助触点 KM2 和 KM3 为互锁触点，防止 KM3 和 KM2 同时带电。至此，电动机 Y-△降压起动过程结束，电动机投入正常（在额定电压下）运行。停车时，按下 SBl 即可。

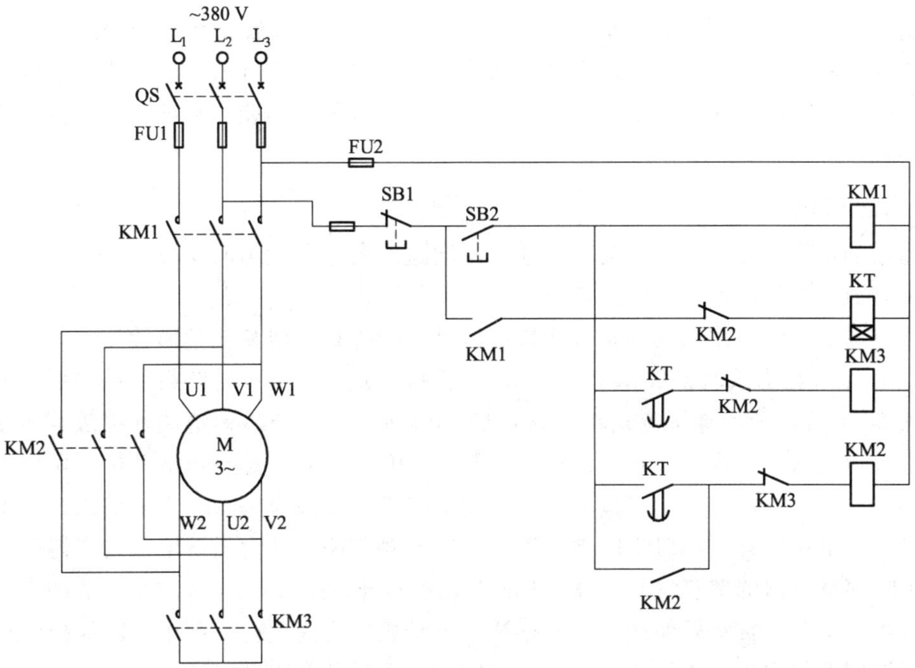

图 6-18　Y-△降压起动控制电气原理图

6.4　电动机的调速

6.4.1　概　述

电动机的调速有直流电动机的调速和交流电动机的调速，此处只讨论交流电动机的调速。

在生产机械中广泛使用的不改变同步转速的调速方法有绕线式电动机的转子串电阻调速、斩波调速、串级调速以及应用电磁转差离合器、液力偶合器、油膜离合器等调速。改变同步转速的调速方法有改变定子极对数的多速电动机，改变定子电压、频率的变频调速等。

从调速时的能耗来看，调速方法有高效调速方法与低效调速方法两种：高效调速是指调速时转差率不变，因此无转差损耗，如多速电动机、变频调速以及能将转差损耗回收的调速方法（如串级调速等）。有转差损耗的调速方法属低效调速，如转子串电阻调速方法，能量损耗在转子回路中；电磁离合器的调速方法，能量损耗在离合器线圈中；液力偶合器调速，能量损耗在液力偶合器的油中。一般来说转差损耗随调速范围扩大而增加，如果调速范围不大，能量损耗是很小的。

这里只讨论多速电动机采用的变极调速以及目前在生产现场使用较多的变频调速。

6.4.2　电动机的变极调速

三相异步电动机变极调速通过改变定子空间磁极对数的方式来改变同步转速，从而达到调速的目的。在恒定频率情况下，异步电动机的同步转速与磁极对数成反比，磁极对数增加一倍，同步转速就下降一半，从而引起异步电动机转子转速的下降。显然，这种调速方法只能一级一级地改变转速，而不能平滑地调速。

根据公式 $n=60f/p$ 可知，异步电动机的同步转速与磁极对数成反比，磁极对数增加一倍，同步转速 n 下降至原转速的一半，电动机额定转速 n 也将下降近似一半，所以改变磁极对数可以达到改变电动机转速的目的。这种调速方法是有级的，不能平滑调速，而且只适用于鼠笼式电动机。

1. 双速电机

双速电动机属于异步电动机变极调速，是通过改变定子绕组的连接方法来改变定子旋转磁场磁极对数，从而改变电动机的转速。

双速电动机的定子绕组的连接方式常有两种：一种是绕组从三角形转换成双星形，如图 6-19（a）所示连接方式转换成 6-19（c）所示连接方式；另一种是绕组从单星形转换成双星形，如图 6-19（b）所示连接方式转换成 6-19（c）所示连接方式。这两种接法都能使电动机产生的磁极对数减少一半，即电动机的速度提高一倍。图 6-20 是双速电动机三角形接法转换成双星形接法的电气原理图，当按下起动按钮 SB2 时，接触器 KM1 主触头闭合，电动机三角形连接，以低速运行；同时中间继电器 KA 常开触头闭合使时间继电器线圈得电，经过一段时间（时间继电器的整定时间），KM1 的主触头断开，KM2、KM3 的主触头闭合，电动机的定子绕组由三角形接法转换成双星形接法，电动机以高速运行。图中 EL 为指示灯，可用来监视控制回路的电源是否正常，因为在实际应用中经常会出现电源故障，有这个指示灯对于日常的检修维护非常有用。

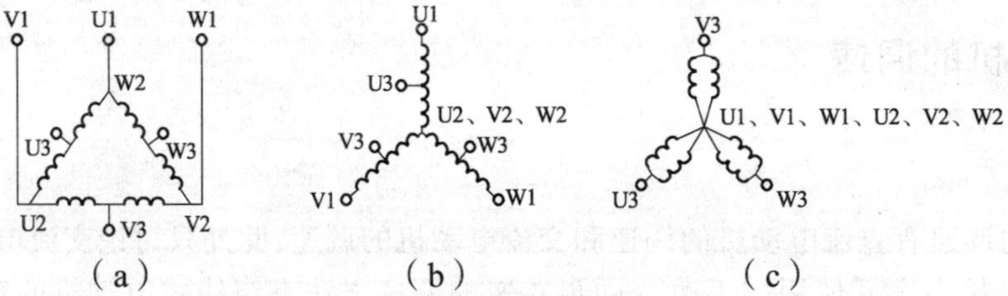

图 6-19　双速电机定子绕组接线图

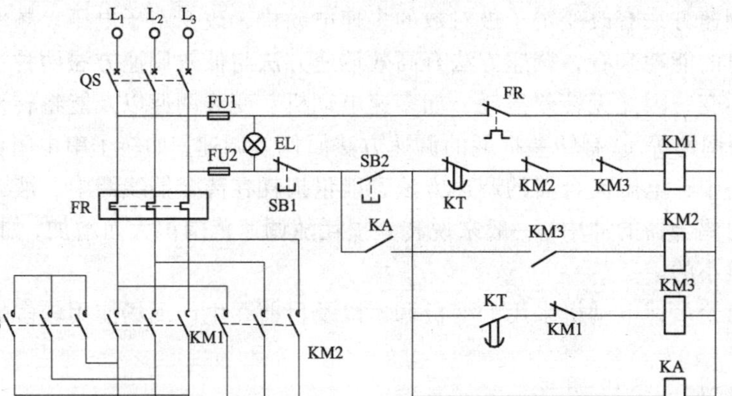

图 6-20　双速电机控制电气原理图

2. 三速电机

图 6-21 所示为接触器控制三速笼型电动机调速电路。图中，SB1、SB2、SB3 分别为低速、中速、高速按钮，KM1、KM2、KM3 分别为低速、中速、高速接触器。

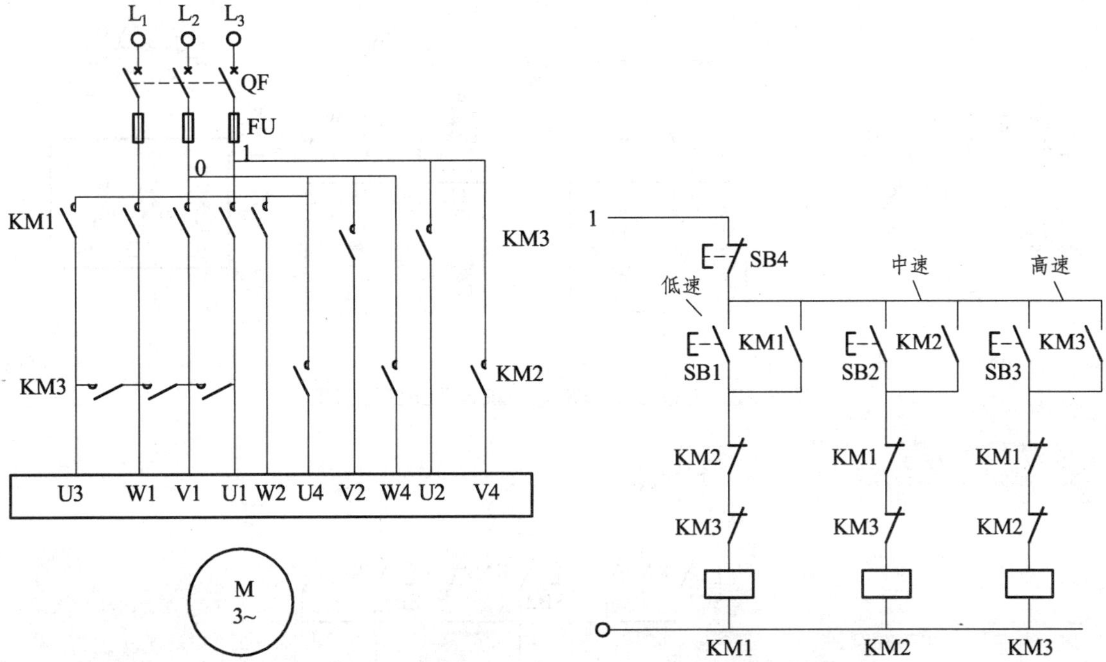

图 6-21　接触器控制三速笼型电动机调速电气原理图

按下任何一个速度起动控制按钮（SB1、SB2、SB3），对应的接触器线圈得电，其自锁和互锁触点动作，完成对本线圈的自锁和对另外接触器线圈的互锁。主电路对应的主触点闭合，实现对电动机定子绕组对应的连接，使电动机工作在选定的转速下。

在该电路中，从任何一种速度要转换到另一种速度时，必须先按下停止按钮 SB4，因为 KM1、KM2 和 KM3 三个接触器之间是电气互锁的。

三速笼型异步电动机的定子槽安装有两套绕组，分别是三角形绕组和星形绕组，其结构如图 6-22（a）所示。低速运行按图 6-22（b）所示接线，定子绕组为三角形连接。中速运行按图 6-22（c）所示接线，定子绕组为星形联结。高速运行按图 6-22（d）所示接线，定子绕组为双星形连接。

2. 时间继电器控制三速笼型电动机调速电路

图 6-23 所示为时间继电器控制三速笼型电动机调速电路。该电路的主电路与图 6-21 的主电路相同。

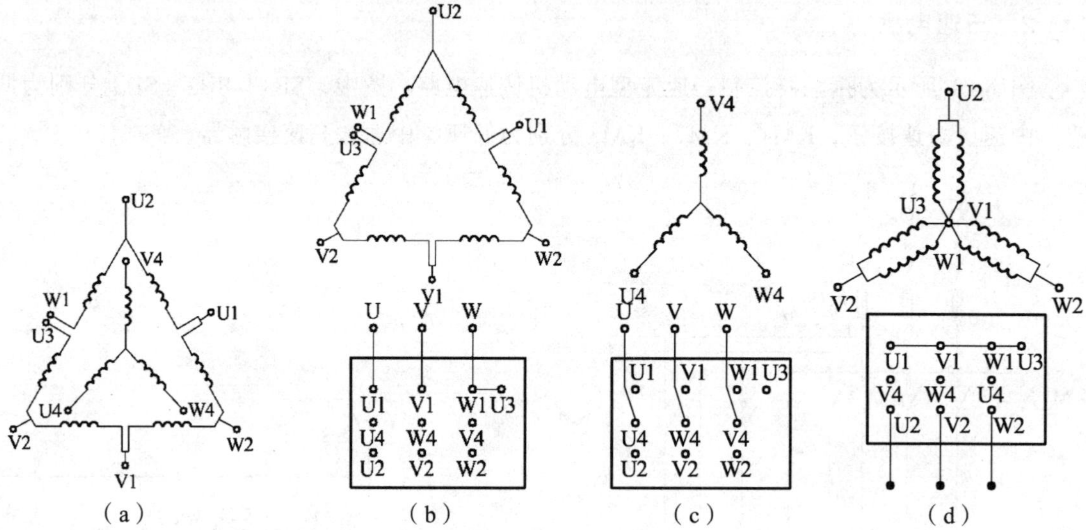

图 6-22　三速笼型异步电动机定子绕组接线图

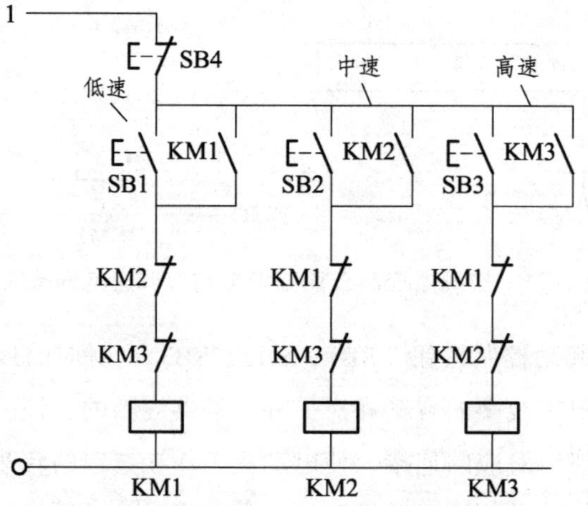

图 6-23　时间继电器控制三速笼型电动机控制电路图

该电路共使用了三个交流接触器：KM1 为低速运行接触器，KM2 为中速运行接触器，KM3 为高速运行接触器。还使用了两个时间继电器：KT1 为中速运行的时间继电器，KT2 为高速运行的时间继电器。KA 为中间继电器，用于在控制电路中增加触点数量，以传递控制信号。

1）低速运行

按下起动按钮 SB2，中间继电器 KA 得电吸合并自锁，使 KM1 和 KT1 同时得电。接触器 KM1 得电后，其互锁触点断开，实现对接触器 KM2、KM3、时间继电器 KT2 的互锁。同时，KM1 的主触点闭合，电动机定子线圈按△形联结，电动机起动后运转在低速状态。

2）中速运行

电动机在低速运行期间，当到达 KT1 的整定时间后，KT1 延时断开的触点断开，KM1 失电释放，其主触点断开，电动机定子线圈暂时与电源断开。此时 KT1 延时闭合的触点闭合，使 KM2 得电吸合，其互锁触点动作，实现对 KM1 和 KM3 的互锁。主电路中 KM2 主触点闭合，电动机定子线圈按丫形连接，此时电动机运转在中速状态。

3）高速运行

在电动机中速运行期间，当到达 KT2 的整定时间后，KT2 延时断开的触点断开，使 KM2 失电释放，其互锁触点复位，解除对 KM3 的互锁；KM2 主触点断开，电动机定子绕组暂时与电源断开。KT2 延时闭合的触点闭合，实现对 KM1、KM2、KA 的互锁。主电路中 KM3 的主触点闭合，电动机定子线圈按双星形（YY）连接，此时电动机运行在高速状态。

按下 SB1，电动机停止运行。

6.4.3　电动机的变频调速

异步电机的变压变频调速系统一般简称为变频调速系统。由于异步电机在调速时转差功率不随转速而变化，调速范围宽，无论是高速还是低速效率都较高，在采取一定的技术措施后能实现高动态性能，可与直流调速系统媲美。

因此异步电机现在应用面很广，我们只讨论异步电动机的变压变频调速，并且以变频器的应用为主。

目前，交流变频调速技术以其优异的性能而深受各行业的普遍欢迎，并已取得了显著的社会效益。交流变频调速技术广泛应用于电力、造纸，煤炭、船舶、钢铁、化工、纺织等行业。

1. 异步电机变频调速基本原理

异步电机的转速 n 与定子供电频率之间有以下关系：

$$n = n_0(1-S) = \frac{60 f_1}{p}(1-S)$$

式中　n_0——同步转速；

S——转差率；

f_1——频率；

p——电机极对数。

从上式可知，只要平滑地调节异步电机定子的供电频率 f_1，同步转速 n_0 随之改变，就可以平滑地调节转速 n，从而实现异步电机的无级调速，这就是变频调速的基本原理。

在进行电机调速时，常需考虑的一个重要因素：希望保持电机中每极磁通量 Φ_m 为额定值不变。如果磁通太弱，就没有充分利用电机的铁芯，是一种浪费；如果过分增大磁通，又会使铁心饱和，从而导致过大的励磁电流，严重时会因绕组过热而损坏电机。

对于直流电机，励磁系统是独立的，只要对电枢反应有恰当的补偿，Φ_m 保持不变是很容易做到的。交流异步电机中，磁通 Φ_m 由定子和转子磁势合成产生，要保持磁通恒定就需要费一些周折了。采取一定的方法是能做到的，如恒压频比控制（或叫作 V/f 控制）。当然还有其他的方法也能保持磁通恒定，在此不再赘述。

恒压频比控制方式的优点是变频装置结构简单，造价低，运行可靠，调试方便。

但是，在这种控制方式下，异步电动机在低频工作时最大转矩 T_{emax} 将随定子供电频率 f_1 的下降而减小，在频率很低时，起动转矩也将减小，因此它比较适用于调速范围不大或转矩随转速下降而减小的负载，如风机、水泵类负载。风机泵类负载属平方转矩负载，在低频时要求的电磁转矩较小。

2. 变频器的分类

（1）按照主电路工作方式分类：电压型变频器、电流型变频器。

（2）按照开关方式分类：PAM（Pluse Amplitude Modulation，脉冲幅值调制）控制变频器、PWM（Pluse Width Modulation，脉冲宽度调制）控制变频器、高载频 PWM 控制变频器。

（3）按工作原理分类：V/f 控制变频器、转差频率控制变频器、矢量控制变频器等。

（4）按用途分类：通用变频器、高性能专用变频器、高频变频器、单相变频器、三相变频器等。

3. 变频器应用实例

下面以西门子 MM 440 变频器为例来介绍变频器的实际应用。

1）MM 440 变频器简介

Micromaster440 变频器简称为 MM440 变频器，它由微处理器控制，并采用具有现代先进技术水平的绝缘栅双极性晶体管（IGBT）作为功率输出器件，具有很高的运行可靠性和功能多样性。脉冲宽度调制的开关频率也是可选的，降低了电动机运行噪声。

MM440 变频器与电源的电动机的接线如图 6-24 及图 6-25 所示。

MM440 有 30 个控制端子，端子号分别为 1～30，控制端子外形如图 6-26 所示。

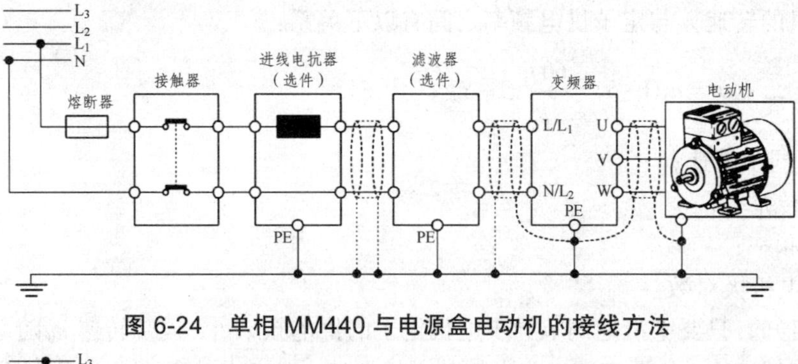

图 6-24 单相 MM440 与电源盒电动机的接线方法

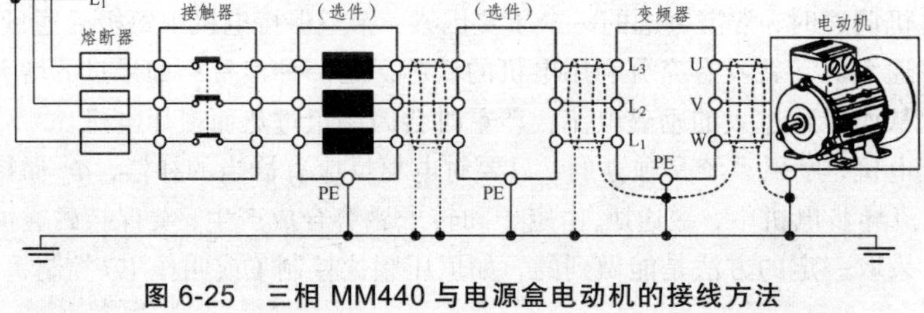

图 6-25 三相 MM440 与电源盒电动机的接线方法

图 6-26　MM440 控制端子外形图

MM440 控制端子的端子号、标识、功能如表 6-1 所示。

表 6-1　MM440 控制端子功能表

端子号	标识	功能	端子号	标识	功能
1	—	输出+10 V	9	—	隔离输出+24 V/最大电流 100 mA
2	—	输出 0 V	10	ADC2+	模拟输入 2（+）
3	ADC1+	模拟输入 1（+）	11	ADC2−	模拟输入 2（−）
4	ADC1−	模拟输入 1（−）	12	DAC1+	模拟输出 1（+）
5	DIN1	数字输入 1	13	DAC1′−	模拟输出 1（−）
6	DIN2	数字输入 2	14	PTCA	连接 PTC/KTY84
7	DIN3	数字输入 3	15	PTCB	连接 PTC/KTY84
8	DIN4	数字输入 4	16	DIN5	数字输入 5
17	DIN6	数字输入 6	24	DOUT3/NO	数字输出 3/常开触点
18	DOUT1/NC	数字输出 1/常闭触点	25	DOUT3/COM	数字输出 3/转换触点
19	DOUT1/NO	数字输出 1/常开触点	26	DAC2+	模拟输出 2（+）
20	DOUT1/COM	数字输出 1/转换触点	27	DAC2−	模拟输出 2（−）
21	DOUT2/NO	数字输出 2/常开触点	28	—	隔离输出 0 V/最大电流 100 mA
22	DOUT2/COM	数字输出 2/转换触点	29	P+	RS485
23	DOUT3/NC	数字输出 3/常闭触点	30	P−	RS485

MM440 变频器的 BOP 基本操作面板如图 6-27 所示，利用基本操作面板可以改变变频器的参数。BOP 具有 7 段显示的 5 位数字，可以显示参数的序号和数值、报警和故障信息以及设定值和实际值。参数的信息不能用 BOP 存储。

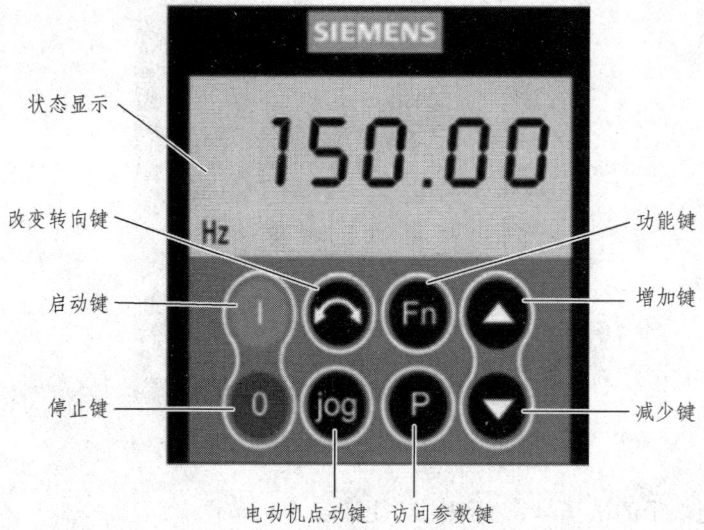

图 6-27 BOP 基本操作面板的外形

BOP 基本操作面板上的按钮功能见表 6-2。

表 6-2 BOP 基本操作面板上的按钮功能

按钮	功能	功能的说明
启动键	启动变频器	按此键启动变频器，默认值运行时此键是被封锁的，为了使此键的操作有效，应设定 P0700 = 1
停止键	停止变频器	OFF 1：按此键，变频器将按选定的斜坡下降速率减速停车，默认值运行时此键是被封锁的，为了允许此键操作，应设定 P0700 = 1； OFF 2：按此键两次（或一次，但时间比较长），电动机将在惯性作用下自由停车，此功能总是“使能”的
改变转向键	改变电动机的转动方向	按此键可以改变电动机的旋转方向。电动机的反向用负号表示或闪烁的小数点表示。在默认设定时此键被封锁，为使此键有效，应先按“起动键”
电动机点动键	电动机点动	在变频器无输出的情况下按此键，将使电动机起动，并按预设的点动频率运行。释放此键时，变频器停车。如果变频器/电动机正在运行，按此键将不起作用
功能键	功能	此键用于浏览辅助信息。 变频器运行过程中，在显示仁和一个参数时按下此键并保持 2 s 不动，将显示以下参数的数值： 直流回路电压（用 d 表示，单位为 V）； 输出电流（A）； 输出频率（Hz）； 输出电压（用 o 表示，单位为 V）； 由 P0005 选定的数值（如果 P0005 选择显示上述参数中的任何一个，这里将不再显示）； 连续多次按下此键，将轮流显示以上参数。 跳转功能：在显示任何一个参数时短时间按下此键，将立即跳转到 r0000，如果需要的话，用户可以接着修改其他参数。跳转到 r0000 后，按此键将返回原来的显示点。 故障确认：在出现故障或报警的情况下，按此键可以对故障或报警进行确认
访问参数键	访问参数	按此键即可访问参数
增加键	增加数值	按此键可增加面板上显示的参数数值
减少键	减少数值	按此键可减少面板上显示的参数数值

下面以一个例子来说明 MM440 变频器 BOP 速度给定的过程。

例 6-1　一台 MM 440 变频器配一台西门子三相异步电动机，电动机功率为 0.75 kW，额定转速为 1 380 r/min，额定电压为 380 V，额定电流为 2.05 A，额定频率为 50 Hz。试用 BOP 设定电动机的运行频率为 10 Hz。

解：（1）参数的设定：

现在我们以设置 P 1000 的第 0 组参数，即 P 1000[0] = 1 为例来说明参数的设置过程，如表 6-3 所示。

表 6-3　参数的设定方法

序号	操作步骤	BOP 显示内容
1	按“访问参数键”，访问参数	r 0000
2	按“增加键”，直到显示 P 1000	P 1000
3	按“访问参数键”，显示 in 000，即 P 1000 的第 0 组值	in 000
4	按“访问参数键”，显示当前值 2	2
5	按“减少键”，达到所要求的数值 1	1
6	按“访问参数键”，存储当前设置	P 1000
7	按“功能键”，显示 r 0000	r 000
8	按“访问参数键”，显示频率	10

（2）完整的设置过程：

按表 6-4 的步骤进行设置。

表 6-4　参数设置步骤

步骤	参数及设定值	功能说明	步骤	参数及设定值	功能说明
1	P 0003 = 2	扩展级	8	P 1000 = 1	频率源为 BOP
2	P 0010 = 1	为 1 才能修改电动机参数	9	P 0700 = 1	命令源为 BOP
3	P 0304 = 380	额定电压	10	P 1080 = 0	最小频率
4	P 0305 = 2.05	额定电流	11	P 1082 = 50	最大频率
5	P 0307 = 0.75	额定功率	12	P 1120 = 10	从静止到最大频率所需时间
6	P 0311 = 1440	额定转速	13	P 1121 = 10	从最大频率到停止所需时间
7	P 0010 = 0	运行和设定变频器参数时必须为 0			

（3）启停控制：

按下 BOP 基本操作面板上的“起动键”，三相异步电动机起动，稳定运行的频率为 10 Hz，按下“停止键”，三相异步电动机停止。

2）变频器多段速度给定

在 BOP 基本操作面板上进行手动速度给定的方法简单，对资源消耗少，但对于操作者来说比较麻烦，而且不容易实现自动控制。

我们先来看一个例子，了解变频器多段速度给定。

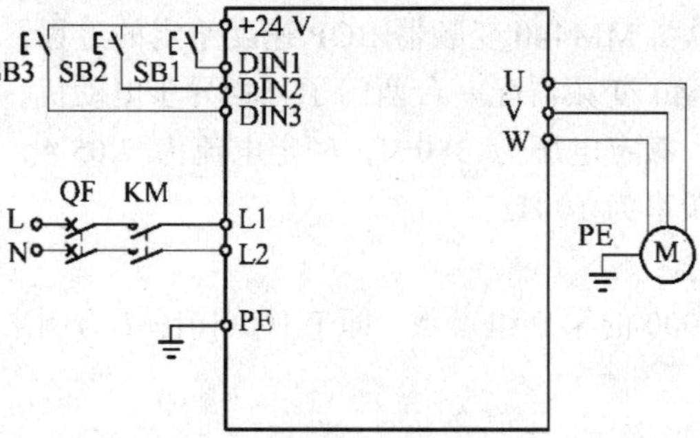

图 6-28　变频器接线图

例 6–2　有一台 MM440 变频器，接线图如图 6-28 所示，当按下按钮 SB1 时，三相异步电动机以 5 Hz 正转；当按下按钮 SB2 时，三相异步电动机以 10 Hz 正转；当按下按钮 SB3 时，三相异步电动机以 15 Hz 反转，电动机功率为 0.75 kW，额定转速为 1 380 r/min，额定电压为 380 V，额定电流为 2.05 A，额定频率为 50 Hz。请设计方案。

解：多段速度给定时，当按下 SB1 时，DN1 端子与变频器的+24 V（端子 9）连通，对应一个频率，频率值设定在 P 1001 中；当按下 SB2 时，DN1 端子与变频器的+24 V（端子 9）连通，再对应一个频率，频率值设定在 P 1002 中；当按下 SB3 时，DN1 端子与变频器的+24 V（端子 9）连通，又对应一个频率，频率值设定在 P1003 中。变频器参数见表 6-5。

表 6-5　变频器参数表

序号	变频器参数	出厂值	设定值	功能说明
1	P0304	380	380	电动机的额定电压，单位为 V
2	P0305	1.8	2.05	电动机的额定电流，单位为 A
3	P0307	0.75	0.75	电动机的额定功率，单位为 W
4	P0310	50	50	电动机的额定频率，单位为 Hz
5	P0311	0	1440	电动机的额定转速，单位为 r/min
6	P1000	2	3	固定频率设定
7	P1080	0	0	电动机的最小频率，单位为 Hz
8	P1082	50	50	电动机的最大频率，单位为 Hz
9	P1120	10	10	斜坡上升时间，单位为 s
10	P1121	10	10	斜坡下降时间，单位为 s
11	P0700	2	2	选择命令源（由端子排输入）
12	P0701	1	16	固定频率设定值（直接选择+ON）
13	P0702	12	16	固定频率设定值（直接选择+ON）
14	P0703	9	2	反转
15	P1001	0.00	5	固定频率 1
16	P1002	5.00	10	固定频率 2
17	P1003	10.00	15	固定频率 3

这种段速度的给定用按钮来发出指令自动化程度不高，可改由 PLC 来控制，在接线时，PLC 的输出可用变频器的 24 V 电源（PLC 输出为非继电器输出时较适合），也可另外接电源（适合于 PLC 为继电器输出时）。

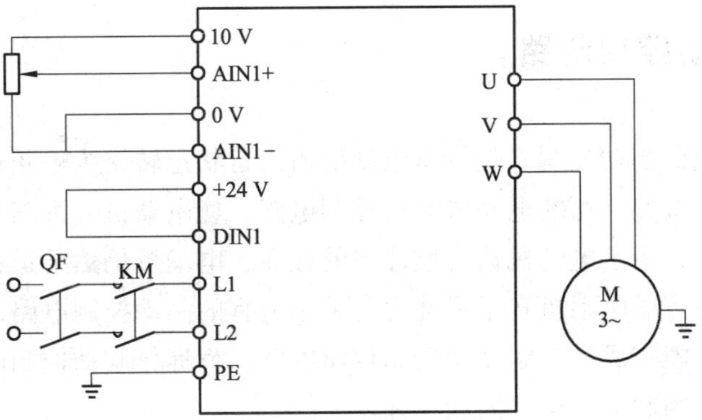

图 6-29　电气原理图

3）变频器模拟量速度给定

数字量多段速度给定不能实现无级调速，而外部模拟量输入不但可以做到无级调速，容易实现自动控制，而且模拟量可以是电压信号或电流信号，使用比较灵活，因此应用较广。

例 6-3　对一台变频器进行电压信号模拟量速度给定，已知电动机的技术参数，功率为 0.75 kW，额定转速为 1 440 r/min，额定电压为 380 V，额定电流为 2.05 A，额定频率为 50 Hz。设计电气控制系统，并设定参数。

解：电气原理图如图 6-29 所示，只要调节电位器就可以实现对电动机的无极调速，参数设定见表 6-6。

表 6-6　变频器参数表

序号	变频器参数	出厂值	设定值	功能说明
1	P 0304	380	380	电动机额定电压，单位为 V
2	P 0305	1.8	2.05	电动机额定电流，单位为 A
3	P 0307	0.75	0.75	电动机额定功率，单位为 W
4	P 0310	50	50	电动机额定频率，单位为 Hz
5	P 0311	0	1440	电动机额定转速，单位为 r/min
6	P 0700	2	2	选择命令源（由端子排输入）
7	P 0756	0	0	选择 ADC 的类型（电压信号）
8	P 1000	2	2	频率源（模拟量）
9	P 0701	1	1	数字量输入 1

当然，模拟量的输入还可以选用电流输入，端子的接线有所不同，参数的设置也有所不同。

这种控制方式的自动化程度不高，模拟信号可由控制系统输出（如 PLC 控制系统的模拟量输出模块），这样就可根据现场需要由控制系统来改变模拟量的大小，从而调节电动机的转速，实现自动控制。

6.5 电动机制动控制电路

三相异步电动机的制动控制，是指将电动机由运行状态转换为停止运行状态。在这个过程中，先要通过操作按钮，切断电动机运行控制电路，使电动机失去三相电源而停止运行，但在这一停止过程中，由于电动机运行惯性力的存在，电动机仍然要运行一段时间才能处于停止静止状态。为了克服电动机转子惯性力，采用适宜的制动控制电路，让电动机能迅速地处于停止静止状态，能完成这一制动功能的控制电路，就称作制动控制电路。制动控制电路有能耗制动、电磁抱闸制动、反接制动三种。

6.5.1 能耗制动控制电路

所谓能耗制动，就是在三相异步电动机内部绕组中通入直流电源，产生一静止磁场，从而使电动机迅速制动停止下来，能完成这一功能的电路就称为能耗制动控制电路。

单管整流能耗制动控制电路如图 6-30 所示，采用单只整流二极管整流，将交流电变成直流电输送到电动机绕组内产生静止磁场，磁场力吸住电动机转子，使其处于静止状态。

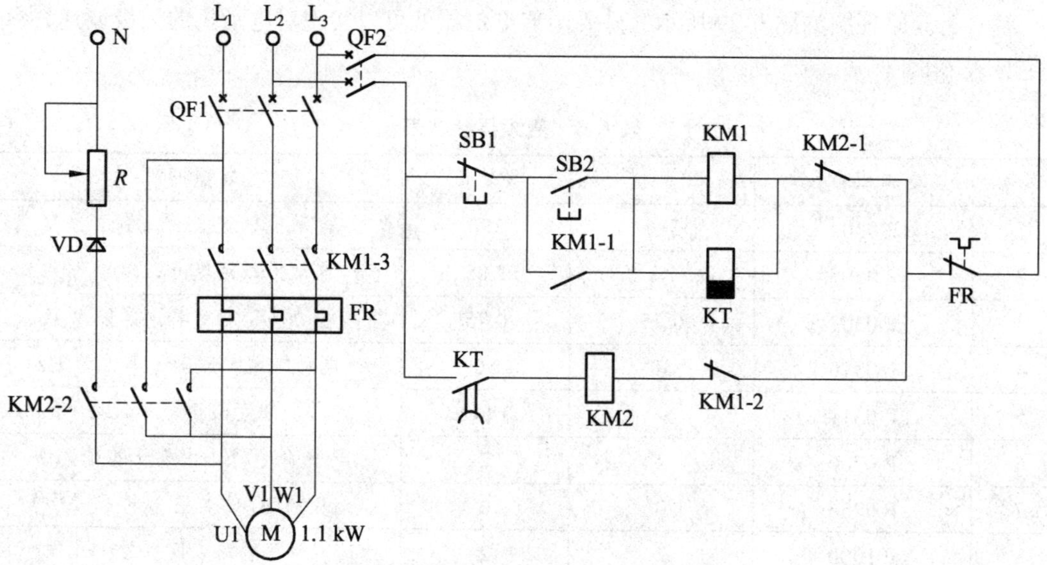

图 6-30 单管整流能耗制动控制电路

起动时，按下起动按钮 SB2，交流接触器 KM1 得电吸合且其动合辅助触点 KM1-1 闭合自锁，触点 KM1-2 断开，切断交流接触器 KM2 线圈电源，使 KM2 不得电吸合。同时主触点 KM1-3 闭合，接通三相主电源电路，电动机 M 得电运行。失电延时时间继电器 KT 线圈得电吸合，其延时断开触点 KT1 闭合，为制动停机时接通制动接触器线圈 KM2 电源做好准备。

制动时，按下停止按钮 SB1；交流接触器 KM11，失电延时时间继电器 KT 线圈同时失电释放，动断触点 KM1-2 复位闭合，接通制动接触器 KM2 线圈电源，KM2 得电吸合动作，同时主触点 KM1-3 断开，切断三相电源电路，电动机 M 失电停止运行，但电动机 M 因惯性力存在，电动机转子仍然作减速运行。为了能迅速让电动机转子处于静止状态，接触器 KM2 的主触点 KM2-2 闭合，接通制动电路，将 L_1 相电源 220 V 电压，通过触点 KM2-2，由 V1、W1 引入电动机绕组，再经过 U1 相到主触点 KM2-2 的一个触点，经二极管 VD 整流，限流电阻 *R* 到中性线 N，构成制动回路。电动机绕组内部产生静止磁场，磁场力将电动机 M 转子紧紧吸住，使转子迅速停止下来。失电延时断开触点 KT1 延时断开，切断交流接触器 KM2 线圈电源，KM2 失电释放，其主触点 KM2-2 断开复位，切断制动电路和电源，完成制动过程，并解除能耗制动。同时动断触点 KM2-1 复位闭合，为下次起动做好准备。

整流桥能耗制动控制电路电路如图 6-31 所示，采用全波整流桥，将交流电变换为直流电，能够更加稳定可靠地达到制动效果。

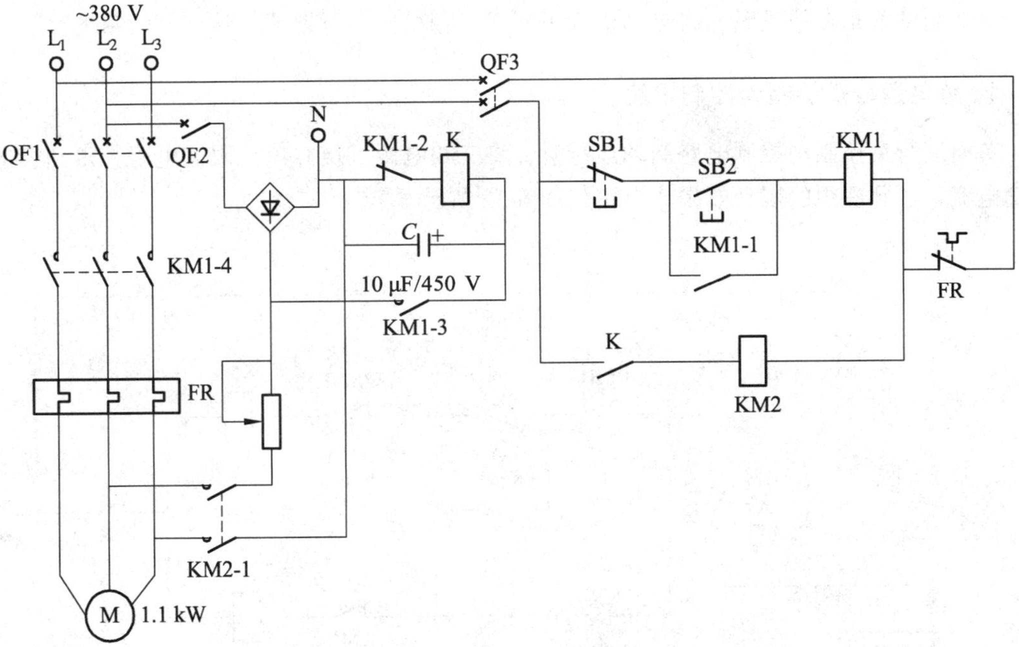

图 6-31　**整流桥能耗制动控制电路**

起动时，按下起动按钮 SB2，交流接触器 KM1 线圈得电吸合且其动合辅助触点 KM1-1 闭合自锁，其主触点 KM1-4 闭合，接通三相主电路电源，电动机 M 起动运行。辅助触点 KM1-2 断开，切断小型继电器 K 的电源回路，同时，动合辅助触点 KM1-3 闭合，接通电容器 *C* 的充电回路，给电容器 *C* 充电。

制动时，按下停止按钮 SB1，交流接触器 KM1 线圈失电释放，主触点 KM1-4 断开复位，切断电动机 M 的三相电源，但由于惯性作用，电动机仍然转动。由于辅助触点 KM1-2 闭合复位，而 KM1-3 断开复位，小型灵敏继电器 K 线圈电源接通，电容器 *C* 通过继电器 K 线圈放电，K 得电吸合，其动合触点 K 闭合，接触器 KM2 线圈得电吸合，其触点 KM2-1 闭合，接通制动控制电路，将电动机绕组通入直流电，产生静止磁场，从而使电动机迅速制动，停止运行。当电容器 *C* 两端电压因放电逐渐降低，小型灵敏继电器 K 线圈断电释放（电容器 *C* 的放电时间即为制动延时时间）。触点 K 断开复位，交流接触器 KM2 线圈失电释放，其触点 KM2-1 断开复位，切断制动回路直流电源，制动结束。改变电容器 *C* 的值就能改变能耗制动时间。图 6-31 中的整流桥选用 4 只反向击穿电压大于 500 V 的整流二极管，其电流则通过计算得出（因电动机功率不同，所需制动电流也不同，需计算得出）。

自由停止控制是指将制动回路的断路器 QF2 断开，切断制动控制电路，按下停止按钮 SB1，接触器 KM1 失电释放，主触点 KM1-4 断开三相电源，电动机 M 因惯性慢慢地自由停止运行。

6.5.2 反接制动控制电路

反接制动就是在停机时，将电动机绕组通入三相反向运行电流，达到制动目的。

1. 单向运行反接制动控制电路

单向运行反接制动控制电路制动运行时，将三相电源反接并串入限流电阻，得到合适的制动电流，达到理想的制动效果。电路如图 6-32 所示。

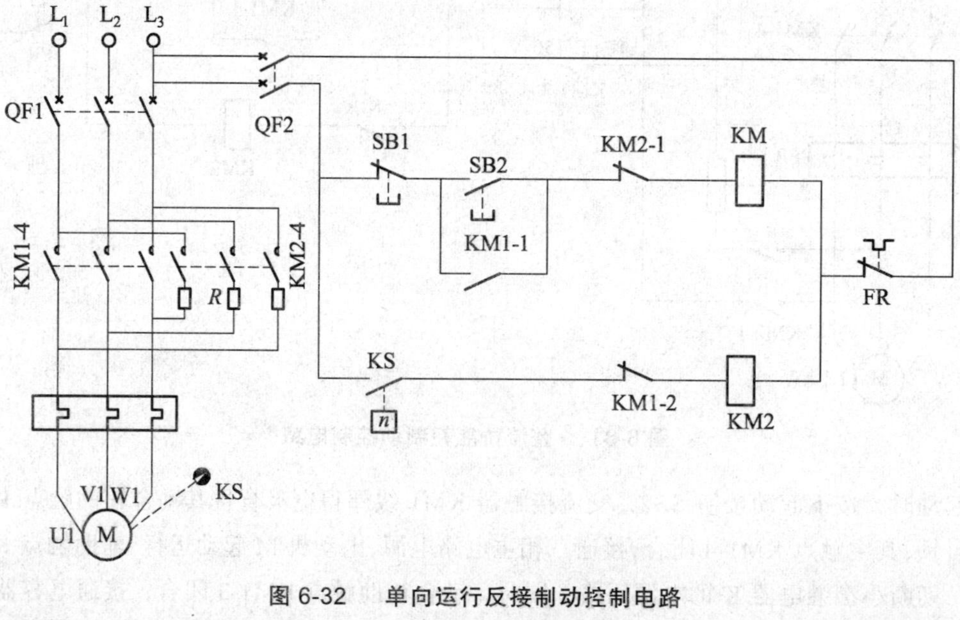

图 6-32 单向运行反接制动控制电路

起动时，按下起动按钮 SB2，交流接触器 KM1 得电吸合，且其动合触点 KM1-1 闭合自锁，触点 KM1-2 断开，为制动时接通 KM2 线圈电源做好准备，主触点 KM1-3 闭合，三相电源接通，电动机 M 起动运行。速度继电器 KS 与电动机 M 同轴连接，当电动机的转速大于 120 r/min 时，KS 动合触点闭合，为停止时反接制动做好准备。

制动时，将停止按钮 SB1 按到底，交流接触器 KM1 线圈失电释放，主触点 KM1-3 断开复位，切断三相电源，电动机 M 断电而处于自由停车状态。其运行速度逐渐下降，同时，触点 KM1-2 复位闭合，制动接触器 KM2 线圈得电吸合动作且 KM2-1 闭合自锁，主触点 KM2-4 将三相电源线对调反接，并串入限流电阻器 R_B，限止制动磁场力，电动机 M 转速迅速降下来，当电动机 M 转速低于 120 r/min 时，速度继电器 KS 动合触点断开，切断制动接触器 KM2 线圈电源，KM2 失电释放，主触点 KM2-4 断开复位，切断三相制动电源，电动机 M 停止运行，制动结束。

2. 双向运行反接控制电路

正转起动：按下正转起动按钮 SB2，交流接触器 KM1 线圈得电吸合且其辅助动合触点 KM1-1 闭合自锁，主触点 KM1-4 闭合，接通三相主电源，电动机 M 起动正转运行。由于速度继电器 KS 与电动机 M 同轴连接，当电动机 M 的转速超过 120 r/min 时，KS 中的一对动合触点 KS-2 闭合，为正转制动做好准备。如图 6-33 所示。

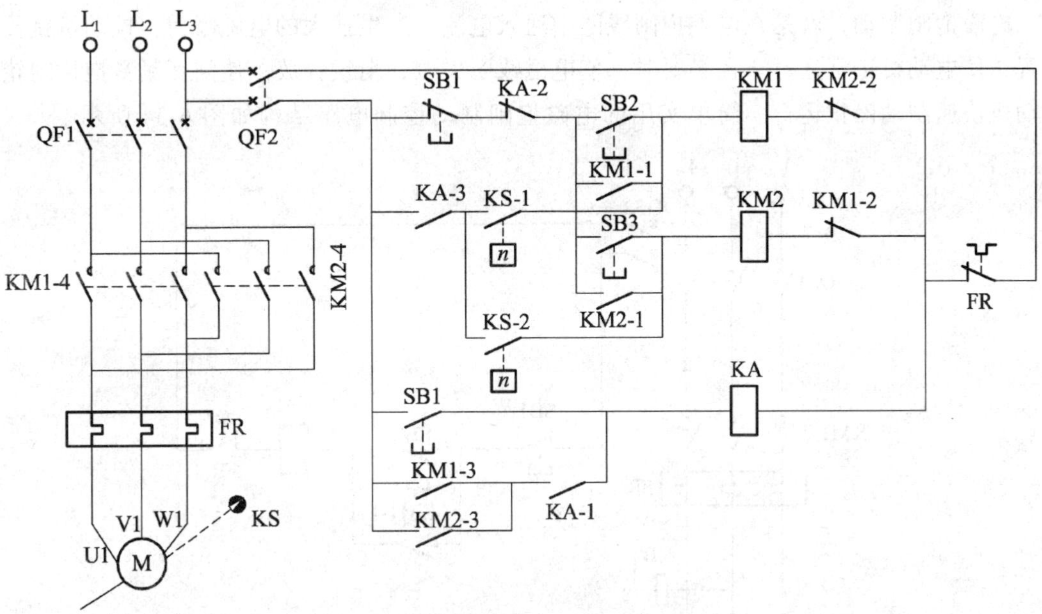

图 6-33　双向运行反接制动控制电路

正转制动：当需正转制动时，将停止按钮 SB1 按到底，接触器 KM1 线圈失电释放，主触点 KM1-4 断开复位，切断三相主电源，电动机 M 断电，靠惯性作用、维持运行。此时因停止按钮 SB1 动合触点闭合，接通中间继电器 KA 线圈电源，KA 得电吸合，触点 KA-3 闭合，触点 KM1-2 因接触器 KM1 断电释放而闭合，接通反转接触器 KM2 线圈回路电源，KM2 得电吸合。触点 KM2-3、KA-1 也闭合，将中间继电器 KA 自锁。主触点 KM2-4 闭合，将三相电源对调反接，电动机绕组通入反方向电流，形成反方向转动磁场力，克服转子惯性力而迅速减速运行。当电动机的转速低于 120 r/min 时，速度继电器动合触点 KS-2 断开，切断了反转交流接触器 KM2 线圈回路电源，KM2 三相主触点 KM2-4 断开，电动机停止运行，KM2 串联在中间继电器 KA 线圈回路的动合触点 KM2-3 断开，使 KA 线圈断电释放。实际上反转只是产生一个与惯性力反方向转动的磁场力。只要这个磁场力与转子惯性力大小相等、方向相反，就能迅速使转子静止不动，达到理想的制动效果。实际上，可在反接制动电源上加装限流器件，使电动机获得所需要的减速停车速度，但电路相比起来复杂多了。

反转起动，反转制动与正转起动，正转制动过程相同，只不过利用速度继电器的另一组动合触点来完成反接信号控制。

反转起动时，按下 SB3，电动机 M 即可反转运行。当反转制动时，将按钮 SB1 按到底，中间继电器 KA 得电吸合，触点 KA-3 闭合，接触器 KM1 得电吸合，主触点 KM1-4 闭合，电动机绕组通入正转方向电流，电动机转速下降。速度继电器动合触点 KS-1 断开复位，KM1 失电释放，解除反接制动，整个制动过程结束。

6.5.3 电磁抱闸制动控制电路

电磁抱闸制动，就是在电磁抱闸线圈中通入电流，产生强大的电磁吸力，推动机械传动装置，使电动机正常运行。在必要时，使电磁线圈失电，衔铁释放，使闸瓦紧紧抱住闸轮，电动机快速制动停止运行。简单实用的电磁抱闸制动控制电路结构如图 6-34 所示。

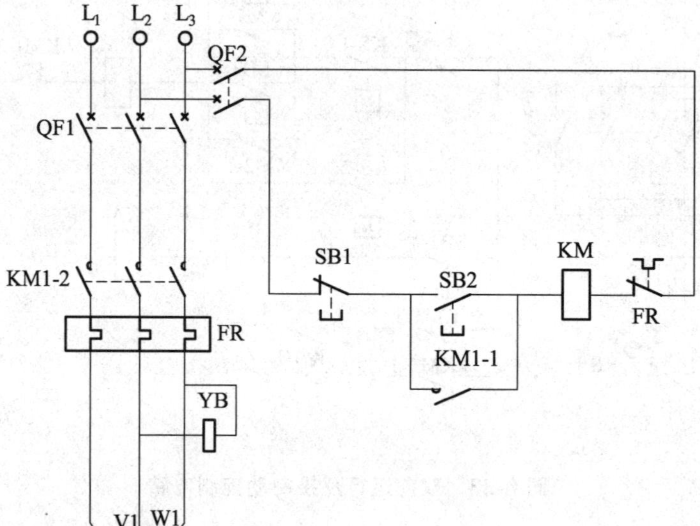

图 6-34 简单实用的电磁抱闸制动控制电路

电磁抱闸主要由两部分组成，即制动电磁铁和闸瓦制动器。当按下按钮 SB2 时，接触器 KM 线圈得电动作，且触点 KM1-1 闭合自锁，主触点 KM1-2 闭合，接通三相电源，电动机 M 得电运行。同时，电磁抱闸线圈 YB 也得电吸合，静铁心吸引衔铁而闭合，衔铁克服弹簧拉力，迫使制动杠杆向上移动，从而使制动器的闸瓦与闸轮松开，电动机正常运行。当按下停止按钮 SB1 时，接触器 KM 线圈断电释放，主触点 KM-2 断开复位，切断三相电源，电动机 M 断电，靠惯性作用，继续运行。同时，电磁抱闸线圈 YB 也断电，衔铁释放，在弹簧拉力的作用下使闸瓦紧紧抱住闸轮，电动机就迅速被制动停转。这种抱闸制动，闸轮安装在电动机转子轴上，运行时与转子同时运行。

制动的时候，电磁线圈失电，闸瓦通过传动装置，在弹簧的拉力作用下，与电动机转子同轴安装的闸轮抱住，迫使闸轮与转子停止运行。用这种制动方式时，如果弹簧拉力不够大，会出现闸轮滑动的现象，引起制动效果差，电梯电动机的制动就使用抱闸制动。

电磁抱闸使用方法及维护的注意事项如下：

（1）安装前应清除灰尘和脏物，并检查衔铁有否机械卡阻。

（2）调整好制动电磁铁与制动器之间的连接关系，保证制动器能获得所需的制动力矩和力。

（3）电磁铁线圈与电源电压须相符一致，接线应牢固，接头处必须处理好，并接通电磁铁操作数次，检查衔铁动作是否正常。

（4）定期检查衔铁行程的大小。该行程在运行过程中，会由于制动面的磨损而增大，当衔铁行程达到正常值时，即进行调整，以恢复制动面和转盘间的最小空隙。不应让行程增加到正常值以上，因为这可能引起吸力的显著降低。

2. 接触器直接控制电磁抱闸线圈的制动电路

该电路采用接触器触点控制电磁抱闸 YB 的得电与失电来完成制动的目的，电路如图 6-35 所示。

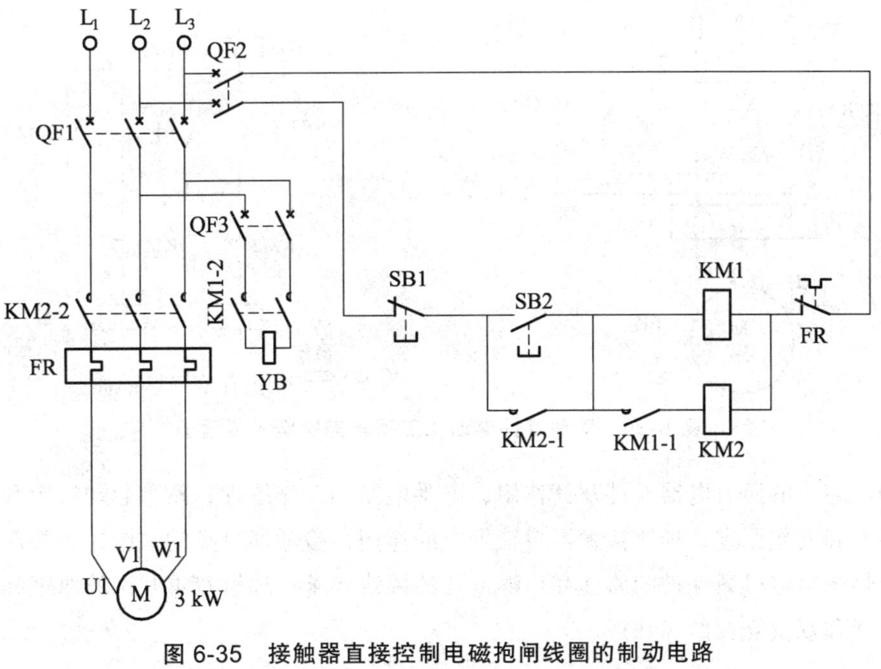

图 6-35　接触器直接控制电磁抱闸线圈的制动电路

起动时，按下起动按钮 SB2，交流接触器 KM1 线圈得电吸合，其主触点 KM1-2 闭合，电磁抱闸线圈 YB 得电，闸瓦松开闸轮，由于动合辅助触点 KM1-1 闭合，交流接触器 KM2 线圈得电吸合，且其动合辅助触点闭合自锁，其主触点 KM2-2 闭合，接通三相电源，电动机 M 得电运行。

停止制动时，按下停止按钮 SB1，交流接触器 KM1、KM2 线圈都断电释放，主触点 KM2-2 断开复位，切断三相主电源，电动机 M 失电，同时主触点 KMl-2 断开复位，电磁抱闸线圈 YB 失电，抱闸闸瓦在主弹簧的拉力作用下，将闸轮紧紧地抱住，迫使电动机 M 转子迅速停止运行。

6.6 电气控制电路的安装

6.6.1 板前明线布线工艺

板前明线布线工艺的安装过程如下：

（1）识读电动机正反转控制电路，明确电路所用电器元件及作用，熟悉电路的工作原理（见图 6-36）。

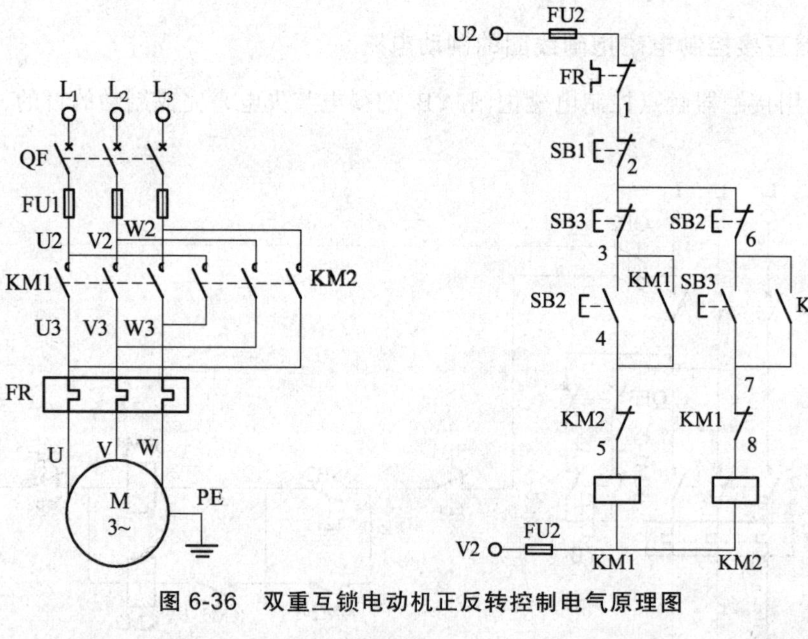

图 6-36 双重互锁电动机正反转控制电气原理图

明确电路中的所有电器元件及其作用；熟悉电路的工作原理；熟悉起动按钮和停止按钮的结构要求和动作原理；理解接触器自锁触点的作用；接触器自锁的欠电压、失压保护的功能；领会热继电器过载保护的原理和热继电器的接线要求；理解双重互锁的原理和作用；比较单重互锁和双重互锁的优缺点。

（2）按电器元件清单（见表 6-7）配齐所有电器元件，并进行检验。

表 6-7　电器元件清单

代号	名称	型号	单位	数量
M	三相异步电动机	Y112 M-4	台	1
QS	组合开关	HZ10-25/3	个	1
FU1	螺旋式熔断器	RL1-60/20	个	3
FU2	螺旋式熔断器	RL1-15/4	个	2
KM1/KM2	交流接触器	CJ20-20	个	2
SB1/SB2/SB3	三联按钮	LA10-3 H	个	1
FR	热继电器	JR16-20/3D	个	1
无	端子排	JX2-1015	条	4
无	配线盘（柜）	600 mm×750 mm×15 mm	个	1

电器元件的检验要求如下：

① 电器元件的技术数据（如型号、规格、额定电压、额定电流）应完整并符合要求，外观无损伤。

② 电器元件的电磁机构动作是否灵活、有无衔铁卡阻等不正常现象，用万用表检测电磁线圈的通断情况以及各触点的分合情况。

③ 接触器的线圈电压和电源电压是否一致。

④ 对电动机的质量进行常规检查（每相绕组的通断、相间绝缘、相对地绝缘）。

（3）在控制板上按布置图安装电器元件，并贴上醒目的文字符号，如图 6-37 所示。

工艺要求如下：

① 组合开关、熔断器等受电端子应安装在控制板的外侧。

② 每个元件的安装位置应整齐、匀称，间距合理，便于布线及元件的更换。

③ 紧固各元件时要用力均匀，紧固程度要适当。

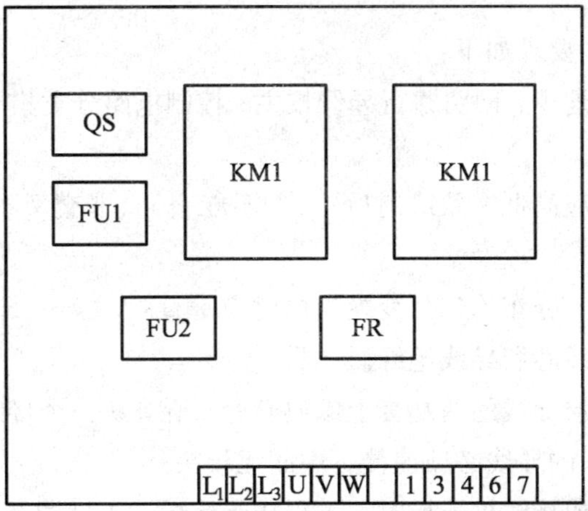

图 6-37　双重互锁电动机正反转控制盘面布置图

（4）按如图 6-38 所示的接线图进行板前明线布线并套号码管。

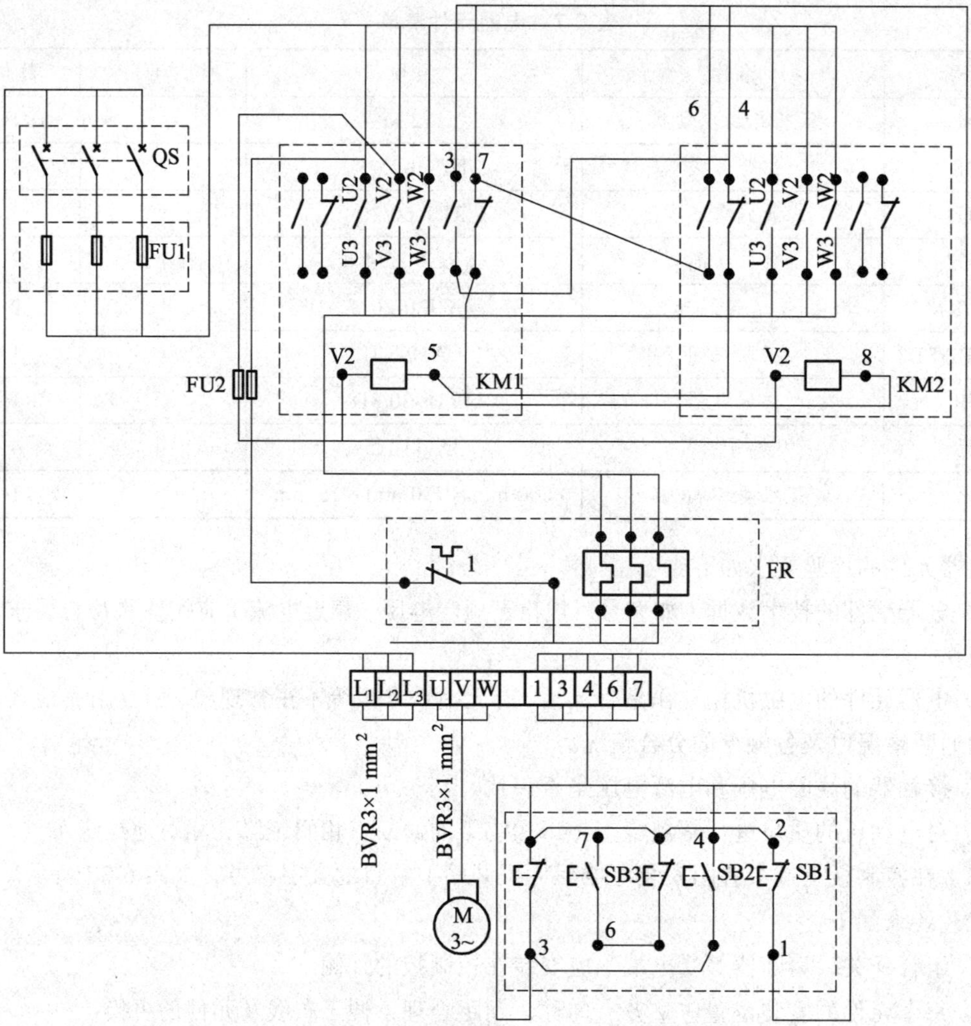

图 6-38　双重互锁电动机正反转控制接线图

板前明线布线的工艺要求如下：

① 布线通道尽可能地少，同路并行导线按主、控制电路分类集中，单层密排，紧贴安装面布线。

② 同一平面的导线应高低一致或前后一致，不能交叉。非交叉不可时，应水平架空跨越，但必须走线合理。

③ 布线应横平竖直、分布均匀。变换走向时应垂直。

④ 布线时严禁损伤线芯和导线绝缘。

⑤ 在每根剥去绝缘层导线的两端套上编码套管。所有从一个接线端子（或线桩）到另一个接线端子（或接线桩）的导线必须连接，中间无接头。

⑥ 导线与接线端子或接线桩连接时，不得压绝缘层、不反圈及不露铜过长。

⑦ 一个电器元件接线端子上的连接导线不得多于两根。

在明线布线后，进行接线时还应注意以下问题：

① 按钮内接线时，用力不可过猛，以防螺钉打滑。

② 按钮内部的接线不要接错，起动按钮必须接动合按钮（可用万用表的欧姆档判别）。

③ 触头或触点接线必须可靠、正确，否则会造成主电路中两相电源短路事故。

（5）根据电路图检查控制板布线的正确性。

① 接触器的自锁触头应并接在起动按钮的两端；停止按钮应串接在控制电路中。

② 电路中两组接触器的主触头必须换相（出端反相），否则不能反转。

③ 热继电器的热元件应串接在主电路中，其动断触点应串接在控制电路中，两者缺一不可，否则不能起到过载保护作用。

④ 热继电器的整定电流应按电动机的额定电流自行整定。

⑤ 热继电器因电动机过载动作后，若再次起动电动机，必须等热元件冷却后，才能使热元件复位（自动复位时应在动作后 5 min 内自动复位；手动复位时，在动作 2 min 后按下手动复位按钮，热继电器应复位）。

（6）安装电动机，并连接电动机和按钮金属外壳的保护接地线。若按钮为塑料外壳，则按钮外壳不需要接地线。

（7）连接电源、电动机等控制板外部的导线。

（8）自检。安装完毕的控制电路板，必须经过认真检查以后，才允许通电试车，以防止错接、漏接造成不能正常运转或短路事故。自检的过程如下：

① 按电路原理图或电气接线图从电源端开始，逐段核对接线及接线端子处是否正确，有无漏接、错接之处。检查导线接点是否符合要求，压接是否牢固。接触应良好，以免带负载运行时产生闪弧现象。

② 用万用表检查线路的通断情况。检查时，应选用倍率适当的电阻档，并进行校零，以防短路故障发生。对控制电路的检查（可断开主电路），可将表笔分别搭在 QS 出线端的任意两相上，读数应为“∞”。按下按钮时，读数应为接触器线圈的电阻值，然后断开控制电路再检查主电路有无开路或短路现象，此时可用手动来代替接触器通电进行检查。

③ 用绝缘电阻表检查线路的绝缘电阻应不得小于 0.5 MΩ。

（9）通电试车。

6.6.2　板前线槽布线工艺

板前线槽布线工艺的安装过程如下：

（1）识读电动机限位控制电路，明确电路所用电器元件及作用，熟悉电路的工作原理。

自动往返控制示意图如图 6-39 所示，图中 SQ1 ~ SQ4 为行程开关，又称限位开关，它装在预定的位置上，当运动部件移动到此位置时，装在部件上的撞块压下行程开关，使其动断触头断开，控制回路被切断，电动机停止转动。

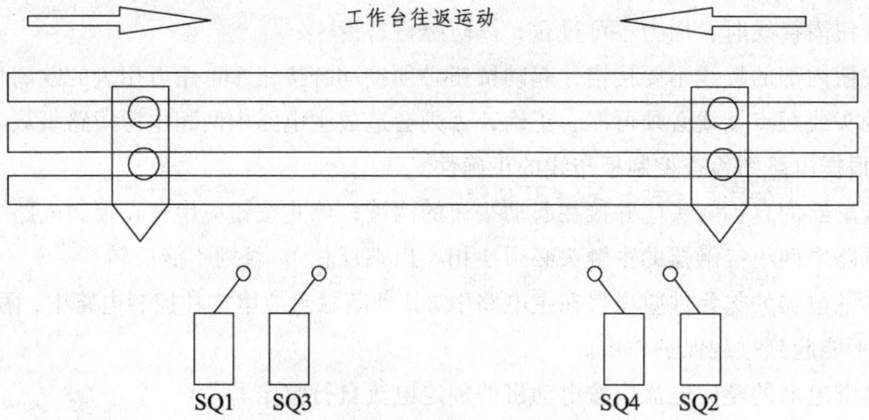

图 6-39 自动往返控制示意图

自动往返控制电路电气原理图如图 6-40 所示。

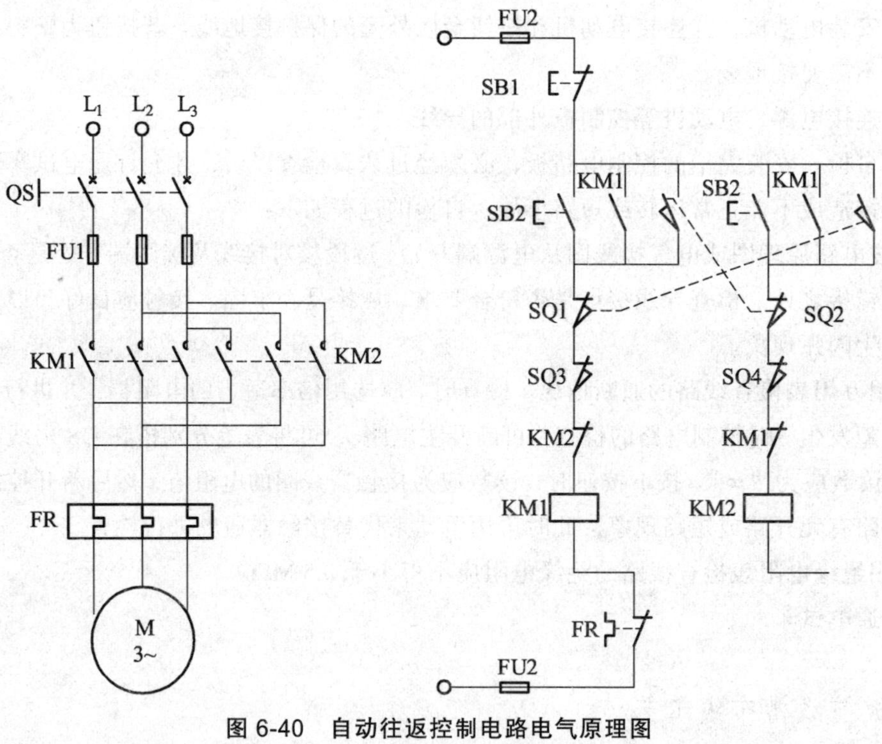

图 6-40 自动往返控制电路电气原理图

电路的动作原理如下：

按下 SB2，接触器 KM1 线圈通电，主触点闭合，电动机 M 正转，工作台向前运动。当工作台前进到一定位置时，固定在工作台上的撞块压动行程开关 SQ1（固定在床身上），其动断触点打开，断开 KM1 的控制电路，同时 SQ2 的动合触点闭合，使 KM2 的线圈回路通电，KM2 的主触点闭合，M 因电源相序改变而变为反转，于是拖动工作台向后运动。在运动过程中，撞块使 SQ1 复位。当工作台向后运动到一定位置时，撞块又使行程开关 SQ2 动作，断开 KM2 线圈回路，接通 KM1 线圈回路，电动机又从反转变为正转。工作台就这样往复循环工作。按下 SB1，KM1 或 KM2 接触器断电释放，电动机停止转动，工作台停止。SQ3 和 SQ4 起极限保护作用。

（2）按电路原理图配齐所有电器元件，并进行检验。

（3）在控制板上按布置图安装电器元件，并贴上醒目的文字符号，如图 6-41 所示。

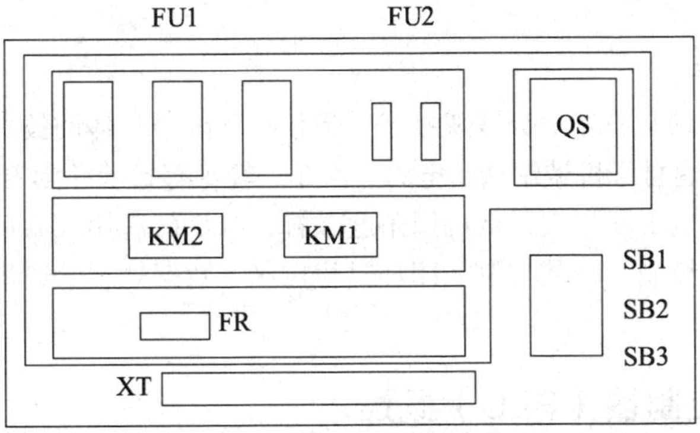

图 6-41　自动往返控制盘面布置图

（4）进行板前线槽配线。

具体工艺要求：

① 布线时，严禁损伤线芯和导线绝缘。

② 各电器元件接线端子引出导线的走向，以元件的水平中心线为界线，在水平中心线以上接线端子引出的导线，必须进入元件上面的走线槽；在水平中心线以下接线端子引出的导线，必须进入元件下面的走线槽。任何导线都不允许从水平方向进入走线槽内。

③ 各电器元件接线端子上引出或引入的导线，除间距很小和元件机械强度很差允许直接架空敷设的导线外，其他导线必须经过走线槽进行连接。

④ 进入走线槽内的导线要完全置于走线槽内，并应尽可能避免交叉，装线不要超过其容量的 70%，以便能盖上线槽盖和方便以后的装配及维修。

⑤ 各电器元件与走线槽之间的外露导线，应走线合理，并尽可能做到横平竖直，变换走向要垂直。同一个元件上位置一致的端子和同型号电器元件中位置一致的端子上引出或引入的导线，要敷设在同一平面上，并应做到高低一致或前后一致，不得交叉。

⑥ 所有接线端子、导线线头上都应套有与电路图上相应接点线号一致的编码套管，并按线号进行连接，连接必须牢靠，不得松动。

⑦ 在任何情况下，接线端子必须与导线截面面积和材料性质相适应。当接线端子不适合连接软线或较小截面面积的软线时，可以在导线端头穿上针形或叉形轧头并压紧。

⑧ 一般一个接线端子只能连接一根导线，如果采用专门设计的端子，可以连接两根或多根导线，但导线的连接方式，必须是公认的、在工艺上成熟的各种方式，如夹紧、压接、焊接、绕接等，并应严格按照连接工艺的工序要求进行。

（5）在电动机控制电路安装模拟板上外接限位，经检查无误后，接入三相异步电动机，通电试运转。仔细观察电器及电动机动作、运转情况，掌握正确的操作方法。

第7章 可编程控制（PLC）基础

PLC是一种把自动化技术、计算机技术、通信技术融为一体的技术，目前已广泛应用于冶金、石油、化工、建材、机械制造、电力、汽车、轻工等行业。随着PLC性能价格比的不断提高，其应用领域也不断扩大。从应用角度来看，PLC的应用大致可以分为以下方面：开关量逻辑控制、定时控制、计数控制、闭环过程控制、数据处理、通信联网、监控等。

7.1 可编程序控制器（PLC）概述

20世纪60年代以前，继电接触器控制系统在工业上应用非常广泛。但这种控制系统具有体积大、机械触点多、接线复杂、可靠性低、排除故障困难、对生产工艺变化的适应性差等缺点，因此满足不了日益现代化生产过程复杂多变的控制要求。随着计算机的出现，人们试图用计算机来实现工业控制。

20世纪60年代末期，美国通用汽车公司自动装配线上使用了第一台可编程控制器，实现了生产的自动控制；其后日本、德国相继引入，促使了可编程控制器的迅速发展。但这一时期它主要用于顺序控制，只能进行逻辑运算，称为可编程逻辑控制器（Programmable Logic Controller，PLC）。随着微电子技术和大规模集成电路的发展，微处理器问世并被用到PLC中，使PLC增加了运算、数据传递和处理等功能，称为可编程控制器，简称PC，但由于PC容易与个人计算机（Personal Computer）混淆，故仍将可编程控制器简称为PLC。

7.1.1 可编程控制器的特点

可编程控制器的特点包含：

（1）可靠性高，抗干扰能力强。这是PLC的重要特点之一。由于它在硬件和软件上采取了一系列的抗干扰措施，它的平均无故障时间可达几十万小时。

① 硬件措施：PLC采用的是微电子技术，大量的开关动作是由无触点的半导体电路来完成的，因此不会出现传统电气控制系统中的接线老化、脱焊、触点磨损等现象，可靠性大大提高。另外，PLC在硬件设计上采取屏蔽、滤波、隔离、联锁等抗干扰技术，对CPU等主要部件均采用严格的屏蔽措施，以防外界干扰。

② 软件措施：软件设计中设置实时监控、自诊断、信息保护、恢复等程序与硬件电路配合，实现各种故障诊断、处理、报警显示及保护功能。

（2）编程方法简单，易于掌握。大多数PLC采用的编程语言是梯形图语言，梯形图编程与继电器逻辑电路图类似，很容易让广大工程技术人员理解和掌握。

（3）控制系统简单、通用性强、使用方便。PLC产品均已成系列化生产，品种齐全，外围模块和设备品种也多，可由各种组件灵活组合成大小和要求不同的控制系统。

（4）功能完善、扩展能力强。PLC 含有大量用于开关量处理的继电器类软元件，可以轻松实现大规模的开关量逻辑控制，并且具备很强的信息处理能力、输出控制能力，具有智能 I/O 功能模块，可完成 A/D 转换、D/A 转换、数字运算、数据处理等。PLC 具有通信联网功能，它不仅可以控制一台单机、一条生产线，还可以控制一个机群、许多条生产线。它不但可以进行现场控制，还可以进行远程控制。

（5）设计安装简单，维护方便。PLC 用软件编程代替了传统的硬接线来实现控制功能，使安装接线工作量大大减少，用户只需编写程序并进行模拟调试即可，使现场的调试工作变得更加容易。在维护方面，由于 PLC 专为工业环境而设计，平均无故障时间长，加上 PLC 具备完善的软硬件的监控和显示功能，即使 PLC 发生故障，工作人员也能迅速查出故障原因，及时排除。

（6）体积小、重量轻、功耗低。PLC 采用了微电子技术制造，具有结构紧凑、坚固、体积小、重量轻、功耗低等一系列优点，很容易嵌入其他设备，是实现机电一体化的理想设备。

7.1.2　可编程控制器的应用

经过几十年的发展，PLC 以其强大的功能被广泛地应用到了很多工业控制领域，主要有以下几个方面：

（1）开关量逻辑控制与顺序控制。这是其最基本、最广泛的应用领域，可以取代传统的继电器-接触器控制系统，用于单机控制、多机群控及自动化生产线控制等，如组合机床、包装生产线、电梯控制等。

（2）运动控制。PLC 采用专用的运动控制模块，对直线运动或圆周运动的位置、速度和加速度进行控制，可以实现步进电动机或伺服电动机的单轴或多轴位置控制。PLC 的运动控制功能广泛地应用于各种机械，如工业机器人、装配机械、金属切削机床等。

（3）过程控制。通过 A/D 和 D/A 转换，用 PLC 的 PID 指令（或 PID 模块）对生产过程中的温度、压力、流量等连续变化的模拟量实行单回路或多回路的闭环控制，使这些物理量保持在设定值上。过程控制功能已经广泛地应用于化工、轻工、建材、食品、制药等诸多领域的生产过程，以及加热炉、锅炉等设备中。

（4）数据处理。现代的 PLC 具有数学运算（矩阵、函数、逻辑运算）、数据传递、数制转换、查表与排序、位操作等功能，能方便地实现数据的采集、分析和处理。

（5）通信与网络控制。通过各种通信模块可以将 PLC 之间、PLC 与上位机以及其他智能设备之间连接成一个网络，实行远程 I/O 访问或数据传输等控制功能，构成“集中管理，分散控制”的分布式控制系统。PLC 还可以与许多通信协议公开的其他设备、控制器进行通信，支持集成的 Web 网页服务和 E-mail 服务等。PLC 的这一强大功能是实现工厂全局自动化的基础。

（6）监控功能。PLC 能够监控系统各部分的运行状态和进程，对系统运行中出现的异常情况进行报警或自动终止运行；通过人机界面可以实时显示系统状态，从而方便地在线修改控制程序或对 I/O 和内部某些存储器数据进行处理。

7.2 可编程控制器的结构和工作原理

7.2.1 可编程控制器的结构

PLC 的类型繁多，功能和指令系统也不尽相同，但其结构和工作原理则大同小异，一般由主机、输入/输出接口、电源、编程器、扩展接口和外部设备接口等几个主要部分构成，如图 7-1 所示。如果把 PLC 看作一个系统，外部的各种开关信号或模拟信号均为输入变量，它们经输入接口寄存到 PLC 内部的数据存储器中，而后经逻辑运算或数据处理以输出变量形式送到输出接口，从而控制输出设备。

1. 主 机

主机部分包括中央处理器（CPU）、系统程序存储器和用户程序及数据存储器。CPU 是 PLC 的核心，起着总指挥的作用，它主要用来运行用户程序，监控输入输出接口状态，做出逻辑判断和进行数据处理。主机的作用即取进输入变量，完成用户指令规定的各种操作，将结果送到输出端，并响应外部设备（如编程器、打印机、条码扫描仪等）的请求以及进行各种内部诊断等。

PLC 的内部存储器有两类：一类是系统程序存储器，主要存放系统管理和监控程序及对用户程序做编译处理的程序，系统程序已由厂家固定，用户不能更改；另一类是用户程序及数据存储器，主要存放用户编制的应用程序及各种暂存数据、中间结果。

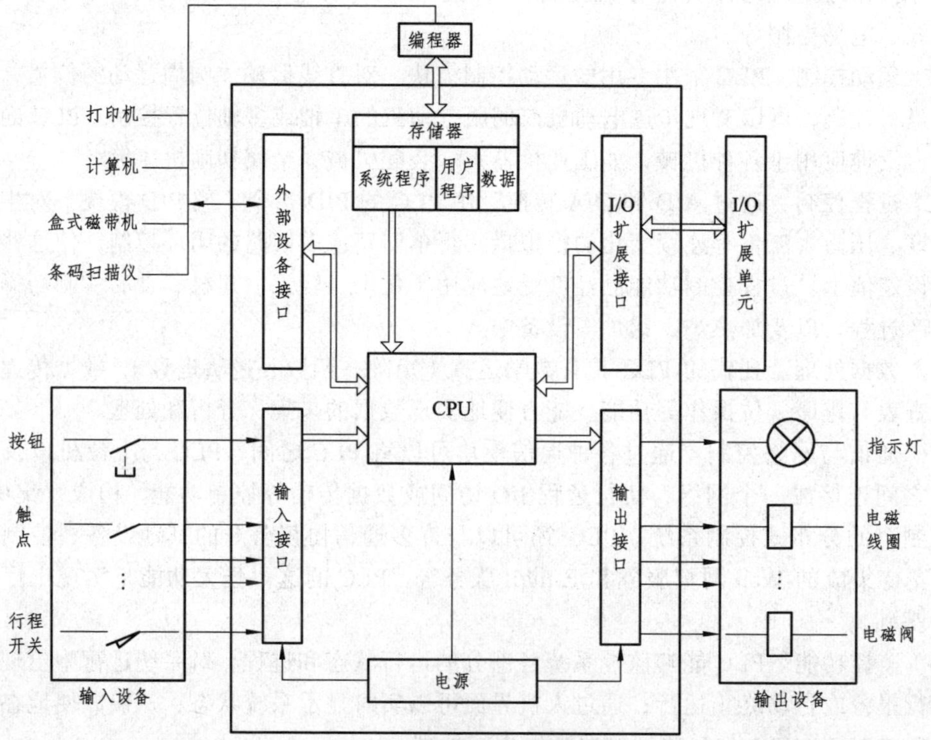

图 7-1 PLC 的硬件系统结构图

2. 输入/输出（I/O）接口

I/O 接口是 PLC 与输入/输出设备连接的部件。输入接口接收输入设备（如按钮、行程开关、传感器等）的控制信号。输出接口是将经主机处理过的结果，通过输出电路驱动输出设备（如接触器、电磁阀、指示灯等）。

I/O 接口电路一般采用光电耦合电路，以减少电磁干扰。这是提高 PLC 可靠性的重要措施之一。

3. 电　源

PLC 的电源是指为 CPU、存储器、I/O 接口等内部电子电路工作所配备的直流开关稳压电源。I/O 接口电路的电源相互独立，以避免或减小电源间的干扰。通常也为输入设备提供直流电源。

4. 编程器

编程器也是 PLC 的一种重要的外部设备，用于手持编程。用户可以用它输入、检查、修改、调试程序或用它监视 PLC 的工作情况。除手持编程器外，还可将 PLC 和计算机连接，并利用专业的工具软件进行编程或监控。

5. 输入/输出扩展接口

I/O 扩展接口用于将扩充外部输入/输出端子数的扩展单元与基本单元（即主机）连接在一起。

6. 外部设备接口

此接口可将编程器、打印机、条码扫描仪等外部设备与主机相连，以完成相应操作。

7.2.2 PLC 的基本工作原理

PLC 虽具有微机的许多特点，但它的工作方式却与微机有很大不同。微机一般采用等待命令的工作方式。PLC 则采用循环扫描的工作方式，在 PLC 中，用户程序按先后顺序存放，如：CPU 从第一条指令开始执行程序，直至遇到结束符后又返回第一条。如此周而复始不断循环。这种工作方式是在系统软件控制下，顺次扫描各输入点的状态，按用户程序进行运算处理，然后按顺序向输出点发出相应的控制信号。整个工作过程可分为 5 个阶段：自诊断、通信处理、扫描输入、执行程序、刷新输出。其工作过程示意图如图 7-2 所示。

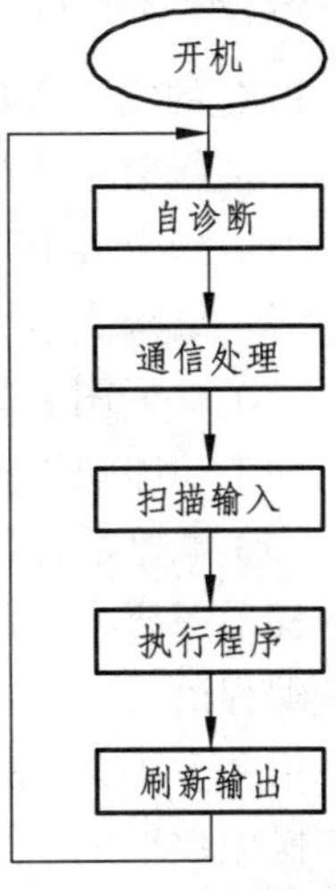

图 7-2　PLC 工作过程

PLC 与继电接触器控制的重要区别之一是工作方式不同。继电接触器是按“并行”方式工作的，也就是说是按同时执行的方式工作的，只要形成电流通路，就可能有几个电器同时动作。而 PLC 是以反复扫描的方式工作的，它是循环地连续逐条执行程序，任一时刻它只能执行一条指令，这就是说 PLC 是以“串行”方式工作的。

总之，采用循环扫描的工作方式是 PLC 区别于微机的最大特点。

7.2.3 可编程控制器的主要性能指标

衡量可编程控制器的性能指标较多，不同厂家的可编程控制器产品技术性能各不相同，各有特色。通常可以用以下几种性能指标对可编程控制器进行描述。

1. 输入/输出点数

输入/输出点数是指可编程控制器组成控制系统时所能接入的输入/输出信号的最大数量，即可编程控制器外部输入、输出端子数。它表示可编程控制器组成控制系统时可能的最大规模。通常，在总点数中，输入点数大于或等于输出点数，且输入与输出点不能相互替代。

2. 扫描速度

一般以执行 1 K 步指令所需的时间来衡量，单位为 ms/K 步，也有以执行一步指令的时间计，单位为μs/步。

3. 存储器容量

可编程控制器的存储器包括系统程序存储器、用户程序存储器和数据存储器三部分。可编程控制器产品中可供用户用的是用户程序存储器和数据存储器。可编程控制器中程序指令是按“步”存放的，一“步”占用一个地址单元，一个地址单元一般占用两个字节。如存储容量为 1 K 步的可编程控制器，其存储容量为 2 KB。

注意：这里所说的存储器容量实际是指用户程序容量，不包括系统程序存储器的容量。

4. 编程语言及编程手段

PLC 的用户程序是设计人员根据控制系统的工艺控制要求，通过 PLC 编程语言的编制设计的。国际电工委员会制定的工业控制编程语言标准（IEC1131-3）定义了 5 种编程语言：

（1）指令表 IL（Instruction List）：西门子称为语句表 STL。

（2）结构文本 ST（Structured Text）：西门子称为结构化控制语言（SCL）。

（3）梯形图 LD（Ladder Diagram）：西门子简称为 LAD。

（4）功能块图 FBD（Function Block Diagram）：标准中称为功能方框图语言。

（5）顺序功能图 SFC（Sequential Function Chart）：对应于西门子的 S7 Graph。

梯形图语言（LAD）：是 PLC 程序设计中最常用的编程语言，它是与继电器线路类似的一种编程语言。

指令表语言（STL）：是与汇编语言类似的一种助记符编程语言，和汇编语言一样由操作码和操作数组成。同时，指令表编程语言与梯形图编程语言图一一对应，在 PLC 编程软件下可以相互转换。

功能块图语言（FBD）：是与数字逻辑电路类似的一种 PLC 编程语言。采用功能模块图的形式来表示模块所具有的功能，不同的功能模块有不同的功能。

不同的可编程控制器产品可能拥有其中一种、两种或全部的编程方式。常用的三种编程方式为：梯形图、语句表、顺序功能图。

5. 指令功能

可编程控制器的指令种类越多，则其软件的功能就越强，使用这些指令完成一定的控制目标就越容易。

6. 内部继电器和寄存器数目

可编程控制器提供了许多适用于电气控制的逻辑部件，即内部继电器，如输入继电器、输出继电器、辅助继电器、定时器、计数器等。内部继电器主要用于系统的逻辑运算处理及存储位信息。同时系统数据存储区开辟了数据存储单元，即寄存器，主要用于存储系统中的数据。内部继电器和寄存器的数目反映系统所存储位信息及数据信息的多少。

此外，可编程控制器的可扩展性、使用条件、可靠性、易操作性及经济性等性能指标也是用户在选择可编程控制器时需注意的。

现在，PLC 已成为工业控制领域中占主导地位的自动化设备。在世界先进国家，PLC 已成为工业控制的标准设备。生产 PLC 的著名厂家有美国的 AB 公司、哥德公司、通用电气公司，德国的西门子公司，日本的三菱、松下、欧姆龙公司等。

德国的西门子（SIEMENS）公司是欧洲最大的电子和电气设备制造商，生产的 SIMATIC 可编程序控制器在欧洲处于领先地位。其第一代可编程序控制器是 1975 年投放市场的 SIMATIC S3 系列的控制系统。在 1979 年，微处理器技术被应用到可编程序控制器中，产生了 SIMATIC S5 系列，取代了 S3 系列，之后在 20 世纪末又推出了 S7 系列产品。最新的 SIMATIC 产品为 SIMATIC S7、M7 和 C7 等几大系列。本章以德国的西门子（SIEMENS）公司的 SIMATIC S7-200 为例进行阐述。

7.3 S7-200 可编程序控制器

7.3.1 S7-200 可编程序控制器的发展

从 CPU 模块的功能来看，SIMATIC S7-200 系列小型可编程序控制器发展至今，大致经历了两代：

第一代产品：其 CPU 模块为 CPU 21X，主机可进行扩展，它具有四种不同结构配置的 CPU 单元：CPU212、CPU214、CPU215 和 CPU216，本节对第一代 PLC 产品不再做具体介绍。

第二代产品：其 CPU 模块为 CPU22X，是在 21 世纪初投放市场的，速度快，具有较强的通信能力。它具有四种不同结构配置的 CPU 单元：CPU221、CPU222、CPU224 和 CPU226，除 CPU221 之外，其他都可加扩展模块。

7.3.2 S7-200 系列 PLC 内部元器件

用户程序存储器用来存放用户的应用程序和数据，它包括用户程序存储器（程序区）和用户数据存储器（数据区）。数据空间是用户程序执行过程中的 PLC 内部工作区域，该区域主要存放输入信号、运算输出结果、计时值、计数值和模拟量数等。它包括输入映像寄存器 I、输出映像寄存器 Q、变量存储器 V、内部标志位寄存器 M、顺序控制继电器 S、特殊标志位寄存器 SM、局部存储器 L、定时器存储器 T、计数器存储器 C、模拟量输入映像寄存器 AI、模拟量输出映像寄存器 AQ、累加器 AC 和高速计数器 HC。

1. S7-200 系列 PLC 的数据存储器

S7-200 的内部元器件的功能相互独立，在数据存储器区中都有一个对应的地址，可依据存储器地址来存取数据。

1）数据长度

计算机中使用的都是二进制数，在 PLC 中，通常使用位、字节、字、双字来表示，数据占用的连续位数称为数据长度。

位（bit）指二进制的一位，是最基本的存储单位，只有“0”或“1”两种状态。在 PLC 中，一个位可对应一个继电器。若继电器线圈得电，相应位的状态为“1”；若继电器线圈失电或断开，其对应位的状态为“0”。8 位二进制数构成一个字节（Byte），其中第 7 位为最高位（MSB），第 0 位为最低位（LSB）。两个字节构成一个字（Word）。在 PLC 中，字又称为通道，一个字含 16 位，即一个通道由 16 个继电器组成。两个字构成一个汉字，即双字（Double Word），在 PLC 中由 32 个继电器组成。

2）数据类型及数据范围

在 S7-200 系列中，数据存储器中存放数据的类型主要有布尔逻辑型（B00L）、整数型（INT）和实数型（REAL）。布尔逻辑型数据是由“0”或“1”构成的字节型无符号整数；整数型数据包括 16 位单字和 32 位双字的带符号整数；实数型数据又称浮点型数据，以 32 位的单精度数表示。每种数据类型都有一定的范围，如表 7-1 所示。

表 7-1 数据类型范围

数据长度、类型	无符号整数	有符号整数	实数（单精度）
字节（8 位）	0 ~ 255（十进制）	− 128 ~ +127（十进制）	
	0 ~ FF（十六进制）	80 ~ 7F（十六进制）	
字（16 位）	0 ~ 65535（十进制）	− 32768 ~ +32767（十进制）	
	0 ~ FFFF（十六进制）	8000 ~ 7FFF（十六进制）	
双字（32 位）	0 ~ 4294967295（十进制）	− 2147483648 ~ +2147483647（十进制）	+1.145495E − 38 ~ +3.402823E+38（正数） − 1.145495E − 38 ~ − 3.402823E+38（负数） （十进制）
	0 ~ FFFFFFFF（十六进制）	80000000 ~ 7FFFFFFF（十六进制）	

3）数据存储器的编址方式

数据存储器的编址方式主要是对位、字节、字、双字进行编址。

① 位编址：位编址的方式为（区域标志符）字节地址.位地址，如 I0.1、Q1.0、V3.5。

② 字节编址：字节编址的方式为（区域标志符）B 字节地址，如 IB0 表示输入映像寄存器 I0.0 ~ I0.7 这 8 位组成的字节；VB0 表示输出映像寄存器 V0.0 ~ V0.7 这 8 位组成的字节。

③ 字编址：字编址的方式为（区域标志符）W 起始字节地址，最高有效字节为起始字节。如 VW0 表示由 VB0 和 VB1 这 2 个字节组成的字。

④ 双字编址：双字编址的方式为（区域标志符）D 起始字节地址，最高有效字节为起始字节，如 VD100 表示由 VB100、VB101、VB102 和 VB103 这 4 个字节组成的双字。

2. S7-200 系列 PLC 的内部元器件简介

1）输入映像寄存器 I

输入映像寄存器（又称输入继电器）的示意图如图 7-3 所示，输入继电器线圈只能由外部信号驱动，不能用程序指令驱动，常开触点和常闭触点供用户编程使用。外部信号传感器（如按钮、行程开关、现场设备、热电偶等）用来检测外部信号的变化。它们与 PLC 或输入模块的输入端相连。

2）输出映像寄存器 Q

输出映像寄存器（又称输出继电器）等效电路示意图如图 7-4 所示，输出继电器用来将 PLC 的输出信号传递给负载，只能用程序指令驱动。

负载又称执行器（如接触器、电磁阀、LED 显示器等），连接到 PLC 输出模块的输出接线端子，由 PLC 控制执行器的启动和关闭。

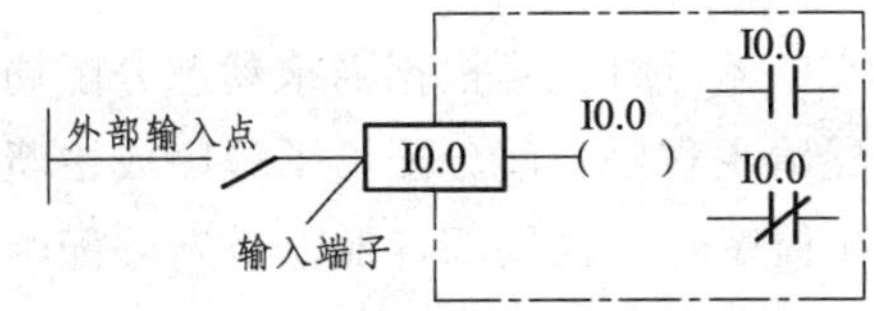

图 7-3　输入映像寄存器的示意图

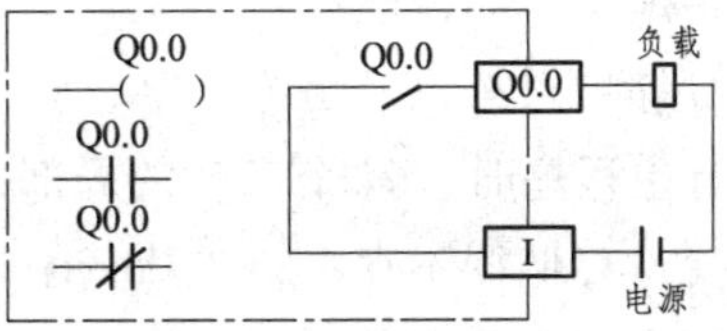

图 7-4　输出映像寄存器的等效电路示意图

I/O 映像寄存器可以按位、字节、字或双字等方式编址。例如：I0.1、Q0.1（位寻址）、IB1、QB5（字节寻址）。

S7-200CPU 输入映像寄存器区域共有 I0 ~ I15 等 16 个字节存储单元，能存储 128 点信息。CPU226 AC/DC/继电器模块有 24 个数字量输入点，并分成两组：第一组由输入端子 I0.0 ~ I0.7、I1.0 ~ I1.4 共 13 个输入点组成，每个外部输入的开关的一端与输入点相连，另一端经电源与公共端相连 1 M 相连；第二组由输入端子 I1.5 ~ I1.7、I2.0 ~ I2.7 共 11 个输入点组成。

S7-200 CPU 输出映像寄存器区域共有 Q0 ~ Q15 等 16 个字节存储单元，能存储 128 点信息。CPU226 AC/DC/继电器模块有 16 个数字量，输出点分成三组：第一组由输出端子 Q0.0 ~ Q0.3 共 4 个输出点与公共端 1L 组成；第二组由输出端子 Q0.4 ~ Q0.7、Q1.0 共 5 个输出点与公共端 2L 组成；第三组由输出端子 Q1.1 ~ 1.7 共 7 个输出点与公共端 3L 组成。每个负载的一端与输出点相连，另一端经电源与公共端相连。

3）变量存储器 V

变量存储器 V 用以存储运算的中间结果，也可以用来保存与工序或任务相关的其他数据，如模拟量控制、数据运算、设置参数等。变量存储器可按位使用，也可按字节、字或双字使用。

4）内部标志位存储区 M

内部标志位（M）可以按位使用，作为控制继电器（又称中间继电器），用来存储中间操作数或其他控制信息。也可以按字节、字或双字来存取存储区的数据，编址范围 M0.0 ~ M31.7。

5）顺序控制继电器（S）存储区

顺序控制继电器 S 又称状态元件，用来组织机器操作或进入等效程序段工步，以实现顺序控制和步进控制。可以按位、字节、字或双字来存取 S 位，编址范围 S0.0 ~ S31.7。

6）特殊标志位（SM）存储器

特殊存储器 SM 用于 CPU 与用户之间交换信息，例如 SM0.0 一直为“1”状态，SM0.1 仅在执行用户程序的第一个扫描周期为“1”状态。SM0.4 和 SM0.5 分别提供周期为 1 min 和 1 s 的时钟脉冲。SM1.0、SM1.1 和 SM1.2 分别为零标志位、溢出标志和负数标志。

7）局部存储器 L

局部存储器用来存储局部变量，类似于变量寄存器 V，但全局变量是对全局有效，而局部变量只和特定的程序相关联，只是局部有效。

S7-200 系列 PLC 有 64 个字节局部存储器，编址范围为 LB0.0 ~ LB63.7。其中，LB60.0 ~ LB63.7 是系统为 Step7-Micro/Win32 等软件所保留的编证，其余 60 个字节可作为暂时寄存器或子程序传递参数。

局部存储器可按位、字节、字、双字使用。PLC 运行时，可根据需求动态分配局部存储器。当执行主程序时，64 个字节的局部存储器分配给主程序，而分配给子程序或中断服务程序的局部变量存储器不存在；当执行子程序或中断程序时，将局部存储器重新分配给相应程序。不同程序的局部存储器不能互相访问。

8）定时器存储器 T

PLC 中的定时器相当于继电-接触器中的时间继电器，是 PLC 内部累计时间增量的重要编程元件，主要用于延时控制。

PLC 中的每个定时器都有 1 个 16 位有符号的当前值寄存器，用于存储定时器累计的时基增量值（1 ~ 32767）。S7-200 定时器的时基有 3 种：1 ms、10 ms、100 ms，有效范围为 T0 ~ T255。

通常，定时器的设定值由程序或外部根据需要设定。若定时器的当前值大于或等于设定值，定时器位被置 1，其常开触点闭合，常闭触点断开。

9）计数器存储器 C

计数器用于累计输入端脉冲电平由低到高的次数，结构与定时器类似，通常设定值在程序中赋予，有时也可根据需求而在外部进行设定。S7-200 中提供了 3 种类型的计数器：加计数器、减计数器和加减计数器。

PLC 中的每个计数器都有 1 个 16 位有符号的当前值寄存器，用于存储计数器累计的脉冲个数（1 ~ 32767）。S7-200 计数器的有效范围为 C0 ~ C255。

当输入触发条件满足时，相应计数器开始对输入端的脉冲进行计数。若当前计数大于或等于设定值，计数器位被置 1，其常开触点闭合，常闭触点断开。

10）模拟量输入映像寄存器 AI

模拟量输入模块将外部输入的模拟量转换成 1 个字长（16 位）的数字量，并存入模拟量输入映像寄存器 AI 中，供 CPU 运算处理。

在模拟量输入映像寄存器中，1 个模拟量等于 16 位的数字量，即两个字节，因此其地址均以偶数进行表示，如 AIW0、AIW2、AIW4。模拟量输入值为只读数据，模拟量转换的实际精度为 12 位。CPU224 / 226 / 226XM 的有效地址范围为 AIW0 ~ AIW62。

11）模拟量输出映像寄存器 AQ

模拟量输出模块将 CPU 已运算好的 1 个字长（16 位）的数字量按比例转换为电流或电压的模拟量，用来驱动外部模拟量控制设备。

在模拟量输出映像寄存器中，1 个模拟量等于 16 位的数字量，即两个字节，因此其地址均以偶数进行表示，如 AQW0、AQW2、AQW4。模拟量输出值为只写数据，用户只能为其置数而不能读取。模拟量转换的实际精度为 12 位，CPU224 / 226 / 226XM 的有效地址范围为 AQW0 ~ AQW62。

12）高速计数器（HC）

CPU 22X PLC 提供了 6 个高速计数器（每个计数器最高频率为 30 kHz）用来累计比 CPU 扫描速率更快的事件。高速计数器的当前值为双字长的符号整数，且为只读值。高速计数器的地址由符号 HC 和编号组成，如 HC0、HC1…HC5。

13）累加器（AC）

S7-200 系列 PLC 提供 4 个 32 bit 累加器（AC0 ~ AC3）。累加器支持字节（B）、字（w）和双字（D）的存取。以字节或字为单位存取累加器时，是访问累加器的低 8 位或低 16 位。

7.4　S7-200 系列 PLC 的基本指令

S7-200 系列 PLC 的 SIMATIC 指令系统有梯形图 LAD（Ladder Programming）、语句表 STL（Statement List）和功能图 FBD（Function Block Diagram）3 种编程语言。S7-200 系列 PLC 基本指令包括基本逻辑指令，算术、逻辑运算指令，数据处理指令和程序控制指令等。

通常梯形图程序、功能块图程序、语句表程序可有条件地转换。

S7-200 PLC 的指令丰富，软件功能强。它可以使用 56 条基本的逻辑处理指令、27 条数字运算指令、11 条定时器 / 计数器指令、4 条实时时钟指令、84 条其他应用指令，总计指令数多达 182 条。但限于本书篇幅，这里只列出最常用的基本指令，如表 7-2 所示。有关功能指令及特殊功能指令等仅给出其概述列表，没做详尽介绍，读者可以在使用时再查阅相关使用手册进行详尽开发应用。

表 7-2 S7-200 系列 PLC 的基本常用指令

语句表 STL	梯形图 LAD	功能描述	
		语句表含义	梯形图含义
LD bit	bit —| |—	将 bit 装入栈顶	将一常开触点 bit 与母线相连接
LDN bit	bit —| / |—	将 bit 取反后装入栈顶	将一常用触点 bit 与母线相连接
A bit	bit —| |—	将 bit 与栈顶相与后存入栈顶	将一常开触点 bit 与上衣触点串联，可持续使用
AN bit	bit —| / |—	将 bit 取反后装入栈顶相与后存入栈顶	将一常用触点 bit 与上一触点串联，可连续使用
O bit	bit —| |—	将 bit 与栈顶相成后存入栈顶	将一常开触点 bit 与上一触点并联，可连续使用
ON bit	bit —| / |—	将 bit 取反与栈顶相成后存入栈顶	将一常闭触点 bit 与上一触点并联，可连续使用
= bit	bit —(　)	复制栈顶的值到 bit	当能流流进线圈时，线圈所对应的操作数 bit 置“1”
NOT 无	—|NOT|—		对该指令前面的逻辑运算结果取反
S bit，N	bit —(S) N	条件满足时，从 bit 开始的 N 个位置被置“1”	
R bit，N	bit —(R) N	条件满足时，从 bit 开始的 N 个位置被置“0”	
EU	—| P |—	正跃变指令检测到每一次输入的上升沿出现时，都将使得电路接通一个扫描周期	
ED	—| N |—	负跃变指令检测到每一次输入的下降沿出现时，都将使得电路接通一个扫描周期	
TON Txxx.PT	Txxx IN TON PT ???ms	使能输入端 IN 为“1”时，TON 定时器开始定时，当定时器的当前值大于预定值 PT 时，定时器位变为 ON（该位为“1”）；当 TON 定时器的使能输入端 IN 由“1”变“0”时，TON 定时器复位	
TOF Txxx.PT	Txxx IN TOF PT ???ms	使能输入端 IN 为“1”时，TON 定时器开始定时，当定时器的当前值大于预定值 PT 时，定时器位变为 ON（该位为“1”）；当 TON 定时器的使能输入端 IN 由“1”变“0”时，TON 定时器复位	
TONR Txxx.PT	Txxx IN TONR PT ???ms	使能输入端 IN 为“1”时，TONR 定时器开始延时；为“0”时，定时器停止计时，并保持当前值不变；当定时器当前值达到预定值 PT 时，定时器位变为 ON（该位为“1”）	
CTU Cxxx.PT	Cxxx CU CTU R PV	加计数器对 CU 的上升沿进行加计数；当计数器当前值大于等于设定值 PV 时，计数器位被置 1；当计数器的复位输入 R 为 ON 时，计数器被复位，计数器当前值被清零，位值变为 OFF	

续表

语句表 STL	梯形图 LAD	功能描述	
		语句表含义	梯形图含义
CTD Cxxx.PV	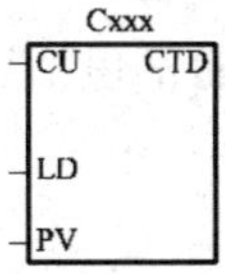	减计数器对 CD 的上升沿进行减计数；当当前值等于 0 时，该计数器被置位，同时停止计数；当计数装载端 LD 为 1 时，当前值恢复为预设值，位值置“0”	
CTUD Cxxx.PV	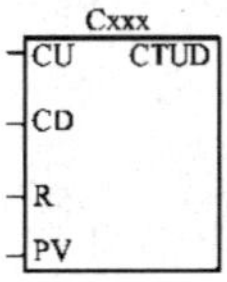	在加计数脉冲输入 CU 的上升沿，计数器的当前值加 1，在减计数脉冲输入 CD 的上升沿，计数器的当前值减 1，当前值大于等于设定值 PV 时，计数器位被置位。若复位输入 R 为 ON 时或对计数器执行复位指令 R 为 ON 时或对计数器执行复位指令 R 时，计数器被复位	
SHRB DATA，S_BIT，N	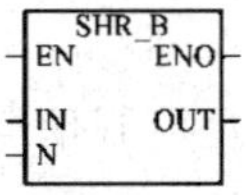	当使能位 EN 为 1 时，数据位 DATA 在每一个程序扫描周期均移入寄存器的最低位（N 为正时）或最高位（N 为负时），寄存器的其他位侧依次左移（N 为正时）或右移（N 为负时）一位	
SLX OUT，N SRX OUT，N	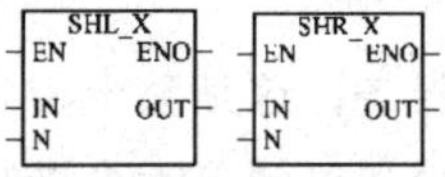	当使能位 EN 为 1 时，把输入数据 IN 左移或右移 N 位后，再把结果输出到 OUT 中	
RLX OUT，N RRX OUT，N	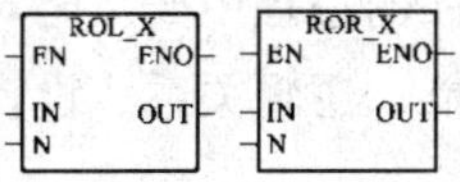	当使能位 EN 为 1 时把输入数据 IN 循环左移或右移 N 位后，再把结果输出到 OUT 中	
LDXF IN1，IN2 AXF IN1，IN2 OXF IN1，IN2	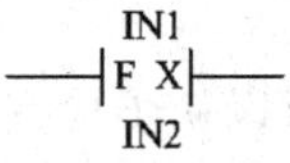	比较两个数 IN1 和 IN2 的大小，若比较式为真，则该触点闭合	
JMPA	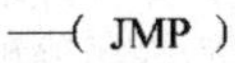	条件满足时，跳转指令（JMP）可使程序转移到同一程序的具体标号（n）处	
LBLA	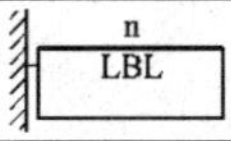	跳转标号指令（LBL）标记跳转目的地的位置（n）	
CALL SBR_n	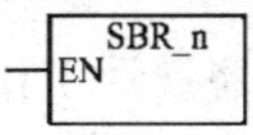	子程序调用与标号指令（CALL），把程序的控制权交给子程序（SBR_n）	
CRET —		有条件子程序返回指令（CRET）根据该指令前面的逻辑关系决定是否终止子程序（SBR_n） 无条件子程序返回指令（RET）立即终止子程序的执行	
LSCR n	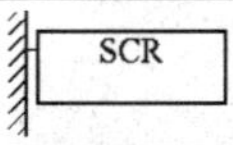	当顺序控制继电器位 n 为 1 时，SCR（LSCR）指令被激活，标志着该顺序控制程序段的开始	
SCRT n	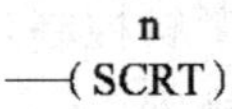	当满足条件使 SCRT 指令执行时，则复位本顺序控制程序段，激活下一顺序控制程序 n	
SCRE —	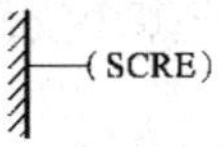	执行 SCRE 指令，结束由 SCR（LSCR）开始到 SCRE 之间顺序控制程序段的工作	

7.5 PLC 程序设计基本方法

应用程序的设计是 PLC 控制系统设计的核心。要设计好 PLC 的应用程序，需在分析工艺过程、明确控制要求、列出输入输出分配表的基础上进行，通常包括以下基本内容。

7.5.1 PLC 系统程序设计

对 PLC 系统程序设计包含以下内容：

（1）定义参数表。

参数表的定义是程序设计的基础，包括对输入信号表、输出信号表、中间标志位和存储单元表的定义。定义输入/输出信号表的主要依据是硬件接线原理图。

（2）绘制程序流程图。

程序流程图描述某一种控制功能在程序中的具体实现方法及控制信号流程。设计者根据功能图编制实际控制程序，使用者根据功能图可以阅读程序清单。

（3）编写程序。

编写程序就是通过编程语言来实现控制功能图对应的程序，这是整个程序设计工作的核心部分。在编写过程中，根据实际需要，对中间标志信号表和存储单元表进行逐个定义，要注意留出足够的公共暂存区，以节省内存的使用。编写程序的过程中要及时对编写出的程序进行注释，以免忘记其间的关系，注释应包括对程序段功能、逻辑关系、设计思想、信号来源和去向等的说明，以便于程序的阅读和调试。

（4）测试程序。

程序的测试是整个程序设计工作中的一项重要内容，它可以初步检查程序的实际运行效果。测试先从各功能单元入手，设定输入信号，观察输出信号的变化情况，必要时可以借助某些仪器仪表。各功能单元测试完成后，再连通全部程序，测试各部分的接口情况，直到满意为止。

（5）编写程序说明书。

程序说明书是整个程序内容的综合性说明文档，是整个程序设计工作的总结。程序说明书一般应包括程序设计的依据、程序的基本结构、各功能单元分析、使用的公式和原理、各参数的来源和运算过程、程序的测试情况等。

7.5.2 梯形图的特点及编程规则

尽管梯形图与继电器控制电路图在结构形式、元件符号及逻辑控制功能等方面是相类似的，但它们又有很多不同之处。梯形图具有自己的特点及设计规则。

PLC 梯形图中每个网络由多个梯级组成，每个梯级由一个或多个支路组成，并有一个输出元件，但右边的元件必须是输出元件。

1. 梯形图的特点

（1）PLC 的梯形图是按先后顺序（从上到下、从左到右）逐行绘制的，两侧的竖线类似电气控制图中的电源线，通常称作母线（bus bar），大部分梯形图只保留左母线，而将右母线省略。梯形图的每一行是“从左到右”绘制，左侧总是输入触点，最右侧为输出元素，触点代表逻辑“输入”条件，如开关、按钮、内部条件等；线圈通常代表逻辑“输出”结果，如指示灯、接触器、中间继电器、电磁阀等。对 S7-200 系列的 PLC 来说，还有一种输出“盒”（功能框），它代表附加的指令，如定时器、计数器或数学运算等功能指令。

（2）电气控制电路左右母线为电源线，中间各支路都加有电压，当支路接通时，有电流流过支路上的触点与线圈。而梯形图的左右母线是一种界限线，并非实际电源的两端，并未加电压，梯形图中的支路（逻辑行）接通时，并没有电流流动，有时称有“电流”流过，只是一种假想电流或概念电流，是用户程序执行过程中满足输出条件的形象表示，在梯形图中并没有真实的电流流动。为了便于分析 PLC 的周期扫描原理以及信息存储空间分布的规律，假想在梯形图中有“电流”流动，这就是“能流”。“能流”在梯形图中只能做单方向流动，即从左向右流动，层次的改变（接通顺序）只能先上后下。

（3）梯形图中使用的各种 PLC 内部元件，如辅助继电器、定时器、计数器等，也不是真的电器元件，但具有相应的功能，因此通常按电气控制系统中相应器件的名称称呼它们。梯形图中每个继电器和触点均为 PLC 存储器中的一位，相应位为“1”，表示继电器线圈通电、动合触点闭合或动断触点断开；相应位为“0”，表示继电器线圈失电、动合触点断开或动断触点闭合。

在梯形图中，除了输入继电器没有线圈，只有触点外，其他继电器既有线圈，又有触点。

梯形图中的线圈是广义的，除了输出继电器、辅助继电器线圈外，还包括计时器、计数器、移位寄存器以及各种运算的结果等。

（4）梯形图中的继电器触点既有动合，又有动断，其动合、动断触点的数目理论上是无穷多个，也不会磨损。因此，在梯形图设计中，可不考虑触点数量，这给设计者带来很大方便。对于外部输入信号，只要接入一个信号到 PLC 即可。

（5）在梯形图中，前面所有逻辑行的逻辑执行结果，将立即被后面逻辑行的逻辑操作所利用。

（6）电气控制电路中各支路是同时加上电压并行工作的，而 PLC 是采用循环扫描方式工作的，梯形图中各元件是按扫描顺序依次执行的，是一种串行处理方式，不存在不同逻辑行同时开始执行的情况。由于扫描时间很短（一般不过几十毫秒），所以控制效果与电气控制电路是基本相同的。但在设计梯形图时，对这种并行处理与串行处理的差别有时应予以注意，特别是那些在程序执行阶段还要随时对输入、输出状态存储器进行刷新操作的 PLC，不要因为对串行处理这一特点考虑不够而引起误操作。

2. 梯形图的编程规则

尽管梯形图与传统的继电器控制系统电路图有很多相似之处，但也有很多不同之处，梯形图有自己的编程规则。

（1）外部输入、输出继电器、内部继电器、定时器、计数器等器件的接点可多次重复使用，无需用复杂的程序结构来减少接点的使用次数。

（2）梯形图每一行都是从左母线开始，线圈接在最右边，接点不能放在线圈的右边。

（3）线圈不能直接与左母线相连。

（4）同一编号的线圈在一个程序中使用两次称为双线圈输出。双线圈输出容易引起误操作，应尽量避免线圈重复使用。

（5）梯形图程序必须符合顺序执行的原则，即从左到右、从上到下地执行，如不符合顺序执行的电路不能直接编程，如桥式电路就不能直接编程。

（6）在梯形图中串连接点、并连接点的使用次数没有限制，可无限次地使用。

7.5.3 PLC 程序的设计方法

PLC 应用系统的用户应用程序的设计方法有多种，常用的设计方法有经验设计法、顺序控制设计法等。

1. 经验设计法

采用经验设计法的前提条件是：程序设计者具备较丰富的设计经验，掌握较多的典型应用程序的基本环节（每个基本环节实现某一特定的控制功能）。设计者凭经验选择若干基本环节，并把这些基本环节有机地组合起来，实现被控对象对控制系统的控制要求。经验设计法设计出来的用户应用程序不易得到最佳方案，设计的应用程序是逐步完善的，初步设计完成后，需要进行反复调试、修改和完善，直到满足要求。

经验设计法没有普遍的规律可循，有一定的试探性和随意性，完全相同的控制，不同的设计者会设计出不同的应用程序，这和设计者的经验有关。对于生产工艺复杂、被控对象较多、连锁关系复杂的 PLC 应用系统，用经验设计法进行程序设计就比较困难，设计的周期较长，设计出的程序可读性较差。这样的程序不仅阅读困难，而且给以后的使用、维护带来困扰。因此，对于简单的 PLC 应用系统，或者一些继电器~接触器控制的改造的 PLC 应用系统，用经验设计法进行程序设计是可行的，效果较好。

2. 顺序控制设计法

1）顺序控制设计法

所谓顺序控制，就是按照生产工艺预先规定的顺序，在各个输入信号的作用下，根据内部状态和时间的顺序，在生产过程中各个执行机构自动地有秩序地进行操作。使用顺序控制设计法时首先根据系统的工艺过程，画出顺序功能图（sequential function chart），然后根据顺序功能图画出梯形图。

顺序控制设计法又称功能表图设计法。功能表图是一种用来描述控制系统的控制过程功能、特性的图形，也是设计 PLC 的顺序控制程序的有力工具。它主要由步、有向线段、转换、转换条件和动作（或命令）组成。顺序控制设计法是一种先进的设计方法，对于复杂系统，可以节约 60%～90%的设计时间。我国 1986 年颁布了功能表图的国家标准《电气制图功能表图》(GB 6988.6～1986)。有了功能表图后，设计者可以用四种方式编制梯形图，它们分别是：启保停编程方式、步进梯形指令编程方式、移位寄存器编程方式和置位复位编程方式。

顺序控制设计法最基本的思路是将一个工作周期分成若干个顺序相连的阶段，这些阶段就是步（step），然后用编程元件来代表各步。在任何一步之内，各输出量的状态不变，但相邻两步输出量总的状态是不同的。

使系统由当前步进入下一步的信号称为转换条件，转换条件可以是外部的输入信号（如按钮、指令开关的接通／断开等），也可以是 PLC 内部产生的信号（如定时器、计数器提供的信号），还可以是几种信号的逻辑组合。

顺序控制设计法用转换条件控制代表各步的编程元件，让其状态按一定的顺序变化，然后用代表各步的编程元件去控制 PLC 的各输出位。

2）顺序功能图的基本结构

（1）单序列：单序列由一系列相继激活的步组成，每一步后面仅接一个转换，每一个转换后面只有一步，如图 7-5（a）所示。

（2）选择序列：选择序列中，序列的开始称为分支，转换条件只能标在水平连线之下，有多少分支就有多少条件，一般只能同时选择一个条件对应的分支序列，序列的结束称为合并，N 个选择序列合并到一个公共序列时需要相同数量的转换条件，且其条件只能标在水平连线之上，如图 7-5（b）、(c) 所示。

（3）并行序列：并行序列中，当转换的实现导致几个序列同时被激活（分支）时，激活后每个序列中活动步的进展将是独立的。当并行序列结束时（合并），只有当合并前的所有前级步（步 5、7）为活动步，且转换条件满足（i＝1）时，才会发生步 5、步 7 到步 10 的进展。为了强调转换的同步实现，在功能图中水平连线用双线表示，如图 7-5（d）所示。

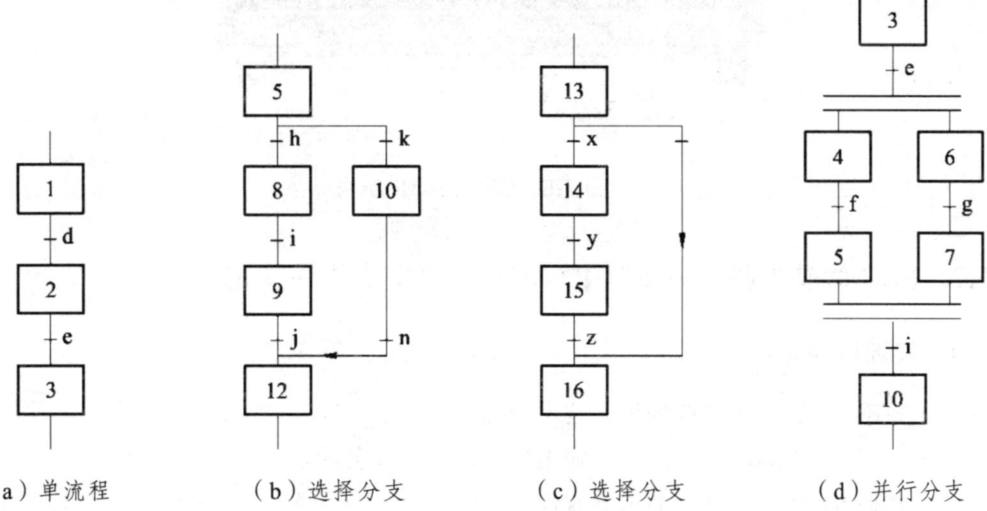

图 7-5　顺序功能图的基本结构

7.6 PLC应用实例

7.6.1 PLC实训装置介绍

对于各种不同厂家提供的PLC系统，不变的是其控制原理，只不过其控制接口不同而已，可根据其使用说明书进行操作。所有资料来源途径：厂家提供的书面说明书；厂家网站上的资料下载；专业技术资料下载网站；各对应产品的论坛。

这里介绍AMX-200系列小型PLC，它适用于多种行业，可满足中小规模系统的各种控制功能要求，覆盖与自动检测、自动化控制有关的工业及民用领域，具有卓越的性能、丰富的指令集、良好的扩展性、极高的性价比。

CPU224XP：高速的运算及数据处理能力；本机数字量14DI/10DO；本机集成2个通信口；均支持PPI通信；最大可扩展7个IO模块；支持256路数字量和64路模拟量；程序存储空间20 K，用户数据存储空间10 K；PID子函数，可方便用户实现更多路PID控制；采用FLASH技术的超长时间掉电保持，无须电池支持，可将数据保存长达10年。CPU224XP结构如图7-6所示，可以根据具体情况进行PLC实训装置的选择。

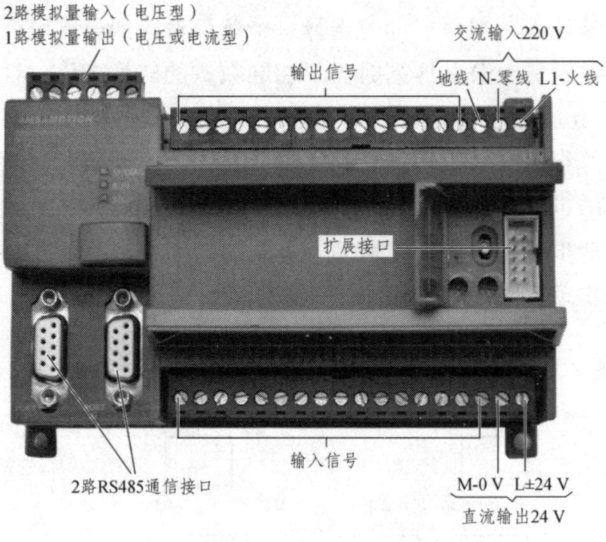

图7-6 CPU224XP结构

7.6.2 PLC的硬件接线及STEP7-Micro/WIN32软件使用

1. 实训目的

（1）熟悉S7-200型PLC的硬件技术指标。

（2）掌握S7-200型PLC的输入输出配置及外围设备的连接。

（3）掌握S7-200型PLC的组态软件的应用。

（4）初步认识PLC与计算机组成的1∶1PC/PPI通信网络。

2. 实训器材

本次实训所需器材如表 7-3 所示。

表 7-3　实训器材

设备名称	型　号	作　用	备　注
S7-200系列	CPU224XP AC/DC/RLY	控制器	
电缆	PC/PPI	通信电缆	
电源	220 VAC	PLC电源	
继电器	380 V交流继电器	PLC输出设备	
信号灯	AC220 V	负载	
按钮、导线	按控制线和动力线的要求确定	PLC输入设备	0.5 ~ 2.5 mm^2的导线
计算机	预装STEP7-Micro / WIN32编程软件	编写PLC程序	

3. 实训内容与步骤

（1）根据 CPU224XP AC/DC/RLY 继电器型的外部接线图接好 PLC 的直流电源、输入的按钮信号、输出的继电器和信号灯，如图 7-7 所示。

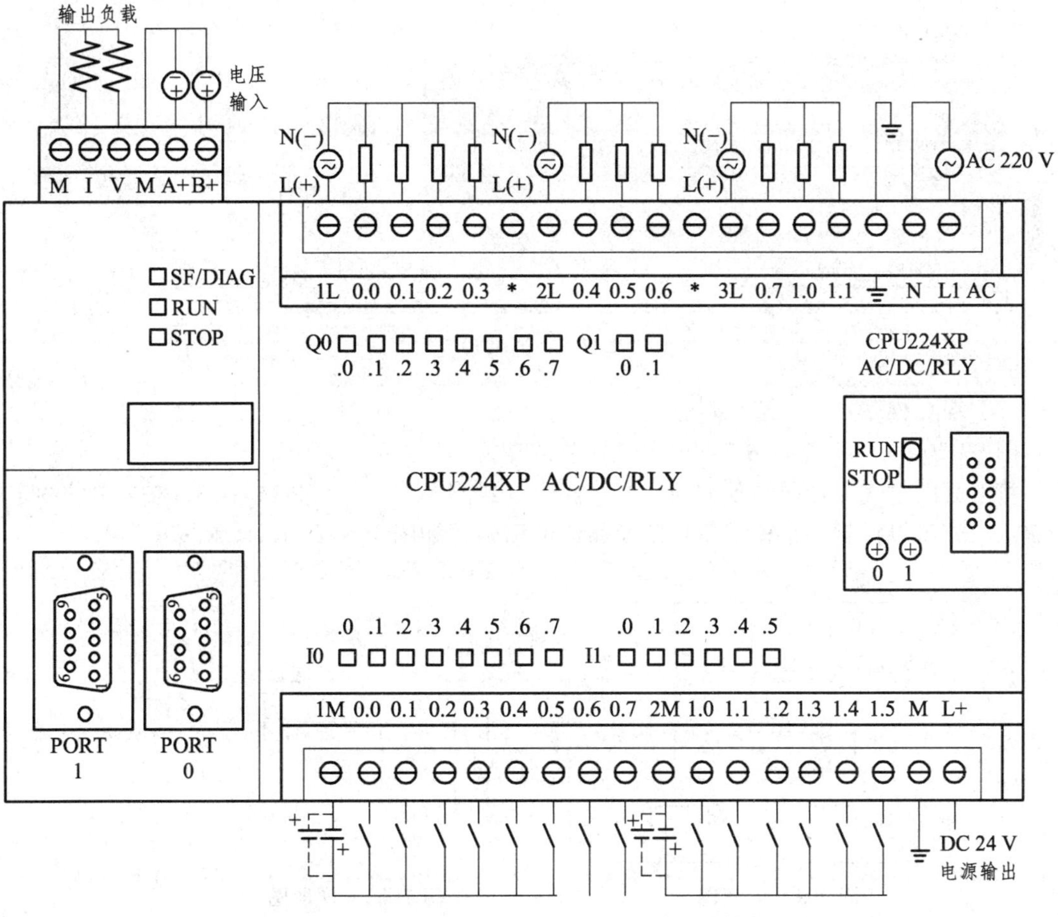

图 7-7　CPU224XP AC/DC/RLY 端子连接图

（2）建立好 PC 及 PLC 的通信连接线路并完成参数设置。

① 连接 PC：连接时应将 PC/PPI 电缆的一端与计算机的 COM 端相接，另一端与 S7-200PLC 的 PORT0 或 PORT1 端口相连。

② 参数设置：设置 PC/PPI 电缆小盒中的 DIP 开关将通讯的波特率设置为 9.6 K；将 PLC 的方式开关设置在 STOP 位置，给 PLC 上电；打开 STEP7-Micro/WIN32 软件并单击菜单栏中的“检视”—“通信”，弹出通信设置，设置 PLC 的地址，双击 PC/PPI 图标，检测通信成功与否，如图 7-8 所示。

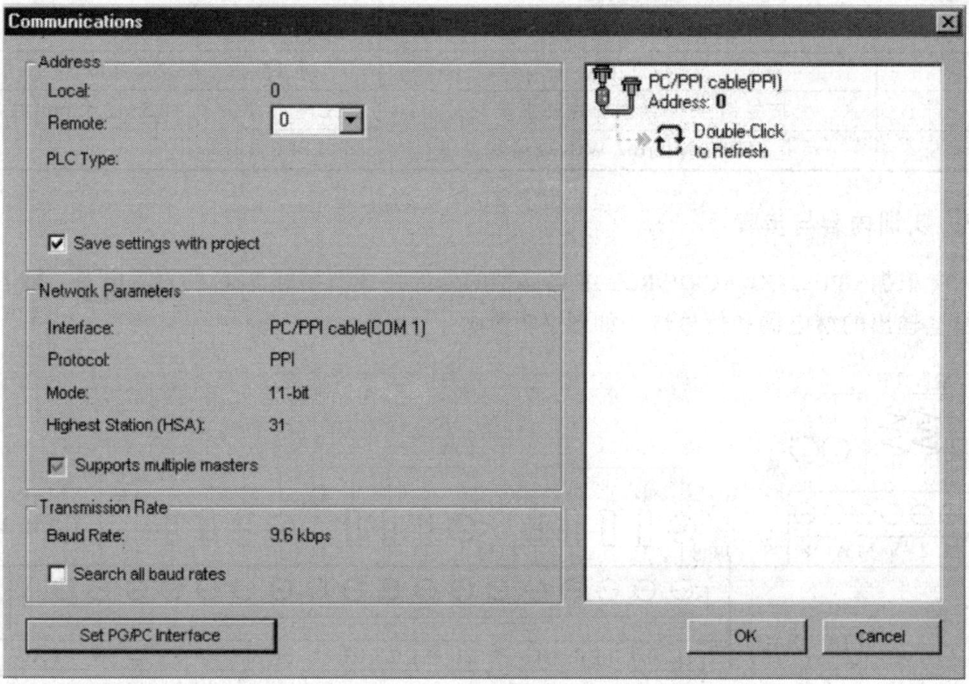

图 7-8　通信设定

（3）编写程序：

用 S7-200PLC 实现如图 7-9 的电气回路的功能。

将上面的电气原理图转动方向，并将触点、线圈等换用 STEP-Micro/WIN32 中的约定符号表示，就可以得到一个梯形逻辑图及相应的语句，如图 7-10 所示。

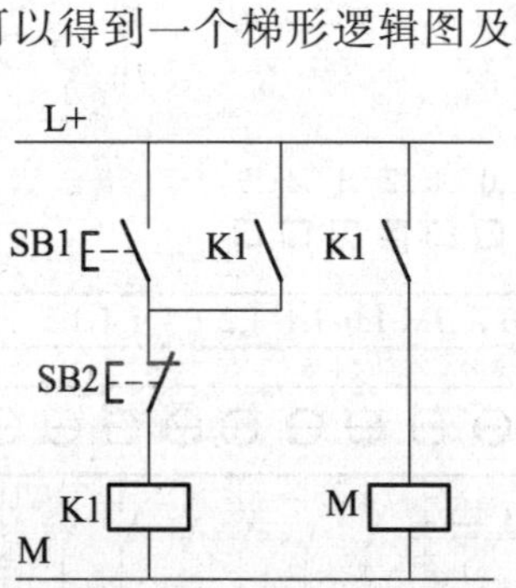

图 7-9　电气图

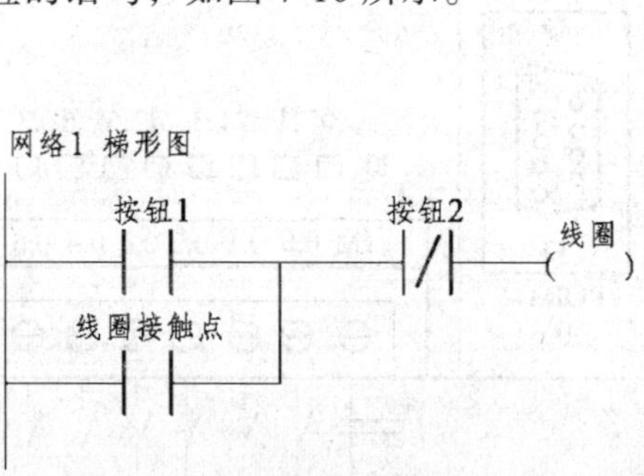

图 7-10　梯形图

（4）编译和下载。

在 STEP-Micro/WIN32 中编辑的程序必须编译成 S7-200CPU 能认识的机器指令，才能下载到 S7-200CPU 内运行。

① 使用菜单“PLC”—“编译”和 PLC 全部编译命令，或者用工具栏按钮或执行编译功能。编译完成后在信息窗口会显示相关的结果，以便于修改。

② 使用菜单“文件”—“下载”，或按工具栏按钮执行下载。

（5）运行和调试程序。

① 将 S7-200CPU 上的状态开关拨到 RUN 位置，CPU 上的黄色 STOP 状态指示灯灭，绿色指示灯亮。

② 在 STEP-Micro/WIN32 软件中使用菜单命令“PLC”—“RUN”和“PLC”—“STOP”，或者工具栏按钮和改变 CPU 的运行状态。

③ 程序在运行时可以用 STEP-Micro/WIN32 软件中工具栏按钮对程序状态进行监控，也可使用状态图进行监控：单击控钮打开状态图表，输入监控的元件进行监控，如图 7-11 所示。

图 7-11　状态图表

4. 操作注意事项

（1）为了保证设备和人员的安全，PLC 的接地端子应可靠接地。

（2）学生在接线时应参照给出图例的要求进行连接，接线完成一定要经教师检查准确后才允许通电运行。

（3）S7-200 采用 0.5 ~ 1.5 mm^2 的导线，导线要尽量成对使用，应将交流线、电流大且变化迅速的直流与弱电信号线分隔开，如果干扰较严重时应设置浪涌抑制设备。

7.6.3　PLC 实现电机控制

1. 实训目的

（1）掌握电机控制的线路的安装知识。

（2）进一步掌握 S7-200 型 PLC 的输入输出配置及外围设备的连接。

（3）进一步掌握 S7-200 型 PLC 的组态软件的应用。

（4）初步认识 PLC 与计算机组成的 1：1PC/PPI 通信网络。

2. 实训器材

本次实训所需器材如表 7-4 所示。

表 7-4 实训器材

设备名称	型号	作用	备注
S7-200系列	CPU224XP AC/DC/RLY	控制器	
电缆	PC/PPI	通信电缆	
电源	220 VAC	PLC电源	
继电器	380 V交流继电器	PLC输出设备	
信号灯	AC220 V	负载	
按钮、导线	按控制线和动力线的要求确定	PLC输入设备	0.5 ~ 2.5 mm^{2}的导线
计算机	预装STEP7-Micro/WIN32编程软件	编写PLC程序	

3. 实训内容与步骤

（1）根据以下主电路安装电气控制线路，如图 7-12 所示。

（2）根据 PLC 的外部接线图接好 PLC 的直流电源、输入的按钮信号、输出的继电器，如图 7-13 所示。（注：图中省去了直流继电器，而将 KM1、KM2 直接接入 PLC 的输出端，实际接线中用直流电继电器进行转换。）

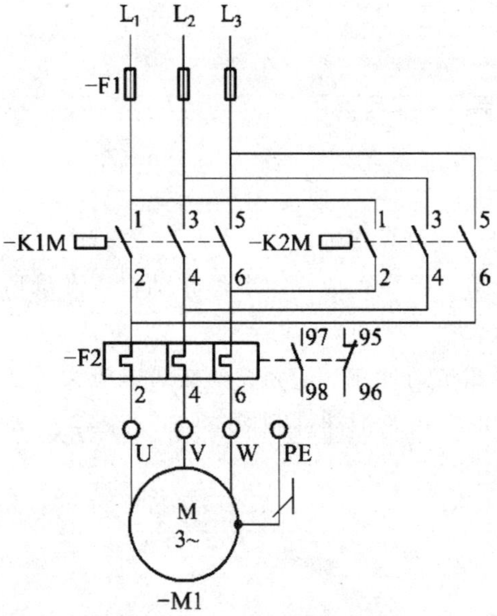

图 7-12 电气控制线路图

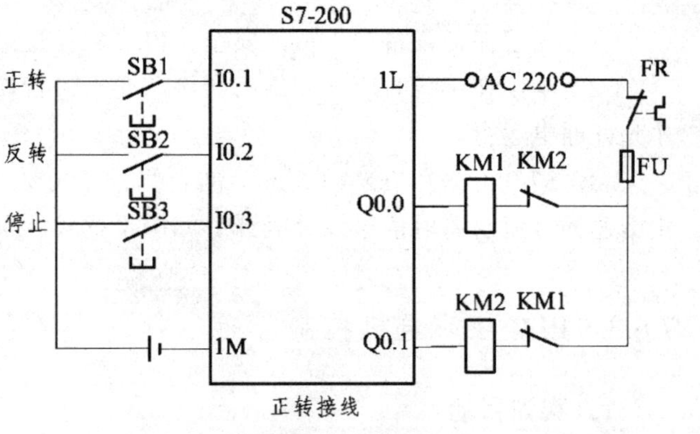

图 7-13 外部接线图

（3）编写程序：利用 STEP-Micro/WIN32 软件编写如下程序

方法一：利用通用的基本指令，梯形图如图 7-14 所示。

方法二：利用 S/R（置位/复位）指令，梯形图如图 7-15 所示。

STEP-Micro/WIN32 我们在后面的实验中要经常用到，对于软件的应用，学生只有自己多去探索才能做到熟练应用。

（4）编译和下载。

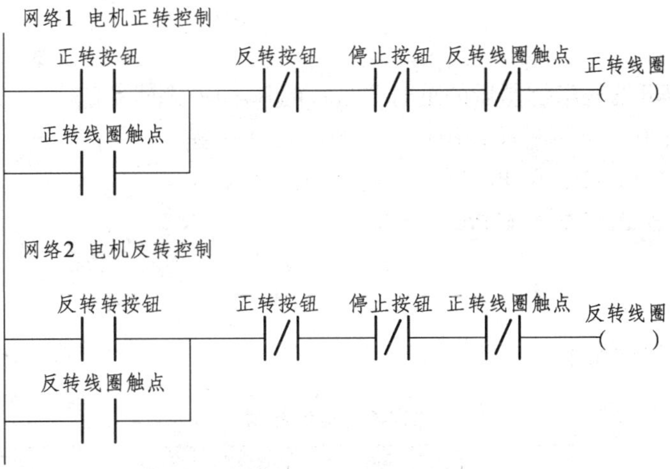

图 7-14　梯形图（利用通指令）

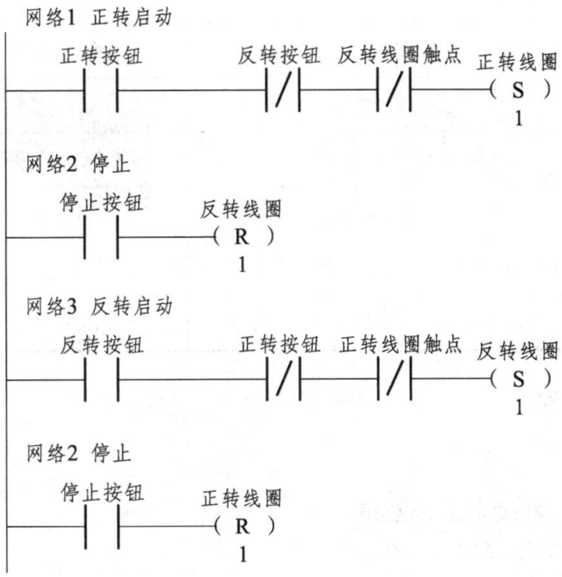

图 7-15　梯形图（利用 S/R 指令）

4. 操作注意事项

（1）电气主电路要检查是否存在短路，确保人身和设备的安全。PLC 的接地端子应可靠接地。

（2）学生在对 PLC 设备接线时应参照给出图例的要求进行连接，接线完成一定要经教师检查，准确后才允许通电运行。

（3）学生在电气接线时要注意电机正反转控制电路的硬件电路要在输出端实现电气线路

的互锁，否则会引起主电路的短路，同时交流接触器线圈的两边并联阻容支路。

7.6.4　延时与计数器控制

1. 实训目的

（1）S7-200 型可编程序控制器的定时器指令的基本应用；
（2）掌握 S7-200 型可编程序控制器的计数器指令的基本应用；
（3）进一步掌握 S7-200 型 PLC 的组态软件的应用；
（4）进一步掌握 PLC 的基本指令。

2. 实训器材

本次实训所需器材如表 7-5 所示。

表 7-5　实训器材

设备名称	型号	作用	备注
S7-200系列	CPU224XP AC/DC/RLY	控制器	
电缆	PC/PPI	通信电缆	
电源	220 VAC	PLC电源	
继电器	380 V交流继电器	PLC输出设备	
信号灯	AC220 V	负载	
按钮、导线	按控制线和动力线的要求确定	PLC输入设备	0.5～2.5 mm^2的导线
计算机	预装STEP7-Micro/WIN32编程软件	编写PLC程序	

3. 实训内容与步骤

1）简要讲解定时器电路原理

定时值 = 时基*定时器设定的计数值
表 7-6 为定时器的工作规律。

表 7-6　定时器的工作规律

定时器数型	当前值≥设定值	IN 输入接通	IN 输入断开	上电周期/首次扫描
TON	定时器位 ON，当前值连续计数到 32767	当前值对时间间隔计数，定时器工作	定时器 OFF，当前值 = 0	定时器位 OFF 当前值 = 0
TONR	定时器位 ON，当前值连续计数到 32767	当前值对时间间隔计数，定时器工作	定时器位和当前值保持最后状态	定时器位 OFF 当前值保持 1
TOF	定时器位 OFF，当前值 = 设定值，停止计数	定时器位 ON 当前值 = 0，定时器工作	发生 ON 到 OFF 的跳变之后，定时器开始计数	定时器位 OFF 当前值 = 0

2）编写定时器程序

（1）通电延时定时电路，梯形图如图 7-16 所示。

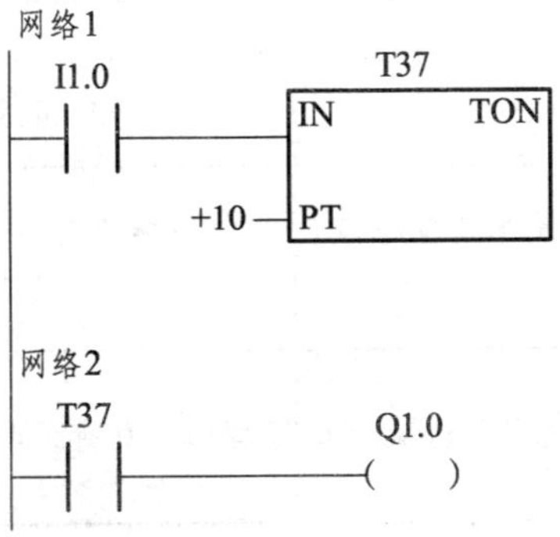

图 7-16　通电延时定时电路梯形图

定时器 T37 时基为 100 ms，设定值为 10，实际延时时间为 1 s。

（2）断电延时定时电路，梯形图如图 7-17 所示。

（3）保持型定时器电路，梯形图如图 7-18 所示。

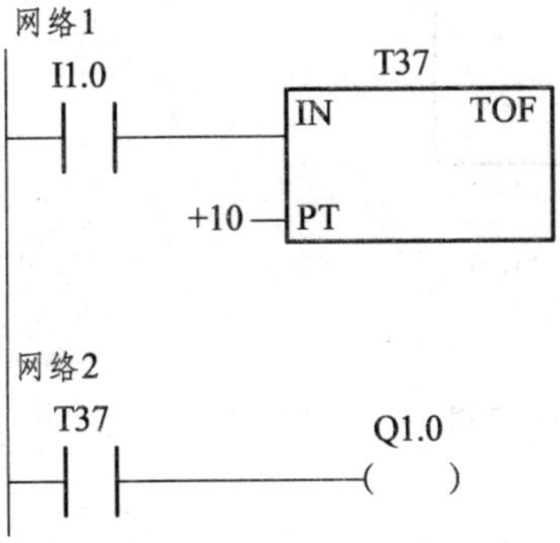

图 7-17　断电延时定时电路梯形图

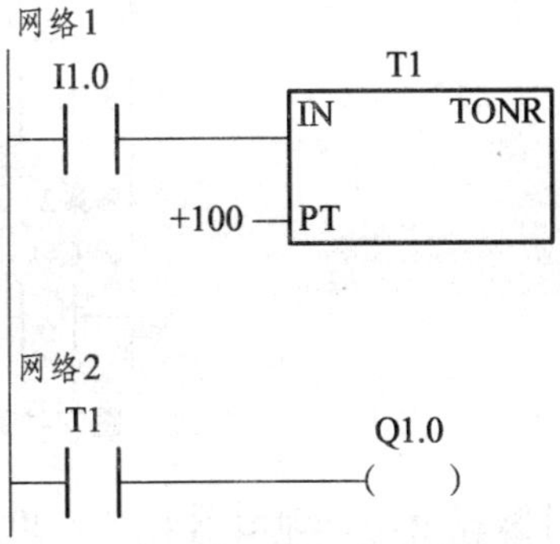

图 7-18　保持型定时器电路梯形图

3）下载并运行以上程序

分析程序执行的情况并将结果记录于表 7-7 中。

表 7-7　执行的情况记录表

序号	电路类型	输入点 I1.0 为 ON	Q1.0 的结果	定时器常开触点	定时器的位
1	通电延时定时电路				
2	断电延时定时电路				
3	保持型定时器电路				

4）简要讲解计数器电路原理

表 7-8 为计数器的工作规律。

表 7-8　计数器的工作规律

类型	操作	计数器位	上电周期/首次扫描
CTU	CU 使当前值递增，当前值持续递增直至 32767	当前值≥设定值时，计数器位接通	计数器位关断
CTUD	CU 使当前值递增，CD 使当前值递减，R 使当前值复位	当前值≥设定值时，计数器位接通	计数器位关断
CTD	CD 使当前值递减，直到当前值减为 0	当前值 = 0 时，计数器位接通	计数器位关断

5）编写计数器程序

（1）加计数器电路，梯形图如图 7-19 所示。

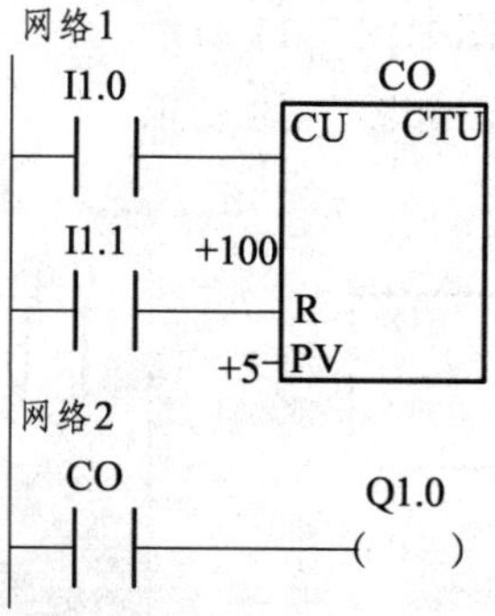

图 7-19　加计数器电路

（2）减计数器电路，梯形图如图 7-20 所示。

（3）加减计数器电路，梯形图如图 7-21 所示。

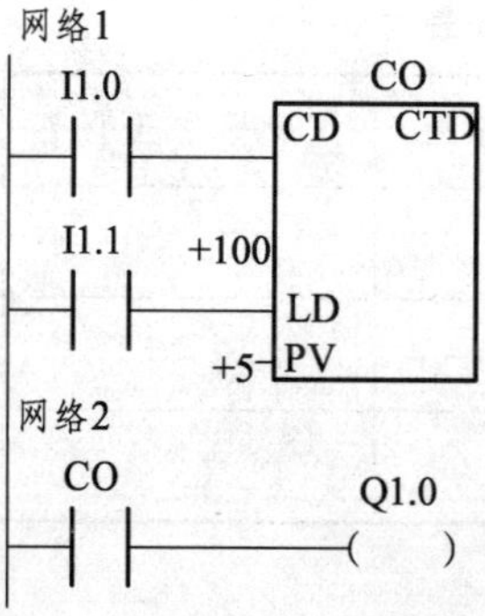

图 7-20　减数器电路梯形图

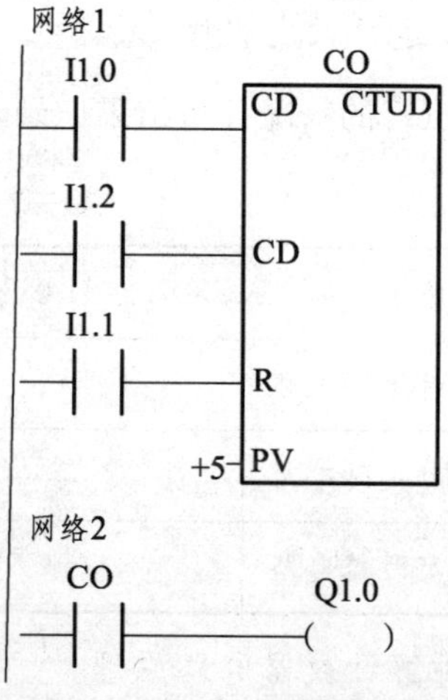

图 7-21　加减计数器电路梯形图

6）下载并运行以上程序

分析程序执行的情况并将结果记录于表 7-9 中。

表 7-9　执行的情况记录表

序号	电路类型	输入点 I1.0 通断	输入点 I1.1 接通	输入点 I1.2 接通	Q1.0 的结果	计数器的当前值	计数器的位
1	加计数器电路						
2	减计数器电路						
3	加减计数器电路						

4. 操作注意事项

（1）编写程序时一定要注意掌握定时器、计数器的工作原理，只有在此基础上才能驾驭程序的设计。

（2）对于表格所要求填写的结论一定要注意观察实际结果并在此基础上进行总结后完成。接线完成后一定要经教师检查，准确后才允许通电运行。

（3）定时器电路和计数器电路是 PLC 程序设计中重要的基础电路，在实际训练中一定要善于总结结果，多练、多想、多实践才能运用自如。

7.6.5　启动控制

1. 实训目的

（1）掌握定时器程序的设计方法。

（2）熟悉经验设计法。

2. 实训器材

本次实训所需器材如表 7-10 所示。

表 7-10　实训器材

设备名称	型号	作用	备注
S7-200 系列	CPU224XP AC/DC/RLY	控制器	
电缆	PC/PPI	通信电缆	
直流电源	DC 24 V 额定电流 1 A	PLC 电源	
继电器	24 V 直流继电器	PLC 输出设备	
信号灯	AC220 V	负载	
按钮、导线	按控制线和动力线的要求确定	PLC 输入设备	0.5 ~ 1.5 mm^2 的导线
计算机	预装 STEP7-Micro / WIN32 编程软件	编写 PLC 程序	

3. 实训内容与步骤

绕线式异步电动机串电阻降压启动，通过三步运行。当按 S1 键（通电）时，电动机通过 3 个电阻连接成一个整体 R_1、R_2、R_3，接触器 K2、K3 和 K4 分别关断 R_1、R_2、R_3。每次关断延时 5 s，当接触器全部短路 R_1、R_2、R_3时，电动机处于正常运转。按动 S0（断电）按键时，控制停止。当热保护过载 F2 断开后，同样通过程序将电机转动关闭。如图 7-22 所示。

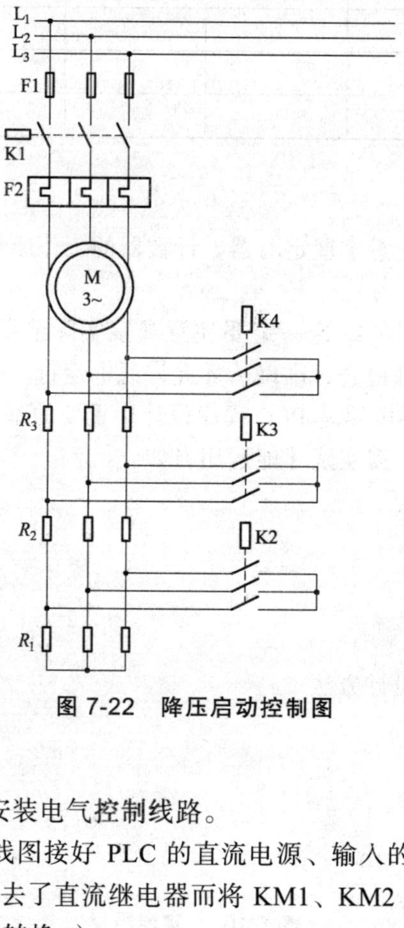

图 7-22 降压启动控制图

具体操作步骤为：

（1）根据图 7-22 主电路安装电气控制线路。

（2）根据 PLC 的外部接线图接好 PLC 的直流电源、输入的按钮信号、输出的继电器，如图 7-23 所示。（注：图中省去了直流继电器而将 KM1、KM2 直接接入 PLC 的输出端，实际接线中用直流电继电器进行转换。）

（3）编写程序：利用 STEP-Micro/WIN32 软件编写程序，梯形图如图 7-24 所示。

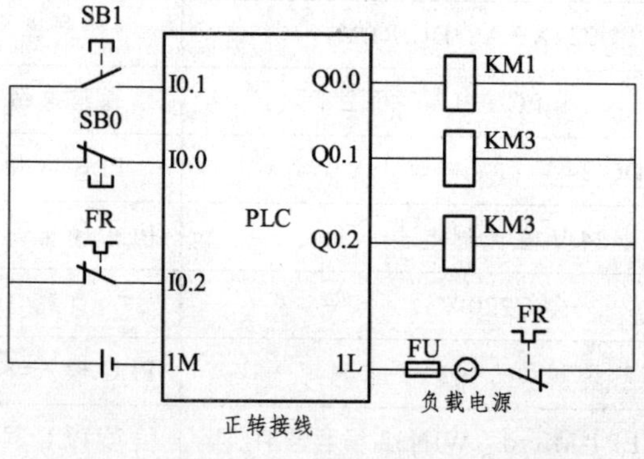

图 7-23 降压启动控制 PLC 的外部接线图

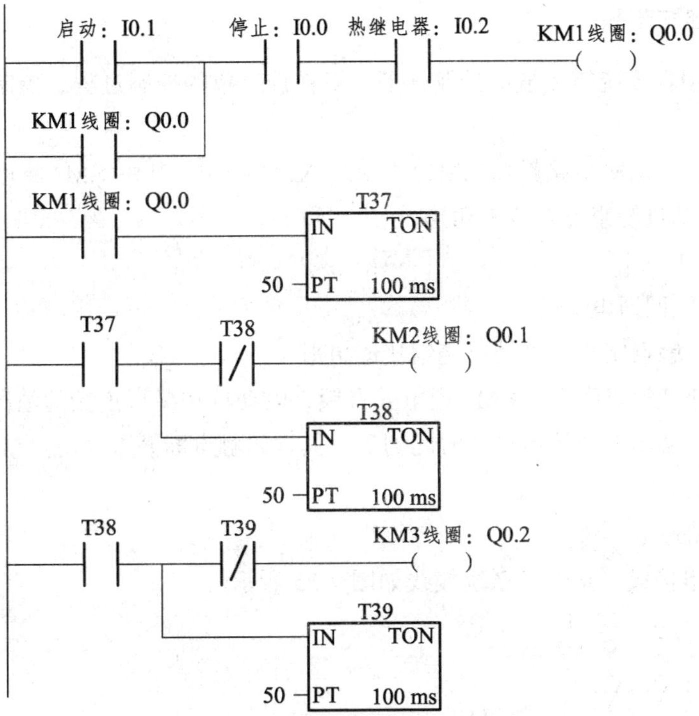

图 7-24　降压启动控制梯形图

7.6.6　大功率电动机的星-三角减压启动控制

1. 实训目的

掌握用 PLC 设计继电接触器式的控制线路。

2. 实训器材

本次实训所需器材如表 7-11 所示。

表 7-11　实训器材

设备名称	型号	作用	备注
S7-200系列	CPU224XP AC/DC/RLY	控制器	
电缆	PC/PPI	通信电缆	
电源	220 VAC	PLC电源	
继电器	380 V交流继电器	PLC输出设备	
信号灯	AC220 V	负载	
按钮、导线	按控制线和动力线的要求确定	PLC输入设备	0.5～2.5 mm^2的导线
计算机	预装STEP7-Micro/WIN32编程软件	编写PLC程序	

3. 实训内容与步骤

控制要求：根据系统需完成的控制任务，对被控对象的控制过程、控制规律、功能和特性进行详细分析。

继电器控制：电动机由接触器 KM1、KM2、KM3 控制，其中 KM3 将电动机绕组连接成星形，KM2 将电动机绕组连接成三角形。

按下 SB2：

（1）KM3 的线圈通电。

① KM3 的主触点闭合→电动机绕组接成星形。

② KM3 的辅助触点闭合→KM1 通电并自锁，电动机在星形连接的情况下，启动起来。

（2）时间继电器 KT 开始计时（时间到）→其常闭触点断开。

① KM3 线圈断电。

② KM2 线圈通电。

将电动机绕组接成三角形。系统接线如图 7-25 所示。

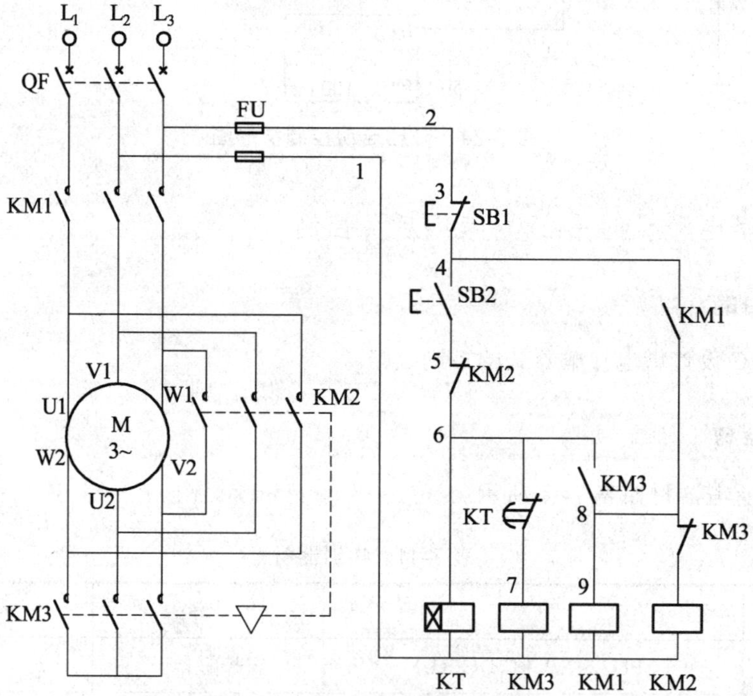

图 7-25　Y-△减压启动控制电路

（3）分配 I/O 点数，绘制 I/O 接线图。

I/O 点数分配如表 7-12 所示。

I/O 接线图如图 7-26 所示。

（4）设计控制程序。

程序设计如图 7-27 所示。

表 7-12　I/O 点数分配表

输入			输出		
SB1	I0.1	停止	KM1	Q0.1	接触器 1
SB2	I0.2	启动	KM2	Q0.2	接触器 2
			KM3	Q0.3	接触器 3

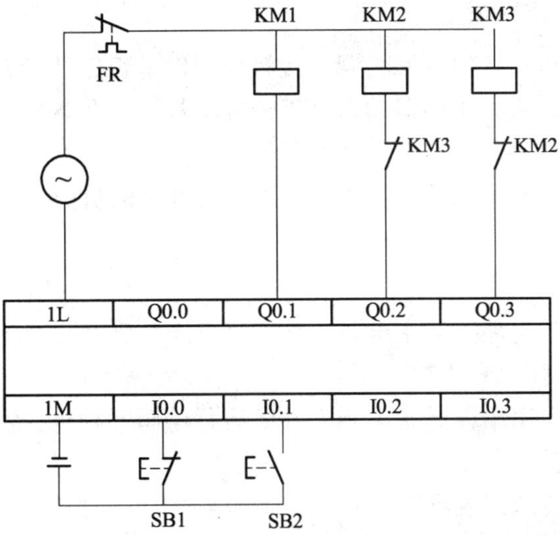

图 7-26　Y-Δ减压启动控制 PLC 的外部接线图

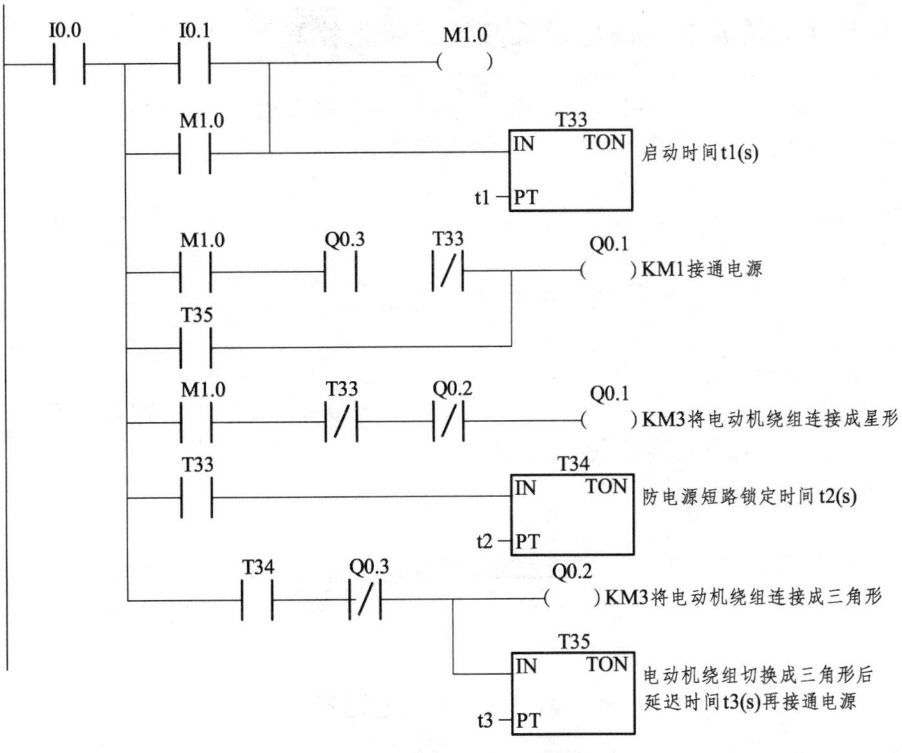

图 7-27　Y-Δ减压启动控制梯形图

注意：KM2 与 KM3 不能同时吸合，否则将产生电源短路。

在程序设计时，应考虑由星形向三角形切换的时间，即当电动机绕组从星形切换到三角形时，由 KM3 完全断开（包括灭弧时间）到 KM2 接通这段时间应锁定住，来消除电源短路。用 T34 定时器使 KM3 断电 2 s 后再让 KM2 通电，保证 KM3、KM2 不同时接通，避免电源相间短路。定时器 T33、T34、T35 的延时时间 t1、t2、t3 可根据电动机启动电流的大小、所用接触器的型号，通过实验调整，选定合适的数值。t1、t2、t3 的值过长或过短均对电动机启动不利。

合上电源后，按下启动按钮 SB2，观察接触器动作是否正常，Y-△转换接触器动作是否正常。按停止按钮 SB1，观察接触器动作是否正常。若不符合要求，则可对硬件和程序做调整。通常只需修改部分程序即可达到调整的目的。

（5）程序调整，通常只需修改部分程序即可达到调整的目的。

4. 操作注意事项

（1）首先按照所设计电路安装主电路，其安装方法及要求与继电接触式电路相同，然后按照 I/O 接线图安装控制电路。

（2）将设计好的程序用编程器输入 PLC 中，进行编辑和检查。如果发现问题，立即修改和调整程序，直到满足控制要求。

（3）调试好的程序传送到现场使用的 PLC 存储器中，这时可先不带负载，只带上接触器线圈、信号灯等进行调试。

7.6.7 具有点动调整功能的电动机启动、停止控制

（1）具体考核要求：按照电气安装规范，依据图 7-28 主电路和绘制的 I/O 接线图正确完成 PLC 控制电动机位置控制线路的安装、接线和调试。

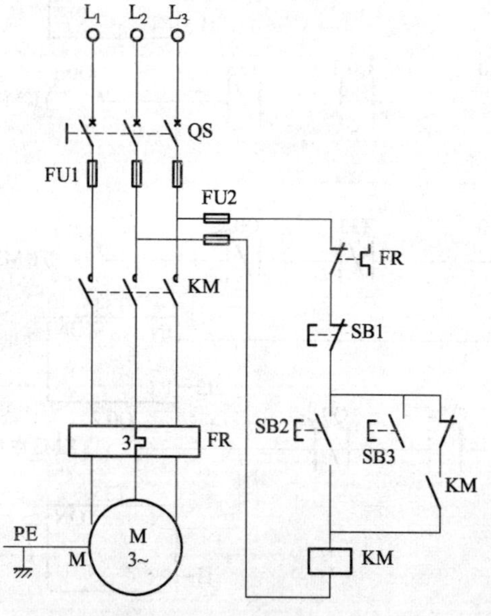

图 7-28 具有点动调整功能的电动机启动、停止控制电路图

I/O 分配表如表 7-13 所示。

表 7-13　I/O 分配表

输入			输出		
SB1	I0.0	停止	KM	Q0.1	接触器
SB2	I0.1	启动			
SB3	I0.2	点动			

（2）电动机启、停、点动控制 PLC 接线图如图 7-29 所示。

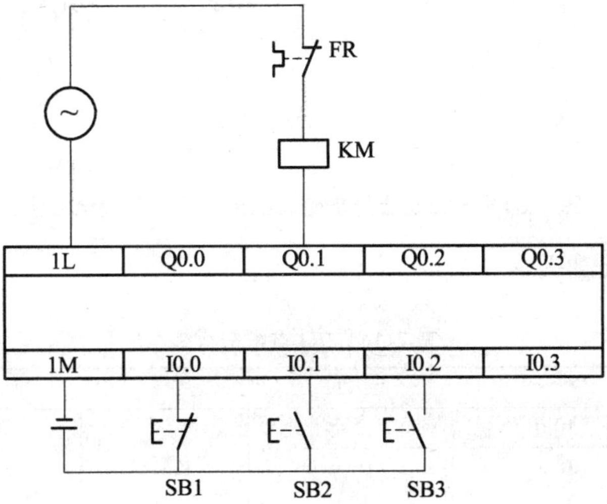

图 7-29　电动机启、停、点动控制 PLC 的外部接线图

（3）电动机启、停、点动控制梯形图如图 7-30 所示。

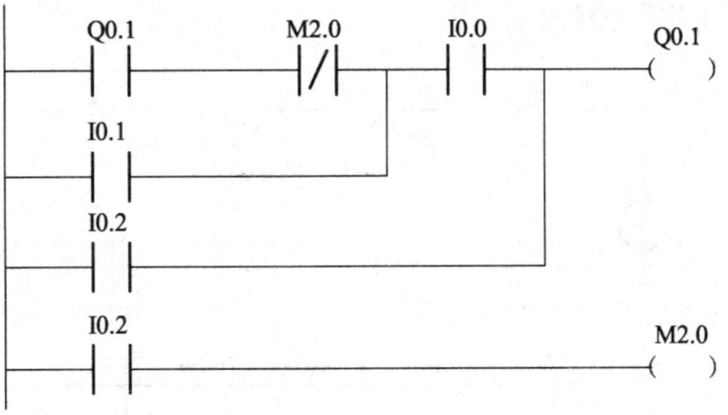

图 7-30　电动机启、停、点动控制梯形图

7.6.8　三相交流异步电动机位置控制装调

（1）具体考核要求：按照电气安装规范，依据图 7-31 所示所示主电路和绘制的 I/O 接线图正确完成 PLC 控制电动机位置控制线路的安装、接线和调试。

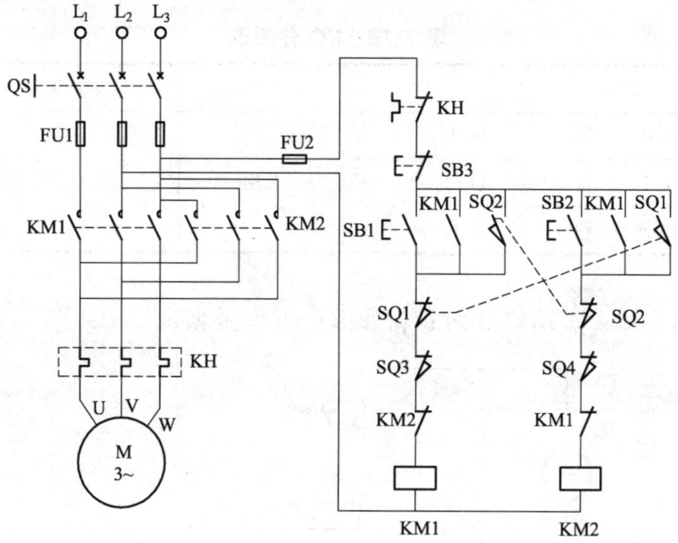

图 7-31　三相交流异步电动机位置控制装调电路图

（2）I/O 点数分配如表 7-14 所示。

表 7-14　I/O 点数分配表

输　入			输　出		
SB1	I0.0	正转	KM1	Q0.1	接触器 1
SB2	I0.1	反转			
SB3	I0.2	停止			
SQ1	I0.3	限位开关	KM2	Q0.2	接触器 2
SQ2	I0.4	限位开关			

（3）PLC 接线图如图 7-32 所示。

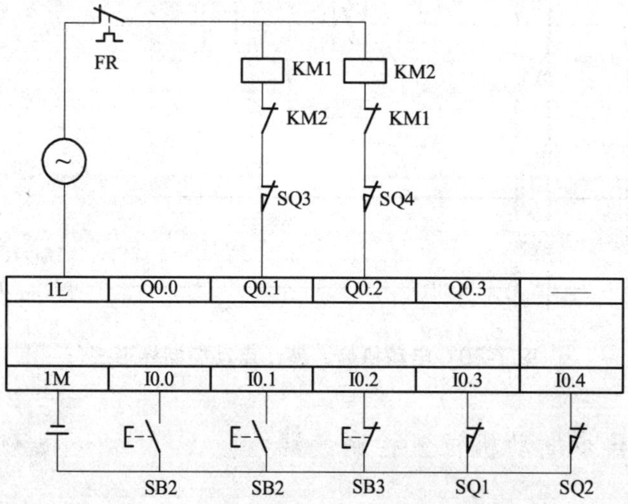

图 7-32　I/O 接线图

（4）三相交流异步电动机位置控制装调梯形图如图 7-33 所示。

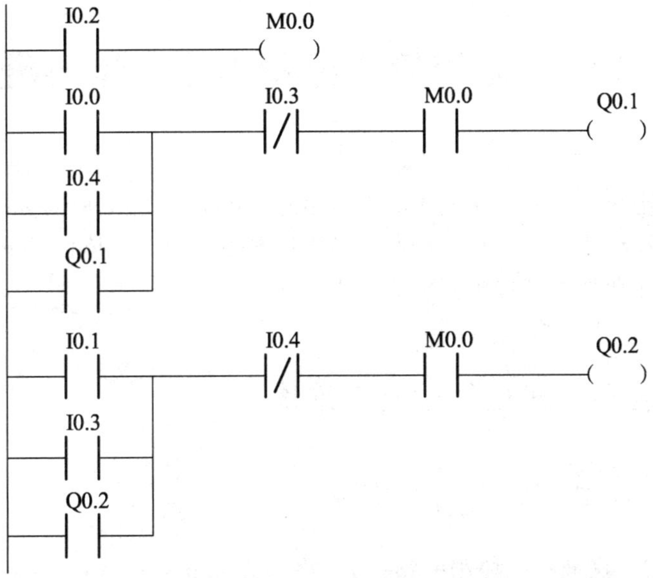

图 7-33　三相交流异步电动机位置控制装调梯形图

第 8 章 典型机床控制电路分析与维修

典型机床控制电路是厂矿企业常用的典型电路，学会分析这些电路，有利于对设备进行维修维护。现代新型机床控制电路和经典典型电路基本一致，具体请参见由厂家提供的相应型号的技术文件，按照技术文件维修手册要求操作。

8.1 CA6140 普通车床电气控制与维修

8.1.1 CA6140 型卧式车床的电气控制

CA6140 型卧式车床的电气控制电路，如图 8-1 所示。

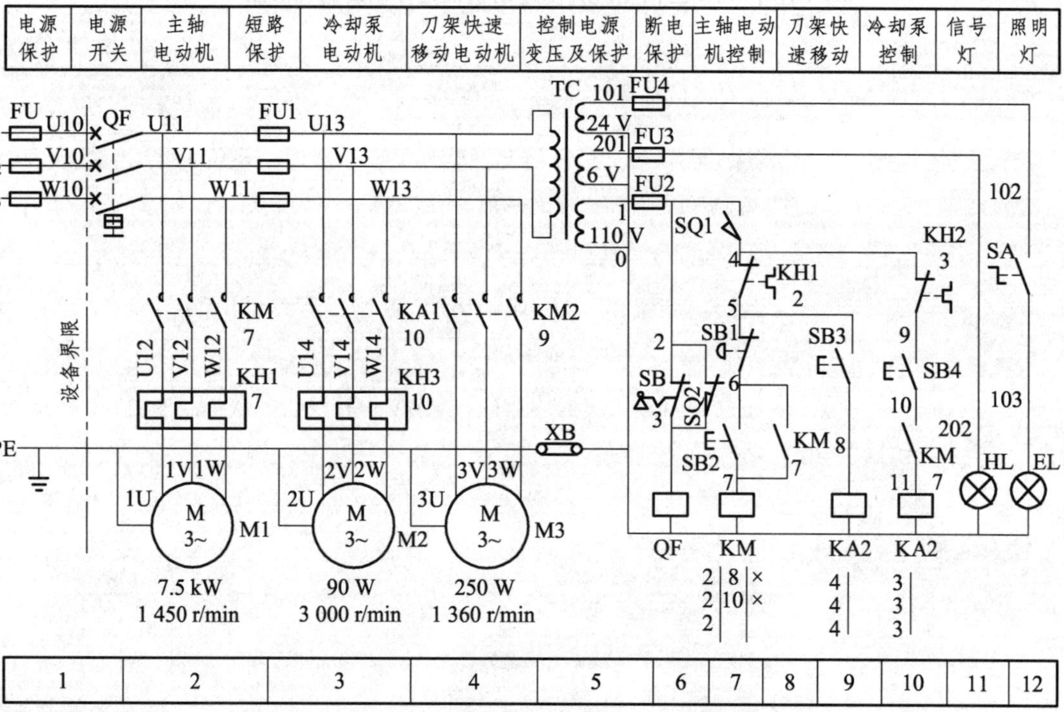

图 8-1 CA6140 型卧式车床的电气控制电路

8.1.2 中小型车床对电气控制的要求

（1）主拖动电动机一般选用三相笼型异步电动机，为满足调速设计要求，采用机械变速，主轴要求正、反转。对于小型车床主轴的正反转由拖动电动机正反转来实现；当拖动电动机容量较大时，可由摩擦离合器来实现主轴正反转，电动机只做单向旋转。一般中小型车床的主轴电动机均采用直接启动。当电动机容量较大时，常采用 Y-△降压启动。停车时为实现快速停车，一般采用机械或电气制动。

（2）切削加工时，刀具与工件温度较高时需要用切削液进行冷却。为此切削加工时设有一台冷却泵电动机，且与主轴电动机有着联锁关系，即冷却泵电动机应在主轴电动机启动后方可选择启动与否；当主轴电动机停止时，冷却泵电动机便立即停止。

（3）快速移动电动机采用点动控制，单方向旋转，靠机械结构实现不同方向的快速移动。

（4）应具有必要的保护环节、安全可靠的照明电路及信号指示。

8.1.3　CA6140 电气控制电路分析

1. 主电路分析

主电路中共有三台电动机，图中 M1 为主轴电动机，用以实现主轴旋转和进给运动；M2 为冷却泵电动机；M3 为溜板快速移动电动机。M1、M2、M3 均为三相异步电动机，容量均小于 10 kW，全部采用全压直接启动，皆有交流接触器控制单向旋转。

M1 电动机由启动按钮 SB1，停止按钮 SB2 和接触器 KM1 构成电动机单向连续运转控制电路。主轴的正反转由摩擦离合器改变传动来实现。

M2 电动机是在主轴电动机启动之后，通过扳动冷却泵控制开关 SA1 来控制接触器 KM2 的通断，实现冷却泵电动机的启动与停止。由于 SA1 开关具有定位功能，故不需自锁。

M3 电动机由装在溜板箱上的快慢速进给手柄内的快速移动按钮 SB3 来控制 KM3 接触器，从而实现 M3 的点动。操作时，先将快速进给手柄扳到所需移动方向，再按下 SB3 按钮，即实现该方向的快速移动。

三相相电源通过转换开关 QS1 引入，FU1 和 FU2 作短路保护。主轴电动机 M1 由接触器 KM1 控制启动，热继电器 FR1 为主轴电动机 M1 的过载保护。冷却泵电动机 M2 由接触器 KM2 控制启动，热继电器 FR2 为它的过载保护。溜板快速移动电机 M3 由接触器 KM3 控制启动。

2. 控制电路分析

控制回路的电源由变压器 TC 副边输出 110 V 电压提供，采用 FU3 作短路保护。

（1）主轴电动机的控制：按下启动按钮 SB2，接触器 KM1 的线圈获电动作，其主触头闭合，主轴电动机 M1 启动运行。同时 KM1 的自触头和另一副常开触头闭合。按下停止按钮 SB1，主轴电动机 M1 停车。

（2）冷却泵电动机控制：如果车削加工过程中，工艺需要使用冷却液时，合上开关 QS2，在主轴电动机 M1 运转情况下，接触器 KM1 线圈获电吸合，其主触头闭合，冷却泵电动机获电运行。由电气原理图可知，只有当主轴电动机 M1 启动后，冷却泵电动机 M2 才有可能启动，当 M1 停止运行时，M2 也就自动停止。

（3）溜板快速移动的控制：溜板快速移动电动机 M3 的启动由安装在进给操纵手柄顶端

的按钮 SB3 来控制，它与中间继电器 KM3 组成点动控制环节。将操纵手柄扳到所需要的方向，压下按钮 SB3，继电器 KM3 获电吸合，M3 启动，溜板就向指定方向快速移动。

3. 照明、信号灯电路分析

控制变压器 TC 的副边分别输出 24 V 和 6 V 电压，作为机床低压照明灯和信号灯的电源。EL 为机床的低压照明灯，由开关 SA 控制；HL 为电源的信号灯，采用 FU4 作短路保护。

8.1.4 电路的保护环节

（1）电路电源开关是带有开关锁 SA2 的断路器 QS1。机床接通电源时需用钥匙开关操作，再合上 QS，增加了安全性。需要送电时，先用开关钥匙插入 SA2 开关锁中并右旋，使 QS 线圈断电，再扳动断路器 QS 将其合上，此时，机床电源送入主电路 380 V 交流电压，并经控制变压器输出 110 V 控制电路、24 V 安全照明电路、6 V 信号灯电压。断电时，若将开关锁 SA2 左旋，则触头 SA2（03-13）闭合，QS 线圈通电，断路器 QS 断开，机床断电。若出现误操作，QS 将在 0.1 s 内再次自动跳闸。

（2）打开机床控制配电盘壁箱门，自动切除机床电源的保护。在配电盘壁箱门上装有安全行程开关 SQ2，当打开配电盘壁箱门时，安全开关的触头 SQ2（03-13）闭合，将使断路器 QS 线圈通电，断路器 QS 自动跳闸，断开机床电源，以确保人身安全。

（3）机床床头皮带罩处设有安全开关 SQ1，当打开皮带罩时，安全开关触头 SQ1（03—1）断开，将接触器 KM1、KM2、KM3 线圈电路切断，电动机将全部停止旋转，以确保人身安全。

（4）为满足打开机床控制配电盘壁箱门进行带电检修的需要，可将 SQ2 安全开关传动杆拉出，使触头 SQ2（03-13）断开，此时 QS 线圈断电，QS 开关仍可合上。当检修完毕，关上壁箱门后，将 SQ2 开关传动杆复位，SQ2 照常保护起作用。

（5）电动机 M1、M2 由 FU 热继电器 FR1、FR2 实现电动机长期过载保护；断路器 QS 实现全电路的过流、欠电压保护及热保护；熔断器 FU、FU1 ~ FU6 实现各部分电路的短路保护。

此外，还设有 EL 机床照明灯和 HL 信号灯进行刻度照明。

8.1.5 电气控制电路中各元件的选择与技术数据

1. 电动机的选择

M1 主轴电动机：Y 系列电动机具有体积小、重量轻、运行可靠，结构坚固、外形美观、启动性能好、效率高等特点，可达到节能效果。而且其噪声低、寿命长，经久耐用。Y 系列电动机适用于空气中不含易燃、易爆或腐蚀性气体的场所。Y132-4-B3 型号电动机功率为 7.5 kW，频率为 50 Hz，转速为 1 450 r/min，功率因素 $\cos\phi$为 0.85，效率为 87%，堵转转矩为 2.2 N · m，最大转矩为 2.3 N · m，所以此类型电动机符合电路配置，能有效完成工作。

M2 冷却泵电动机：AOB-25 机床冷却泵是一种浸渍式的三相电泵，它由封闭式三相异步电动机与单极离心泵组合而成，具有安装简单方便、运行安全可靠、过负荷能力强、效率高、噪声低等优点，适合作为各种机床输送冷却液、润滑液的动力。此电动机输出功率为 90 W，扬程为 4 m，流量为 25 L/min，出口管径为 1/2 时，能有效配合 M1 电动机使用。

M3 快速移动电动机：AOS5634 功率为 250 W，电压为 380 V，频率为 50 Hz，转速为 1 360 r/min，E 级。

2. 控制变压器的选择

首先查看电源电压、实际用电载荷和地方条件，然后参照变压器铭牌标示的技术数据逐一选择，一般应从变压器容量、电压、电流及环境条件四方面综合考虑，根据用户用电设备的容量、性质和使用时间来确定所需的负荷量，以此来选择变压器容量。

在正常运行时，应使变压器承受的用电负荷为变压器额定容量的 75% ~ 90%。运行中如实测出变压器实际承受负荷小于 50%时，应更换小容量变压器，如大于变压器额定容量应立即更换大变压器。同时，在选择变压器时根据线路电源决定变压器的初级线圈电压值，根据用电设备选择次级线圈的电压值，最好选为低压三相四线制供电。这样可同时提供动力用电和照明用电。对于电流的选择要注意负荷在电动机启动时能满足电动机的要求（因为电动机启动电流要比下沉运行时大 4 ~ 7 倍）。

JBK2-100 VA 机床控制变压器适用交流 50 ~ 60 Hz，输出额定电压不超过 220 V，输入额定电压不超过 500 V，可作为各行业的机械设备，一般电器的控制电源工作照明，信号灯的电源之用。此类控制变压器初级电压为 380 V，次级电压分别为 110 V、24 V、6 V。

3. 熔断器的选择

熔断器的类型根据使用环境、负载性质和各类熔断器的适用范围来进行选择。例如：用于照明电路或小的热负载，可选用 RCIA 系列瓷插式熔断器；在机床控制电路中，较多选用 RL1 系列螺旋式熔断器。

熔断器的额定电压必须大于或等于被保护电路的额定电压；熔断器的额定电流必须大于或等于所装熔体的额定电流。

4. 导线的选择

在安装电器配电设备中，经常遇到导线选择的问题，正确选择导线是十分重要的，如果导线的截面面积选小了，电器负载大易造成电器火灾的后果；如果导线的截面面积选大了，造成成本高、材料浪费。

导线的载流量与导线截面有关，也与导线的材料、型号、敷设方法以及环境温度等因素有关，根据以下数据，主电路选择 BVR-2.5 mm^2 铜芯导线，控制电路选择 BVR-1 mm^2 铜芯导线。

铜线安全载流量（25 °C）：

1 mm^2 铜电源线的安全载流量——6 A。

1.5 mm^2 铜电源线的安全载流量——14 A。

2.5 mm^2 铜电源线的安全载流量——28 A。

4 mm² 铜电源线的安全载流量——35 A。

6 mm² 铜电源线的安全载流量——48 A。

10 mm² 铜电源线的安全载流量——65 A。

16 mm² 铜电源线的安全载流量——91 A。

25 mm² 铜电源线的安全载流量——120 A。

5. 电路中各元件的技术数据

表 8-1 列出了电路中各元件的技术数据。

表 8-1　电路中各元件的技术数据

代号	名称	型号及规格	数量	用途
M1	主轴电动机	Y132 M-4-B3，7.5 kW，1450 r/min	1	主传动用
M2	冷却泵电动机	AOB-25，90 W，3000 r/min	1	输送冷却液用
M3	快速移动电动机	AOS5634，250 W，1360 r/min	1	溜板快速移动用
6R1	热继电器	JR16-20/2D，15.4 A	1	M1 的过载保护
FR2	热继电器	JR16-20/2D，0.32 A	1	M2 的过载保护
FU	熔断器	RL1-10，55×78、35 A	3	总电路短路保护
FU1，FU2	熔断器	RL1-10，55×78、25 A	6	M2、M3 及主电路短路保护
FU3	熔断器	RL1-10，55×78、25 A	2	变压器短路保护
FU4	熔断器	RL1-15，5 A	1	照明电路保护
FU5	熔断器	RL1-15，5 A	1	指示灯电路保护
FU6	熔断器	RL1-15，5 A	1	控制电路保护
KM	交流接触器	CJ20-20，线圈电压 110 V	3	控制 M1
KA1	中间继电器	JZ7-44，线圈电压 110 V	1	控制 M2
KA2	中间继电器	JZ7-44，线圈电压 111 V	1	控制 M3
SB1	按钮	LAY3-01ZS/1	1	停止 M1
SB2	按钮	LAY3-10/3.11	1	启动 M1
SB3	按钮	LA9	1	启动 M3
SB4	按钮	LAY3-10X/2	1	控制 M2
SQ1，SQ2	位置开关	JWM6-11	2	断电保护
HL	信号灯	ZSD-0.6 V	1	照明
QS	断路器	AM2-40，20 A	1	电源引入
TC	控制变压器	JBK2-100，380 V/110 V/24 V/6 V	1	

CA6140 型车床技术参数如表 8-2 所示。

表 8-2　CA6140 型车床技术参数

项　目	单位	规格
床身上最大回转直径	mm	400
刀架上回转直径	mm	210
二顶尖间距离	mm	1000
主轴通孔直径	mm	52；76；80
主轴头形式	—	A6；C8；D8
床身导轨宽度	mm	400
床身导轨硬度	RC	52
主轴转速范围（24）	r/min	10-1400
进给量范围（标准）	mm/r	0.08-1.59
进给量范围（细进给）	mm/r	0.028-0.054
进给量范围（加大进给）	mm/r	1.71-6.33
加工公制螺纹范围（44 种）	mm	1-192
加工英制螺纹范围（20 种）	tpi	24-2
加工模数螺纹范围（39 种）	mm	0.25-48
加工径节螺纹范围（37 种）	DP	96-1
主电机功率	kW	7.5
机床净重	kg	2070
机床轮廓尺寸（长×宽×高）	mm	2668×1000×1267
机床包装尺寸（长×宽×高）	mm	2800×1260×1760

8.1.6　CA6140 车床控制电路故障分析及电路特点

1. 电气控制电路故障分析

CA6140 型车床常见电气故障往往出现在安全开关 SQ1、SQ2 上，由于长期使用，可能出现松动移位，致使打开床头皮带罩时 SQ1（03-1）触电断不开或打开配电盘壁箱门时 SQ2（03-13）不闭合而失去人身安全保护作用。另一个故障是断路器 QS 引起的，当开关锁 SA2 失灵时将会失去保护作用。应检验将开关锁 SA2 左旋时断路器 QS 能否自动跳开，跳开后若又将 QS 合上，经过 0.1 s 后 QS 能否自动跳闸。

2. 控制电路故障表

表 8-3 列出了 CA6140 车床控制电路故障现象、原因及核查方法。

表 8-3 控制电路故障表

故障现象	原因	故障点	检查方法
按下 SQ2 后，启动	停电或断路故障	电源有否电？FU1、FU2、FU、SQ1、FR1、SB1、SB2、KM	查看电源电压表是否熔断用电笔或万用表检测断路点
按下 SB2 后 QS 跳闸	短路故障	M1 绕组击穿或部分击穿 KM 线圈击穿或部分击穿 TC 绕组击穿或部分击穿	万用表查三相绕组 万用表查 KM 线圈，查看是否烧焦
HL 或 EL 不亮	断路或灯泡损坏	SA 不能闭合 HL 或 EL、或 FU3、FU4 熔断	电笔或万用表测量灯座接触是否良好，是否有漏电外，是否熔丝熔断
合上 SB4，M2 不启动	断路故障	FR2、SB4、KM 常开，KA1 线圈	用电笔或万用表检测短路点
合上 QS 就短路	短路故障	TC、KM、KA1、KA2、M1、M2、M3、QS 或绕组	FU 熔断，查 M1、M2、M3，TC、FU1 熔断查看有关线圈和绕组有否烧焦痕迹

3. CA6140 型车床电气控制电路特点

（1）机床由三台电动机拖动，全部单方向旋转，主轴旋转方向的改变、进给方向的改变、快速移动方向的改变都靠机械传动关系来实现。

（2）具有完善的人身安全保护环节：设有带钥匙的电源断路器 QS、机床床头皮带罩处的安全开关 SQ1、机床控制配电箱门上的安全开关 SQ2 等。

8.1.7 电气故障检修的一般步骤

（1）观察和调查故障现象。

电气故障现象是多种多样的。例如：同一类故障可能有不同的故障现象，不同类故障可能有同种故障现象，这种故障现象的同一性和多性，给查找故障带来复杂性。但是，故障现象是检修电气故障的基本依据，是电气故障检修的起点，因而要对故障现象进行仔细观察、分析，找出故障现象中最主要的、最典型的方面，搞清故障发生的时间、地点、环境等。

（2）分析故障原因，确定故障范围。

根据故障现象、分析故障原因是电气故障检修的关键。分析的基础是：电工电子基本理论；电气设备的构造、原理及性能特点；机床设备电气控制系统的组成、作用及工作流程等。某一电气故障产生的原因可能很多，重要的是根据分析要在众多原因中确定引起故障的大致范围。

（3）采用具体的故障检查方法寻找故障点。

在确定的故障范围里，先建立故障检修方案，然后采用各种具体检查方法缩小故障范围，依靠边检查边分析的形式将故障缩小至某一器件是电气故障检修的最终目的和结果。设备的故障点可以是电路的短路点、损坏的元器件，或者是某些运行参数的变异（如电压的波动、三相不平衡等）。

8.1.8　电气故障检修的一般方法

电气故障的检修，一方面要理论联系实际，根据具体故障进行具体分析；另一方面要采用适当的检修方法。

（1）直观法。

通过“问、看、听、模、闻”来发现异常情况，从而来确定故障电路和故障所在部位，这种方法称为直观法。

① 问：向现场操作人员了解故障发生前后的情况。如故障发生前是否过载、频繁启动和停止；故障发生时是否有异常声音和振动；有没有冒烟、冒火等现象。

② 看：仔细查看各种电器元件的外观变化情况。如查看触点是否烧融、氧化，熔断器熔体熔断指示器是否跳出，热继电器是否脱扣，导线和线圈是否烧焦，热继电器整定值是否合适，瞬时动作整定电流是否符合要求等。

③ 听：主要听有关电器在故障发生前后声音是否有差异。如听电动机启动时是否只“嗡嗡”响而不转，接触器线圈得电后是否噪声很大等。

④ 摸：故障发生后，断开电源，用手触摸或轻轻推拉导线及电器的某些部位，以察觉异常变化。如触摸电动机、自耦变压器和电磁线圈表面等，感觉温度是否过高；轻拉导线，看连接是否松动；轻推电器活动机构，看移动是否灵活等。

⑤ 闻：故障出现后，断开电源，将鼻子靠近电动机、自耦变压器、继电器、接触器、绝缘导线等处，闻闻是否有焦味。如有焦味，则表明电器绝缘层已被烧坏，主要原因则是过载、短路或三相电流严重不平衡等。

（2）状态分析法。

发生故障时，根据电气设备所处的状态进行分析的方法，称为状态分析法。电气设备的运行过程可以分解成若干个连续的阶段，这些阶段也可称为状态。任何电气设备都处在一定的状态下工作，如电动机工作过程可以分解成启动、运转、正转、反转、高速、低速、制动、停止等工作状态。电气故障总是发生于某一状态，而在这一状态中，各种元件又处于什么状态，这正是分析故障的重要依据。例如：电动机启动时，哪些元件工作，哪些触点闭合等，因而检修电动机启动故障时就要注意这些元件的工作状态。

（3）图形变换法。

电气图是用以描述电气装置的构成、原理、功能，提供装接和使用维修信息的工具。检修电气故障，常常需要将实物和电气图对照进行。然而，电气图种类繁多，因此需要从故障检修方便出发，将一种形式的图变换成另一种形式的图。其中最常用的是将设备布置接线图变换成电路图，将集中式布置电路图变换成为分开式布置电路图。

8.1.9 电气故障检修技巧

（1）熟悉电路原理，确定检修方案。

当一台设备的电气系统发生故障时，不要急于动手拆卸，首先要了解该电气设备产生故障的现象、经过、范围、原因；熟悉该设备及电气系统的组成和工作原理；掌握各个具体电路的作用和特点；明确电路中各级之间的相互联系以及信号在电路中的来龙去脉；再结合实际经验，经过周密思考，确定一个科学的故障检修方案。

（2）先机损，后电路。

电气设备都以电气与机械原理为基础，特别是机电一体化的先进设备，机械和电子在功能上有机配合，是一个整体的两个部分。往往机械部件出现故障，会影响电气系统，使许多电气部件的功能不起作用。因此不要被表面现象迷惑，电气系统出现故障并不全都是电气本身问题，有可能是机械部件发生故障所造成的。因此先检修机械系统所产生的故障，再排除电气部分的故障，往往会收到事半功倍的效果。

（3）先简单，后复杂。

检修故障要先用最简单易行、自己最拿手的方法去处理，再用复杂、精确的方法。排除故障时，先排除直观、显而易见、简单常见的故障，后排除难度较高、没有处理过的疑难故障。

（4）先检修通病、后疑难杂症。

电气设备经常容易产生的相同类型的故障就是“通病”。由于通病比较常见，积累的经验较丰富，因此可快速排除，这样就可以集中精力和时间排除比较少见、难度高、古怪的疑难杂症。通过简化步骤，来缩小范围，提高检修速度。

（5）先外部调试，后内部处理。

外部是指暴露在电气设备外壳或密封件外部的各种开关、按钮、插口及指示灯。内部是指在电气设备外壳或密封件内部的印制电路板、元器件及各种连接导线。先外部调试，后内部处理，就是在不拆卸电气设备的情况下，利用电气设备面板上的开关、旋钮、按钮等调试检查，缩小故障范围。首先排除外部部件引起的故障，再检修机内的故障，尽量避免不必要的拆卸。

（6）先不通电测量，后通电测试。

首先在不通电的情况下，对电气设备进行检查和测量，然后通电对电气设备进行检修。

对许多发生故障的电气设备检修时，不能立即通电，否则可能会人为扩大故障范围，烧毁更多的元器件，造成不应有的损失。因此，在故障机通电前，先进行电阻测量，采取必要的测量措施后，方能通电检修。

（7）先公用电路，后专用电路。

任何电气系统的公用电路出现故障，其能量、信息就无法传送和分配到各具体专用电路，专用电路的功能、性能就不起作用。如一个电气设备的电源出现故障，整个系统就无法正常运转，向各种专用电路传递的能量、信息就不可能实现。因此，遵循先公用电路、后专用电路的顺序，就能快速、准确地排除电气设备的故障。

（8）总结经验，提高效率。

电气设备出现的故障五花八门、千奇百怪。任何一台有故障的电气设备检修完，都应该把故障现象、原因、检修经过、技巧、心得记录在专用笔记本上。通过学习掌握各种新型电气设备的机电理论知识，熟悉其工作原理，积累维修经验，并将自己的经验上升为理论。在理论指导下，具体故障具体分析，才能准确、迅速地排除故障。

8.2　Z3050 型摇臂钻床电气控制与维修

8.2.1　Z3050 型摇臂钻床介绍

钻床是一种用途广泛的孔加工机床，可用来钻孔、扩孔、绞孔、攻螺纹及修刮端面多种形式的加工。钻床的结构形式很多，有立式钻床、卧室钻床、深孔钻床等。摇臂钻床是一种立式钻床，它用于单件或批量生产中带有多孔大型零件的孔加工，是一般机械加工车间常用的机床，其结构如图 8-2 所示。

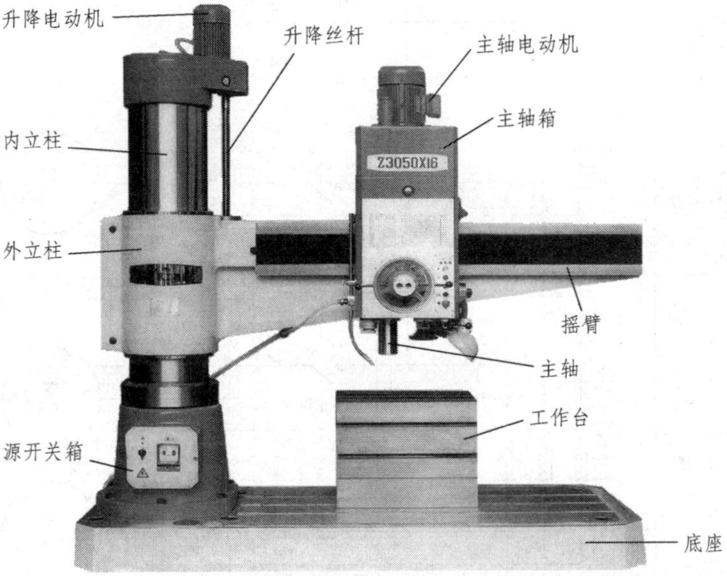

图 8-2　Z3050 型摇臂钻床结构

摇臂钻床主要由底座、内外立座、摇臂、主轴箱和工作台组成。摇臂的一端为套筒，套筒在外立柱上，并借助丝杆的正、反转可沿外立柱上下移动。主轴箱安装在摇臂的水平轨上可通过手轮操作使其在水平导轨上沿摇臂移动。加工时。根据工件高度的不同，摇臂借助于丝杆可带着主轴箱沿外立柱上下升降。在升降之前，应自动将摇臂松开，再进行升降，当达到所需的位置时，摇臂自动夹紧在立柱上。摇臂钻床钻削加工分为工作运动和辅助运动。工作运动包括：主运动（主轴的旋转运动）和进给运动（主轴轴向运动）；辅助运动包括：主轴箱沿摇臂的横向移动，摇臂的回转和升降运动。钻削加工时，钻头一面旋转一面作纵向进给。Z3050 型摇臂钻床电气线路图如图 8-3 所示。

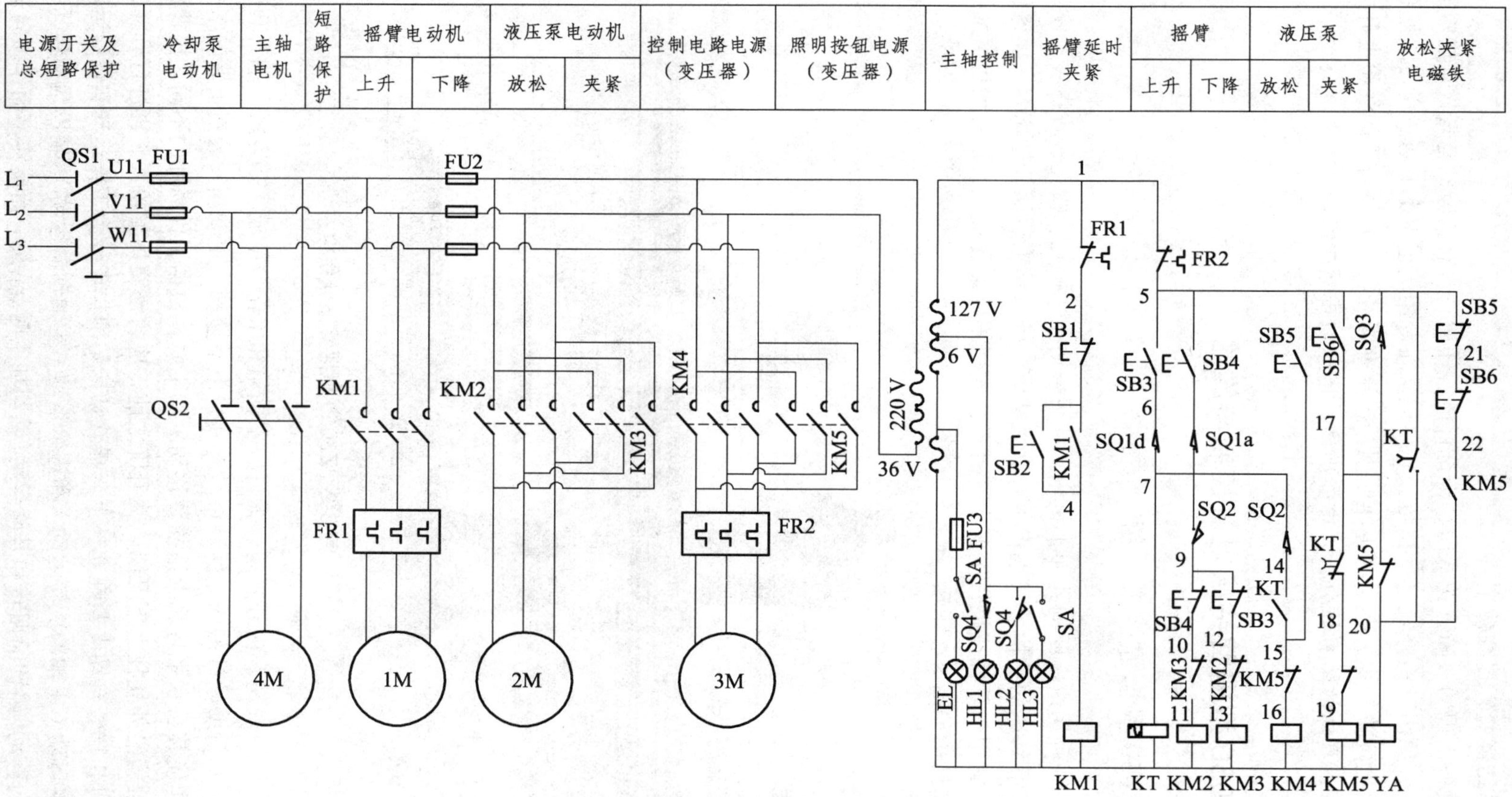

图 8-3 Z3050 型摇臂钻床电气线路图

1. 电机的构造

采用 4 台电动机拖动，分别是主轴电动机 1 M，摇臂升降电动机 2 M，液压泵电动机（即松紧电机）3 M 和冷却泵电动机 4 M。

2. 电机运动方式

（1）主轴电动机 1 M 的运动：为了适应多种形式的加工要求，摇臂钻床主轴的旋转及进给运动有较大的调速范围，一般情况下多由机械变速机构实现。主轴变速机构与进给变速机构均装在主轴箱内。在加工螺纹时，要求主轴能正反转。摇臂钻床主轴正反转一般采用机械方法实现。因此主轴电动机仅需要单向旋转。

主轴操纵机构液压系统：安装在主轴箱内，用以实现主轴正反、停车制动、空挡、预选及变速；

（2）升降电机 2 M 运动方式：摇臂升降由单独的一台电动机 2 M 拖动，要求能实现正反转。

（3）松紧电动机 3 M 运动方式：摇臂的移动严格按照摇臂松开→升降→摇臂夹紧的程序进行。因此摇臂的松紧与摇臂升降按自动控制进行。摇臂的夹紧与放松以及立柱的夹紧与放松由一台松紧电动机 3 M 配合液压装置（电磁阀 YA）来完成，要求这台电动机能正反转，并根据要求采用点动控制。夹紧机构液压系统安装在摇臂背后的电器盒下部，用以夹紧松开主轴箱、摇臂及立柱。

主轴箱和立柱的松、紧是同时进行的，所以在操作的过程中，电磁阀 YV 线圈不吸合，液压泵供出的压力油进入主轴箱和立柱的松开、夹紧油腔，推动松、紧机构实现主轴箱和立柱的松开、夹紧。

（4）冷却泵电动机 4 M 运动方式：钻削加工时，为对刀具及工件进行冷却，需要一台冷却泵电动机拖动冷却泵输送冷却液。

（5）其他：各部分电路之间有必要的保护和联锁环节以及安全照明、信号指示电路。

8.2.2　Z3050 型摇臂钻床电气控制模拟电路说明

（1）转换开关 QS1、QS2 分别用两把闸刀开关代替，以方便安装和配线。

（2）四台电动机（1 M ~ 4 M）分别用作 Y 形连接的四组灯泡代替，并且每组灯泡中的按三相四线制接法：零线接公共中性点 N，火线分别接三相线 U、V、W。若某台电动机缺相，则该相灯泡不亮，其他灯泡发光正常。

（3）模拟电路中的放松、夹紧液压电磁阀线圈 YA 用灯泡代替，灯亮则表示线圈 YA 通电，电磁阀打开，液压工作；灯灭则表示线圈 YA 断电，电磁阀关闭，液压不工作。

（4）模拟电路中的位置开关（行程开关 SQ1 ~ SQ4）全部采用手动复位方式，机床运动和电气控制的自动配合改为手动操作来实现。

（5）主电路到电机（灯泡）通过接线桩连接，按钮到各控制元件通过接线桩连接。

8.2.3 Z3050 型摇臂钻床电气控制模拟电路操作及功能显示

1. 模拟电路中各元件的名称及功能

1）闸刀 QS

QS1：电源总闸刀，控制模拟电路板的通电；
QS2：冷却泵 4 M 控制闸刀，控制 4 M 通电；

2）保　险

FU1：电路总保险，整个模拟电路板短路保护；
FU2：升降、松紧电机总保险，升降、松紧电机短路保护。
FU3：机床照明灯短路保护。

3）交流接触器

KM1：控制主轴电动机 1 M 运转；
KM2：控制摇臂电动机 2 M 正转，使摇臂上升；
KM3：控制摇臂电动机 2 M 反转，使摇臂下降；
KM4：　控制液压泵电动机 3 M 正转，使摇臂放松；
KM5：控制液压泵电动机 3 M 反转，使摇臂夹紧电磁阀线圈。

4）热继电器

FR1：主轴电机 1 M 热保护；
FR2：松紧电机 3 M 热保护。

5）变压器

TC：初级输入 380 V；次级输出 127 V；供二次电路接触器、时间继电器、36 V 供机床照明；6 V 供按钮指示灯

6）按　钮

SB1：主轴电动机 1 M 停止按钮；
SB2：主轴电动机 1 M 启动按钮；
SB3：摇臂电动机 2 M 上升控制按钮；
SB4：摇臂电动机 2 M 下降控制按钮；
SB5：立柱、主轴箱电动机 3 M 放松按钮；
SB6：立柱、主轴箱电动机 3 M 夹紧按钮。

7）行程开关

SQ1a：摇臂电动机 2 M 上升时的上限位开关；
SQ1b：摇臂电动机 2 M 下降时的下限位开关；
SQ2：摇臂放松行程开关；
SQ3：主轴箱限位开关；

SQ4：松紧按钮指示灯的控制。

8）时间继电器

KT：松紧控制的瞬时与延时断开与闭合。

9）电磁阀

YA：松紧控制二位三通电磁阀，电磁阀关闭与打开，使液压油流入摇臂夹紧、放松油腔。

2. 操作前的准备情况

（1）通电闸刀 QS1、QS2 处于拉闸断开状态。

（2）所有位置行程开关 SQ1 ~ SQ4 处于复位状态，即朝着操作者方向。每项功能操作完毕，全部器件要求复位。

（3）插上三相四线制电源插头。

3. 操作步骤及功能显示

1）合上电源总闸刀 QS1，机床摇臂与立柱处于自动夹紧状态：

KM5 吸合→3 M 灯亮→M3 反转夹紧，电磁阀线圈 YA 通电→YA 灯亮→电磁阀打开→液压工作。

2）扳动机床照明开关 SA→照明灯 EL 亮。

3）主轴电机 M1 工作：

① 按主轴启动按钮 SB2→KM1 吸合（自锁）→1 M 灯亮（按钮指示灯 HL3 点亮）→主轴电机 1 M 工作

② 主轴停止按钮 SB1→KM1 释放→1 M 灯亮灭（按钮指示灯 HL3 熄灭）→主轴电机 1 M 停

4）冷却泵电机 M4 工作：

合上控制闸刀 QS2→4 M 灯亮→冷却泵电机 M4 工作

拉断控制闸刀 QS2→4 M 灯灭→冷却泵电机 M4 停止

5）摇臂上升控制：松→升→紧。

按住上升按钮 SB3 →
- ①KM5延时释放→3 M灯灭→松紧电机3 M反转停→摇臂夹紧延时释放
- ②KM4吸合→3 M灯亮→松紧电机正转3 M工作→摇臂对立柱放松
- ③夹紧至放松中电磁阀线圈 YA通电→YA灯亮→电磁阀打开→液压工作

① 摇臂上升：

扳动放松限位行程开关 SQ2 →
- ①KM4释放→3 M灯灭→松紧电机正转3 M停→放松停止
- ②KM2吸合→2 M灯亮→升降电机正转2 M工作→摇臂上升
- ③上升中电磁阀线圈 YA通电→YA灯亮→电磁阀打开→液压工作

② 上升到位：上升停，并放松→夹紧。

扳动上升限位行程开关 SQ1a →
- ① KM2释放→2 M灯灭→升降电机正转2 M停→摇臂上升停
- ② KM5延时吸合→3 M灯亮→松紧电机3 M反转→摇臂延时夹紧
- ③ 夹紧中电磁阀线圈 YA通电→YA灯亮→电磁阀打开→液压工作

6）松开上升按钮 SB3。

说明：上升中也可上升到任意位置停（不扳动上升限位行程开关 SQ1a），直接在 2）后松开上升按钮 SB3，同样执行②的功能及显示。

7）摇臂下降控制：松→降→紧。

① 摇臂对立柱由夹紧→放松。

扳动上升限位行程开关 SQ1a →
- ①KM2释放→2 M灯灭→升降电机正转2 M停→摇臂上升停
- ②KM5延时吸合→3 M灯亮→松紧电机3 M反转→摇臂延时夹紧
- ③夹紧中电磁阀线圈 YA通电→YA灯亮→电磁阀打开→液压工作

按住下降按钮 SB4 →
- ①KM5延时释放→3 M灯灭→松紧电机3 M反转停→摇臂夹紧延时释放
- ②KM4吸合→3 M灯亮→松紧电机正转3 M工作→摇臂对立柱放松
- ③夹紧至放松中电磁阀线圈 YA通电→YA灯亮→电磁阀打开→液压工作

② 摇臂下降。

扳动放松限位行程开关 SQ2 →
- ①KM4释放→3 M灯灭→松紧电机正转3 M停→放松停止
- ②KM3吸合→2 M灯亮→升降电机反转2 M工作→摇臂下降
- ③下降中电磁阀线圈 YA通电→YA灯亮→电磁阀打开→液压工作

③ 下降到位：下降停，并放松→夹紧。

扳动下降限位行程开关 SQ1b →
- ①KM2释放→2 M灯灭→升降电机反转2 M停→摇臂下降停
- ②KM5延时吸合→3 M灯亮→松紧电机3 M反转→摇臂延时夹紧
- ③夹紧中电磁阀线圈 YA通电→YA灯亮→电磁阀打开→液压工作

8）松开下降按钮 SB3。

说明：下降中也可下降到任意位置停（不扳动下降限位行程开关 SQ1b），直接在②后松开下降按钮 SB4，同样执行③的功能及显示。

9）主轴箱和立柱松、紧的点动控制。

① 扳动自动夹紧与电磁阀控制行程开关 SQ3 →
- ①KM5释放→松紧电机3 M反转停→夹紧释放
- ②电磁阀线圈YA断电→YA灯灭→电磁阀关闭→液压停止工作。

② 按住点动放松按钮 SB5→KM4 吸合→3 M 灯亮→松紧电机正转 3 M 工作→主轴箱和立柱的松开。

点动放松指示灯信号：扳动行程开关 SQ4→SB5 指示灯 HL1 灯亮。

③ 按住点动夹紧按钮 SB6→KM5 吸合→3 M 灯亮→松紧电机反转 3 M 工作→主轴箱和立柱的夹紧

④ 点动夹紧指示灯信号：扳动行程开关 SQ4→SB6 指示灯 HL1 灯亮。

4. Z3050 型摇臂钻床电气控制模拟电路原理

1）合上电源总闸刀 QS1，机床摇臂与立柱处于自动夹紧状态：

合上电源总闸刀 QS1 →
- ①KM5吸合→3 M灯亮→M3反转夹紧→127 V→FR2→SQ3→KT→KM4→KM5线圈
- ②KM5（17-20）分断→YA线圈断电
- ③KM5（22-20）吸合→127 V→FR2→SB5→SB6→KM5→YA线圈→YA灯亮→电磁阀打开→液压工作

2）扳动机床照明开关 SA→照明灯 EL 亮：

36 V→FU3→SA→EL→照明灯 EL 亮

3）主轴电机 M1 工作：

① 按主轴启动按钮 SB2：

按主轴启动按钮SB2
- ①KM1三相主触头吸合→1 M电机转动→1 M灯亮→127 V→FR1→SB1→SB2（合）→KM1线圈
- ②KM1（3-4）吸合→自锁按钮SB1
- ③KM1（201-204）吸合→主轴指示灯HL3亮

② 按主轴停止按钮 SB1：

KM1 线圈断电→KM1 释放→1 M 灯亮灭（按钮指示灯 HL3 熄灭）→主轴电机 1 M 停

4）冷却泵电机 M4 工作：

合上控制闸刀 QS2：

$L_1L_2L_3$→QS1→FU1→QS2→4 M→4 M 灯亮→冷却泵电机 4 M 工作

拉断控制闸刀 QS2→4 M 灯灭→冷却泵电机 4 M 停止

5）摇臂上升控制：松→升→紧：

① 摇臂对立柱由夹紧→放松：

按住上升按钮 SB3：

按住上升按钮SB3
- ①KT（17-18）延时分断→KM5线圈断电→KM5 三相主触头分断→3 M127 V→FR2→SB3（合）→SQ1a→KT线圈反转停→夹紧停→3 M灯灭放
- ②KT（14-15）吸合→127 V→SQ1a→SQ2→KT→KM5→KM4线圈三相主触头吸合→3 M正转放松→3 M灯亮

KT 线圈通电时→KT（5-20）延时闭合→YA 灯亮→电磁阀仍打开

② 摇臂上升：

注：KM5线圈断电时
- ①KM5（22-20）分断→YA灯灭
- ②KM5（17-20）复位闭合→YA灯亮→电磁阀仍打开

注：KT 线圈仍通电→KT（5-20）仍闭合[KM5（17-20）也仍闭合]→YA 灯亮→电磁阀仍打开

③ 上升到位：上升停，并放松→夹紧

扳动放松限位行程开关 SQ2
- ①SQ2（7-14）分断→KM4线圈断电→KM4三相主触头释放→3 M灯灭→3 M放松停灭
- ②SQ2（7-9）闭合→127 V→FR2→SB3→SQ1a→SQ2→SB4→KM3→KM2线圈→KM2吸合2 M灯亮→升降电机正转2 M工作→摇臂上升

注：KT 线圈断电时→KT（5-20）延时分断→YA 灯灭

注：KM5线圈断电时
- ①KM2线圈断电→KM2释放→2 M灯灭→2 M停→摇臂上升停
- ②KT线圈断电→KT（17-18）延时闭合→电磁阀仍打开27 V→FR2→SQ3→KT→KM4→KM5线圈→3 M灯亮→3 M反转夹紧

④ 松开上升按钮 SB3

说明：上升中也可上升到任意位置停（不扳动上升限位行程开关 SQ1a），直接在②后松开松开上升按钮 SB3，同样执行③的功能及显示。

6）摇臂下降控制：松→降→紧：

① 摇臂对立柱由夹紧→放松：

KM5线圈通电时
- ①KT（17-18）延时分断→KM5线圈断电→KM5 三相主触头分断→3 M反转停夹紧停→3 M灯灭127 V→FR2→SB4（合）→SQ1b→KT线圈
- ②KT（14-15）吸合→127 V→SQ1b→SQ2→KT→KM5→KM4线圈→KM4三相主触头吸合→3 M正转放松→3 M灯亮

按住下降按钮 SB4：

按住下降按钮SB4 —
- ①KT（17-18）延时分断→KM5线圈断电→KM5 三相主触头分断→3 M反转停→夹紧停→3 M灯灭127 V→FR2→SB4（合）→SQ1b →KT线圈
- ②KT（14-15）吸合→127 V→SQ1b →SQ2→KT→KM5→KM4线圈→KM4三相主触头吸合→3 M正转放松→3 M灯亮

注：KM5线圈断电时 —
- ①KM5（22-20）分断→YA灯灭
- ②KM5（17-20）复位闭合→YA灯亮→电磁阀仍打开

KT 线圈通电时→KT（5-20）延时闭合→YA 灯亮→电磁阀仍打开

② 摇臂下降：

扳动放松限位行程开关 SQ2 —
- ①SQ2（7-14）分断→KM4线圈断电→KM4三相主触头释放→3 M灯灭→3 M放松停
- ②SQ2（7-9）闭合→127 V→FR2→SB4→SQ1b→SQ2→SB3→KM2→KM3线圈→KM3吸合2 M灯亮→升降电机反转2 M工作→摇臂下降

注：KT 线圈仍通电→KT（5-20）仍闭合（KM5（17-20）也仍闭合）→YA 灯亮→电磁阀仍打开

③ 下降到位：下降停，并放松→夹紧：

扳动下降限位行程开关 SQ1b→SQ1b（8-7）分断 —
- ①KM3线圈断电→KM3释放→2 M灯灭→2 M停→摇臂下降停
- ②KT线圈断电→KT（17-18）延时闭合→127 V→FR2→SQ3→KT→KM4→KM5线圈→3 M灯亮→3 M反转夹紧

注：KT 线圈断电时→KT（5-20）延时分断→YA 灯灭

KM5线圈通电时 —
- ①KM5（17-20）分断→YA灯灭
- ②KM5（22-20）吸合→127 V→FR2→SB5→SB6→KM5→YA线圈→YA灯亮→电磁阀仍打开

④ 松开下降按钮 SB3

说明：下降中也可下降到任意位置停（不扳动下降限位行程开关 SQ1b），直接在②后松开松开下降按钮 SB4，同样执行③的功能及显示。

7）主轴箱和立柱松、紧的点动控制。

扳动自动加紧与电磁阀控制行程开关 SQ3 —
- ①KM5线圈断电→KM5释放→3 M反转停→自动夹紧释放
- ②电磁阀线圈YA断电→YA灯灭→电磁阀关闭→液压停止工作

8）按住点动放松按钮 SB5：

127 V→FR2→SB5→KM5→KM4 线圈→KM4 三相主触头吸合→3 M 正转放松→3 M 灯亮→主轴箱和立柱的松开

点动放松指示灯信号：扳动行程开关 SQ4→6 V→SQ4→HL1→指示灯 HL1 灯亮

9）按住点动夹紧按钮 SB6：

127 V→FR2→SB6→KT→KM4→KM5 线圈→KM5 三相主触头吸合→3 M 反转夹紧→3 M 灯亮→主轴箱和立柱的夹紧

点动夹紧指示灯信号：扳动行程开关 SQ4→6 V→SQ4→HL2→指示灯 HL2 灯亮

5. Z3050 型摇臂钻床电气控制模拟电路实际布线说明

1）详见布线图如图 8-3 所示。

2）每个元件上的线头均设有数码管对线号做标注。但实际线路的走向均在线槽内，必须通过实际布线图弄清线路的分支与正向，为维修时找出供电顺序提供捷径。

8.2.4　Z3050 型摇臂钻床电气控制模拟电路故障维修

1. 故障维修相关说明

1）故障设置采取用透明绝缘胶布包裹线头、触片及换用损坏元件（如保险、灯泡等）。要求带有隐蔽性。

2）为降低故障难度，按钮盒、行程开关内不设故障；零线不设故障；线槽内线路不允许开路。

3）设故障不允许改变线路接线原理。

4）排除故障前，应根据操作及功能显示和电路工作原理，在电路图上圈定故障大致范围，再根据电路原理利用仪表检测，找出故障点，并在电路图上标出准确的故障点。

5）维修思路：根据电路原理，采用逐功能逐路查找法；熟练后可根据多功能操作集中公共支路确定法，以压缩故障范围。

6）维修的方法：

① 不通电的情况下利用电阻法测通断。

② 通电的情况下利用交流电压法测有无供电。注意：一次电路测相电压时用三相四线供电系统的中性线（地），二次电路测相电压时用变压器次级系统的中性线（地）；

③ 交流电压法测试时通常采用逆推法，即逆着电机（灯泡）或 KM 线圈供电反方向查有无供电。

2. 常见故障的维修

1）缺　相

① 故障现象：三相线中缺一相导致电机不能工作，1 M ~ 4 M 中某组灯泡中其中一个不亮。

② 故障原因：一次回路中三相供电中某相开路。

③ 故障部位：一次电路中某相线开路。

④ 维修思路：利用相电压法逐次查找。

2）死　机

① 故障现象：一次电路（有时除冷却泵外）和二次电路全部不动作，指示及照明灯均不工作。

② 故障原因：变压器初级供电出故障，导致无二次供电。

③ 故障部位：一次电路输入中 U、V 相给变压器供电回路开路。

④ 维修思路：开路法。将变压器初级供电回路两相中的一相断开，切断供电回路；再利用相电压测试 U、V 相中无电压的一相，逆查至有电压处即为故障点。

3）二次电路中某支路的功能不能操作实现

① 故障现象：操作中某个功能不能实现。

② 故障原因：二次电路中对应功能支路的 KM（或 KT）线圈无供电。

③ 故障部位：二次电路中对应功能支路某处开路（熟练后可采用多功能操作后，集中查找公共支路部位，以便压缩故障范围）。

④ 维修思路：沿着 KM（或 KT）线圈无供电支路逆推查找供电。

4）不能自锁

① 故障现象：按按钮后不能松手，松开后电机就停。

② 故障原因：按钮自锁的 KM 常开主触头未起作用。

③ 故障部位：与按钮并联的 KM 常开主触头支路有开路。

④ 维修思路：因自锁后工作的回电，不宜用电压法维修；可断电后用电阻法测通断。也可解除操作功能，直接压下自锁的 KM，用相电压测自锁支路的供电情况确定故障点。

5）电路短路（不能设置故障）

① 故障现象：操作立即烧保险。

② 故障原因：电路中有短路（尤其是操作中导致的短路）。

③ 故障部位：a、一次电路中三相线中换错相导致相间短路；b、1 M ~ 4 M 中某组灯泡中其中一个相线与中线短路；c、二次电路某支路供电与二次中线（地）短路。

④ 维修思路：a、电阻法测电阻判断某支路短路；b、复查线路是否接错；c、是否相线碰到了中性线。

8.3 M7120 型平面磨床电气控制与维修

8.3.1 电路分析

M7120 型平面磨床的电气控制线路可分为主电路、控制电路、电磁工作台控制电路及照明与指示灯电路四部分。如图 8-4 所示。

1. 主电路分析

主电路中共有四台电动机，其中 M1 是液压泵电动机，实现工作台的往复运动；M2 是砂轮电动机，带动砂轮转动来完成磨削加工工件；M3 是冷却泵电动机，它们只要求单向旋转，分别用接触器 KM1、KM2 控制。冷却泵电机 M3 只是在砂轮电机 M2 运转后才能运转。M4 是砂轮升降电动机，用于磨削过程中调整砂轮和工件之间的位置。

M1、M2、M3 是长期工作的，所以都装有过载保护。M4 是短期工作的，不设过载保护。四台电动机共用一组熔断器 FU1 作短路保护。

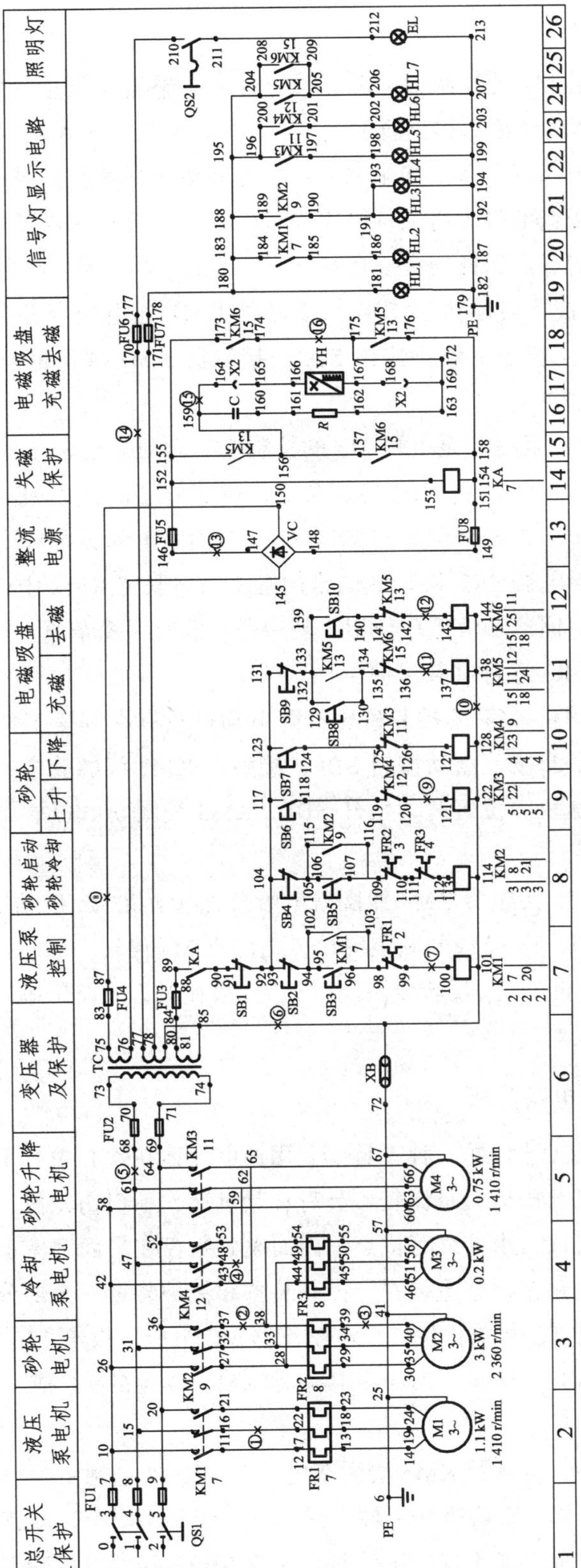

图 8-4　M7120 型平面磨床电气控制线路

2. 控制电路分析

（1）液压泵电动机 M1 的控制合上总开关 QS1 后，整流变压器一个副边输出 130 V 交流电压，经桥式整流器 VC 整流后得到直流电压，使电压继电器 KA 获电动作，其常开触头（7区）闭合，为启动电机做好准备。如果 KA 不能可靠动作，各电机均无法运行。因为平面磨床的工件靠直流电磁吸盘的吸力将工件吸牢在工作台上，只有具备可靠的直流电压后，才允许启动砂轮和液压系统，以保证安全。

当 KA 吸合后，按下启动按钮 SB3，接触器 KM1 通电吸合并自锁，工作台电机 M1 启动运转，HL2 灯亮。若按下停止按钮 SB2，接触器 KM1 线圈断电释放，电动机 M1 断电停转。

（2）砂轮电动机 M2 及冷却泵电机 M3 的控制按下启动按钮 SB5，接触器 KM2 线圈获电动作，砂轮电动机 M2 启动运转。由于冷却泵电动机 M3 与 M2 联动控制，所以 M3 与 M2 同时启动运转。按下停止按钮 SB4 时，接触器 KM3 线圈断电释放，M2 与 M3 同时断电停转。

两台电动机的热断电器 FR2 和 FR3 的常闭触头都串联在 KM2 中，只要有一台电动机过载，就使 KM2 失电。因冷却液循环使用，其中经常混有污垢杂质，很容易引起电动机 M3 过载，故用热继电器 FR3 进行过载保护。

（3）砂轮升降电动机 M4 的控制砂轮升降电动机只有在调整工件和砂轮之间位置时使用，所以用点动控制。当按下点动按钮 SB6，接触器 KM3 线圈获电吸合，电动机 M4 启动正转，砂轮上升。到达所需位置时，松开 SB6，KM3 线圈断电释放，电动机 M4 停转，砂轮停止上升。

按下点动按钮 SB7，接触器 KM4 线圈获电吸合，电动机 M4 启动反转，砂轮下降。到达所需位置时，松开 SB7，KM4 线圈断电释放，电动机 M4 停转，砂轮停止下降。

为了防止电动机 M4 的正、反转线路同时接通，故在对方线路中串入接触器 KM4 和 KM3 的常闭触头进行联锁控制。

3. 电磁吸盘控制电路分析

电磁吸盘是固定加工工件的一种夹具。利用通电导体在铁心中产生的磁场吸牢铁磁材料的工件，以便加工。它与机械夹具比较，具有夹紧迅速、不损伤工件、一次能吸牢若干个小工件，以及工件发热可以自由伸缩等优点，因而电磁吸盘在平面磨床上用得十分广泛。

电磁吸盘的控制电路包括整流装置、控制装置和保护装置三个部分。

整流装置由变压器 TC 和单相桥式全波整流器 VC 组成，供给 120 V 直流电源。

控制装置由按钮 SB8、SB9、SB10 和接触器 KM5、KM6 等组成。

充磁过程如下：

按下充磁按钮 SB8，接触器 KM5 线圈获电吸合，KM5 主触头（15、18 区）闭合，电磁吸盘 YH 线圈获电，工作台充磁吸住工件。同时其自锁触头闭合，联锁触头断开。

磨削加工完毕，在取下加工好的工件时，先按 SB9，切断电磁吸盘 YH 的直流电源，由于吸盘和工件都有剩磁，所以需要对吸盘和工件进行去磁。

去磁过程如下：

按下点动按钮 SB10，接触器 KM6 线圈获电吸合，KM6 的两副主触头（15、18 区）闭合，电磁吸盘通入反相直流电，使工作台和工件去磁。去磁时，为防止因时间过长使工作台反向磁化，再次吸住工件，因而接触器 KM6 采用点动控制。

保护装置由放电电阻 *R* 和电容 *C* 以及零压继电器 KA 组成。电阻 *R* 和电容 *C* 的作用是：电磁吸盘是一个大电感，在充磁吸工件时，存储有大量磁场能量。它脱离电源的一瞬间，吸盘 YH 的两端产生较大的自感电动势，会使线圈和其他电器损坏，故用电阻和电容组成放电回路。利用电容 *C* 两端的电压不能突变的特点，使电磁吸盘线圈两端电压变化趋于缓慢，利用电阻 *R* 消耗电磁能量，如果参数选配得当，此时 *R-L-C* 电路可以组成一个衰减振荡电路，对去磁将是十分有利的。零压继电器 KA 的作用是：在加工过程中，若电源电压不足，则电磁吸盘将吸不牢工件，会导致工件被砂轮打出，造成严重事故，因此，在电路中设置了零压继电器 KA，将其线圈并联在直流电源上，其常开触头（7 区）串联在液压泵电机和砂轮电机的控制电路中，若电磁吸盘吸不牢工件，KA 就会释放，使液压泵电机和砂轮电机停转，保证了安全。

4. 照明和指示灯电路分析

图中 EL 为照明灯，其工作电压为 36 V，由变压器 TC 供给。QS2 为照明开关。

HL1、HL2、HL3、HL4 和 HL5 为指示灯，其工作电压为 6.3 V，也由变压器 TC 供给，五个指示灯的作用如下：

HL1 亮，表示控制电路的电源正常；不亮，表示电源有故障。

HL2 亮，表示工作台电动机 M1 处于运转状态，工作台正在进行往复运动；不亮，表示 M1 停转。

HL3、HL4 亮，表示砂轮电动机 M2 及冷却泵电动机 M3 处于运转状态；不亮，表示 M2、M3 停转。

HL5 亮，表示砂轮升降电动机 M4 处于上升工作状态；不亮，表示 M4 停转。

HL6 亮，表示砂轮升降电动机 M4 处于下降工作状态；不亮，表示 M4 停转。

HL6 亮，表示电磁吸盘 YH 处于工作状态（充磁和去磁）；不亮，表示电磁吸盘未工作。

8.3.2　技术指标

1. 基本技术指标

使用电源：三相五线式电源。

空载功耗≤300 W，额定输出电流≤2 A。

2. 使用条件

温度：－10 ~ +40 °C。

相对湿度：不大于 90%。

三相电源：380（1±10%）V，频率 50（1±5%）Hz。

8.3.3 M1720 平面磨床电路实训单元故障现象

016—017 间断路液压泵电动机缺一相。

037—038 间断路砂轮电动机、冷却泵电动机均缺一相（同一相）。

039—040 间断路砂轮电动机缺一相。

048—062 间断路砂轮下降电动机缺一相。

061—068 间断路控制变压器缺一相，控制回路失效。

085—101 间断路控制回路失效。

099—100 间断路液压泵电机不启动。

087—150 间断路 KA 继电器不动作，液压泵、砂轮冷却、砂轮升降、电磁吸盘均不能启动。

120—121 间断路砂轮上升失效。

128—138 间断路电磁吸盘充磁和去磁失效。

136—137 间断路电磁吸盘不能充磁。

142—143 间断路电磁吸盘不能去磁。

146—147 间断路整流电路中无直流电，KA 继电器不动作。

077—170 间断路照明灯不亮。

159—164 间断路电磁吸盘充磁失效。

174—175 间断路电磁吸盘不能去磁。

8.3.4 常见电气故障分析

M7120 型平面磨床电气控制线路的常见故障分析见表 8-4。

表 8-4 M7120 型平面磨床电气控制线路的常见故障分析

故障现象	故障分析
电动机 M1、M2、M3 均不能启动	（1）电源开关 QS1 坏，需修复或更换 （2）熔断器 FU1 或 FU4 的熔体烧断，应更换 （3）控制变压器 T 或整流桥损坏，应检查整流器的输出直流电压是否正常，否则修理或更换 （4）欠电压继电器 kV 本身机械故障或线圈断路而不能吸合，应紧固接线、修复触点或更换欠电压继电器 kV
冷却泵电动机 M3 不能启动，但砂轮电动机 M2 能启动	（1）KM2 控制电路有断路故障，应检查断路点，紧固接线、修复触点或更换接触器 KM2 的线圈 （2）冷却泵电动机已损坏，原因：一是切削液进入电动机内部，造成匝间或绕组间短路，使电流增大；二是冷却泵被杂物塞住引起电动机堵转，电流急剧上升，需更换

续表

故障现象	故障分析
砂轮电动机的热继电器 FR2 经常脱扣	（1）砂轮电动机 M：轴承是铜瓦，易磨损。磨损后易发生堵转现象，使电流增大，导致热继电器脱扣，应修理或更换轴瓦 （2）砂轮进刀量太大，电动机超负荷运行，造成电动机堵转，使电流急剧上升，热继电器脱扣，应选择合适的进刀量 （3）更换后的热继电器规格选得太小或整定电流没有重新调整，应重新调整
砂轮能上升，不能下降	KM4 的控制电路有断路故障点，应检查断路点，紧固接线、修复触点或更换接触器 KM4 的线圈
砂轮能下降，但不能上升	KM3 的控制电路有断路故障点，应检查断路点，紧固接线、修复触点或更换接触器 KM3 的线圈
电磁吸盘 YH 没有吸力	（1）控制变压器 T 或整流桥损坏，应检查整流器的输出直流电压是否正常，否则应修理或更换 （2）熔断器 FU4 的熔体烧断，应更换 （3）电磁吸盘 YH 线圈可能断路，应检查 YH 线圈，若断路则更换 （4）KM3 主触点接触不良和线头松脱，应修复或更换触点，紧固接线 （5）YH 的插头 XS1 接触不良或线头松脱，应修复或更换插头，紧固接线
电磁吸盘吸力不足	（1）整流器输入端的交流电源电压过低，控制变压器 T 损坏，应修理或更换 （2）整流器输出端的直流电压过低，整流桥损坏，应修理或更换 （3）接触器 KM 主触点接触不良和线头松脱，应修复或更换触点，紧固接线 （4）YH 部分线圈有短路故障或插销接触不良所致，应修复或更换
按下 SB8 后，不但取工件困难，而且时间不长，磁盘发热，冒出少量的烟	（1）KM6 控制电路有断路故障，应检查断路点，紧固接线、修复触点或更换接触器 KM6 的线圈 （2）*RC* 电路开路、接线松脱或电容 *C* 失效，应紧固接线，更换电容

8.3.5 检修步骤及工艺要求

（1）熟悉 M7120 型平面磨床的主要结构和运动形式，对平面磨床进行实际操作，了解磨床的各种工作状态及各按钮的作用。

（2）熟悉平面磨床电气元件的安装位置、走线情况，以及操作各按钮时磨床的工作状态及运动部件的工作情况。

（3）在有故障的磨床上或人为设置故障的磨床上，由指导教师示范检修，边分析边检查，直至故障排除。

（4）由指导教师设置让学生知道的故障点，指导学生学会怎样根据故障现象分析故障原因并确定故障范围，逐步引导学生掌握正确的检修步骤和检修方法。

（5）指导教师设置人为的故障点，由学生按照检查步骤和检修方法进行检修。其具体要求如下：

① 根据故障现象，先在电路图上用虚线正确标出故障电路的最小范围，然后采用正确的检查及排除故障方法，在规定时间内查出并排除故障。

② 排除故障过程中，不得采用更换电气元件、借用触头或改动线路的方法修复故障点。

③ 检修时，严禁扩大故障范围或产生新的故障，不得损坏电气元件或设备。

8.3.6 注意事项

（1）检修前必须仔细认真地阅读电路图，熟练掌握各个控制环节的原理及作用，并仔细观察教师的示范检修。

（2）修复故障使磨床恢复正常时，要注意排除产生故障的根本原因，以避免产生新故障或使原磨床控制线路线号编码错乱。

（3）停电检修时要先验电。为了确保用电安全，带电检修时必须有指导教师在现场监护，同时要做好训练记录。

（4）工具和仪表使用方法必须正确。

8.3.7 评分标准

M7120 型平面磨床电气控制线路检修的评分标准参照表（略）。

8.4 T68 型卧式镗床电气线路分析与故障维修

8.4.1 主要结构及运动形式

T68 卧式镗床主要由床身、前立柱、镗头架、工作台、后立柱和尾架等组成，如图 8-5 所示。

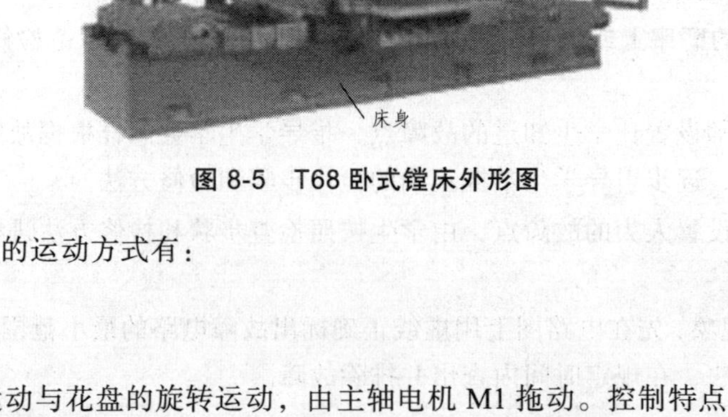

图 8-5 T68 卧式镗床外形图

T68 型卧镗床的运动方式有：

1. 主运动

镗轴的旋转运动与花盘的旋转运动，由主轴电机 M1 拖动。控制特点：

（1）由于主轴的调速范围要求较大，并需要恒功率拖动，所以采用了“△—YY”双速电动机（由 KM4 控制低速运行，KM5 控制高速运行）。

（2）主轴采用双速电动机变速外，还采用了齿轮变速，为防止变速成后产生顶齿的现象，要求主轴系统变速成后能实现低速断续冲动（称为变速冲动，由 SQ3、SQ6 控制）。

（3）为适应加工过程中调整的需要，要求主轴可以正、反转点动控制，由主轴电动机低速点动来实现（SB4 控制正转点动，SB5 控制反转点动）。

（4）主轴要求能正、反转旋转（由 KM1、KM2 控制）。

（5）主轴电动机低速时可以直接启动，但在高速时控制电路要求先接通低速经延时再接通高速，以减小启动电流（由 SQ7、KT 控制）。在制动时，要求先进入低速，然后再进行制动，以减小制动电流。

（6）主轴停车时要求快速并准确，在此采用了反接制动，为防止制动结束后反向启动，用速度继电器 SR 检测转速。

2. 进给运动

镗轴的轴向进给，花盘刀具溜板的径向进给，镗头架的垂直进给，工作台的横向进给，工作台的纵向进给，都是由进给电机 M2 拖动，并通过齿轮、齿条等来完成。在此要求进给电动机 M2 能实现正、反转（由 KM6、KM7 控制）。

8.4.2　电气控制线路分析

图 8-6 为 T68 型卧式镗床电气控制线路，由主电路、控制电路和照明电路三部分组成。

1. 主电路分析

T68 型卧式镗床共由两台三相异步电动机驱动，即主拖动电动机 M1（双速电动机）和快速移动电动机 M2 组成。熔断器 FU1 作电路总的短路保护，FU2 作快速移动电动机和控制电路的短路保护。M1 设置热继电器 FR 作过载保护，M2 是短期工作，所以不设置热继电器。

2. 控制电路分析

1）主轴电动机 M1 的控制

（1）主轴电动机的正反转控制：

正转控制：

按下 SB2→KA1 线圈得电 →KA1 常开（12）闭合 →KM3 线圈得电→KM3 主触头闭合，短接 *R*→KM3 常开（19）、KA1 常开（18）闭合 →KM1 线圈得电→KM1 常开（22）闭合→KM4 线圈得电→KM1、KM4 主触头闭合，M1 低速正转启动，当转速达到 120 r/min 时，SR2（21）闭合，为反接制动做准备。

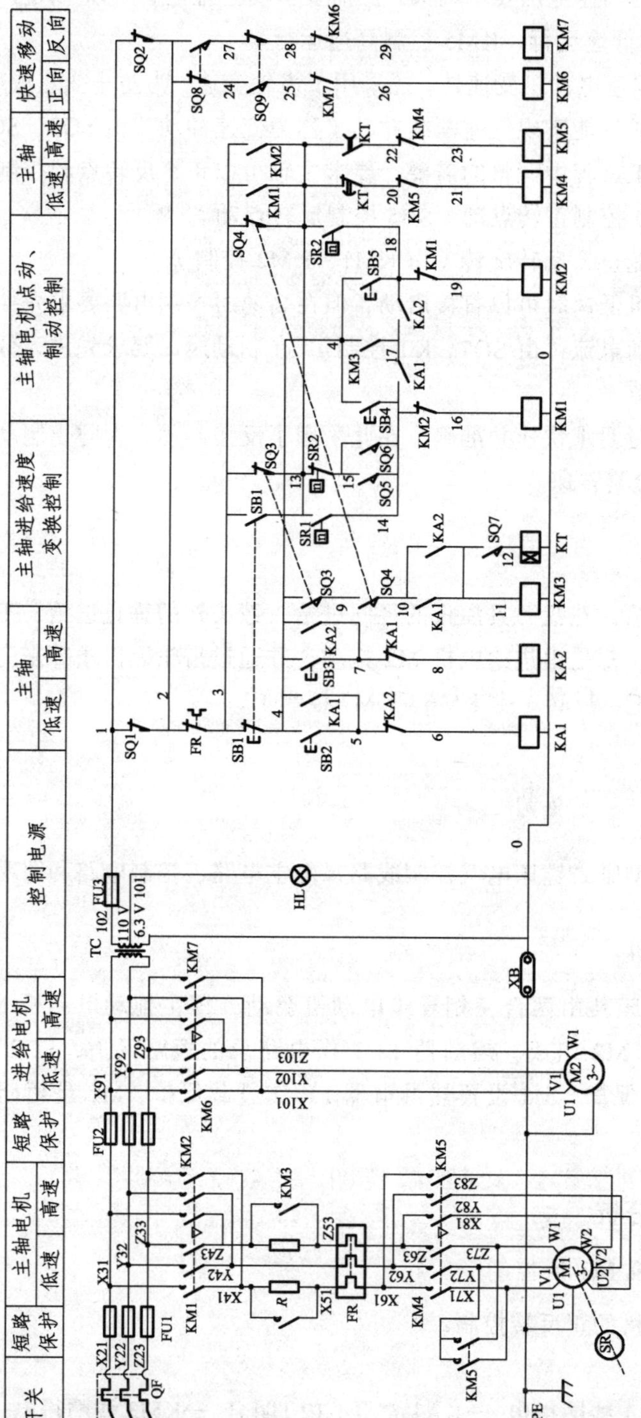

图 8-6 T68 型卧式镗床电气控制线路

正转电流通路（如图 8-7 所示）：

KM1 通路：1→SQ1（8）→2→FR（8）→3→SB1（8）→4→KM3（19）→17→KA1（18）→14→KM2（17）→KM1 线圈→0

KM4 通路：1→SQ（8）→2→FR（8）→3→KM1（22）→KT（22）→KM5（22）→KM4 线圈→0

反转时只需按下反转启动按钮 SB3，动作原理同上，所不同的是中间继电器 KA2 和接触器 KM2 获电吸合。

反转电流通路（如图 8-8 所示）：

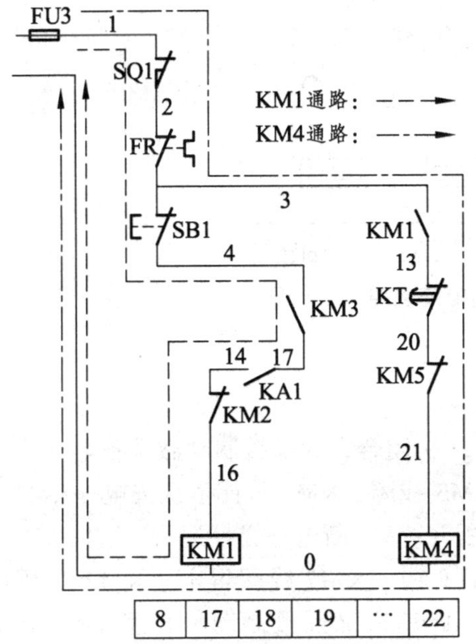

图 8-7　正转时的电流通路

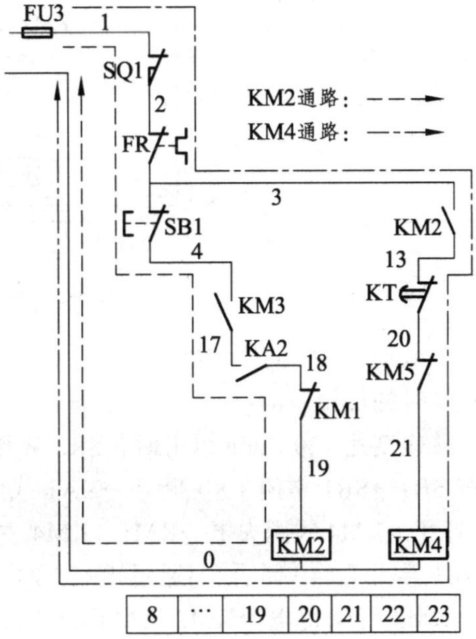

图 8-8　反转时的电流通路

KM2 通路：1→SQ（8）→2→FR（8）→3→SB1（8）→4→KM3（19）→17→KA2（19）→KM1（20）→KM2 线圈→0

KM4 通路：1→SQ（8）→2→FR（8）→3→KM2（23）→KT（22）→KM5（22）→KM4 线圈→0。

（2）主轴电动机 M1 的点动控制：

正向点动过程：

按下 SB4→KM1 线圈得电 →KM1 常开（22）闭合 →KM4 线圈得电 →KM1、KM4 主触头闭合，M1 串电阻 R 正向启动，放开 SB4，KM1、KM4 失电，主触头断开，M1 失电，自由停转。同理，按下反向点动按钮 SB5，接触器 KM2 和 KM4 线圈获电吸合，主触头闭合，M1 串电阻 R 反向启动。放开 SB5，KM2、KM4 失电，主触头断开，M1 失电，自由停转。

正、反向点动电流通路（如图 8-9 所示）：

1→SQ1（8）→2→FR（8）→3→KM1（22）→KT（22）→KM5（22）→KM4 线圈 →0

1→SQ1（8）→2→FR（8）→3→KM2（23）→KT（22）→KM5（22）→KM4 线圈 →0

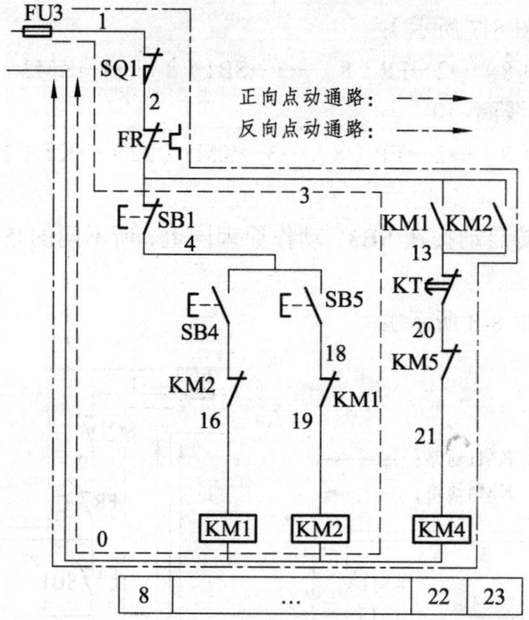

图 8-9 点动时的电流通路

（3）电动机 M1 的停车制动：

正转时的反接制动：

正转速度达 120 r/min 以上时，SR2 常开（21 区）闭合，为反接制动做准备。

按 SB1→SB1 常闭（8）断开→KA1 线圈、KM3 线圈、KM1 线圈依次失电→KM1 常开（22）打开→KM4 线圈失电→KM1、KM4 主触头断开，M1 断电，惯性运行。

SB1 常开（14）闭合→[通过 SR2（21）、KM1（20）]KM2 线圈得电→KM2 常开（23）闭合→KM4 线圈得电→KM2、KM4 主触头闭合，M1 串入 R 反接制动→转速 $n<100$ r/min 时，SR2（21）打开→KM2、KM4 线圈失电→KM2、KM4 主触头断开，M1 失电，制动完毕。

反转时的反接制动原理与正转时的反接制动原理相同，只是反转时，SR1（14）闭合，为反接制动（KM1 线圈得电）做准备。

若电动机原来处于高速状态，KT 线圈是得电的，在制动时，SB1 常闭（8）断开，KT 线圈失电，KT 常开（23）分断 KM5 线圈回路，因此制动时 KM5 线圈是不会得电的，只有 KM4 线圈会得电，也就是说，高速状态制动时，首先是进入低速，然后再进行制动。

主轴正转反接制动电流通路（如图 8-10 所示）：

1→SQ1（8）→2→FR（8）→3→KM2（23）→13→SR2（21）→18→KM1（20）→KM2 线圈→0

1→SQ1（8）→2→FR（8）→3→KM2（23）→KT（22）→KM5（22）→KM4 线圈→0

主轴反转反接制动电流通路（如图 8-11 所示）：

1→SQ1（18）→2→FR（8）→3→SB1（14）→SR1（14）→14→KM2（17）→KM1 线圈→0

1→SQ1（18）→2→FR（8）→3→KM1（22）→KT（22）→KM5（22）→KM4 线圈→0

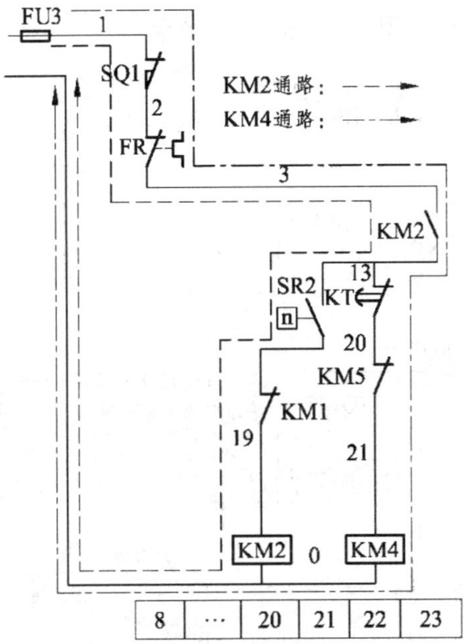

图 8-10　主轴正转反制接动电流通路

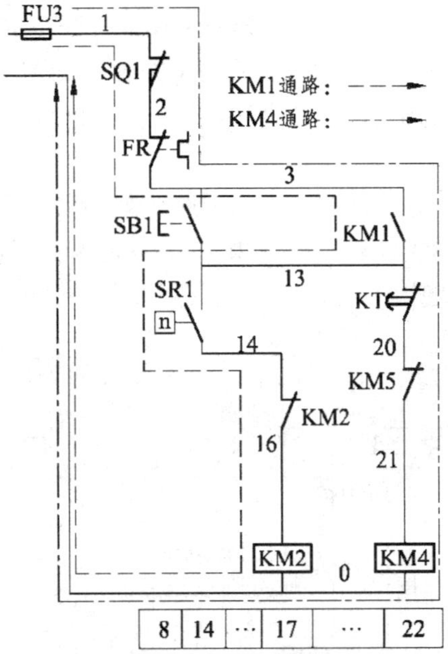

图 8-11　主轴反转反制接动电流通路

（4）主轴电动机的高速控制：

高速控制过程：

若电动机已经处于低速运行，则将变速手柄扳向高速，SQ7 常开（13）闭合，接通 KT 线圈，延时后，KT 常闭（22）断开，切断 KM4 线圈回路，KT 常开（23）闭合，接通 KM5 线圈回路，KM5 主触头闭合，主轴电动机 M1 作 YY 形接法，高速运行。

若电动机原来处于停止状态，则可先压下 SQ7 后，再按下启动按钮，同理，主轴电动机 M1 先作低速启动，然后再进入高速运行。

高速电流通路（如图 8-12 所示）：

1→SQ1（8）→2→FR（8）→3→KM1（22）→KT（23）→KM4（23）→KM5 线圈 →0

（5）主轴变速及进给变速控制：

变速过程：拉出变速手柄（模拟机床上是转动手柄）→SQ3 常开（12）打开→KM3 线圈失电→KM3 常开（19）打开 →KM1、KM4 线圈依次失电→M1 断电→SQ3 常闭（15）闭合→【通过 SR2（21）】KM2 线圈得电→KM2 常开（23）闭合→KM4 线圈得电→M1 串 R 反接制动→SR2（21）打开→M1 停车→进行变速，结束后并将手柄复位→SQ3 被重新被压合→KM3、KM1、KM4 线圈依次得电→M1 以新转速启动。

主轴变速冲动过程：

变速时，若因齿轮顶齿使手柄不能推入，则 SQ6 被压合（SQ6、SQ5 正常工作时为打开状态，模拟机床上，SQ6 与 SQ3 联动，SQ5 与 SQ4 联动），此时 M1 已完成反接制动。

SQ6（16）闭合→[SR2（15）已恢复闭合]KM1、KM4 线圈依次得电，主触头闭合→M1 正向启动→当 $n > 120$ r/min 后→SR2（15）常闭打开→KM1，KM4 线圈依次失电→SR2（21）闭合→KM2、KM4 线圈依次得电吸合，主触头闭合→电动机 M1 反接制动→$n < 100$ r/min 后→SR2（15）闭合→M1 又恢复正向启动→……M1 如此重复间歇启动和制动→直到齿轮啮合好，

变速手柄能推复原位→SQ6（16）打开→SQ3（13）闭合→变速冲动结束。

主轴变速冲动电流通路（如图 8-13 所示）：

1→SQ1（8）→2→FR（8）→3→SQ3（15）→SR2（15）→15→SQ6（16）→KM2（17）→KM1 线圈→0

工作台变速冲动电流通路（如图 8-12 所示）：

1→SQ1（8）→2→FR（8）→3→SQ3（15）→SR2（15）→15→SQ5（15）→KM2（17）→KM1 线圈→0

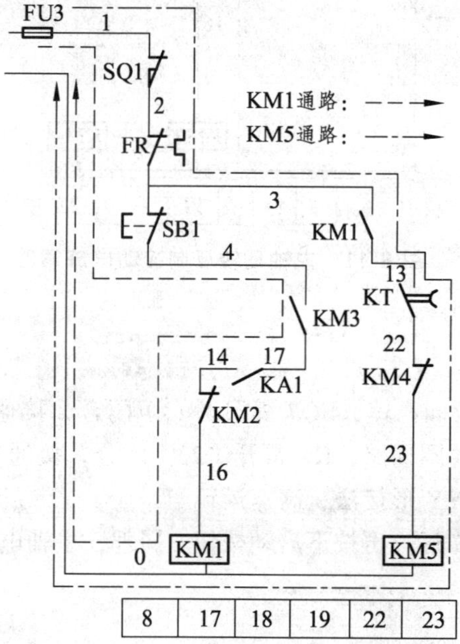

图 8-12 高速时的电流通路

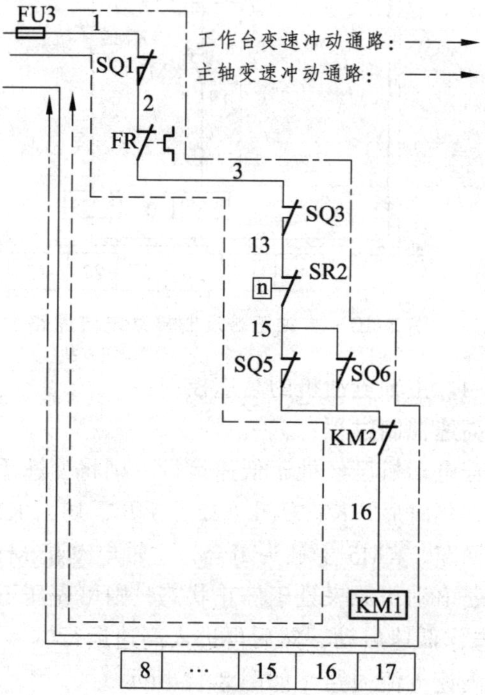

图 8-13 变速冲动时的电流通路

2）快速移动电动机 M2 的控制

正向快移：

压合行程开关 SQ9，接触器 KM6 线圈获电吸合，电动机 M2 正转，实现快速正向移动。

反向快移：

压下行程开关 SQ8，接触器 KM7 线圈获电吸合，电动机 M2 反转，实现快速反向移动。

正向快移电流通路：

1→SQ1（8）→2→SQ8（24）→SQ9（24）→KM7（24）→KM6 线圈 →0

反向快移电流通路：

1→SQ1（8）→2→SQ8（25）→SQ9（25）→KM6（25）→KM7 线圈 →0

3）联锁保护装置

为了防止在工作台或主轴箱自动快速进给时又将主轴进给手柄扳到自动快速进给的误操

作，就采用了与工作台和主轴箱进给手柄有机械连接的行程开关 SQ1。当工作台（或主轴箱）自动快速进给时，SQ1 被压断开。同样，主轴自动快速进给时，SQ2 受压分断。因此，若工作台（或主轴箱）在自动进给时（SQ1 断开），又将主轴进给手柄扳到自动进给位置（SQ2 也断开），那么 SQ1 和 SQ2 同时断开，切断控制回路，使所有继电器-接触器线圈失电，它们的触头复位，电动机 M1 和 M2 也失电，便自动停车，从而达到联锁保护之目的。

8.4.3 典型电气故障分析与维修

（1）主轴电动机正、反转都不能启动。

首先应检查电动机在“正向点动”和“反向点动”位时能否点动。若能点动，说明主电路是好的，控制电路中正、反转接触器 KM1、KM2 及其后面电路也是好的，故障在与中间继电器 KA1、KA2，接触器 KM3 有关的电路中。如按钮 SB2、SB3 是否接触良好，KM3 线圈是否有断裂或脱落，行程开关 SQ1-1、SQ3-1 是否接触不良；若正、反向点动均不能进行，则应注意是否能听到接触器 KM1、KM2、KM4 的吸合声。若无吸合声，说明故障在电源及控制电路部分，应检查熔断器 FU1、FU2、FU3 是否熔断，热继电器 FR 是否因过载而脱扣，或因整定电流过小而动作，使整个控制电路断电。碰到这种情况，应查明电动机过载的原因，并予以排除。若是整定电流过小，则将其调到电动机的额定电流值。其次，还要检查 KM1、KM2、KM4 线圈及有关电路。如停止按钮 SB1 常闭触点、时间继电器 KT 延时断开常闭触点是否接触良好；若 KM1、KM2、KM4 吸合正常，说明故障在主电路中，应检查接触器 KM1、KM2、KM4 主触是否接触不良，电动机绕组是否断线或接线脱落等。

（2）电动机只有一个方向能启动，另一个方向启动不了。

主轴电动机有一个方向能启动，说明电源正常，主电路也基本上是好的，故障在不能启动那个方向有关的控制电路上。例如反向不能启动，则可能的原因有：反向启动按钮 SB3 接触不良，中间继电器 KA2 线圈断线或常开触点接触不良，反转接触器 KM2 线圈断线或主触头接触不良。

（3）主轴电动机高速档时，在低速启动后，不向高速档转移而自动停止。

本例故障中，电动机能低速启动，说明接触器 KM3、KM1、KM4 工作正常；低速启动后，不向高速挡转移而自动停止，说明时间继电器 KT 是工作的，其延时断开的常闭触点能自动切断 KM4 的电源，但不能接通接触器 KM5 的电源。因此，故障的主要原因是时间继电器 KT 的延时闭合常开触点接触不良。此外，还应检查接触器 KM4 的常闭辅助触点是否接触良好，接触器 KM5 线圈是否断线，主触点是否接触不良等。

（4）主轴电动机低速档不能启动；高速档时，在按启动按钮后延迟几秒钟才启动。

此故障是由接触器 KM4 不能正常工作引起的。如时间继电器 KT 的延时断开常闭触点、接触器 KM5 的常闭辅助触点接触不良，使 KM4 线圈不能得电工作。此外，KM4 线圈损坏，KM4 主触头接触不良，都会使主轴电动机在低速档不能启动。高速档时，则跳过低速启动这一步，由时间继电器 KT 的延时闭合常开触点直接接通接触器 KM5，电动机在双星形接法下启动高速运行。

（5）主轴电动机只有高速档没有低速档，或只有低速档没有高速档。

引起这种故障的原因较多，常见的有时间继电器 KT 不动作，或行程开关 SQ7 安装的位置移动，使 SQ7 总处于通或断的状态。例如，时间继电器 KT 线圈损坏、机械卡阻、触头不动作，则主轴电动机不能转换到高速档运转，只能在低速档运转。若 SQ7 总处于通的状态，则主轴电动机只有高速；若 SQ7 总处于断的状态，则主轴电动机只有低速。

（6）主轴电动机在运行中突然发出“嗡嗡”声，且旋转速变得很慢。

这是电动机断相的症状。发生这种故障时，应立即切断电源。否则，长期断相运行会烧毁电动机。产生故障的原因是电动机的三相电源有一相断路。如三相电源开关 QS 一相接触不良，熔断器 FU1 一相熔断，接触器 KM1 或 KM2 的三个主触头中有一个接触不良，电动机定子接线端一相断线或接触不良等。

（7）主轴电动机启动时，发出类似断相运行时的“嗡嗡”声，熔断器 FU1 熔断。

T68 卧式镗床主轴电动机采用 JDO2-52-4/2 型双速电动机。高速挡时，电源应由端子 U2、V2、W2 接入，而将端子 U1、V1、W1 短接，使电动机为双星形接法运转。低速时，电源应由端子 U1、V1、W1 接入，端子 U2、V2、W2 则开路，使电动机为三角形接法运转。其接线如图 8-14 所示。

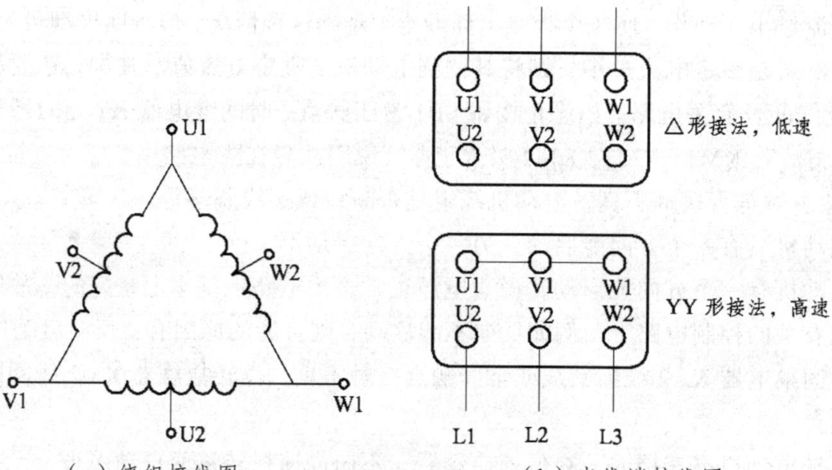

（a）绕组接线图　　（b）出线端接线图

图 8-14　双速电动机绕阻及出线端接线图

如果电动机经修理后线路接错，即高速时由端子 U1、V1、W1 接入电源，将端子 U2、V2、W2 短接；低速时，电源由 U2、V2、W2 接入，端子 U1、V1、W1 开路，则电动机启动不了，出现上述的故障现象。

（8）主轴变速手柄拉出后，主轴电动机不能冲动；或变速完毕合上手柄后，主轴电动机不能自动开车。

这种故障是由受主轴变速操作盘控制的行程开关 SQ3、SQ6 引起的。不变速时，通过变速机构的杠杆、压板使 SQ3、SQ6 受压，即 SQ3（12）闭合，SQ3（15）断开，SQ6（16）断开。当主轴变速手柄拉出时，行程开关 SQ3 复位，主轴电动机断电而制动停车。当速度选好后推上手柄时，若发生顶齿，则 SQ6 复位，接通瞬时点动控制电路，使主电动机低速冲动。

SQ3、SQ6 装在主轴箱下部，往往由于紧固不牢，位置偏移，接点接触不良而完不成上述动作。此外，SQ3、SQ6 是由胶木塑压成型的，往往由于质量等原因将绝缘击穿。例如，若接点（4-9）短路，就会造成变速手柄拉出后，尽管 SQ3 已经动作，但由于接点（4-9）仍接通，使主轴仍原来转速旋转，此时变速将无法进行。

（9）进给变速手柄拉出后，主轴电动机不能冲动；或变速完毕，合上手柄后，主轴电动机不能自动开车。

主轴和进给是共用一台电动机 M1 拖动的。进给变速时出现这种故障，是由受进给变速操作盘控制的行程开关 SQ4、SQ5 引起的。如 SQ4、SQ5 紧固不牢、位置偏移、接点接触不良等。

（10）主轴的实际转速比标牌指示数多一倍或少一倍。

T68 镗床主轴有 18 种转速，是采用双速电动机和机械滑移齿轮来实现变速的。主轴电动机高、低速的转换通过行程开关 SQ7 的通断实现。行程开关 SQ7 安装在主轴调速手柄的旁边，主轴调速机构转动时推动一个撞钉，撞钉推动簧片使 SQ7 通或断。所以在安装调整时，应使撞钉的动作与标牌指示相符。例如，第一档为 12 r/min，第二档为 20 r/min，主轴电动机以 1 500 r/min 的速度运转，第三档为 25 r/min，主轴电动机以 3 000 r/min 的速度运转；第四档为 30 r/min，主轴电动机又以 1 500 r/min 的速度运转，以后依此类推。当标牌指示在第一、第二档时，撞钉不推动簧片，行程开关 SQ7 不动作；标牌指示在第三档时，撞钉推动簧片，使 SQ7 动作。如果安装调整不当，使 SQ7 动作恰好相反，则会出现主轴转速比标牌指示数多一倍或少一倍的故障现象。

（11）主轴停车时没有制动作用。

主要原因是速度继电器 SR 发生了故障，使它的两个常开触头 SR2（21）和 SR2（15）不能按旋转方向正常闭合，就会导致停车时无制动作用。例如，SR 中推动触头的胶木摆杆有时会断裂。这时，SR 的转子虽然随电动机转动，但不能推动触头闭合，也就没有制动作用了。

此外，速度继电器 SR 转子的旋转是通过联动装置来传动的。当继电器轴伸圆销扭弯、磨损或弹性连接件损坏、螺丝销钉松动或打滑时，都会使速度继电器的转子不能正常运转，其常开触头也就不能正常闭合，在停车时不起作用。

（12）主轴停车后产生短时反向旋转。

这往往是速度继电器 SR 动触头调整过松，使触头分断过迟，以致在反接的惯性作用下，主轴电动机停止后，仍作短时间的反向旋转。这只需将触头弹簧调节适当就可消除。

（13）主轴电动机正转时，按停止按钮不停车。

此故障是由接触器 KM1 主触头熔焊造成的。这时，只有断开电源开关 QS，才能使主轴电动机停下来。应检查接触器 KM1 型号是否合乎规格，主轴电动机是否过载，或启动、制动过于频繁等。可根据情况更换接触器的主触头或新的接触器。

（14）扳动正向快速或反向快速手柄，快速移动不起作用。

各进给部分的快速移动专门一台电动机 M2 拖动，由快速手柄带动相应的限位开关 SQ8、SQ9 进行控制。若 SQ8、SQ9 触点接触不良，接触器 KM7、KM8 线圈断线，电动机 M2 绕组断线或接线脱落，都会出现上述故障现象。此外，还应检查快速手柄与限位开关 SQ8、SQ9 联系的机械机构能否正确动作。

8.4.4　电气控制模拟板操作说明

（1）面板操作按钮、开关功能介绍。

其面板操作按钮、开关如图 8-11 所示。

（2）调试与操作。

T68 卧式镗床电气控制模拟板安装结束后，已经经过调试试运行，可正常工作。在运输过程中，由于不可抗拒的外界因素存在，会使模拟机床出现难以预见的问题，尤其是更换电源后，会存在因相序不对导致模拟机床不能正常工作或电动机的动作不正确等问题，因此，搬运后要经过试运行，方可投入教学过程中去。本模拟机床采用三相四线制供电，将三相四极插头插到对应的插座中，合上闸刀开关和漏电保护器。按下点动按钮 SB4（或 SB5），电动机 M1 启动，放开 SB4（或 SB5）电动机自由停止运行，若电动机没有停止旋转，而是继续旋转（即不能停止），那么是由于电源相序接反所引起的，更换电源进线相序后，即可解决问题。确定电源进线相序正确后，可按下面的操作进行试车。

按下 SB2（然后放开）：主轴电动机 M1 正向启动运行（顺时针旋转）。

按下 SB3（然后放开）：主轴电动机 M1 反向启动运行（逆时针旋转）。

按下 SB1：主轴电动机 M1 迅速停止旋转。

按下 SB4：主轴电动机 M1 正向启动运行，放开 SB4，电动机 M1 自由停止旋转。

按下 SB5：主轴电动机 M1 反向启动运行，放开 SB5，电动机 M1 自由停止旋转。

按下 SQ7：主轴电动机 M1 转速由低速到达高速。

按下 SQ8：进给电动机 M2 反转。

按下 SQ9：进给电动机 M2 正转。

按下 SQ1：电路正常工作。

按下 SQ2：电路正常工作。

同时按下 SQ1、SQ2：电动机停止旋转。将 SQ3、SQ6（或 SQ4、SQ5）往右扳，主轴电动机 M1 作冲动（转速一会儿快、一会儿慢）。

表 8-5　T68 卧式镗床电器元件

代号	名称	型号	规格	数量	作用
M1	三相双速异步电机	JDO2-52-4/2	5.2/7 kW，380 V 1440/2900 r/min	1	主轴旋转及进给
M2	三相异步电动机	JO2-32-4	3 kW，380 V 6.47 A，1 430 r/min	1	进给快速移动
QS1	转换开关	Hz2-0/3	60 A 3 相	1	电源总开关
FU1	熔断器	RL1-0	熔体 40 A	3	电源短路保护
FU2	熔断器	RL1-5	熔体 15 A	3	M2 短路保护
FU4	熔断器	RL1-5	熔体 2 A	1	控制电路短路保护
FU3	熔断器	RL1-5	熔体 2 A	1	照明电路短路保护
KM1	交流接触器	CJ0-0		1	主轴正转

续表

代号	名称	型号	规格	数量	作用
KM2	交流接触器	CJ0-0		1	主轴反转
KM3	交流接触器	CJ0-0		1	主轴制动
KM4	交流接触器	CJ0-0	110 V 40 A	1	主轴低速
KM5	交流接触器	CJ0-40	110 V 40 A	2	主轴高速
KM6	交流接触器	CJ0-0	110 V 40 A	1	M2 正转快速
KM7	交流接触器	CJ0-0	110 V 40 A	1	M2 反转快速
FR	热继电器	JB0-0	14.5 A	1	M1 过载保护
KA1	中间继电器	JZ7-4	110 V 5 A	1	接通主轴正转
KA2	中间继电器	JZ7-4	110 V 5 A	1	接通主轴反转
KT	时间继电器	JS7-2	110 V	1	主轴高速延时
SR	速度继电器	JY-1		1	主轴反接制动
R	电阻	ZB1-09	0.9 Ω	1	主轴电机反接制动
TC	变压器	BK-300	300 VA，380/110 V、36 V、6.3 V	1	控制和照明两用
EL	照明灯具	JC6-2		1	低压照明
HL	信号指示灯	DK Ⅰ-10	6.3 V，2 W、绿色灯罩	1	电源接通指示
SB1	按钮	LA2		1	主轴停止
SB2	按钮	LA2	500 V 5 A	1	主轴正转启动
SB3	按钮	LA2		1	主轴反转启动
SB4	按钮	LA2	500 V 5 A	1	主轴正转点动
SB5	按钮	LA2		1	主轴反转点动
SQ1	限位开关	LX1-11J		1	主轴进刀与工作台移动联锁
SQ2	限位开关	LX3-11 K		1	主轴进刀与工作台移动联锁
SQ3	限位开关	LX1-11 K		1	进给速度变换
SQ4	限位开关	LX1-11 K		1	主轴速度变换
SQ5	限位开关	LX1-11 K	500 V 6 A	1	进给速度变换
SQ6	限位开关	LX5-11		1	主轴速度变换
SQ7	限位开关	LX1-11 K		1	接通高速
SQ8	限位开关	LX3-11 K		1	快速移动正转
SQ9	限位开关	LX3-11 K		1	快速移动反转
XS	插座			1	工作照明

第 9 章　电子与电力电子技术应用

本章介绍了涉及电工所用的电子技术（弱电的基本应用技术）、电力电子技术（交直流变换、弱（电）控强（电）基本技术），这两部分是智能制造中的弱强之间关键技术，是智能设备（典型代表就是智能家居系统）中必不可少的。

9.1　常用电子元器件与检测

电阻器、电容器、电感器、二极管、三极管、集成电路都是电子电路常用的元器件。本节先介绍这些常用电子元器件使用常识。

9.1.1　电阻器

电阻器是用电阻率较大的材料（碳或镍铬合金等）制成的器件。电阻器是在电子产品中一种必不可少、用得最多的元件，它在电子电路中通常起着稳定或调节电流、电压的作用。图 9-1 所示是部分电阻器及电位器的外形及图形符号。

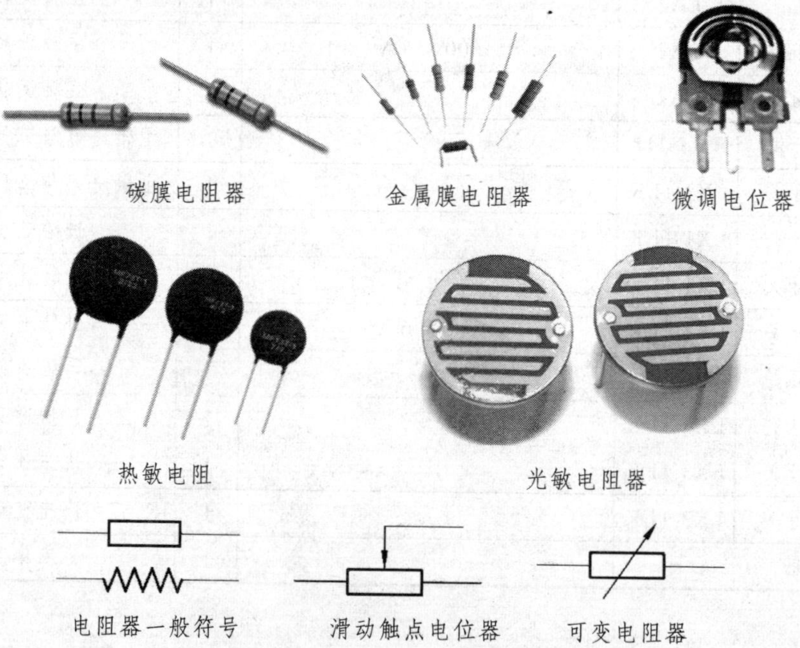

图 9-1　部分电阻器外形及图形符号

1. 电阻器的分类

电阻器的种类很多，形状各异，额定功率也各不相同，通常按下列几种方法分类。

1）按阻值可否调节

按阻值可否调节，电阻可分为固定电阻器、可变电阻器两大类。固定电阻器是指电阻值不能调节的电阻器，可变电阻器是指阻值在某个范围内可调节的电阻器。

2）按制造材料

按制造材料，电阻可分为碳膜电阻器、金属膜电阻器、有机实芯电阻器等。

3）按用途

按用途，电阻可分为精密电阻器、大功率电阻器、热敏电阻器、光敏电阻器等。

2. 电阻器的主要参数

1）标称阻值和偏差

标称阻值是指电阻器的设计阻值，通常标注在电阻器上面。

批量生产的电阻器，不可能满足所有使用者对阻值的要求。为了保证使用者能在一定的阻值范围内选用适当的电阻器，就需要按一定的规律设计电阻器的阻值系列，即便于厂家安排批量生产，也便于使用者选到合适电阻值的电阻器。电阻器的标称阻值系列如表 9-1 所示。

表 9-1　电阻器标称阻值系列

系列	偏差/%	电阻器的标称值
E24	±5	1.0，1.1，1.2，1.3，1.5，1.6，1.8，2.0，2.2，2.4，2.7，3.0，3.3，3.6，3.9，4.3，4.7，5.1，5.6，6.2，6.8，7.5，8.2，9.1
E12	±10	1.0，1.2，1.5，1.8，2.2，2.7，3.3，3.9，4.7，5.6，6.8，8.2
E6	±20	1.0，1.5，2.2，3.3，4.7，6.8

表 9-1 中的标称值还可以乘以 10^n，例如 47 这个标称值，就有 0.47 Ω、4.7 Ω、47 Ω、470 Ω、4.7 kΩ等阻值的电阻器。这种标称值系列的优越性在于：同一系列相邻两值中较小数值的正偏差与较大数值的负偏差彼此衔接或重叠，便于使用者按需要选用。

偏差是指标称电阻值与实际阻值的差值占标称阻值的百分数。通常可划分为 ±5%（Ⅰ级）、±10%（Ⅱ级）、±20%（Ⅲ级）三个等级。

2）额定功率

电阻器的额定功率是指电阻器在环境温度为 −55 ~ +70 °C 的条件下，连续承受直流或交流负荷时所允许消耗的最大功率。

3）温度系数

温度每变化 1 °C 所引起的电阻值的相对变化量称为电阻的温度系数。温度系数越小，电阻的稳定性越好。凡阻值随温度的升高而增大的温度系数为正；若温度升高时阻值减小则温度系数为负。

3. 电阻器的标示方法

电阻器的标称阻值和偏差通常都标示在电阻器件上，标示方法有以下几种：

1）直标法

直标法是用数字和文字符号在电阻器上直接标出主要参数的标示方法。图 9-2（a）所示的标志，电阻值为 5.1 kΩ，偏差为 ± 5%。若电阻上未注偏差，则均为 ± 20%。

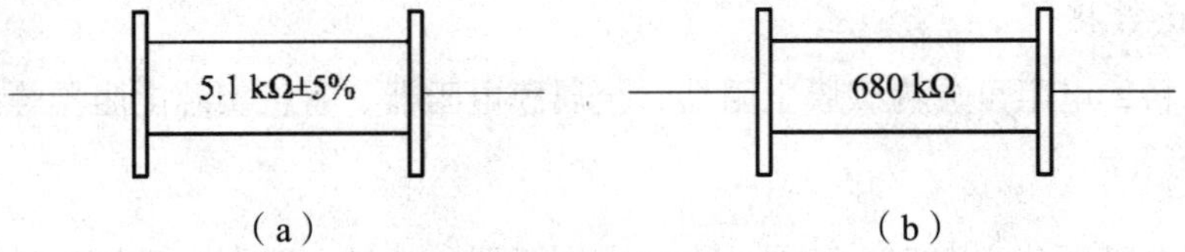

图 9-2 电阻器直标法示意图

2）文字符号法

文字符号法是用数字和文字符号或两者有规律的组合，在电阻器上标示出主要参数的标志方法。其具体方法为：阻值的整数部分写在阻值单位标志符号的前面，阻值的小数部分写在阻值单位标志符号的后面。

标志符号规定如下：

欧姆（10^0 欧姆），用Ω表示，例：0.1 Ω，标志为Ω1。

千欧（10^3 欧姆），用 k 表示，例：1 kΩ，标志为 1 k。

兆欧（10^6 欧姆），用 M 表示，例：3.3 MΩ，标志为 3 M3。

吉欧（10^9 欧姆），用 G 表示，例：$8.2 \times 10^9 \Omega$，标志为 8G2。

太欧（10^{12} 欧姆），用 T 表示，例：$3.3 \times 10^{12} \Omega$，标志为 3T3。

3）色标法

色标法是将电阻器的类别及主要技术参数的数值用颜色（色环或色点）标注在它的外表面上。色标电阻（色环电阻）器可分为三环、四环、五环三种标法。其含义如图 9-3 所示。

三色环电阻器的色环表示标称电阻值（允许误差均为±20%）。例如，色环为棕黑红，表示 $10 \times 10^2 = 1.0$（1+20%）kΩ的电阻器。

四色环电阻器的色环表示标称值（二位有效数字）及精度。例如，色环为棕绿橙金表示 $15 \times 10^3 = 15$（1+5%）kΩ的电阻器。

五色环电阻器的色环表示标称值（三位有效数字）及精度。例如，色环为红紫绿黄棕表示 $275 \times 10^4 = 2.75$（1+1%）MΩ的电阻器。

一般四色环和五色环电阻器表示允许误差的色环的特点是该环离其他环的距离较远。较标准的表示应是表示允许误差的色环的宽度是其他色环的 1.5 ~ 2 倍。

有些色环电阻器由于厂家生产不规范，无法用上面的特征判断，这时只能借助万用表判断。

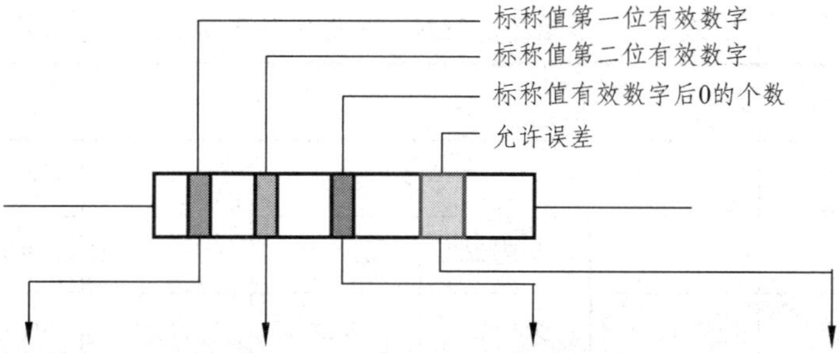

颜色	第一位有效值	第二位有效值	倍率	允许偏差
黑	0	0	10^0	
棕	1	1	10^1	
红	2	2	10^2	
橙	3	3	10^3	
黄	4	4	10^4	
绿	5	5	10^5	
蓝	6	6	10^6	
紫	7	7	10^7	
灰	8	8	10^8	
白	9	9	10^9	−20% ~ +50%
金			10^{-1}	± 5%
银			10^{-2}	± 10%
无色				± 20%

图 9-3　两位有效数字阻值的色环表示法

4）数码表示法

数码表示法是在电阻器上用三位数码表示标称值的标志方法。数码从左至右，第一、二位为阻值的有效数值，第三位为乘数，即有效数字后加零的个数，单位为Ω。偏差通常采用文字符号表示。

例如，标志 222J 表示电阻为 2.2 kΩ，偏差为 ± 5%；标志 103 k 表示电阻为 10 kΩ，偏差为 ± 10%。

4. 电阻器（含电位器）型号命名方法

电阻器（含电位器）的型号由四部分组成，分别代表产品主称、材料、分类和序号，R、M、W 分别为普通电阻器、敏感电阻器、电位器的主称，其余参见表 9-2、9-3。

表 9-2 电阻器的材料、分类代号及其意义

材料		分类					
代号	意义	代号	意义		代号	意义	
			电阻器	电位器		电阻器	电位器
T	碳膜	1	普通	普通	G	电阻器	
H	合成膜	2	普通	普通	T	可调	
S	有机实芯	3	超高频		W		微调
N	无机实芯	4	高阻		D		多圈
J	金属膜	5	高温				
Y	氧化膜	7	精密	精密			
I	玻璃釉膜	8	高压	特殊函数			
X	线绕	9	特殊	特殊			

表 9-3 敏感电阻器的材料、分类代号及其意义

材料		分类				
代号	意义	代号	意义			
			负温度系数	正温度系数	光敏	压敏
F	负温度系数热敏材料	1	普通	普通		碳化硅
Z	正温度系数热敏材料	2	稳压	稳压		氧化锌
G	光敏材料	3	微波			氧化锌
Y	压敏材料	4	旁热			
S	湿敏材料	5	测温	测温		
C	磁敏材料	6	微波			
L	力敏材料	7	测量			
Q	气敏材料					

例如，RJ71 为精密金属膜电阻器，其中 R 为主称，表示电阻器；J 表示材料为金属膜；7 为分类代号，表示精密，最后的 1 表示序号。又如，MF41 为负温度系数旁热式热敏电阻器，其中 M 为主称，表示敏感电阻器。

5. 电阻器的质量判别和选用

1）电阻器的质量判别

目测可以看出引线折断或电阻体烧坏等外表缺陷；用万用表欧姆档可测试电阻器内部是否良好及阻值是否正常。

2）电阻器的选用

应根据电子整机的具体要求，从电气性能兼顾经济价值等方面综合考虑。不要片面采用高精度电阻器。为了保证电阻可靠耐用，其额定功率应是实用功率的 1.5 ~ 2 倍。

9.1.2　电容器

电容器是组成电路的一种基本元件，电容在电路中具有隔断直流电、通过交流电的作用，因此常用于级间耦合、滤波、去耦、旁路及信号调谐。电容器的基本结构是在两个相互靠近的导体之间覆一层不导电的绝缘材料——介质，构成电容器。它是一种储能元件，可在介质两边储存一定量的电荷。储存电荷的能力用电容量表示，基本单位是法拉（F），由于法拉单位太大，因而电容量的常用单位是微法（μF）和皮法（pF）。

1. 电容器的分类

电容器的种类很多，按照不同的分类标准，可以分成不同的类型。

1）按结构分类

按照结构的不同，电容器主要有三种。

（1）固定电容器：电容量固定不变的电容器。

（2）可变电容器：电容量可变的电容器。

（3）半可变电容器：也叫微调电容器，其电容量可在较小的范围内调整变化。可变电容量一般为十几到几十皮法，最高也可以达到一百皮法左右（以陶瓷为介质时）。

2）按介质材料分类

按介质材料的不同，可分为以下几种。

（1）电解电容器：以铝、钽、铌、钛等金属氧化膜作介质的电容器。电解电容器有正、负极之分，一般电容器的外壳为负端，另一接头为正端，在外壳上都标有“+”“－”记号；如无标记时，引线长的一端视为“+”端，引线短的一端视为“－”端。使用时必须注意，若接反，电解作用会反向进行，氧化膜很快变薄，漏电流急剧增加，如果所加的直流电压过大，则电解电容器会很快发热，甚至会引起爆炸。

（2）云母电容器：以云母片作介质的电容器。

（3）瓷介质电容器：以高介电常数、低损耗的陶瓷材料为介质的电容器。

此外，还有玻璃釉电容器、纸介电容器、有机薄膜电容器等。

常见电容器的外观和符号如图 9-4 和 9-5 所示。

（a）电解电容器

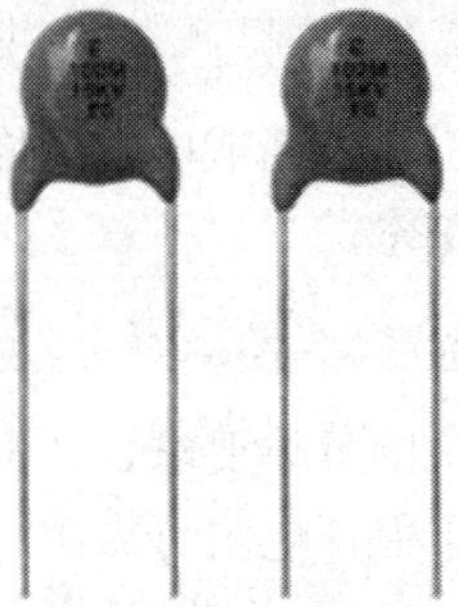

（b）介电容器

（c）微调电容器

（d）涤纶电容器

图 9-4　几种电容器外形

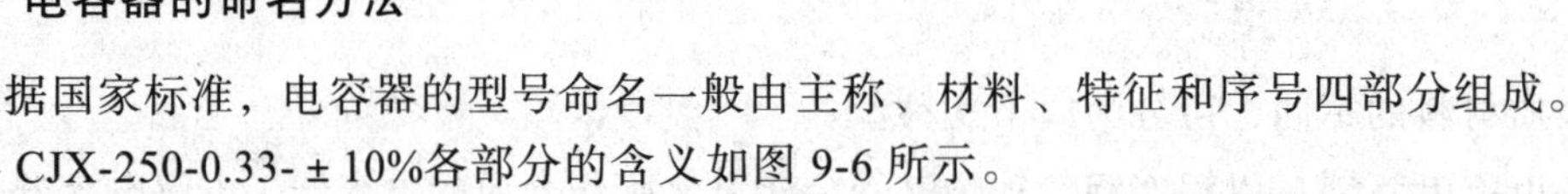

（a）一般电容器符号　（b）极性电容器符号　（c）可变电容器符号　（d）微调电容器符号

图 9-5　几种电容器的图形符号

2. 电容器的命名方法

根据国家标准，电容器的型号命名一般由主称、材料、特征和序号四部分组成。例如，电容器 CJX-250-0.33-±10%各部分的含义如图 9-6 所示。

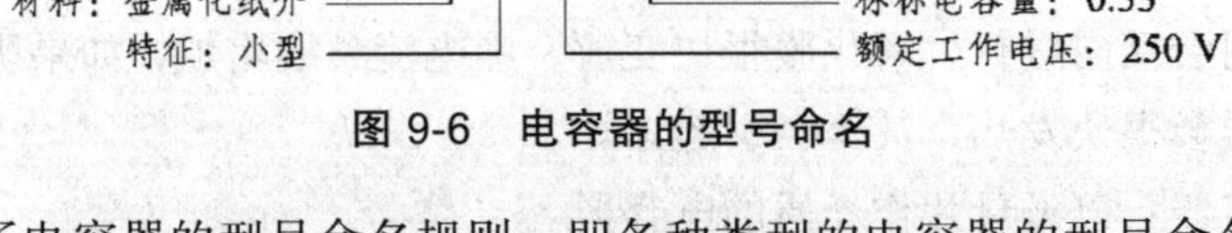

图 9-6　电容器的型号命名

表 8-4 列出了电容器的型号命名规则，即各种类型的电容器的型号命名中，各个部分的字母和含义。

表 9-4　电容器型号命名规则

第一部分		第二部分		第三部分		第四部分
用字母表示主称		用字母表示材料		用字母表示特征		用字母或数字表示序号
符号	意义	符号	意义	符号	意义	
C	电容器	C I O Y V Z J B F L S Q H D A G N T M E	瓷介 玻璃釉 玻璃膜 云母 云母纸 纸介 金属化纸 聚苯乙烯 聚四氟乙烯 涤纶（聚酯） 聚碳酸酯 漆膜 纸膜复合 铝电解 钽电解 金属电解 铌电解 钛电解 压敏 其他材料电解	T W J X S D M Y C	铁电 微调 金属化 小型 独石 低压 密封 高压 穿心式	包括品种、尺寸代号、温度特性、直流工作电压、标称值、允许误差、标准代号

根据具体情况，一般电容器上除了有表示上述型号的命名外，还有表示标称容量、额定电压、精度和其他的技术指标。

3. 电容器的主要技术参数

（1）容量与误差：实际电容量和标称电容量允许的最大偏差范围。一般分为 3 级：I 级 ± 5%，II 级 ± 10%，III 级 ± 20%。在有些情况下，还有 0 级，误差为 ± 20%。

精密电容器的允许误差较小，而电解电容器的误差较大，它们采用不同的误差等级。

常用的电容器其精度等级和电阻器的表示方法相同。用字母表示：D—005 级— ± 0.5%；F—01 级— ± 1%；G—02 级— ± 2%；J—I 级— ± 5%；K—II 级— ± 10%；M—III 级— ± 20%。

（2）额定工作电压：电容器在电路中能够长期稳定、可靠工作，所承受的最大直流电压，又称耐压。对于结构、介质、容量相同的器件，耐压越高，体积越大。

（3）温度系数：在一定温度范围内，温度每变化 1 °C，电容量的相对变化值。温度系数越小越好。

（4）绝缘电阻：用来表明漏电大小的。一般小容量的电容，绝缘电阻很大，在几百兆欧姆或几千兆欧姆。电解电容的绝缘电阻一般较小。相对而言，绝缘电阻越大越好，漏电也小。

（5）损耗：在电场的作用下，电容器在单位时间内发热而消耗的能量。这些损耗主要来自介质损耗和金属损耗。通常用损耗角正切值来表示。

（6）频率特性：电容器的电参数随电场频率而变化的性质。在高频条件下工作的电容器，由于介电常数在高频时比低频时小，电容量也相应减小。损耗也随频率的升高而增加。另外，在高频工作时，电容器的分布参数，如极片电阻、引线和极片间的电阻、极片的自身电感、引线电感等，都会影响电容器的性能。所有这些，使得电容器的使用频率受到限制。

不同品种的电容器，最高使用频率不同。小型云母电容器在 250 MHz 以内；圆片型瓷介电容器为 300 MHz；圆管型瓷介电容器为 200 MHz；圆盘型瓷介可达 3000 MHz；小型纸介电容器为 80 MHz；中型纸介电容器只有 8 MHz。

4. 电容器的标识

一般电容器主体上除标有生产厂家的符号外，还标有标称容量、允许误差、额定电压等。个别产品主体上只标有标称容量、允许误差，不标额定电压，甚至只标有标称容量。

1）直标法

直标法是将标称容量直接标注在电容器上的一种标注方法。容量单位有：F（法拉）、mF（毫法）、μF（微法）、nF（纳法）、pF（皮法）。

这里有两种情况：一种是标有单位，则直接读取，如标有“620 pF”的电容器就表示容量为 620 pF，另一种是没标单位，其读法是：凡容量大于 1 的无极性电容器，其容量单位为 pF，如“300”表示容量为 300 pF；凡容量小于 1 的无极性电容器，其容量单位为 μF，如“0.01”表示容量为 0.01 μF；凡有极性电容器，容量单位为 μF，如“10”表示容量为 10 μF。

例如：“4n7 J 100 V”表示标称容量为 4.7 nF 或 4 700 pF，允许误差 ± 5%，额定电压 100 V。

2）文字符号法

文字符号法是将容量的整数部分标注在容量单位的前面，容量的小数部分标注在单位后面，容量单位所占位置就是小数点的位置。例如，“4n7”表示容量为 4.7 nF（4700 pF）。若在数字前标注有“R”字样，则容量为零点几微法。例如，“R47”表示容量为 0.47 μF。

3）数码表示法

该方法用三位数字表示电容器的容量大小。其中，前两位数字为电容器标称容量的有效数字，第三位数字表示有效数字后面零的个数，单位是 pF。例如，“103”表示容量为 10×10^3 pF。若第三位数字是“9”，则有效数字应乘上 10^{-1}。例如，“229”表示容量为 22×10^{-1} pF。

数码表示法与直标法对于初学者来说比较容易混淆，其区别方法是：一般来说，直标法的第三位为“0”，而数码表示法的第三位则不为“0”。

4）色环标注法

电容器色环标注法的原则与电阻器的相同，颜色意义也与电阻器的基本相同，其容量单位为 pF。当电容器引线同向（在电容器的同一端）时，色环电容器的识别顺序为从上到下。

9.1.3　电感器

电感器有时也叫电感或电感线圈。电感器是利用电磁感应原理制成的元件，常见有两大类：具有自感作用的自感线圈和具有互感作用的变压器。电感器在电路中起阻流、变压、传送信号等作用。

在电子整机中，常用的变压器有电源变压器、音频变压器、中频变压器（中周）和各种高频变压器（如天线线圈）等。下面所介绍的电感器主要是各种自感线圈。

1. 电感器的分类

电感器的种类很多，而且分类方法也不一样。通常，按电感量变化情况可分为固定电感器、可变电感器、微调电感器等；按电感器线圈芯性质可分为空心电感器、磁芯电感器、铜芯电感器等；按绕制特点又可分为单层电感器、多层电感器、蜂房电感器等。

部分常见的电感器外形及图形符号如图 9-7 所示。固定电感器是将铜线绕在磁芯上，然后再用环氧树脂或塑料封装起来。这种电感器的特点是体积小、重量轻，结构牢固，使用方便。下面将以它为例，简介一些有关电感器的基本常识。

（a）固定电感器　（b）可调电感器　（c）空芯电感器

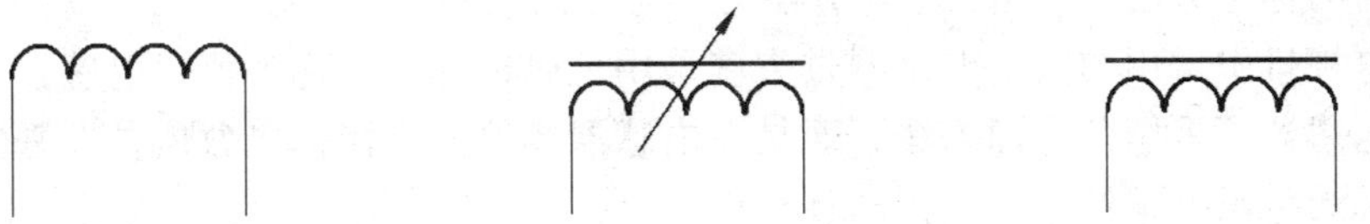

（d）一般电感器符号　（e）带磁芯可调电感器符号　（f）带铁心电感器符号

图 9-7　部分常见电感器外形及电感器图形符号

2. 电感器的主要参数

1）标称电感量

电感量的单位是亨利，用字母 H 表示。实用中标称电感量常用毫亨（mH）或微亨（μH）表示。

2）品质因数

品质因数是指线圈在某一频率的交流电压下工作时所呈现的感抗与线圈的总损耗电阻的比值，其计算公式为：$Q = 2\pi fL/R = \omega L/R$，式中 Q 是品质因数。在谐振回路中，线圈的 Q 值越高，回路的损耗越小。

3）分布电容

分布电容是指线圈的匝间形成的电容，即由空气、导线的绝缘层、骨架为介质所形成的电容。它的存在降低了线圈的品质因数，应设法减小分布电容（如线圈采用蜂房绕法或间绕法）。

3. 固定电感器

固定电感器是将线圈绕制在软磁铁氧体的基体上构成的，这样能获得比空心线圈更大的电感量和较大的 Q 值。固定电感器有卧式和立式两种。电感器的外表涂有环氧树脂或其他包封材料作为保护层。部分固定电感器的型号及性能见表 9-5。表中 A、B、C、D、E 组分别表示最大直流工作电流为 50 mA、150 mA、300 mA、700 mA、1600 mA。电感量允许误差用Ⅰ、Ⅱ、Ⅲ分别表示 ± 5%、± 10%、± 20%。

表 9-5　固定电感器型号及性能

型号	外形尺寸系列/mm	电流组别	电感量范围
LG1、LGX 型（卧式）	ϕ5、ϕ8、ϕ10、ϕ15	A	10 μH ~ 10 mH
		B	100 μH ~ 10 mH
		C	1 μH ~ 1 mH
		E	0.1 ~ 560 μH
LG400 型（立式）	ϕ13	D	10 ~ 820 μH
LG402 型（立式）	ϕ19	A	10 ~ 820 μH
LG404 型（立式）	ϕ5、ϕ8、ϕ18	A	10 ~ 82 mH
		D	10 ~ 820 μH

4. 电感器的标志方法

电感器的标志方法与电阻器、电容器的标志方法相同，有直标法、文字符号法和色标法。

彩色电视机中常用的固定电感器过去多采用色码标志，统称为色码电感器。目前我国生产的固定电感器不采用色码标志法，而是在电感器实体上直接标出数值，即采用直标法，但习惯上仍称为色码电感器。

9.1.4 半导体分立器件

1. 半导体二极管

1）半导体二极管的分类

半导体二极管具有单向导电特性。它有多种分类方法：按用途分，有整流二极管、检波二极管、稳压二极管、开关二极管、发光二极管、光电二极管等，图 9-8 所示是其中常见的部分二极管外形及有关的图形符号。按采用的材料分，有锗二极管、硅二极管、砷化镓二极管等；按结构特点分，有点接触二极管和面接触二极管。此外，还有按工作原理分类的，如变容二极管、雪崩二极管等。

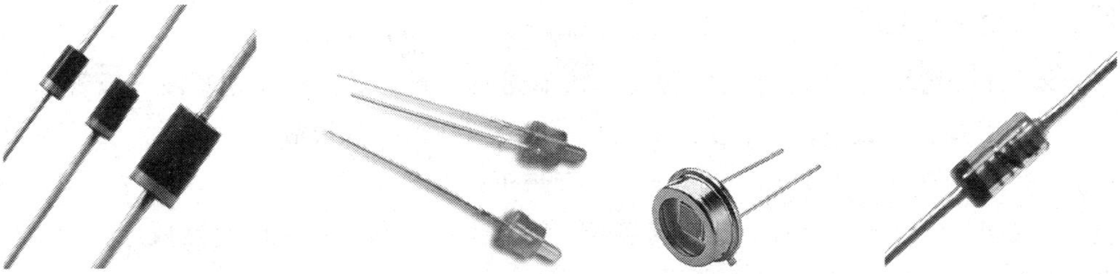

（a）稳压二极管　（b）发光二极管　（c）光电二极管　（d）开关二极管

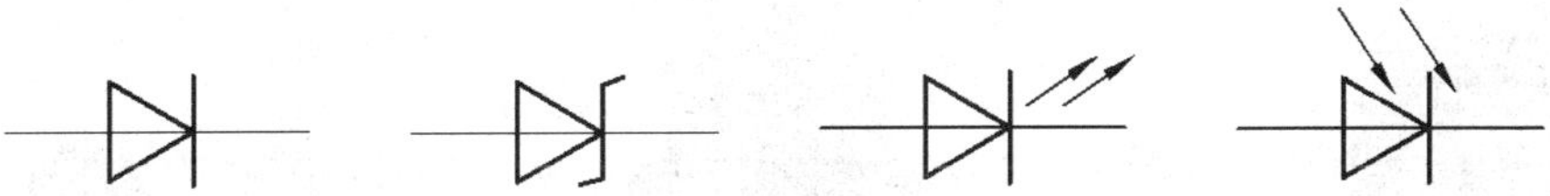

（e）普通二极管　（f）稳压二极管　（g）发光二极管　（h）光电二极管

图 9-8　部分半导体二极管外形和图形符号示例

2）二极管引脚极性的判别

观察二极管外壳上的标志一般能看出极性，如果肉眼无法判别二极管的极性，可以用万用表来检测二极管。检测方法如下：检测二极管（二极管档）红笔接正极，黑笔接负极，可显示二极管的正向压降。正常应显示。硅管 0.500 ~ 0.700 V，锗管 0.150 ~ 0.300 V。肖特基二极管的压降是 0.2 V 左右，普通硅整流管（1N4000、1N5400 系列等）约为 0.7 V，发光二极管为 1.8 ~ 2.3 V。调换表笔，显示屏显示“ol”则为正常，因为二极管的反向电阻很大，否则此管已被击穿。正测、反测均为 0 或者为 ol，表明此管损坏。

2. 半导体三极管

1）半导体三极管的分类

通常所说的半导体三极管是指对信号有放大作用或开关作用，具有三个电极的半导体器件。三极管按工作频率分，有高频三极管和低频三极管；按功率大小分，有大功率、中功率、小功率三极管；按封装形式分，有金属封装三极管和塑料封装三极管等；按电极性不同分，有 PNP 型和 NPN 型两种。图 9-9 所示是部分三极管外形及图形符号。

（a）小功率三极管　（b）大功率三极管　（c）高频三极管

（d）PNP 型管符号　（e）NPN 型管符号

图 9-9　部分三极管外形及图形符号

2）三极管管脚的判别

半导体三极管管脚排列的方式依管壳形状不同而不同。对中小功率塑料三极管：平面朝向自己，三个引脚朝下放置，一般从左到右依次为发射极 e、基极 b、集电极 c，如图 9-10（a）所示；金属帽底端有一个小突起，距离这个突起最近的是发射极 e，然后顺时针依次是基极 b、集电极 c，如图 9-10（b）所示；没有突起的，倒三角形、顺时针管脚仍然依次为发射极 e、基极 b、集电极 c。如图 9-10（c）所示。

（a）　　（b）　　（c）

图 9-10　半导体三极管管脚判别

3）使用万用表判别三极管管脚

首先将万用表打到测试二极管端，用万用表的红表笔接触三极管的其中一个管脚，而用万用表另外的那支表笔去测试其余的管脚，直到测试出如下结果：

（1）如果三极管的黑表笔接其中一个管脚，而用红表笔测其他两个管脚都导通有电压显示，那么此三极管为 PNP 三极管，且黑表笔所接的脚为三极管的基极 B，用上述方法测试时其中万用表的红表笔接其中一个脚的电压稍高，那么此脚为三极管的发射极 E，剩下的电压偏低的那个管脚为集电极 C。

（2）如果三极管的红表笔接其中一个管脚，而用黑表笔测其他两个管脚都导通有电压显示，那么此三极管为 NPN 三极管，且红表笔所接的脚为三极管的基极 B，用上述方法测试时其中万用表的黑表笔接其中一个脚的电压稍高，那么此脚为三极管的发射极 E，剩下的电压偏低的那个管脚为集电极 C。

9.1.5　集成电路

在半导体基片上制成的整体电路称为集成电路。与分立元件电路相比，集成电路具有体积小、重量轻、功耗低、性能好、可靠性高、成本低等优点。

1. 半导体集成电路的分类

（1）按传送信号功能分类可分为模拟集成电路及数字集成电路。

（2）按集成度分类可分为小规模、中规模、大规模和超大规模集成电路。

集成度是指单位面积的芯片上所包含的电子元器件的数目。芯片上的集成度为 100 个元件以内或小于 10 个门电路的集成电路称为小规模电路；集成度为 100 ~ 1000 个元件或 10 ~ 100 个门电路的，称为中规模集成电路；集成度在 1000 个元件以上或 100 个门电路以上者，称为大规模集成电路；集成度在 10 万个元件以上或 1 万个门电路以上者，称为超大规模集成电路。

集成电路还有很多其他的分类方法，这里不再赘述。

2. 集成电路引线脚的识别

常见的集成电路的外封装形式有圆形金属外封装、扁平陶瓷或塑料外壳封装及双列直插型塑料封装。它们的引出线有 8 根、10 根、14 根、16 根等多种，最多可达数百根。

图 9-11 是部分集成电路的外形。双列直插式集成电路引线脚顺序识别方法如下：将集成电路水平放置，引脚向下，且将集成电路表面上的凹口标志置于左方，按箭头所示的逆时针方向，可依次读出引线脚的序号。

（a）圆形金属外壳封装　（b）双列直插式封装　（c）陶瓷扁平封装

图 9-11　部分集成电路外形图

9.2　电子焊接工艺

在电子整机装配中，为了避免连接处移动和露在空气中的金属表面产生氧化层导致导电率的不稳定，通常采用焊接工艺来处理金属导体的连接。

焊接就是把比被焊金属熔点低的焊料和被焊金属一同加热，在被焊金属不熔化的条件下，使熔化的焊料润湿连接处被焊金属的表面。在它们的接触界面上形成合金层，达到被焊金属间的牢固连接。虽然目前大多数整机生产厂家在流水线已经采用波峰槽焊，但在检修电子线路或小批量装配电子电路时仍采用手工焊接。手工焊接的主要工具是电烙铁，采用的材料有焊料和焊剂。

在电子线路的装配中，焊接质量的好坏将直接影响电子线路及装置的工作性能。

9.2.1　焊料和焊剂

1. 焊　料

焊料是一种熔点比被焊金属低的金属材料，在被焊金属不熔化的条件下能润湿被焊金属表面，并在接触界面处形成合金层。通常锡焊的被焊金属是铜，焊料是锡铅合金，简称焊锡。一般要求它熔点低、凝结快、附着力强、坚固性好、导电率高、表面光洁。焊锡丝如图 9-12 所示。

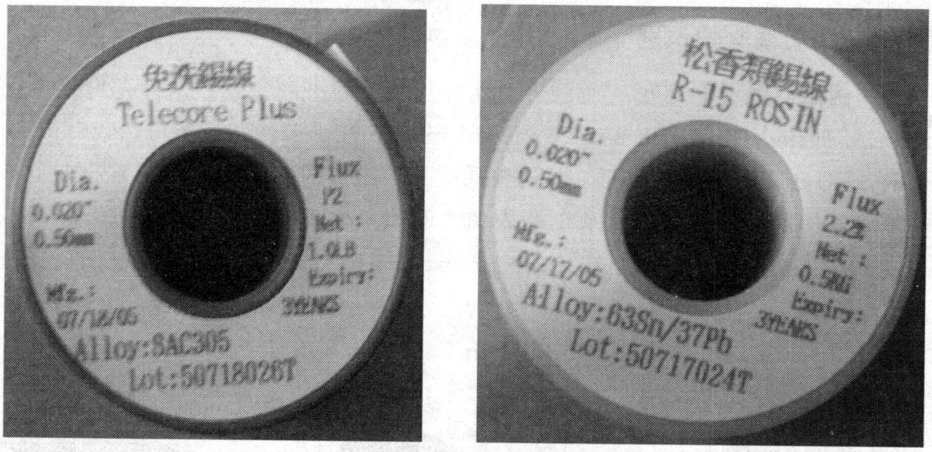

图 9-12　无铅锡丝和有铅锡丝

焊锡丝按成分不同可分为有铅焊锡丝和无铅焊锡丝。

有铅焊锡丝：Sn/Pb = 63/37，63%的锡，37%的铅，焊接温度为：（260 ± 15）°C；

无铅焊锡丝：Sn/Ag/Cu = 96.5/3.0/0.5，96.5%的锡，3.0%的银，0.5%的铜，焊接温度为：（330 ± 20）°C。

一个良好的连接点（焊点）必须有足够的机械强度和优良的导电性能，而且要在短时间内（通常小于 3 s）形成。在焊点形成的短时间内，焊料和被焊金属会经历三个变化阶段：

① 熔化的焊料润湿被焊金属表面阶段；

② 熔化的焊料在被焊金属表面扩展阶段；

③ 熔化的焊料渗入焊缝，在接触界面形成合金层阶段。

其中润湿是最重要的阶段，没有润湿，焊接就无法实现。在焊接过程中，同样的工艺条件下，会出现有的金属好焊，有的不好焊。这往往是由于焊料对各种金属的润湿能力不同造成的。此外，被焊金属表面若不清洁也会影响焊料对金属的润湿能力，使焊接困难。

2. 焊　剂

焊接是在空气中和高温下进行的，因此焊料和被焊金属表面不可避免地会产生氧化层，它阻碍着焊接的进程。焊剂是一种焊接辅助材料，它能去除氧化物并防止焊接时金属表面再次氧化，故又称助焊剂。在电子设备的焊接中，普遍使用松香作焊剂。

9.2.2　焊接工具的选用

手工焊接的基本工具是电烙铁，它的作用是加热焊接部位，熔化焊料，使焊料和被焊金属连接起来。

1. 电烙铁的基本结构

电烙铁种类很多，结构各有不同，但其基本结构都是由发热部分、储热部分和手柄部分组成的。

1）发热部分

发热部分也叫加热部分或加热器。电烙铁发热部分的作用是将电能转换成热能。其原理结构是：在云母或陶瓷绝缘体上缠绕高电阻系数的金属材料（如镍铬合金丝），当电流通过时产生热效应，把电能转换成热能，并把热能传递给储热部分。

2）储热部分

电烙铁的储热部分是烙铁头。它在得到发热部分传来的热量后，温度逐渐上升，并把热量积蓄起来。通常采用密度较大和比热较大的铜或铜合金作烙铁头。

3）手柄部分

电烙铁手柄一般用木材、胶木或耐高温塑料加工而成。手柄的形状要根据电烙铁功率和操作方式而定，应符合牢固、温升小、手握舒适等要求。

2. 内热式和外热式电烙铁简介

通用的电烙铁按加热方式可分为内热式和外热式两大类。

1）内热式电烙铁

内热式电烙铁的外形如图 9-13（a）所示。

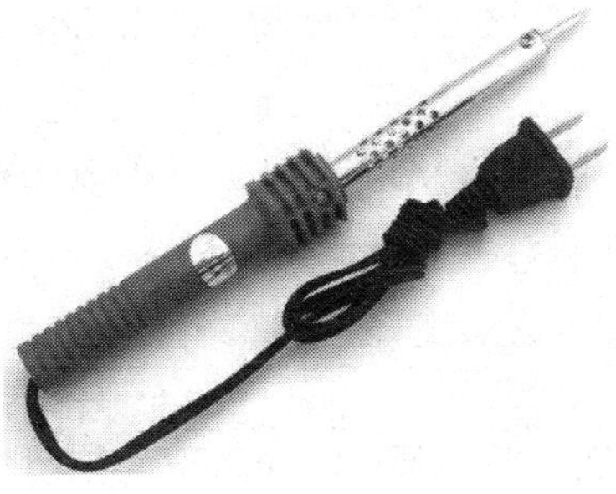

（a）内热式电烙铁

（b）外热式电烙铁

图 9-13　内热式和外热式电烙铁

内热式电烙铁常用的规格有20 W、30 W、50 W等。其加热器用电阻丝缠绕在密闭的陶瓷管上制成，因其是把加热器插在烙铁头里面，称为内热式电烙铁。它具有绝缘电阻高、漏电小、热效率高、升温快等特点。采用密闭式加热器，能防止加热器老化，延长使用寿命；但加热器制造复杂，烧断后无法修复。内热式电烙铁主要用于印制电路板上元器件的焊接。

2）外（旁）热式电烙铁

外热式电烙铁是一种应用较广的普通型电烙铁，其外形如图 8-13（b）所示。其加热器是用电阻丝缠绕在云母材料上制成的。因其是把烙铁头插入加热器，所以称为外（旁）热式电烙铁。

外热式电烙铁绝缘电阻低，漏电大；又由于是外侧加热，故热效率低，升温慢，体积较大。但其结构简单，价格便宜，所以仍是目前使用较多的电烙铁。其规格有 20 W、25 W、30 W、50 W、75 W、100 W、150 W等，主要用于导线、接地线和较大器件的焊接。

3. 电烙铁的选用和温度控制

1）电烙铁的选用

根据手工焊接的技术要求，在选用电烙铁时，应注意下列要求：

（1）必须满足焊接时所需的热量，升温快，热效率高，在连续操作时能保持一定的温度。

（2）烙铁头的形状要适合焊点空间的要求。

（3）电气、机械性能安全可靠，重量轻，操作舒适，使用寿命长，维修方便。

2）电烙铁的温度控制

控制电烙铁的温度是提高焊接质量、防止元器件过热损坏的重要措施。不能控制温度的电烙铁，焊接时烙铁头的温度会有不同程度的下降，尤其是在连续操作时，如果烙铁头温度不能迅速恢复到焊接所需温度，会影响工作。另外，也有可能由于烙铁头温度过高，造成被焊元器件受热损坏的情况。所以，在手工焊接时，应对电烙铁的温度进行控制。

控制电烙铁的温度常用下列几种方法：

（1）通过调整烙铁头伸出的长度来控制。这种方法最简单，但必须要有丰富的经验，且调温要足够精确。

（2）通过调整电源电压，即改变电烙铁的输出功率来调控温度。

（3）利用温度传感器，通过电子线路来控制温度。此法控温精度高，调节方便，但结构复杂，价格较高。

（4）使用装有磁性开头的恒温电烙铁。这种磁性开关是利用居里效应，即软磁材料被加热到一定温度（称为居里点）即失去磁性的原理制成的。

4. 电烙铁的使用和维护

为了能够顺利而安全地进行焊接操作，延长电烙铁的使用寿命，应当正确使用和维护电烙铁，其要点如下：

（1）合理使用烙铁头。初次使用的电烙铁要先将烙铁头浸上一层锡。焊接时要使用松香或无腐蚀的焊剂。擦拭烙铁头要用浸水海绵或湿布，不要用砂纸或锉刀打磨烙铁头。焊接结束后，不要擦去烙铁头留下的焊料。

（2）电烙铁外壳要接地。长时间不用时，应切断电源。定期检查电源线是否拉脱或短路。

（3）要经常清理外（旁）热式电烙铁壳体内的氧化物，防止烙铁头卡死在壳体内。

5. 保证焊接质量的因素

手工焊接是利用电烙铁加热焊料和被焊金属，实现金属间牢固连接的一项工艺技术。这项工作看起来十分简单，但要做到众多焊点均匀一致、个个可靠，却是十分不容易的，因为手工焊接的质量是受多种因素影响和控制的。通常应注意以下几个保证焊接质量的因素：

1）保持清洁

要使熔化的焊料和被焊金属受热形成合金，其接触表面必须十分清洁。这是焊接质量得到保证的首要因素和先决条件。

2）合适的焊料和焊剂

电子设备手工焊接通常采用共晶锡铅合金焊料，以保证有良好的导电性及足够的机械强度。目前常用的是松脂芯焊丝。

3）合适的电烙铁

手工焊接主要采用电烙铁，应按焊接对象选用不同功率的电烙铁，不能只用一把电烙铁完成不同形状、不同热容量焊点的焊接。

4）合适的焊接温度

焊接温度是指焊料和被焊金属之间形成合金层所需要的温度。通常焊接温度应控制在 260 °C 左右。但考虑到烙铁头在使用过程中会散热，可以把电烙铁的温度适当提高一些，控制在（300 ± 10）°C 为宜。

5）合适的焊接时间

由于被焊金属的种类和焊点形状不同及焊剂特性的差异，焊接时间各不相同。应根据不同的焊接对象，掌握好焊接时间。通常焊接时间应小于 3 s。

6）被焊金属的可焊性

主要是指元器件引线、接线端子和印制电路板的可焊性。为了保证可焊性，在焊接前，要进行上锡处理或在印制电路板表面镀上一层锡铅合金。

6. 手工焊接的工艺流程

手工焊接的工艺流程如下准备→加热→加焊料→冷却→清洗。

1）准　备

焊接前的准备包括：焊接部位的清洁处理，导线与接线端子的连接，元器件以及焊料、焊剂和工具的准备，使连接处于随时可以焊接的状态。

2）加　热

烙铁头加热焊接部位，使连接点的温度升至焊接需要的温度。加热时，烙铁头和连接点要有一定的接触面和接触压力。

3）加焊料

加热到一定温度后,即可在烙铁头与连接点的结合部或烙铁头对称一侧加上适量的焊料。焊料熔化后，用烙铁头将焊料拖动一段距离，以保证焊料覆盖连接点。

4）冷　却

焊料和烙铁头离开连接点（焊点）后，焊点应自然冷却，严禁用嘴吹或其他强制冷却的方法。在焊料凝固过程中，连接点不应受到任何外力的影响而改变位置。

5）清　洗

必须彻底清洗残留在焊点周围的焊剂、油污、灰尘，可采用手工擦洗。

7. 手工焊接的基本操作

1）加热方法

（1）烙铁的握法。通常用右手握住电烙铁，握法有反握法、正握法和笔握法三种，如图 9-14 所示。

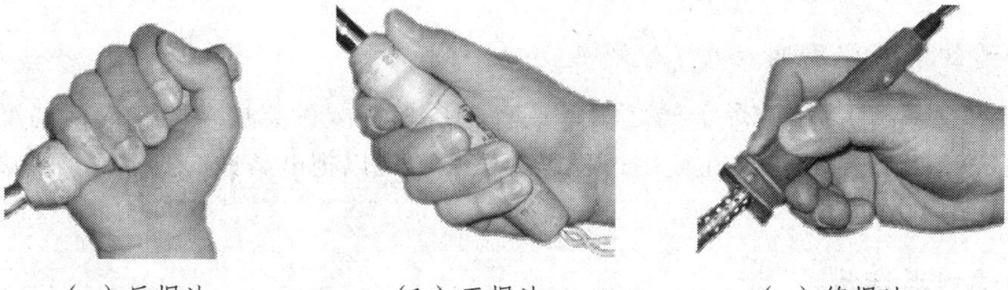

（a）反握法　　（b）正握法　　（c）笔握法

图 9-14　手握电烙铁的方法

反握法对被焊件压力较大，适用于较大功率的电焊铁（>75 W）；正握法适用于弯烙铁头的操作或直烙铁头在大型机架的焊接；笔握法适用于小功率的电烙铁焊接印制电路板上的元器件。

（2）电烙铁的操作要领。电烙铁要在短时间内将几种金属同时加热，烙铁头如何与被焊金属接触十分重要。例如，焊接印制电路板时，由于接触角度不同，会造成或引线一侧或铜箔一侧热传导速度快。为使加热均匀，烙铁头应对引线和铜箔同时加热。

焊接结束时，烙铁头撤离的方法也要注意。因为烙铁头的主要作用是加热，焊料熔化后，烙铁头应迅速离开焊点。如果焊料停止供给后还继续加热，会造成焊料流淌，焊点表面出现粗糙状，失去金属光泽；如果烙铁头过早撤离，会造成加热不充分、焊剂作用不够、焊点强度降低，甚至会造成虚焊或假焊。

2）焊料供给方法

要掌握好焊料供给时机，即在焊点达到焊接温度时，及时供给焊料。这时焊剂最容易在金属表面起作用，促使焊料润湿被焊金属。同时，焊料供给的位置要正确，绝不能用烙铁头作为运载焊料工具。因为手工焊接通常用含焊剂芯的线状焊料，如果烙铁头接触焊料并作为运载工具，这样焊剂在高温下早就分解挥发，而运到焊点的焊料处于无焊剂状态，容易造成焊接缺陷。因此，手工焊接操作时，要一手拿焊料一手拿烙铁，先对焊点加热而后再加焊料。

焊锡丝的拿法根据连续锡焊和断续锡焊的不同分为两种：手握焊锡丝，用拇指、食指、中指控制送丝速度，适合连续焊接，见图 9-15（a）；仅用拇指、食指、中指捏住焊锡丝，适合断续焊接，见图 9-15（b）。

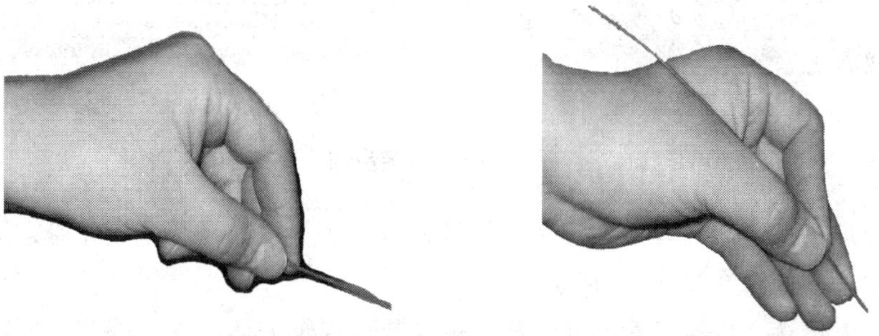

（a）　　　　（b）

图 9-15　焊锡丝的拿法

3）一般元器件焊接的顺序

元器件焊接顺序依次为：电阻器、电容器、二极管、三极管、集成电路、大功率管、其他元器件。其他元器件按先小后大、先轻后重、先里后外、先低后高、先普通后特殊的次序焊装，即先焊分立元件，后焊集成块，对外连线要最后焊接。

晶体管焊接一般是在其他元件焊接好后进行，要特别注意，每个管子的连续焊接时间不要超过 5 ~ 10 s，并使用钳子或镊子夹持管脚散热，防止烫坏管子。

集成块若不使用插座，直接焊到印制板上，安全焊接顺序为：地端→输出端→电源端→输入端。

4）焊接步骤

（1）加热焊件。电烙铁的焊接温度由实际使用情况决定。一般来说，将焊接一个锡点的时间限制在 5 s 最为合适。焊接时烙铁头与印制电路板呈 55°角，电烙铁头顶住焊盘和元器件引脚，然后给元器件引脚和焊盘均匀预热，如图 9-16（a）所示。

（2）移入焊锡丝。焊锡丝从元器件脚和烙铁接触面处引入，焊锡丝应靠在元器件脚与烙铁头之间，如图 9-16（b）所示。

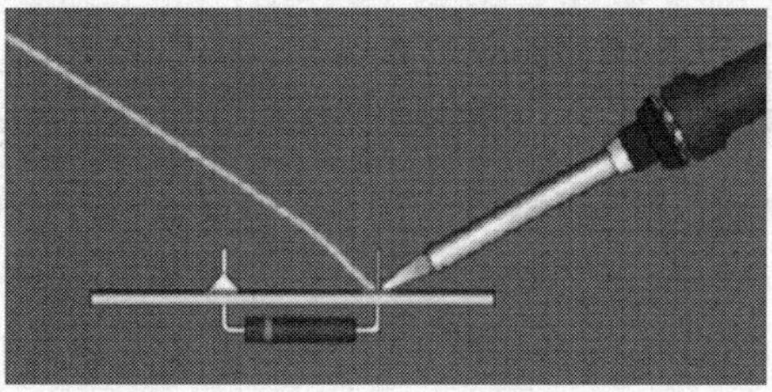

（a）加热焊件

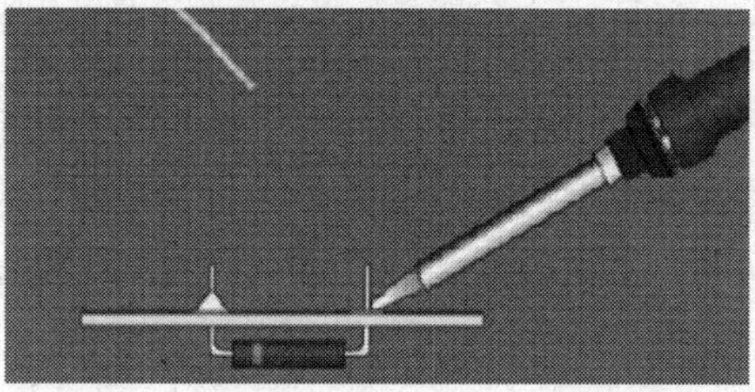

（b）移入焊锡

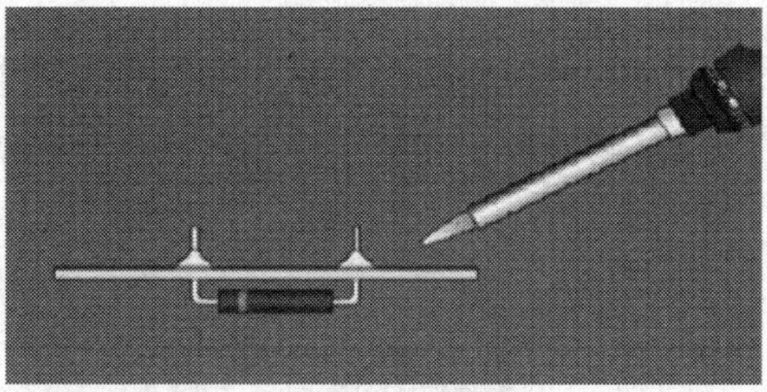

（c）移开焊锡

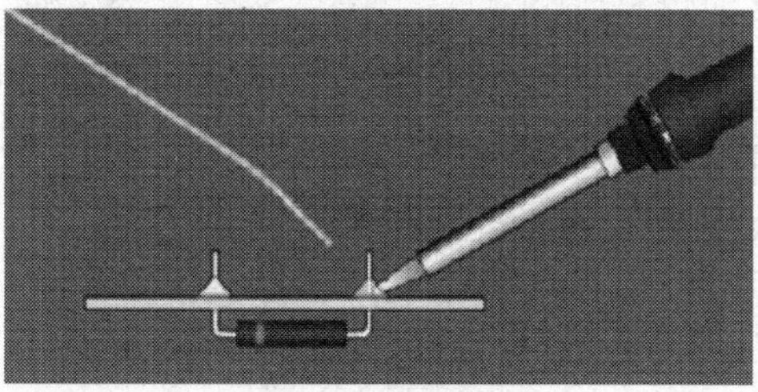

（d）移开电烙铁

图 9-16　焊接步骤

（3）移开焊锡。当焊锡丝熔化（要掌握进锡速度）焊锡散满整个焊盘时，即可以 55°角方向拿开焊锡丝，如图 9-16（c）所示。

（4）移开电烙铁。焊锡丝拿开后，烙铁继续放在焊盘上持续 1～2 s，当焊锡只有轻微烟雾冒出时，即可拿开烙铁，拿开烙铁时，不要过于迅速或用力往上挑，以免溅落锡珠、锡点、或使焊锡点拉尖等，同时要保证被焊元器件在焊锡凝固之前不要移动或受到震动，否则极易造成焊点结构疏松、虚焊等现象，如图 9-16（d）所示。

8. 焊点的检查

目视检查：从外观上检查焊接质量是否合格，有条件的情况下，建议用 3～10 倍放大镜进行目检。

目视焊点面检查的主要内容有：

（1）是否有错焊、漏焊、虚焊。

（2）有没有连焊，焊点是否有拉尖现象。

（3）焊盘有没有脱落，焊点有没有裂纹。

（4）焊点外形润湿应良好，焊点表面是不是光亮、圆润。

（5）焊点周围有无残留的焊剂。

（6）焊接部位有无热损伤和机械损伤现象。

手触检查：在目视检查中发现有可疑现象时，采用手触检查。主要是用手指触摸元器件有无松动、焊接不牢的现象，用镊子轻轻拨动焊接部位或夹住元器件引线，轻轻拉动观察有无松动现象。

表 9-6　手工焊接常见的不良现象

焊点缺陷	外观特点	危害	原因分析
虚焊 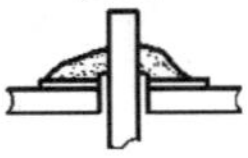	焊锡与元器件引脚和铜箔之间有明显黑色界限，焊锡向界限凹陷	设备时好时坏，工作不稳定	1. 元器件引脚未清洁好、未镀好锡或锡氧化 2. 印制板未清洁好，喷涂的助焊剂质量不好
焊料过多 	焊点表面向外凸出	浪费焊料，可能包藏缺陷	焊丝撤离过迟
焊料过少 	焊点面积小于焊盘的 80%，焊料未形成平滑的过渡面	机械强度不足	1. 焊锡流动性差或焊锡撤离过早 2. 助焊剂不足 3. 焊接时间太短
过热 	焊点发白，表面较粗糙，无金属光泽	焊盘强度降低，容易剥落	烙铁功率过大，加热时间过长
冷焊 	表面呈豆腐渣状颗粒，可能有裂纹	强度低，导电性能不好	焊料未凝固前焊件抖动
拉尖 	焊点出现尖端	外观不佳，容易造成桥连短路	1. 助焊剂过少而加热时间过长 2. 烙铁撤离角度不当
桥连 	相邻导线连接	电气短路	1. 焊锡过多 2. 烙铁撤离角度不当
铜箔翘起 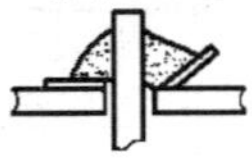	铜箔从印制板上剥离	印制电路板已被损坏	焊接时间太长，温度过高

9. 焊点的清洗处理

焊接完成后，在焊点周围和印刷电路板表面如果存在焊剂残渣、油污、手汗等沾污物，会使绝缘电阻下降。因此，在完成电子设备的焊接操作后，应对焊点及周围进行清洗。可用沾有汽油的泡沫塑料块或纱布逐点擦洗焊点，待汽油挥发后再涂上稀的松香酒精溶液以保护焊点。

9.3 电子技术应用实例

9.3.1 阻容耦合放大电路的安装与调试

（1）阻容耦合放大电路原理图如图 9-17（a）所示，阻容耦合放大电路印制板装配图如图 9-17（b）所示，所示元器件明细表见表 9-7。

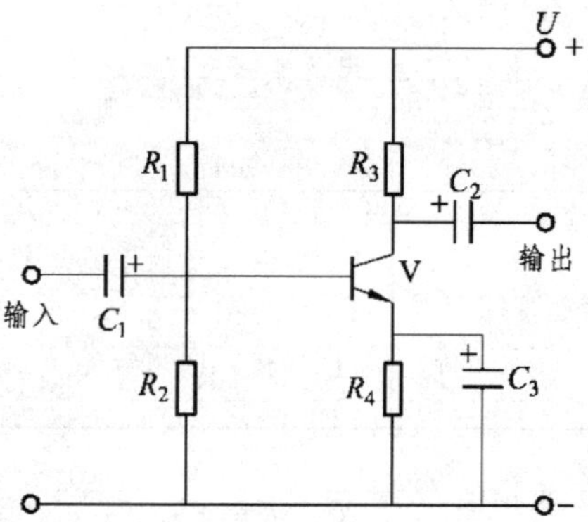

（a）原理图

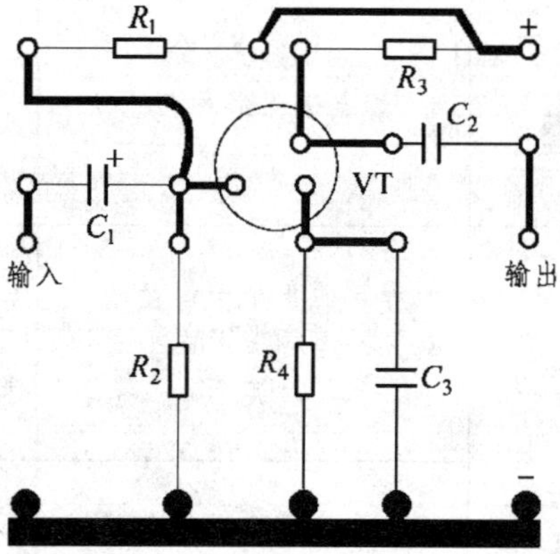

（b）装配图

图 9-17 阻容耦合放大电路原理图和印制板装配图

表 9-7 阻容耦合放大电路元器件明细表

序号	文字符号	名称	规格型号	数量	序号	文字符号	名称	规格型号	数量
1	V	晶体管	3DG6	1	6	R2	电阻	8.2 kΩ	1
2	C_1	电容器	10 μF/10 V	1	7	R3	电阻	3 kΩ	1
3	C_2	电容器	22 μF/10 V	1	8	R4	电阻	1 kΩ	1
4	C_3	电容器	100 μF/10 V	1	9	U	直流电源	15 V 可调	1
5	R_1	电阻	20 kΩ	1	10				

注：表中电阻功率均为 0.125 W。

（2）工作原理：交流信号通过 C_1 加到晶体管基极，引起基极电流变化，从而控制集电极电流做更大的变化，集电极电流在 R_3 上产生压降，然后通过 C_2 把交流电压取出，送到负载，实现信号放大。

（3）安装：

① 根据电路元器件明细表配齐元器件并检测。

② 清除元器件引脚和印制电路板表面的氧化层。

③ 在印制电路板上考虑元器件整体布局，制作印制电路板。

④ 焊接前对电路做认真的检查，电解电容器应分清极性正确连接，晶体管的三个极不可接错。

⑤ 按电路图在印制电路板上焊接元器件。

⑥ 焊接完毕要检查是否有虚、假焊现象，一经发现应及时修正。

（4）调试：调试用仪器与设备：直流稳压电源、低频信号发生器、晶体管毫伏表、双踪示波器、万用表等。调试过程如下：

① 静态调试。首先应掌握设备的使用方法和注意事项，特别是示波器应预先准备，通电检查。调整好直流电源电压，使其极性和大小满足要求，调整好信号源电压，使其大小满足要求。将放大电路输入端对地短路，然后用万用表直流电压挡测量发射极对地的电压，同时测量集电极与发射极间电压 U_{ce}，如果不合适，可将基极电阻改为 10 kΩ的固定电阻与电位器相串联，调节电位器，使 $U_{ce} = 1$ V，保证晶体管工作在放大区。

用万用表测量电压时，必须选择适宜的量程，而且注意交流与直流的区别，测直流时正、负极性不能接错。

② 动态调试。首先应掌握设备的使用要点和注意事项，特别是示波器应预先准备，通电检查。在静态调试的基础上，给放大器加上合适的输入信号，在确保输出信号不失真的情况下，用示波器等测试仪器，观察输出信号，并消除非线性失真。

③ 放大倍数测试。在放大电路输出端接负载电阻 R_L，当 $R_L = 1$ kΩ时，给放大器输入 1 kHz、10 mV 信号电压，用示波器观察输出信号的波形，在输出信号波形不失真的条件下，用晶体管毫伏表测量 $R_L = \infty$ 及 $R_L = 5.1$ kΩ时电压放大倍数。

9.3.2　单结晶体管触发调光电路的安装与调试

（1）用单结晶体管触发的调光电路如图 9-18 所示。它可使灯泡两端的电压在几十伏至 200 V 范围内变化，调光效果显著，元器件明细表见表 9-8。

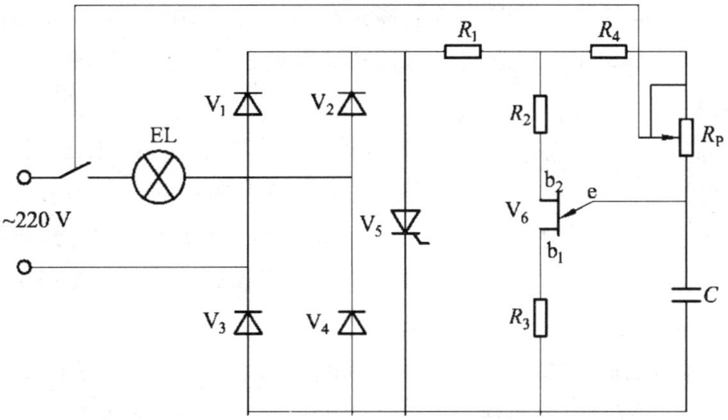

图 9-18　单结晶体管触发调光电路原理图

表 9-8 单结晶体管触发调光电路元件明细表

代号	名称	型号	数量
V1 ~ V4	二极管	1 N4007	4
V5	晶闸管	3CT041	1
V6	单结晶体管	BT33	1
R1	电阻	RJ21 51 kΩ1/8 W	1
R2	电阻	RJ21 300Ω1/8 W	1
R3	电阻	RJ21 100Ω1/8 W	1
R4	电阻	RJ21 18 kΩ1/8 W	1
RP	带开关电位器	470 kΩ	1
C	涤纶电容	0.022μF/50 V	1
	印制电路板		1
EL	灯泡、灯座	E27	各一个
	导线		若干
	电源线		若干

（2）工作原理：V_6、R_2、R_3、R_4、R_P、C 组成单结晶体管的张弛振荡器。在接通电源前电容 C 上电压为零；接通电源后，电容 C 经 R_4、R_P 充电，使电压 U_e 逐渐升高。当 U_e 达到峰点电压时，$e\text{-}b_1$ 变成导通，电容上电压经 $e\text{-}b_1$ 向电阻 R_3 放电，在 R_3 上输出一个脉冲电压。由于 R_4、R_P 的电阻值较大，当电容上的电压降到谷点电压时，经 R_4、R_P 供给的电流小于谷点电流，不能满足导通要求，于是单结晶体管恢复阻断状态。此后，电容又重新充电，重复上述过程，结果在电容上形成锯齿状电压，在 R_3 形成脉冲电压。在交流电压的每个半周期内，单结晶体管都将输出一组脉冲，起作用的第一个脉冲触发 V_5 的门极，使晶闸管导通，灯泡发光。改变 R_P 的电阻值，可以改变电容充电的快慢，即改变锯齿波的振荡频率。从而改变晶闸管 V_5 的导通角大小，即改变了可控整流电路输出直流电压的平均值，达到调节灯泡亮度的目的。

（3）安装：按图 9-19 所示装配图制作电路板并安装各元件。带开关电位器用螺母固定在印制电路板上，电位器接线脚用导线连接到印制电路板所在位置。灯泡安装在灯座上，灯座固定在印制电路板上。根据灯座的尺寸，在印制电路板上钻固定孔和导线串接孔。印制电路板四周用四个螺母固定、支撑。检查元器件安装正确无误后，插上电源插头，打开开关，旋转电位器，灯泡应逐渐变亮。

（4）调试：根据电路的工作原理和结构，把电路分成几个部分，按各部分逐一通电调试。先检查电源输入情况，再检查电源输出情况。先调试触发电路，后测试主电路。电源输入电压先低后高，整流输出电流先小后大。

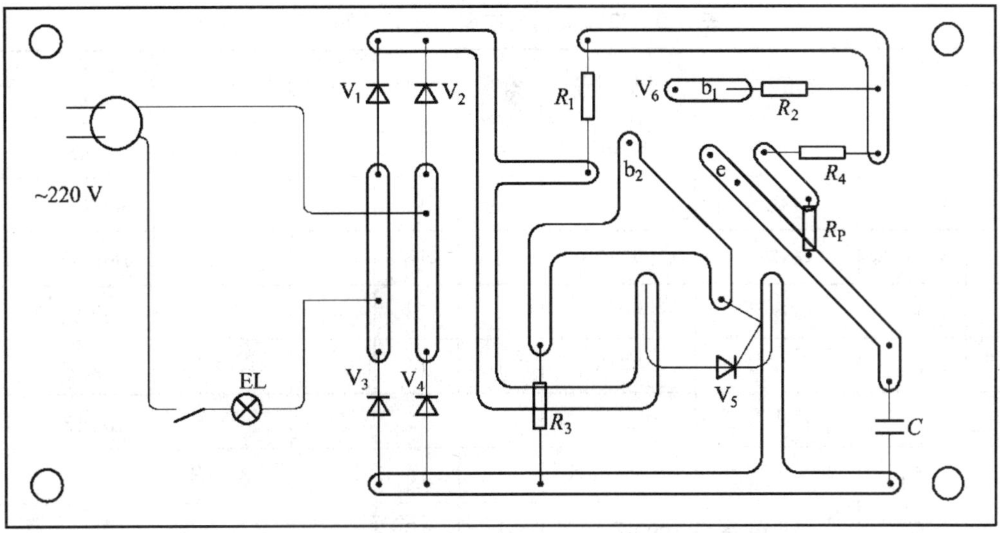

图 9-19　单结晶体管触发调光电路印制板装配图

触发电路的调试主要依据几个关键波形和电压值来判断。用示波器观察电容器 C 上的波形是不是锯齿波。如果不是锯齿波，就要进行检查。如果电容器和电阻都没问题，应检查单结管是否良好，如果也没有问题，则调整电阻 R_P 的大小，使该点出现锯齿波。用示波器观察 R_3 两端是否有尖顶触发脉冲，幅度是否符合主电路晶闸管触发电压要求，如果脉冲电压幅度偏小达不到要求时，可换分压比大一些的单结晶体管。

由于电路直接与 220 V 相连接，调试时应注意安全，防止触电。调试前认真检查各元器件安装情况，最后接上灯泡，进行调试。由 BT33 组成的单结晶体管张弛振荡电路停振，可能造成灯泡不亮，或灯泡不可调光。其原因可能是 BT33 或 C 损坏。电位器顺时针旋转时，灯泡逐渐变暗，可能是电位器中心抽头接错位置。当调节电位器 R_P 至最小时，灯泡突然熄灭，则应适当增大电阻 R_4 的阻值。

9.3.3　串联型稳压电源

（1）串联型稳压电源电路图如图 9-20 所示，元件明细表见表 9-9。

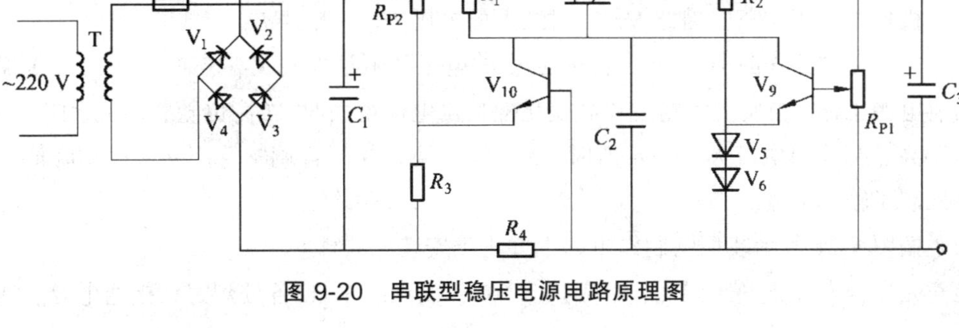

图 9-20　串联型稳压电源电路原理图

表 9-9　串联型稳压电源电路元件明细表

序号	文字符号	名称	规格型号	数量	序号	文字符号	名称	规格型号	数量
1	V_1 ~ V_4	二极管	1N 4001	4	10	R_1	电阻	2 kΩ	1
2	V_5 ~ V_6	二极管	1N 4148	2	11	R_2	电阻	680 kΩ	1
3	V_7 ~ V_8	晶体管	9013	2	12	R_3	电阻	160 kΩ	1
4	V_9	晶体管	9011	1	13	R_4	电阻	3 Ω	1
5	V_{10}	晶体管	9013	1	14	R_{P1}	电位器	1 kΩ	1
6	C_1	电解电容器	470 μF 16 V	1	15	R_{P2}	电位器	10 kΩ	1
7	C_2	电解电容器	47 μF 16 V	1	16	FU	熔断器		
8	C_3	电解电容器	100 μF 16 V	1	17		熔断器座		
9	T	变压器	220 V 9 V	1	18		接线片		

（2）工作原理：电源变压器 T 二次侧的低压交流电，经过整流二极管 V_1 ~ V_4 整流；电容器 C_1 滤波，变为直流电，输送到由复合调整管 V_7、V_8、比较放大管 V_9 及起稳压作用的硅二极管 V_5、V_6 和取样微调电位器 R_{P1} 等组成的稳压电路。晶体管集电极与发射极之间的电压降简称为管压降，复合管上的管压降是可变的，当输出电压有减小的趋势时，管压降会自动变小；有增大趋势时则相反，从而维持输出电压的稳定。复合管的管压降是由比较放大管来控制的，输出电压经过微调电位器 R_{P1} 分压，输出电压的一部分加到 V_9 的基极和地之间。由于 V_9 的发射极对地电压时通过二极管 V_5、V_6 稳定的，可以认为其不变，这个电压称为基准电压。这样 V_9 基极电压的变化就反映了输出电压的变化。此变化反应到 V_9 的集电极，直接去控制复合管的基极，使复合管的管压降发生相应的变化，从而使输出电压保持稳定。

V_5、V_6 是利用它们在正向导通时其电压基本不变的特性来稳压的。R_2 是提供 V_5、V_6 正向电流的限流电阻。R_1 是 V_9 的集电极负载电阻，又是复合调整管基极的偏置电阻。C_2 是考虑到在市电电压降低时，为了减小输出电压的交流成分而设计的，C_3 的作用是降低稳压电源的交流内阻和纹波电压。

R_{P2}、R_3、R_4、V_{10} 组成限流式保护电路（图 8-20 中未示）。R_{P2} 与 R_3 组成分压电路，确定晶体管 V_{10} 的发射极电位。电源工作正常时，输出电流 IL 同时通过电阻 R_4，在它上面产生电压降，其极性是右正左负。因此 V_{10} 发射结上的电压 $U_{be} = U_{R4} - U_{R3}$。

稳压电源正常工作时 IL 较小，它在 R_4 上的电压降不足以使 V_{10} 导通，所以 V_{10} 等保护电路不妨碍电源工作。当发生短路或负载变化使输出电流增大时，U_{R4} 也随着增大，使 V_{10} 的基极电压升高。当输出电流大到一定值时，V_{10} 将导通，使复合调整管因基极电位降低而趋于截止，限制了输出电流。

（3）按图 9-21 所示装配图制作电路板并正确安装元器件。

检查元器件安装正确无误后，将断口 B、C、D、G、I、K 各处焊好，接通电源。选择万用表直流电压档，测 C_3 两端的电压，调节 R_{P1}，使电压在 3 ~ 6 V 之间变动。接负载调试输出为 3 V 时接上 30 Ω负载电阻。负载电阻接入前后，输出电压的变化小于 0.5 V 即可。

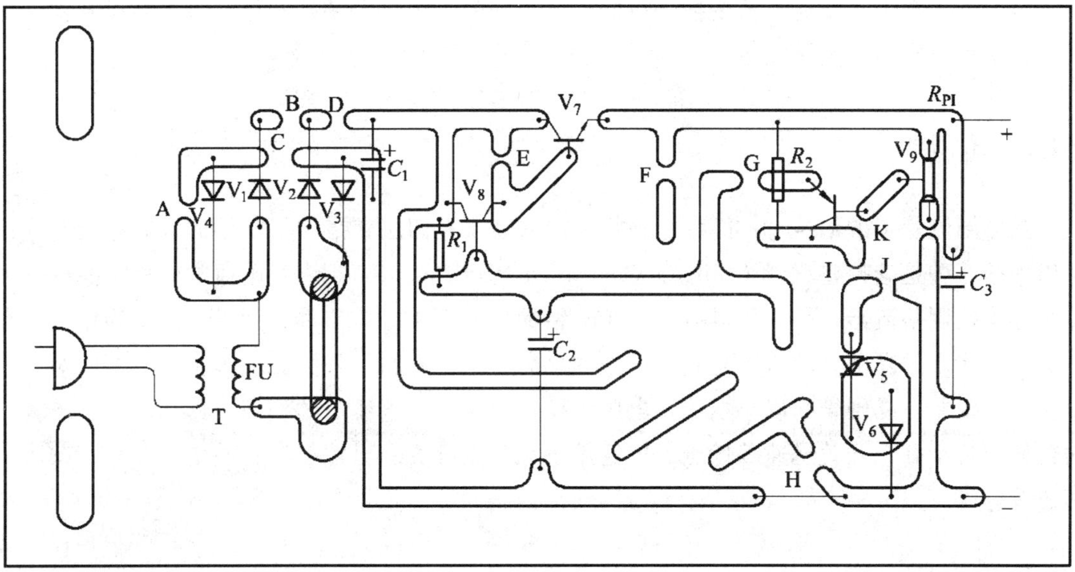

图 9-21　串联型稳压电源电路印制板装配图

（4）调试：

① 万用表电压档测量电源变压器二次侧、电解电容 C_1 两端及晶体管 V_7、V_8、V_9 各极的电压值。

② 用烙铁把断口 E 焊好，相当于 V_7 集电结短路。调节 R_{P1}，观察输出电压有没有变化。并测量 V_7、V_8、V_9 各极对地电压值，测量结果与①对照。当 V_7 集电结短路时，观察数据有什么变化并得出结论，最后用烙铁把断口 K 焊开。

③ 用烙铁把断口 G 焊开，相当于 V_9 的 c—e 开路。调节 R_{P1}，观察输出电压有没有变化，并测量 V_7、V_8、V_9 各极对地电压值，测量结果与①对照。当 V_9 的 c-e 开路时，观察数据有什么变化并得出结论。最后用烙铁把断口 G 焊好。

④ 用烙铁把断口 I 焊开，相当于 V_5、V_6 开路。调节 R_{P1}，观察输出电压有什么变化，并测量 V_7、V_8、V_9 各极对地电压值，测量结果与 1）对照，观察数据有什么变化，并得出结论。最后用烙铁把断口 I 焊好。

⑤ 用烙铁把断口 J 焊好，相当于 V_5、V_6 击穿短路。调节 R_{P1}，观察输出电压有什么变化，并测量 V_7、V_8、V_9 各极对地电压值，测量结果与①对照，观察数据有什么变化并得出结论。最后用烙铁把断口 J 焊开。

⑥ 用烙铁把断口 K 焊开，相当于 R_{P1} 微调电位器下端开路。调节 R_{P1}，观察输出电压有什么变化，并测量 V_7、V_8、V_9 各极对地电压值，测量结果与①对照，观察数据有什么变化，并得出结论。最后用烙铁把断口 K 焊好。

9.4 电力电子技术应用

电力电子技术是交流直流变换、以弱（电）控强（电）的基础，是众多电器设备常用的技术，是智能制造的关键技术。

9.4.1 晶闸管

晶体闸流管（thyristor），简称晶闸管，指的是具有四层交错 P、N 层的半导体装置。最早出现的一种是硅控整流器（Silicon Controlled Rectifier，SCR），我国通常简称可控硅，又称半导体控制整流器，是一种具有三个 PN 结的功率型半导体器件，为第一代半导体电力电子器件的代表。晶闸管的特点是具有可控的单向导电，即与一般的二极管相比，可以对导通电流进行控制。晶闸管起以小电流（电压）控制大电流（电压）的作用，具有体积小、轻，功耗低，效率高，开关迅速等优点，广泛用于无触点开关、可控整流、逆变、调光、调压、调速等方面。

1. 定 义

晶闸管导通条件为：加正向电压且门极有触发电流。其派生器件有：快速晶闸管、双向晶闸管、逆导晶闸管、光控晶闸管等。它是一种大功率开关型半导体器件，在电路中用文字符号为“V”“VT”表示（旧标准中用字母“SCR”表示）。

晶闸管是一种开关元件，能在高电压、大电流条件下工作，并且其工作过程可以控制、被广泛应用于可控整流、交流调压、无触点电子开关、逆变及变频等电子电路中，是典型的小电流控制大电流的设备。1957 年，美国通用电气公司开发出世界上第一个晶闸管产品，并于 1958 年使其商业化。

2. 结 构

晶闸管由一个 P-N-P-N 四层（4 layers）半导体构成，中间形成了三个 PN 结，如图 9-22 所示。

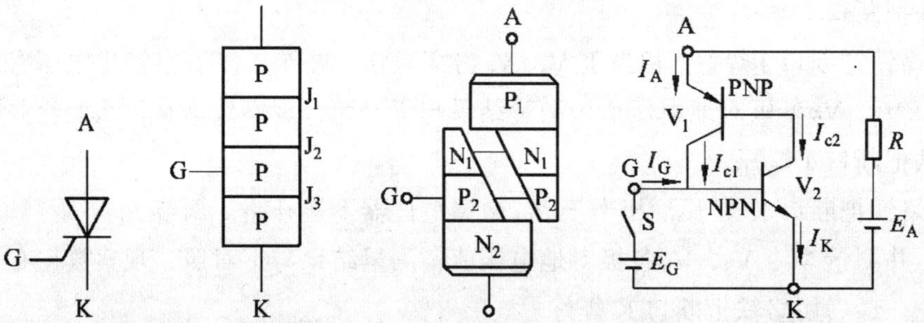

图 9-22 晶闸管符号及电路

3. 分　类

晶闸管按其关断、导通及控制方式可分为普通晶闸管（SCR）、双向晶闸管（TRIAC）、逆导晶闸管（RCT）、门极关断晶闸管（GTO）、BTG 晶闸管、温控晶闸管（TT 国外，TTS 国内）和光控晶闸管（LTT）等多种。

晶闸管按其引脚和极性可分为二极晶闸管、三极晶闸管和四极晶闸管。

晶闸管按其封装形式可分为金属封装晶闸管、塑封晶闸管和陶瓷封装晶闸管三种类型。其中，金属封装晶闸管又分为螺栓形、平板形、圆壳形等多种；塑封晶闸管又分为带散热片型和不带散热片型两种。

晶闸管按电流容量可分为大功率晶闸管、中功率晶闸管和小功率晶闸管三种。通常，大功率晶闸管多采用陶瓷封装，而中、小功率晶闸管则多采用塑封或金属封装。

晶闸管按其关断速度可分为普通晶闸管和快速晶闸管。快速晶闸管包括所有专为快速应用而设计的晶闸管，有常规的快速晶闸管和工作在更高频率的高频晶闸管，可分别应用于 400 Hz 和 10 kHz 以上的斩波或逆变电路中。（备注：高频不能等同于快速晶闸管。）

4. 工作原理

晶闸管在工作过程中，它的阳极（A）和阴极（K）与电源和负载连接，组成晶闸管的主电路，晶闸管的门极 G 和阴极 K 与控制晶闸管的装置连接，组成晶闸管的控制电路。

晶闸管为半控型电力电子器件，它的工作条件如下：

（1）晶闸管承受反向阳极电压时，不管门极承受何种电压，晶闸管都处于反向阻断状态。

（2）晶闸管承受正向阳极电压时，仅在门极承受正向电压的情况下晶闸管才导通。这时晶闸管处于正向导通状态，这就是晶闸管的闸流特性，即可控特性。

（3）晶闸管在导通情况下，只要有一定的正向阳极电压，不论门极电压如何，晶闸管保持导通，即晶闸管导通后，门极失去作用。门极只起触发作用。

（4）晶闸管在导通情况下，当主回路电压（或电流）减小到接近于零时，晶闸管关断。

5. 主要参数

为了正确选用晶闸管元件，必须要了解它的主要参数，一般在产品的目录上都给出了参数的平均值或极限值，产品合格证上标有元件的实测数据。

（1）断态重复峰值电压 U_{DRM}。在控制极断路和晶闸管正向阻断的条件下，可以重复加在晶闸管两端的正向峰值电压，其数值比正向转折电压小 100 V。

（2）反向重复峰值电压 U_{RRM}。在控制极断路时，可以重复加在晶闸管元件上的反向峰值电压，此电压数值规定比反向击穿电压小 100 V。

通常把 U_{DRM} 与 U_{RRM} 中较小的一个数值标作器件型号上的额定电压。由于瞬时过电压也会使晶闸管遭到破坏，因而在选用的时候，额定电压应该为正常工作峰值电压的 2～3 倍，作为安全系数。

（3）额定通态平均电流（额定正向平均电流）I_T。

在环境温度不大于 40 °C 和标准散热，即全导通的条件下，晶闸管元件可以连续通过的工频正弦半波电流（在一个周期内）的平均值，称为额定通态平均电流 I_T，简称额定电流。

（4）维持电流 I_H。

在规定的环境温度和控制极断路的条件下，维持元件继续导通的最小电流称为维持电流 I_H。一般为几十毫安至一百多毫安，其数值与元件的温度成反比，在 120 °C 时维持电流约为 25 °C 时的一半。当晶闸管的正向电流小于这个电流时，晶闸管将自动关断。

6. 晶闸管的选用

1）选择晶闸管的类型

晶闸管有多种类型，应根据应用电路的具体要求合理选用。

若用于交直流电压控制、可控整流、交流调压、逆变电源、开关电源保护电路等，可选用普通单向晶闸管。

若用于交流开关、交流调压、交流电动机线性调速、灯具线性调光及固态继电器、固态接触器等电路中，可选用双向晶闸管。

若用于交流电动机变频调速、斩波器、逆变电源及各种电子开关电路等，可选用门极关断晶闸管。

若用于锯齿波发生器、长时间延时器、过电压保护器及大功率晶体管触发电路等，可选用 BTG 晶闸管。

若用于电磁灶、电子镇流器、超声波电路、超导磁能储存系统及开关电源等电路，可选用逆导晶闸管。

若用于光电耦合器、光探测器、光报警器、光计数器、光电逻辑电路及自动生产线的运行监控电路，可选用光控晶闸管。

2）选择晶闸管的主要参数

晶闸管的主要参数应根据应用电路的具体要求而定。

所选晶闸管应留有一定的功率裕量，其额定峰值电压和额定电流（通态平均电流）均应高于受控电路的最大工作电压和最大工作电流 1.5 ~ 2 倍。

晶闸管的正向压降、门极触发电流及触发电压等参数应符合应用电路（指门极的控制电路）的各项要求，不能偏高或偏低，否则会影响晶闸管的正常工作。

7. 单向检测编辑

1）判别各电极

根据普通晶闸管的结构可知，其门极 G 与阴极 K 极之间为一个 PN 结，具有单向导电特性，而阳极 A 与门极之间有两个反极性串联的 PN 结。因此，通过用万用表的 R × 100 或 R × 1 kΩ档测量普通晶闸管各引脚之间的电阻值，即能确定三个电极。具体方法是：将万用表黑表笔任接晶闸管某一极，红表笔依次去触碰另外两个电极。若测量结果有一次阻值为几千欧姆（kΩ），而另一次阻值为几百欧姆（Ω），则可判定黑表笔接的是门极 G。在阻值为几百欧姆的测量中，红表笔接的是阴极 K，而在阻值为几千欧姆的那次测量中，红表笔接的是阳极 A，若两次测出的阻值均很大，则说明黑表笔接的不是门极 G。应用同样方法改测其他电极，直到找出三个电极为止。也可以测任两脚之间的正、反向电阻，若正、反向电阻均接近无穷大，则两极即为阳极 A 和阴极 K，而另一脚即为门极 G。普通晶闸管也可以根据其封装形式来判断出各电极。螺栓形普通晶闸管的螺栓一端为阳极 A，较细的引线端为门极 G，较粗的引线端为阴极 K。平板形普通晶闸管的引出线端为门极 G，平面端为阳极 A，另一端为阴极 K。金属壳封装（T0-3）的普通晶闸管，其外壳为阳极 A。塑封（T0-220）的普通晶闸管的中间引脚为阳极 A，且多与自带散热片相连。

2）触发能力检测

对于小功率（工作电流为 5 A 以下）的普通晶闸管，可用万用表 R×1 档测量。测量时黑表笔接阳极 A，红表笔接阴极 K，此时表针不动，显示阻值为无穷大（∞）。用镊子或导线将晶闸管的阳极 A 与门极短路，相当于给 G 极加上正向触发电压，此时若电阻值为几欧姆至几十欧姆（具体阻值根据晶闸管的型号不同会有所差异），则表明晶闸管因正向触发而导通。再断开 A 极与 G 极的连接（A、K 极上的表笔不动，只将 G 极的触发电压断掉）。若表针示值仍保持在几欧姆至几十欧姆的位置不动，则说明此晶闸管的触发性能良好。

8. 特殊的晶闸管

1）双向晶闸管 TRIAC

从外表上看，双向晶闸管和普通晶闸管很相似，也有三个电极。但是，它除了其中一个电极 G 仍叫作控制极外，另外两个电极通常却不再叫作阳极和阴极，而统称为主电极 Tl 和 T2。它的符号也和普通晶闸管不同，是把两个晶闸管反接在一起画成的。它的型号，在我国一般用“3CTS”或“KS”表示；国外的资料也有用“TRIAC”来表示的。

从内部结构来看，双向晶闸管是一种 N-P-N-P-N 型五层结构的半导体器件。为了便于说明问题，我们不妨把图 9-23（a）看成是由左右两部分组合而成的，如图 9-23（b）。这样一来，原来的双向晶闸管就被分解成两个 P-N-P-N 型结构的单向晶闸管了。如果把左边从下往上看的 P1-N1-P2-N2 部分叫作正向的话，那么右边从下往上看的 N3-P1-N1-P2 部分就称为反向，它们之间正好是一正一反地并联在一起。我们把这种连接叫作反向并联。因此，从电路功能上可以把它等效成图 9-23（c），也就是说，一个双向晶闸管在电路中的作用是和两只普通晶闸管反向并联起来等效的。这也正是双向晶闸管为什么会有双向控制导通特性的根本原因。

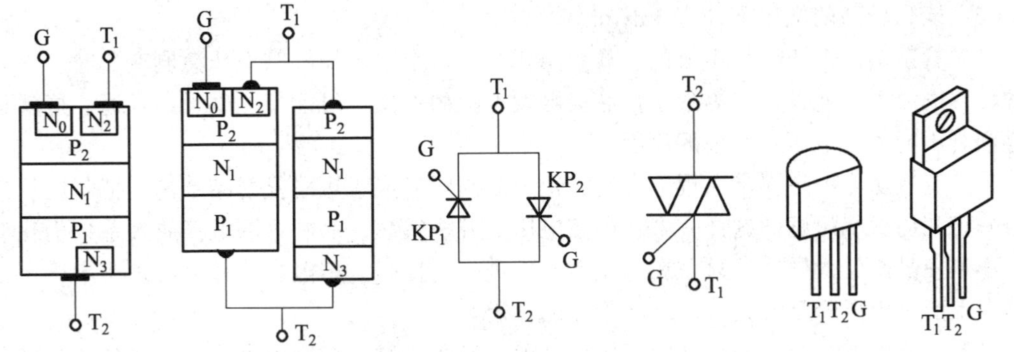

（a）内部结构　（b）等效结构　（c）等效电路　（d）符号　（e）外形

图 9-23 双向晶闸管结构符号外形

双向晶闸管不像普通晶闸管那样，必须在阳极和阴极之间加上正向电压，管子才能导通。对双向晶闸管来说，无所谓阳极和阴极。它的任何一个主电极，对图 9-23（b）中的两个晶闸管管子来讲，对一个管子是阳极，对另一个管子就是阴极，反过来也一样。因此，双向晶闸管无论主电极加上的是正向或是反向电压，它都能被触发导通。不仅如此，双向晶闸管还有一个重要的特点，这就是：不管触发信号的极性如何，也就是不管所加的触发信号电压 U_G 对 T1 是正向还是反向，双向晶闸管都能被触发导通。双向晶闸管的这个特点是普通晶闸管所没有的。

2）快速晶闸管

普通晶闸管不能在较高的频率下工作。因为器件的导通或关断需要一定时间，同时阳极电压上升速度太快时，会使元件误导通；阳极电流上升速度太快时，会烧毁元件。人们在制造工艺和结构上采取了一些改进措施，做出了能适应于高频应用的晶闸管，我们将它称为快速晶闸管。它具有以下几个特点。

（1）关断时间（t_{off}）短。

导通的晶闸管，当切断正向电流时，并不能马上“关断”，这时如立即加上正向电压，它还会继续导通。从切断正向电流直到控制极恢复控制能力需要的时间，叫作关断时间，用 t_0 表示。

晶闸管的关断过程，实际上是储存载流子的消失过程。为了加速这种消失过程，制造快速晶闸管时采用了掺金工艺，把金掺到硅中减少基区少数载流子的寿命。硅中掺金量越多，t_0 越小，但掺金量过多会影响元件的其他性能。

（2）导通速度快，能耐较高的电流上升率（dI/dt）。

控制极触发导通的晶闸管，总是在靠近控制极的阴极区域首先导通，然后逐渐向外扩展，直到整个面积导通。大面积的晶闸管需要 50 ~ 100 μs 以上才能全面积导通。初始导通面积小时，必须限制初始电流的上升速度，否则将发生局部过热现象，影响元件的性能，甚至烧坏元件。高频工作时这种现象更为严重。为此，仿造了集成电路的方法，在晶闸管同一硅片上做出一个放大触发信号用的小晶闸管。控制极触发小晶闸管后，小晶闸管的初始导通电流将横向经过硅片流向主晶闸管阴极，触发主晶闸管，从而加强触发，加速了元件的导通，提高了耐电流上升率的能力。

（3）能耐较高的电压上升率（dv/dt）。

晶闸管是由三个 PN 结组成的，每个结相当于一个电容器。结电压急剧变化时，就有很大的位移电流流过元件，它等效于控制极触发电流的作用，可能使晶闸管误导通。这就是普通晶闸管不能耐高电压上升率的原因。

为了有效防止上述误导通现象发生，快速晶闸管采取了短路发射结结构。把阴极和控制极按一定几何形状短路。这样一来，即使电压上升率较高，晶闸管的电流放大系数仍几乎为零，不致使晶闸管误导通。只是在电压上升率进一步提高，结电容位移电流进一步增大，在短路点上产生电压降足够大时，晶闸管才能导通。

具有短路发射结结构的晶闸管，用控制极电流触发时，控制极电流首先也是从短路点流向阴极。只是当控制极电流足够大，在短路点电阻上的电压降足够大，PN 结正偏导通电流时，才同没有短路发射结的元件一样，可被触发导通。因此，快速晶闸管的抗干扰能力较好。

快速晶闸管的生产和应用都进展很快。目前，已有了电流几百安培、耐压一千余伏、关断时间仅为 20 μs 的大功率快速晶闸管，同时还做出了最高工作频率可达几十千赫兹供高频逆变用的元件。其产品广泛应用于大功率直流开关、大功率中频感应加热电源、超声波电源、激光电源、雷达调制器及直流电动车辆调速等领域。

3）逆导晶闸管

以往的城市电车和地铁机车为了便于调速采用直流供电，用直流开关动作增加或减小电路电阻，改变电路电流来控制车辆的速度。但它有不能平滑启动和加速，开关体积大、寿命短，而且低速运行时耗电大（减速时消耗在启动电阻上）等缺点。自从有了逆导晶闸管，采用了逆导晶闸管控制、调节车速，不仅克服了上述缺点，而且降低了功耗，提高了机车可靠性。

逆导晶闸管是在普通晶闸管上反向并联一只二极管而成的，同做在一个硅片上。它的特点是能反向导通大电流。由于它的阳极和阴极接入反向并联的二极管，可对电感负载关断时产生的大电流、高电压进行快速释放。

目前已经能生产出耐压达到 1 500 ~ 2 500 V、正向电流达 400 A、吸收电流达 150 A、关断时间小于 30μs 的逆导晶闸管。

4）可关断晶闸管 GTO

可关断晶闸管（Gate Turn-Off Thyristor，GTO 亦称门控晶闸管。其主要特点为：当门极加负向触发信号时晶闸管能自行关断。

前已述及，普通晶闸管（SCR）靠门极正信号触发之后，撤掉信号亦能维持通态。欲使之关断，必须切断电源，使正向电流低于维持电流 I_H，或施以反向电压强迫关断。这就需要增加换向电路，不仅使设备的体积重量增大，而且会降低效率，产生波形失真和噪声。可关断晶闸管克服了上述缺陷，它既保留了普通晶闸管耐压高、电流大等优点，又具有自关断能力，使用方便，是理想的高压、大电流开关器件。GTO 的容量及使用寿命均超过巨型晶体管（GTR），只是工作频率比 GTR 低。目前，GTO 已达到 3000 A 4500 V 的容量。大功率可关断晶闸管已广泛用于斩波调速、变频调速、逆变电源等领域，显示出强大的生命力。

可关断晶闸管也属于 PNPN 四层三端器件，其结构及等效电路和普通晶闸管相同，因此图 9-24 仅绘出 GTO 典型产品的外形及符号。大功率 GTO 大都制成模块形式。

图 9-24　GTO 典型产品的外形及符

尽管 GTO 与 SCR 的触发导通原理相同，但二者的关断原理及关断方式截然不同。这是由于普通晶闸管在导通之后即处于深度饱和状态，而 GTO 在导通后只能达到临界饱和，所以 GTO 门极上加负向触发信号即可关断。GTO 的一个重要参数就是关断增益（β_{off}），它等于阳极最大可关断电流 I_{ATM} 与门极最大负向电流 I_{GM} 之比：

$$\beta_{off}=I_{ATM}/I_{GM}$$

β_{off}一般为几倍至几十倍。β_{off}值愈大，说明门极电流对阳极电流的控制能力愈强。很显然，β_{off}与h_{FE}参数有相似之处。

下面分别介绍利用万用表判定 GTO 电极、检查 GTO 的触发能力和关断能力、估测关断增益β_{off}的方法。（同学们还可以通过网络查询更好的判断用万用表简易判断其各种参数的方法）

1. 判定 GTO 的电极

将万用表拨至 R×1 档，测量任意两脚间的电阻，仅当黑表笔接 G 极，红表笔接 K 极时，电阻呈低阻值，对其他情况电阻值均为无穷大。由此可迅速判定 G、K 极，剩下的就是 A 极。（此处指的模拟表，电子式万用表红表笔与电池正极相连，模拟表红表笔与电池负极相连）

2. 检查触发能力

首先将表 I 的黑表笔接 A 极，红表笔接 K 极，电阻为无穷大；然后用黑表笔尖也同时接触 G 极，加上正向触发信号，表针向右偏转到低阻值即表明 GTO 已经导通；最后脱开 G 极，只要 GTO 维持通态，就说明被测管具有触发能力。

3. 检查关断能力

现采用双表法检查 GTO 的关断能力，表 I 的档位及接法保持不变。将表Ⅱ拨于 R×10 档，红表笔接 G 极，黑表笔接 K 极，施以负向触发信号，如果表 I 的指针向左摆到无穷大位置，证明 GTO 具有关断能力。

4. 估测关断增益 β_{off}

进行到第 3 步时，先不接入表Ⅱ，记下在 GTO 导通时表 I 的正向偏转格数 n_1；再接上表Ⅱ强迫 GTO 关断，记下表Ⅱ的正向偏转格数 n_2。最后根据读取电流法按下式估算关断增益：

$$\beta_{off}=I_{ATM}/I_{GM}\approx I_{AT}/I_{G}=K_1\mathrm{n}_1/K_2\mathrm{n}_2$$

式中 K_1——表 I 在 R×1 档的电流比例系数；

K_2——表Ⅱ在 R×10 档的电流比例系数。

$$\beta_{off}\approx 10\times n_1/n_2$$

此式的优点是，不需要具体计算 I_{AT}、I_G之值，只要读出二者所对应的表针正向偏转格数，即可迅速估测关断增益值。

5）光控晶闸管

光控晶闸管（Light Triggered Thyristor，LTT），又称光触发晶闸管，国内也称 GK 型光开关管，是一种光敏器件。

（1）光控晶闸管的结构。

通常晶闸管有三个电极：控制极 G、阳极 A 和阴极 K。而光控晶闸管由于其控制信号来自光的照射，没有必要再引出控制极，所以只有两个电极（阳极 A 和阴极 K）。但它的结构与普通可控硅一样，由四层 PNPN 器件构成。

从外形上看，光控晶闸管亦有受光窗口，还有两条管脚和壳体，酷似光电二极管。

（2）光控晶闸管的工作原理：

当在光控晶闸管的阳极加上正向电压、阴极加上负向电压时，光控晶闸管可以等效成的电路。

可推算出下式：

$$I_a = I_1 / [1 - (a_1 + a_2)]$$

式中，I_1 为光电二极管的光电流；I_a 为光控晶闸管阳极电流，即光控晶闸管的输出电流；a_1、a_2 分别为 BG_1、BG_2 的电流放大系数。

由上式可知，I_a 与 I_1 成正比，即当光电二极管的光电流增大时，光控晶闸管的输出电流也相应增大，同时 I_1 的增大，使 BG_1、BG_2 的电流放大系数 a_1、a_2 也增大。当 a_1 与 a_2 之和接近 1 时，光控晶闸管的 I_a 达到最大，即完全导通。能使光控晶闸管导通的最小光照度，称其为导通光照度。光控晶闸管与普通晶闸管一样，一经触发，即成通导状态。只要有足够强度的光源照射一下管子的受光窗口，它就立即成为通导状态，而后即使撤离光源也能维持导通，除非加在阳极和阴极之间的电压为零或反相，才能关闭。

（3）光控晶闸管的特性：

为了使光控晶闸管能在微弱的光照下触发导通，必须使光控晶闸管在极小的控制电流下能可靠地导通。这样使光控晶闸管受到了高温和耐压的限制，在目前的条件下，不可能与普通晶闸管一样做成大功率的闸管。

光控晶闸管除了触发信号不同以外，其他特性基本与普通晶闸管是相同的，因此在使用时可按照普通晶闸管选择，只要注意它是光控这个特点就行了。光控晶闸管对光源的波长有一定的要求，即有选择性。波长在 0.8 ~ 0.9 μm 的红外线及波长在 1 μm 左右的激光，都是光控晶闸管较为理想的光源。

（4）使用注意事项：

① 选用可控硅的额定电压时，应参考实际工作条件下的峰值电压的大小，并留出一定的余量。

② 选用可控硅的额定电流时，除了考虑通过元件的平均电流外，还应注意正常工作时导通角的大小、散热通风条件等因素。在工作中还应注意管壳温度不超过相应电流下的允许值。

③ 使用可控硅之前，应该用万用表检查可控硅是否良好。发现有短路或断路现象时，应立即更换。

④ 严禁用兆欧表（即摇表）检查元件的绝缘情况。

⑤ 电流为 5 A 以上的可控硅要装散热器，并且保证所规定的冷却条件。为保证散热器与可控硅管心接触良好，它们之间应涂上一薄层有机硅油或硅脂，以帮于良好的散热。

⑥ 按规定对主电路中的可控硅采用过压及过流保护装置。

⑦ 要防止可控硅控制极的正向过载和反向击穿。

（5）损坏原因判别：

当晶闸管损坏后需要检查分析其原因时，可把管芯从冷却套中取出，打开芯盒再取出芯片，观察其损坏后的痕迹，以判断是何原因。下面介绍几种常见现象分析。

① 电压击穿。晶闸管因不能承受电压而损坏，其芯片中有一个光洁的小孔，有时需用扩大镜才能看见。其原因可能是管子本身耐压下降或被电路断开时产生的高电压击穿。

② 电流损坏。电流损坏的痕迹特征是芯片被烧成一个凹坑，且粗糙，其位置在远离控制极上。

③ 电流上升率损坏。其痕迹与电流损坏相同，而其位置在控制极附近或就在控制极上。

④ 边缘损坏。发生在芯片外圆倒角处，有细小光洁小孔。用放大镜可看到倒角面上有细细金属物划痕。这是制造厂家安装不慎所造成的。它导致电压击穿。

（6）主要用途：

普通晶闸管最基本的用途就是可控整流。大家熟悉的二极管整流电路属于不可控整流电路。如果把二极管换成晶闸管，就可以构成可控整流电路、逆变、电机调速、电机励磁、无触点开关及自动控制等方面。现在举一个最简单的单相半波可控整流电路的例子，如图 9-25（a）所示。在正弦交流电压 U_2 的正半周期间，如果 VS 的控制极没有输入触发脉冲 U_g，VS 仍然不能导通，只有在 U_2 处于正半周，在控制极外加触发脉冲 U_g 时，晶闸管被触发导通。现在，画出它的波形图〔图 9-25（b）〕，可以看到，只有在触发脉冲 U_g 到来时，负载 R_L 上才有电压 U_L 输出（波形图上阴影部分）。U_g 到来得早，晶闸管导通的时间就早；U_g 到来得晚，晶闸管导通的时间就晚。通过改变控制极上触发脉冲 U_g 到来的时间，就可以调节负载上输出电压的平均值 U_L（阴影部分的面积大小）。在电工技术中，常把交流电的半个周期定为 180°，称为电角度。这样，在 U_2 的每个正半周，从零值开始到触发脉冲到来瞬间所经历的电角度称为控制角 α；在每个正半周内晶闸管导通的电角度叫导通角 θ。很明显，α 和 θ 都是用来表示晶闸管在承受正向电压的半个周期的导通或阻断范围的。通过改变控制角 α 或导通角 θ，改变负载上脉冲直流电压的平均值 U_L，实现了可控整流。

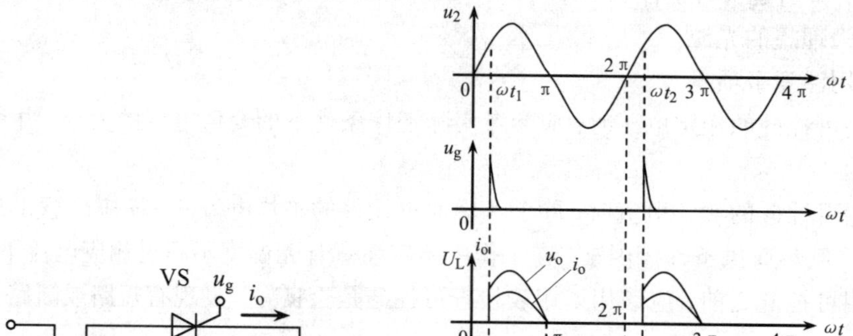

（a）半波可控整流电路　　（b）工作波形图

图 9-25　最简单的单相半波可控整流电路及其工作波形图

9.4.2　IGBT

1. IGBT 驱动电路

IGBT 器件的发射极和栅极之间是绝缘的二氧化硅结构，直流电不能通过，因而低频的静态驱动功率接近于零。但是栅极和发射极之间构成了一个栅极电容 C_{GS}，因而在高频率的交替导通和关断时需要一定的动态驱动功率。小功率 IGBT 的 C_{GS} 一般在 10 ~ 100 pF 之内，对于大功率的绝缘栅功率器件，由于栅极电容 C_{GS} 较大，C_{GS} 在 1 ~ 100 pF，甚至更大，因而需要较大的动态驱动功率。

IGBT 栅极电压可由不同的驱动电路产生，栅极驱动电路设计的优劣直接关系到由 IGBT 构成的系统长期运行可靠性。正向栅极电压的值应该足够令 IGBT 完全饱和，并使通态损耗减至最小，同时也应限制短路电流和它所带来的功率应力。

IGBT 正栅压 U_{GE} 越大，导通电阻越低，损耗越小。但是，如果 U_{GE} 过大，一旦 IGBT 过流，会造成内部寄生晶闸管的静态擎柱效应，造成 IGBT 失效。相反如果 U_{GE} 过小，可能会使 IGBT 的工作点落入线性放大区，最终导致器件的过热损坏。在任何情况下，开通时的栅极驱动电压，应该在 12 ~ 20 V 之间。

当栅极电压为零时，IGBT 处于断态。由于 IGBT 的关断过程可能会承受很大的 $\mathrm{d}U/\mathrm{d}t$，伴随关断浪涌电流，干扰栅极关断电压，可能造成器件的误开通。为了保证 IGBT 在集电极-发射极电压上出现 $\mathrm{d}U/\mathrm{d}t$ 噪声时仍保持关断，必须在栅极上施加一个反向关断偏压，采用反向偏压还可减少关断损耗。反向偏压应该在 − 5 ~ − 15 V 之间。理想的 IGBT 驱动电路应具有以下基本性能：

（1）要求驱动电路为 IGBT 提供一定幅值的正反向栅极电压 U_{GE}。理论上 $U_{GE} \geqslant U_{GE(th)}$，IGBT 即可导通；当 U_{GE} 太大时，可能引起栅极电压振荡，损坏栅极。正向 U_{GE} 越高，IGBT 器件的 U_{GES} 越低，越有利于降低器件的通态损耗。但也会使 IGBT 承受短路电流的时间变短，并使续流二极管反向恢复过电压增大。因此正偏压要适当，一般不允许 U_{GE} 超过+20 V。关断 IGBT 时，必须为 IGBT 器件提供 − 5 ~ − 15 V 的反向 U_{GE}，以便尽快抽取 IGBT 器件内部的存储电荷，缩短关断时间，提高 IGBT 的耐压和抗干扰能力。采用反偏压可减少关断损耗，提高 IGBT 工作的可靠性。

（2）要求驱动电路具有隔离的输入、输出信号功能，同时要求在驱动电路内部信号传输无延时或延时很小。

（3）要求在栅极回路中必须串联合适的栅极电阻 R_G，用以控制 U_{GE} 的前后沿陡度，进而控制 IGBT 器件的开关损耗。R_G 增大，U_{GE} 前后沿变缓，IGBT 开关过程延长；开关损耗增加；R_G 减小，U_{GE} 前后沿变陡，IGBT 器件开关损耗降低，同时集电极电流变化率增大。较小的栅极电阻使得 IGBT 的导通 $\mathrm{d}i/\mathrm{d}t$ 变大，会导致较高的 $\mathrm{d}U/\mathrm{d}t$，增加了续流二极管恢复时的浪涌电压。在设计栅极电阻时要兼顾到这两个方面的问题。因此，R_G 应根据 IGBT 的电流容量、额定电压及开关频率选择，一般取几欧姆到几十欧姆。

（4）驱动电路应具有过压保护和 $\mathrm{d}U/\mathrm{d}t$ 保护能力。当发生短路或过电流故障时，理想的驱动电路还应该具备完善的短路保护功能。

2. IGBT 管的驱动条件

能否充分利用器件的性能，关键取决于驱动电路的设计。前面讲过，理论上 $U_{GE} \geqslant U_{GE(th)}$，IGBT 即可导通；一般情况下 $U_{GE(th)}$ = 5 ~ 6 V，当 U_{GE} 增加时，通态压降减小，通态损耗减小；但 IGBT 承受短路电流能力减小；当 U_{GE} 太大时，可能引起栅极电压振荡，损坏栅极。当 U_{GE} 减小时，通态压降增加，通态损耗增加。

为使通态压降最小，同时 IGBT 又具有较好的承受短路电流能力，通常选取 $U_{GE} \geqslant D \times U_{GE(th)}$，当 $U_{GE(th)}$ 为 6 V，系数 D 分别为 1.5、2、2.5、3 时，U_{GE} 则分别为 9 V、12 V、15 V、18 V；通常栅极驱动电压 U_{GE} 取 12 ~ 15 V 为宜，12 V 最佳。IGBT 关断时，栅极加负偏压，提高抗干扰能力，提高承受 dU/dt 能力，栅极负偏压一般为 – 10 V。

在 IGBT 栅极驱动电路设计时，应特别注意导通特性、负载短路能力和 dU_{GE}/dt 引起的误触发等问题。正偏置电压 U_{GE} 增加，通态电压下降，导通能耗 E_{ON} 也下降，分别如图 9-26（a）和（b）所示。若使 U_{GE} 固定不变时，导通电压将随集电极的电流增大而增高；导通损耗将随结温升高而升高。

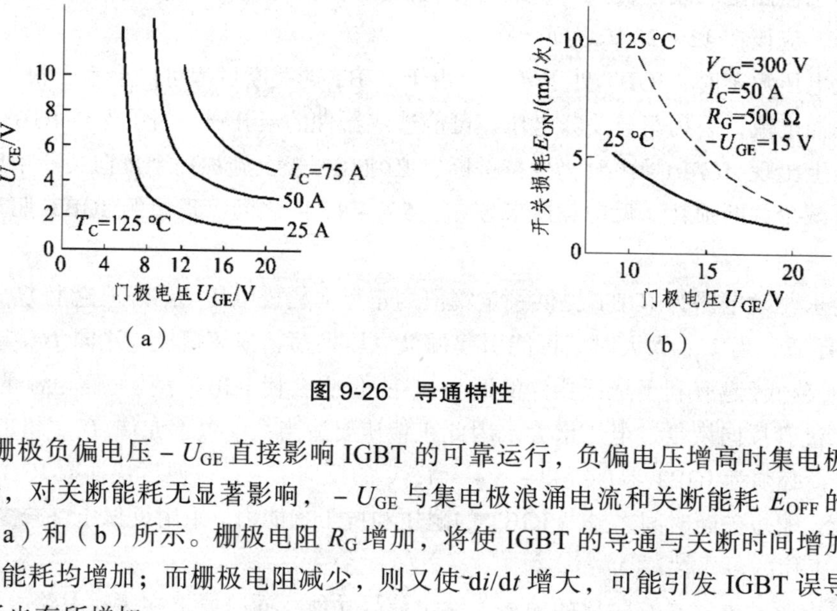

图 9-26 导通特性

IGBT 栅极负偏电压 – U_{GE} 直接影响 IGBT 的可靠运行，负偏电压增高时集电极的浪涌电流明显下降，对关断能耗无显著影响，– U_{GE} 与集电极浪涌电流和关断能耗 E_{OFF} 的关系分别如图 9-27（a）和（b）所示。栅极电阻 R_G 增加，将使 IGBT 的导通与关断时间增加；因而使导通与关断能耗均增加；而栅极电阻减少，则又使 di/dt 增大，可能引发 IGBT 误导通，同时 R_G 上的损耗也有所增加。

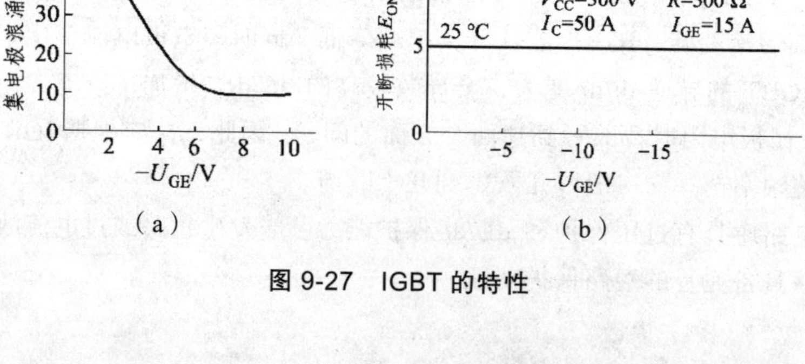

图 9-27 IGBT 的特性

由上述不难得知：IGBT 的特性随栅极驱动条件的变化而变化，就像双极型晶体管的开关特性和安全工作区随基极驱动而变化一样。然而，对于 IGBT 来说，栅极驱动条件仅对其关断特性略有影响。

栅极驱动电路的阻抗，除了引起电流下降时间延迟外，还影响开关损耗。栅极电阻减小时，总损耗将减小。导通损耗主要由 MOSFET 的特性决定，关断损耗主要由少子决定，导通损耗比关断损耗受栅极电阻的影响更大。为了减小 dU/dt 的影响，栅极通常应加入一个负偏压。但是，这样就要求增加与高压侧开关器件隔离的电源。

栅极电压的降低有助于控制 IGBT 承受短路电流的能力，降低栅极驱动电压，能够减小短路时的集电极电流和功耗。在 IGBT 栅极串入二极管、电阻网路，就能完成这种功能，并且响应时间小于 1 μs。在 IGBT 驱动电路设计应注意以下事项：

（1）IGBT 具有一个 2.5 ~ 5 V 的阈值电压，有一个容性输入阻抗，因此 IGBT 对栅极电荷非常敏感，故驱动电路的设计必须很可靠，要保证有一条低阻抗值的放电回路，即驱动电路与 IGBT 的连线要尽量短。栅极正向驱动电压的大小将对电路性能产生重要影响，必须正确选择。当正向驱动电压增大时，IGBT 的导通电阻下降，使开通损耗减小；但若正向驱动电压过大则负载短路时其短路电流 I_C 随 U_{GE} 增大而增大，可能使 IGBT 出现擎住效应，导致门控失效，从而造成 IGBT 的损坏；若正向驱动电压过小会使 IGBT 退出饱和导通区而进入线性放大区域，使 IGBT 过热损坏，使用中选 12 V≤U_{GE}≤18 V 为好。栅极负偏置电压可防止由于关断时浪涌电流过大而使 IGBT 误导通，一般负偏置电压选 – 5 V 为宜。另外，IGBT 开通后驱动电路应提供足够的电压和电流幅值，使 IGBT 在正常工作及过载情况下不致退出饱和导通区而损坏。

（2）IGBT 快速开通和关断有利于提高工作频率，减小开关损耗。但在大电感负载下 IGBT 的开关频率不宜过大，因为高速开通和关断时，会产生很高的尖峰电压，极有可能造成 IGBT 或其他元器件被击穿。

（3）选择合适的栅极串联电阻 R_G 和栅射电容 C_G 对 IGBT 的驱动相当重要。R_G 较小，栅射极之间的充放电时间常数比较小，会使开通瞬间电流较大，从而损坏 IGBT；R_G 较大，有利于抑制 dV_{ce}/dt，但会增加 IGBT 的开关时间和开关损耗。合适的 C_G 有利于抑制 di_C/dt，C_G 太大，开通时间延时，C_G 太小，对抑制 di_c/dt 效果不明显。

（4）当 IGBT 关断时，栅射电压很容易受 IGBT 和电路寄生参数的干扰，而引起器件误导通。为防止这种现象发生，可以在栅射间并接一个电阻。此外，在实际应用中为防止栅极驱动电路出现高压尖峰，最好在栅射间并接两只反向串联的稳压二极管，其稳压值应与正负栅压相同。

（5）用内阻小的驱动源对栅极电容充放电，以保证栅极控制电压 U_{GE} 有足够陡的前后沿，使 IGBT 的开关损耗尽量小。另外，IGBT 导通后，栅极驱动源应能提供足够的功率，使 IGBT 不因退出饱和而损坏。

（6）驱动电路要能传递几十千赫兹的脉冲信号。

（7）在大电感负载下，IGBT 的开关时间不能太短，以限制出 dI/dt 形成的尖峰电压，确保 IGBT 的安全。

（8）由于 IGBT 在电力电子设备中多用于高压场合，故驱动电路与控制电路在电位上应严格隔离。

（9）IGBT 的栅极驱动电路应尽可能简单实用，最好自身带有对 IGBT 的保护功能，并要求有较强的抗干扰能力。

9.4.3 电力电子控制电路

电力电子电路是利用电力电子器件对工业电能进行变换和控制的大功率电子电路。因为电路中无旋转元部件，故又称静止式变流电路，以区别于传统的由电动机和发电机组成的变流电路的旋转式变流电路。

1. 组 成

电力电子控制电路是由电力电子器件组成的、用以对工业电能进行变换和控制的大功率电子电路。由于电路中无旋转元、部件，故又称静止式变流电路，以区别于传统的旋转式变流电路（由电动机和发电机组成的变流电路）。两者相比，电力电子电路无磨损、低噪声、高效率，易于实现自动控制和生产，不需建造专门的地基。因而，20 世纪 60 年代以后，电力电子控制电路已在世界范围基本上取代了旋转式变流电路。

由于电力电子电路所处理的是大容量工业电能，高效低耗是这类电路的主要目标。为减少电路内耗，电力电子器件工作于开关状态，因此电力电子电路实质上是一种大功率开关电路。为实现对电能的控制，器件的开关状态必须是可控的，因此它又是一种器件工作状态可由微弱信号进行控制的大功率开关电路。

电力电子电路按实现电能变换时电路的功能可分为整流电路（将交流电能转换为直流电能）、逆变电路（将直流电能转换为交流电能）、交流变换电路（包括交流调压电路和变频电路）、直流变换电路（改变直流电能的大小和方向）。按电能转换次数可分为基本变换电路和组合变换电路。前者经一次转换即可实现所需电能的变换，又称直接变换电路；后者经多次转换以实现所需电能的变换，又称间接变换电路。按组成电路的器件可分为不控型变换电路（由不控型器件组成，电路对变换的电能无控制能力）、半控型变换电路（由半控型器件组成，只能在电路具备关断晶闸管的条件下才能正常工作）、全控型变换电路（由自关断器件组成，比半控型电路具更佳的技术经济指标，但开关容量低于半控型）。电力电子电路按控制方式可分为 4 种：①相控电路。控制信号的变化表现为控制极脉冲相位的变化。②频控电路。信号的变化表现为控制极脉冲重复频率的变化。③斩控电路。控制信号的变化表现为控制极脉宽的变化。④组合控制电路。采用上述 3 种控制方式组合而成的控制方式。按电路中开关器件的工作频率可分为开关元件按电网频率（50 Hz 或 60 Hz）工作的低频电路和开关元件以远高于电网频率的载波频率工作的高频电路。

2. 分 类

电力电子电路有多种分类方法。

（1）按实现电能变换时电路功能分类，可分为 4 种：

① 整流电路（AC/DC 变换电路）是具有整流功能的电路。凡将交流电能转换为直流电能的过程泛称为整流。

整流电路（rectifying circuit）把交流电能转换为直流电能的电路。大多数整流电路由变压器、整流主电路和滤波器等组成。它在直流电动机的调速、发电机的励磁调节、电解、电镀等领域得到广泛应用。整流电路通常由主电路、滤波器和变压器组成。20 世纪 70 年代以后，主电路多由硅整流二极管和晶闸管组成。滤波器接在主电路与负载之间，用于滤除脉动直流电压中的交流成分。变压器设置与否视具体情况而定。变压器的作用是实现交流输入电压与直流输出电压间的匹配以及交流电网与整流电路之间的电隔离。

② 逆变电路（DC/AC 变换电路）：具有逆变功能的电路。凡将直流电能转换为交流电能的过程称为逆变。

逆变电路是与整流电路（rectifier）相对应，把直流电变成交流电称为逆变。当交流侧接在电网上，即交流侧接有电源时，称为有源逆变；当交流侧直接和负载链接时，称为无源逆变。

逆变电路的应用非常广泛。在已有的各种电源中，蓄电池、干电池、太阳能电池等都是直流电源，当需要这些电源向交流负载供电时，就需要逆变电路。另外，使用非常广泛的交流电机调速用变频器、不间断电源、感应加热电源等电力电子装置其电路的核心部分都是逆变电路。它的基本作用是在控制电路的控制下将中间直流电路输出的直流电源转换为频率和电压都任意可调的交流电源。

③ 交流变换电路（AC/AC 变换电路）：能将交流电能的大小和频率加以改变的电路。前者称交流调压电路；后者称变频电路。

④ 直流变换电路（DC/DC 变换电路）：能将直流电能的大小和方向加以改变的电路。由于采用斩波控制方式，故又称直流斩波电路。

（2）按电能转换次数分类，可分为 2 种：

① 基本变换电路：由一次转换过程即可实现所需电能变换的电路。例如通过一个可控整流电路即可直接实现由交流电能到直流电能的变换和控制，故又称直接变换电路。

② 组合变换电路：出于技术和经济上的原因，采用多次转换以实现所需电能的变换的电路。例如通过交流调压和不控整流两次转换也可以实现由交流到直流电能的变换和控制。这种不同组合方式的多次变换电路又称为间接变换电路。

（3）按组成电路的器件分类，可分为 3 种：

① 不控型变换电路：由不控型器件组成的电路。如由电力二极管组成的整流电路仅实现交流到直流间电能的变换，但电路对直流电能无控制能力。

② 半控型变换电路：由半控型器件（如普通晶闸管）组成的电路。由于这类器件无自关断能力，故电路只在具备关断晶闸管的条件时才能正常工作。

③ 全控型变换电路：由全控型元件（自关断器件）组成的电路。由于器件具有自关断能力，全控型电路易于实现电能的变换和控制。它比半控型电路具有更佳的技术经济指标。但多数全控型器件的开关容量尚低于半控型，故大容量变换电路尚需由半控型元件组装。

（4）按控制方式分类，可分为 4 种：

① 相控电路：控制信号的变化表现为控制极脉冲相位的变化。传统的整流电路即采用这种控制方式。

② 频控电路：指信号的变化表现为控制极脉冲重复频率的变化。传统的无源逆变电路即采用这种控制方式。

③ 斩控电路：控制信号的变化表现为控制极脉宽的变化。传统的直流斩波电路即采用这种方式。

④ 组合控制电路：电路采用上述3种基本控制方式组合而成的控制方式。如用于直接变频电路的相频控制方式就是相控和频控方式的组合。

（5）按开关器件的工作频率分类，可分为2种：

① 低频电路：开关元件按电网频率（50 Hz 或 60 Hz）工作的电路，如传统的相控整流电路和有源逆变电路等。

② 高频电路：开关元件以远高于电网频率的载波频率工作的电路，如采用脉冲宽度调制控制方式的电路，例如开关电源类。

3. 发展趋势

电子技术发展异常迅速。微细加工技术的进步不仅对信息电子技术有巨大影响，同时也日益对电力电子技术产生作用。就电路而言，正沿着以下4个方向发展：

（1）新型器件：新器件的出现和使用往往对整个变流技术产生深刻的影响。例如，正是由于气体闸流管、晶闸管和功率晶体管的相继问世，才促成了几代电力电子电路的更迭。另外，宽禁带半导体器件的研发被视为进一步提高性能的手段。美国也成立了新一代宽禁带研究中心对此进行研究。

（2）新的控制方式：新的控制方法会使电路达到更高的性能。例如交流电机采用矢量控制方法，使交流传动系统的性能可与直流传动相媲美。而这种控制方法之所以能付之实用却是依借微型计算机的普及。这表明，采用新的控制手段会使昔日无法实现的控制方式成为可能。

（3）新的电路结构：变流电路的趋势是向理想变换电路靠近。以往各种传统电路由于各种原因的影响，其性能与理想状态存在种种差距。依借最佳电路拓扑，采用更合理的电路结构，可以使变流器的性能臻于理想化，如丘克电路（见单象限直流变换电路）。

（4）新的分析方法和调试：由于包含非线性开关元件，电力电子电路实质上是一种时变非线性电路，因而分析时相当繁复。以往为了适应工程的要求，不得不做出种种简化，其结果是降低了分析的精确性。大容量变流电路由于元件繁多、规模庞大，调试工作带有很高的不安全性和不确定性。随着计算机辅助分析（CAN）、辅助设计（CAD）和辅助调试（CAT）技术的发展，数字和物理仿真技术的进步，使电力电子电路的分析、设计和调试工作已日趋完善。

9.4.4 电力电子控制电路应用实例

1. 直流无刷电动机原理与控制

一个多世纪以来，电动机作为机电能量转换装置，其应用范围已遍及国民经济的各个领域以及人们的日常生活中。其主要类型有同步电动机、异步电动机和直流电动机三种。由于传统的直流电动机均采用电刷以机械方法进行换向，因而存在相对的机械摩擦，由此带来了噪声、火化、无线电干扰以及寿命短等弱点，再加上制造成本高及维修困难等缺点，从而大大限制了它的应用范围，致使目前工农业生产上大多数采用三相异步电动机。

针对上述传统直流电动机的弊病，早在 20 世纪 30 年代就有人开始研制以电子换向代替电刷机械换向的直流无刷电动机。经过了几十年的努力，直至 20 世纪 60 年代初，终于实现了这一愿望。20 世纪 70 年代以来，随着电力电子工业的飞速发展，许多高性能半导体功率器件 ，如 GTR、MOSFET、IGBT、IPM 等相继出现，以及高性能永磁材料的问世，均为直流无刷电动机的广泛应用奠定了坚实的基础。

由于直流无刷电动机既具有交流电动机的结构简单、运行可靠、维护方便等一系列优点 ，又具备直流电动机的运行效率高、无励磁损耗以及调速性能好等诸多优点，故在当今国民经济各领域应用日益普及。

1）三相直流无刷电动机的基本组成

直流无刷永磁电动机主要由电动机本体、位置传感器和电子开关线路三部分组成。其定子绕组一般制成多相（三相、四相、五相不等），转子由永久磁钢按一定极对数（$2p = 2, 4, \cdots$）组成。图 9-28 所示为三相两极直流无刷电机结构。

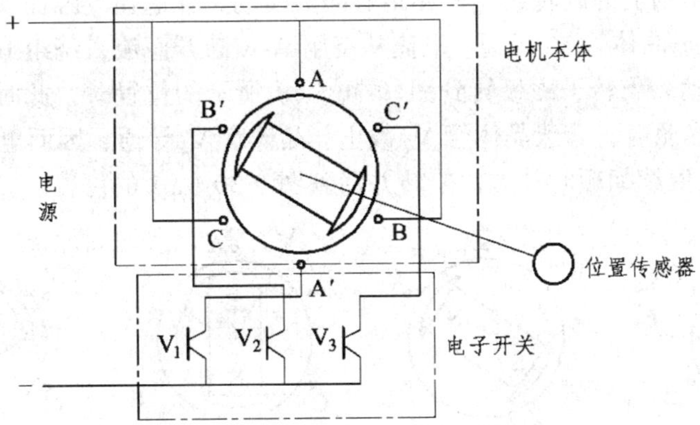

图 9-28　三相两极直流无刷电机组成

三相定子绕组分别与电子开关线路中相应的功率开关器件连接，A、B、C 相绕组分别与功率开关管 V_1、V_2、V_3 相接。位置传感器的跟踪转子与电动机转轴相连接。

当定子绕组的某一相通电时，该电流与转子永久磁钢的磁极所产生的磁场相互作用而产生转矩，驱动转子旋转，再由位置传感器将转子磁钢位置变换成电信号，去控制电子开关线路，从而使定子各项绕组按一定次序导通，定子相电流随转子位置的变化而按一定的次序换相。由于电子开关线路的导通次序是与转子转角同步的，因而起到了机械换向器的换向作用。

图 9-29 为三相直流无刷电动机半控桥电路原理图。此处采用光电器件作为位置传感器，以三只功率晶体管 V_1、V_2 和 V_3 构成功率逻辑单元。

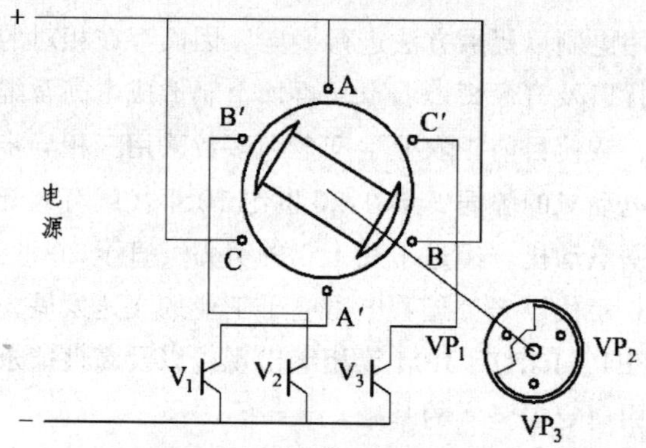

图 9-29 三相直流无刷电动机

三只光电器件 VP_1、VP_2 和 VP_3 的安装位置各相差 120°，均匀分布在电动机一端。借助安装在电动机轴上的旋转遮光板的作用，使从光源射来的光线一次照射在各个光电器件上，并依照某一光电器件是否被照射到光线来判断转子磁极的位置。

图 9-29 所示的转子位置和图 9-30（a）所示的位置相对应。由于此时光电器件 VP_1 被光照射，从而使功率晶体 V_1 呈导通状态，电流流入绕组 A-A′，该绕组电流同转子磁极作用后所产生的转矩 使转子的磁极按图 3 中箭头方向转动。当转子磁极转到图 9-30（b）所示的位置时，直接装在转子轴上的旋转遮光板亦跟着同步转动，并遮住 VP_1 而使 VP_2 受光照射，从而使晶体管 V_1 截至，晶体管 V_2 导通，电流从绕组 A-A′断开而流入绕组 B-B′，使得转子磁极继续朝箭头方向转动。当转子磁极转到图 9-30（c）所示的位置时，此时旋转遮光板已经遮住 VP_2，使 VP_3 被光照射，导致晶体管 V_2 截止、晶体管 V_3 导通，因而电流流入绕组 C-C′，于是驱动转子磁极 继续朝顺时针方向旋转并回到图 9-30（a）的位置。

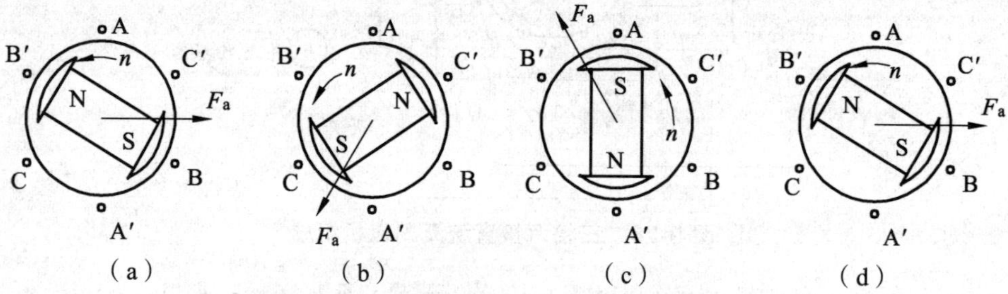

图 9-30 开关顺序及定子磁场旋转示意图

这样，随着位置传感器转子扇形片的转动，定子绕组在位置传感器 VP_1、VP_2、VP_3 的控制下，便一相一相地依次馈电，实现了各相绕组电流的换相。在换相过程中，定子各相绕组在工作气隙内所形成的旋转磁场是跳跃式的。这种旋转磁场在 360°电角度范围内有三种磁状态，每种磁状态持续 120°电角度。各 相绕组电流与电动机转子磁场的相互关系如图 9-30 所示。图 9-30（a）为第一种状态，F_a 为绕组 A-A′通电后所产生的磁动势。显然，绕组电流与转子磁场的相互作用，使转子沿顺时针方向旋转；转过 120°电角度后，便进入第二状态，这时绕组 A-A′断电，而 B-B′随之通电，即定子绕组所产生的磁场转过了 120°，如图 9-30（b）所示，电动机定子继续沿顺时针方向旋转；再转 120°电角度，便进入第三状态，这时绕组 B-B′断电，C-C′通电，定子绕组所产生的磁场又转过了 120°电角度，如图 9-30（c）所示；它继续驱动转子沿顺时针方向转过 120°电角度后就恢复到初始状态。图 9-31 示出了各相绕组的导通顺序的示意图。

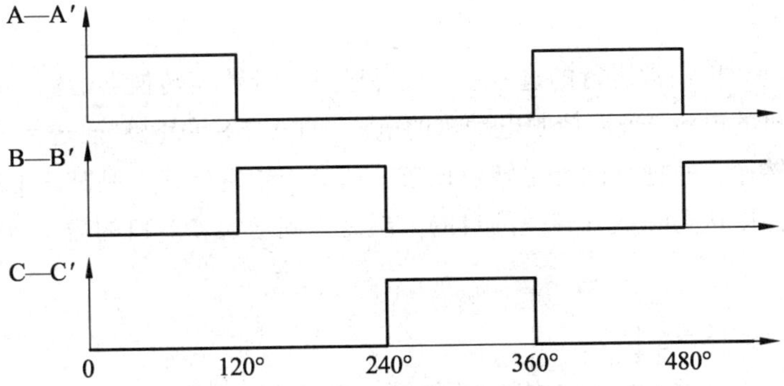

图 9-31　各相绕组的导通示意图

2）直流无刷电动机的微机控制

图 9-32 为采用 8751 单片机来控制直流无刷电动机的原理框图。8751 的 P1 口同 7406 反相器连接控制直流无刷电动机的换相，P2 口用于测量来自位置传感器的信号 H_1、H_2、H_3，P0 口外接一个数模转换器。

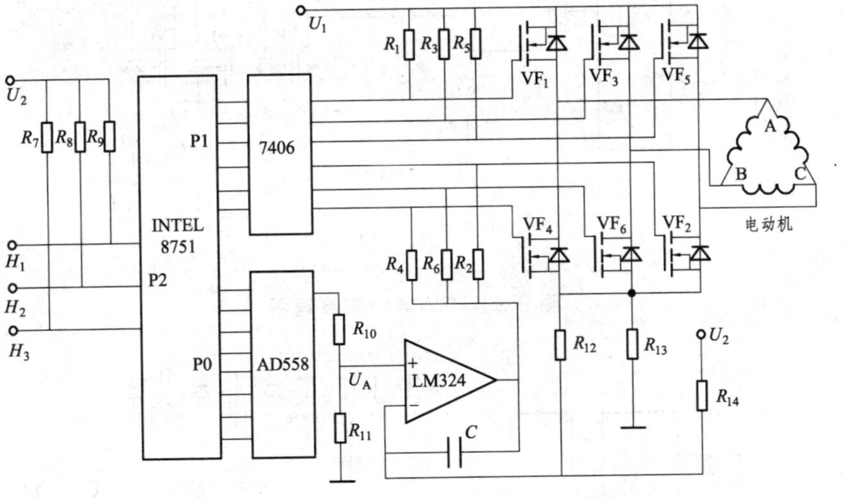

图 9-32　直流无刷电动机计算机控制原理图

换相的控制根据定子绕组的换相方式，首先找出三个转子磁钢位置传感器信号 H_1、H_2、H_3 的状态与 6 只功率管之间的关系，以表格形式放在单片机的 EEPROM 中。8751 根据来自 H_1、H_2、H_3 的状态，可以找到相对应的导通的功率管，并通过 P1 口送出，即可实现直流无刷电动机的换相。

启动电流的限制主回路中串入电阻 R_{13}，因此 $U_f = R13 \times I_M$，其大小正比于电动机的电流 I_M。而 U_f 和数模转换器的输出电压 U_0 分别送到 LM324 运算放大器的两个输入端，一旦反馈电压大于 U_f 并大于来自数模转换的给定信号 U_0，则 LM324 输出低电平，使主回路中 3 只功

率管 VF_4、VF_6、VF_2 不能导通，从而截断直流无刷电动机定子绕组的所有电流通路，迫使电动机电流下降，一旦电流下降到使 U_f 小于 U_0，则 LM324 输出回到高电平。主回路又具备导通能力，起到了限制电流的作用。

3）转速的控制

在直流无刷电动机正常运行的过程中，只要通过控制数模转换器的输出电压 U_0，就可控制直流无刷电动机的电流，进而控制电动机的电流。即 8751 单片机 通过传感器信号的周期，计算出电动机的转速，并把它同给定转速比较，如高于给定转速，则减小 P2 口的输出数值，降低电动机电流，以达到降低其转速的目的。反之，则增大 P2 口的输出数值，进而增大电动机的转速。

4）PWM 控制的实现

转速控制也可以通过 PWM 方式来实现。图 9-33 和图 9-34 为 PWM 控制实现直流无刷电动机转速的控制原理图。

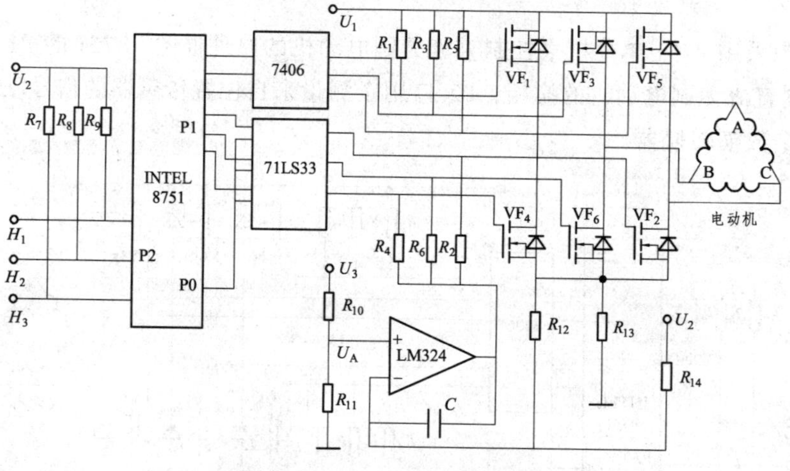

图 9-33　PWM 控制原理图

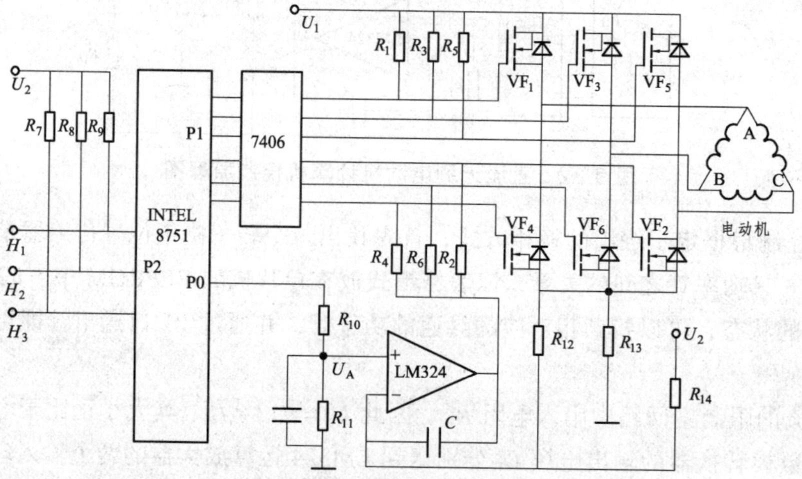

图 9-34　PWM 控制原理图

直流无刷电动机的正转反转，通过改变换相次序来改变其转动方向。具体做法只需要更换一下换相控制表。

5）变结构控制的实现

当直流无刷电动机处于启动状态或在调整过程中，采用直流无刷电动机的运行模式，以实现动态相应的快速性。一旦电动机的转速到了给定值附近，马上把它转入同步电动机运行模式，以保证其稳速精度。这时计算机只需要按一定频率控制电动机的换相，与此同时，计算机在通过位置传感器的信号周期，来测量其转速大小，并判断它是否跌出同步。一旦失步，则马上转到直流无刷电动机运行，并重新将其拉入同步。

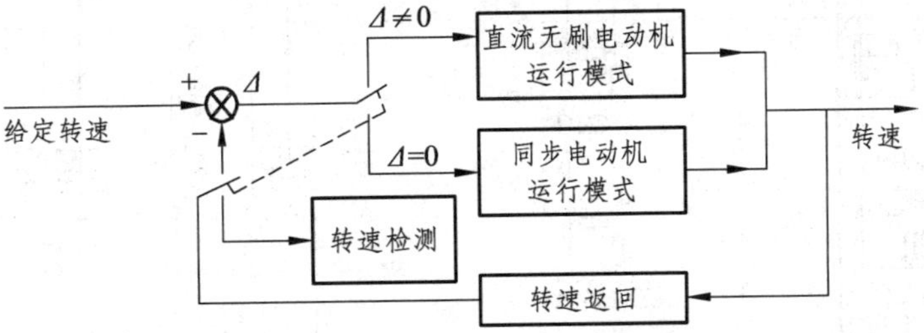

图 9-35　直流无刷电动机的变结构控制

2. 其他电力电子控制电路

实际应用电路，可以通过网络或者厂家查找已有的设备的技术资料，看懂技术资料，尤其是图纸，这是每一个中级以上电工必备能力之一。

第一，可通过广电电器网（http://www.go-gddq.com/），查找到成熟产品的使用手册或者维修手册（电路图）。

第二，可以通过厂家网站提供的资料下载获取产品的技术手册。

第三，可以通过查找设备中的芯片资料获取技术参数设备相关资料。

下面图 9-32、图 9-33 就是通过这种方式获取的技术图纸，请同学们试着看看，能否看懂。

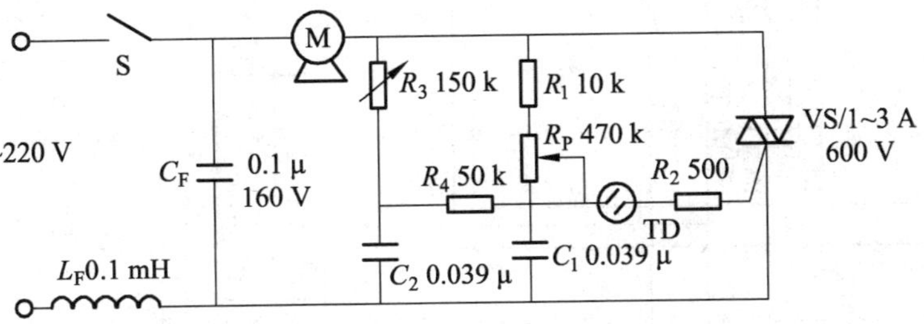

此电路是利用双向晶闸管进行相位控制的方法，实现小容量单相电机调速。电源电压通过 R_1 和 R_2 向 C_1 充电，当 C_1 两端电压的峰值达到发光氖管的阻断电压后，发光管明亮，V_S 被触发导通道。V_S 的触发角的大小是通过调节 R_P 实现。此电路也可用于温度控制及舞台灯光照度控制

图 9-36　小型单向交流电机调速电路

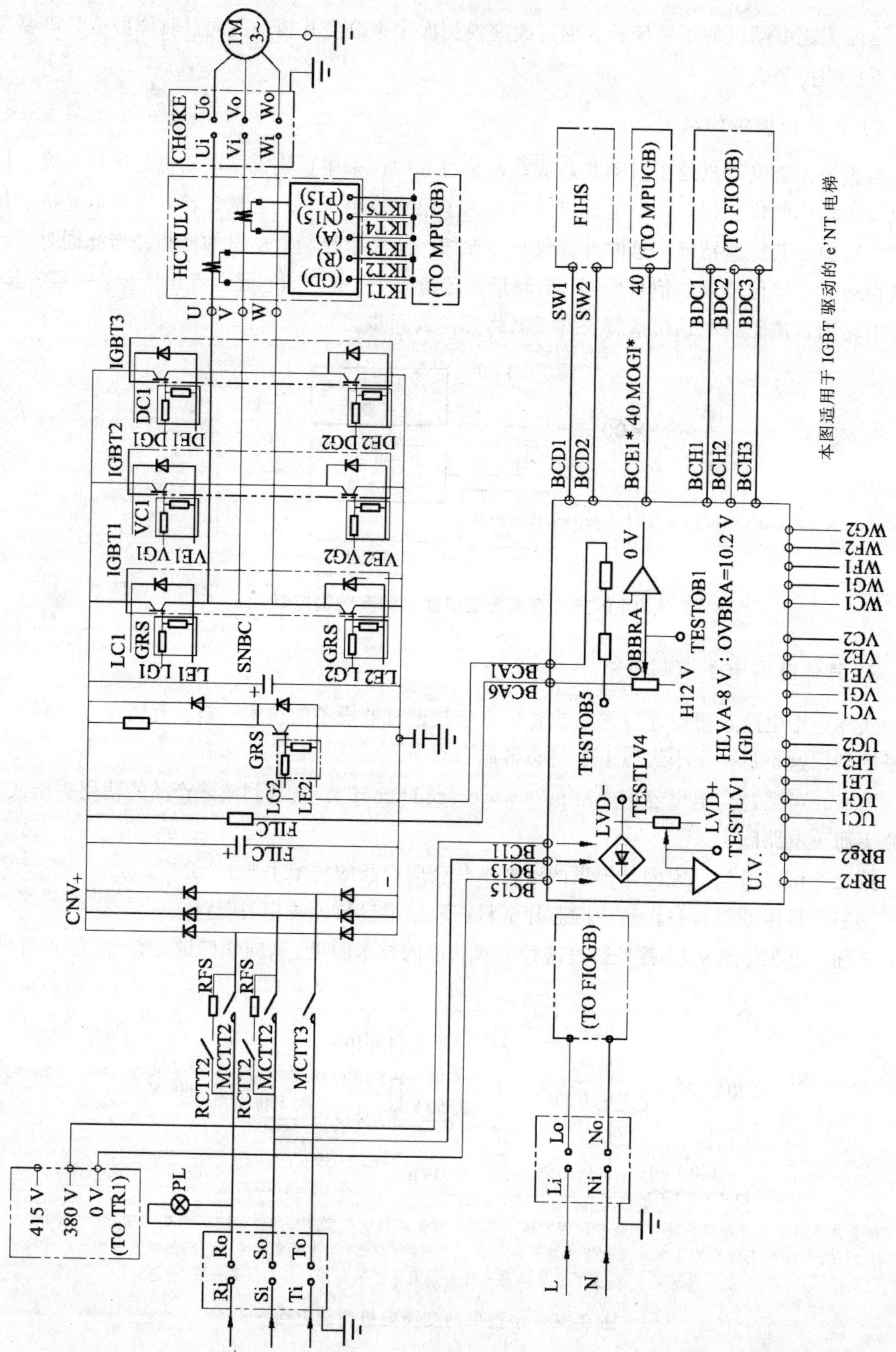

本图适用于 IGBT 驱动的 e'NT 电梯

图 9-37 某机器的三相变频调整电路

第 10 章　智能家居系统简介

智能家居是现代智能系统的典型代表，是未来智能社会不可或缺的一部分，是“中国制造 2025”的一部分，现在已经在家庭中广泛地应用了。

10.1　智能家居系统简介

网络化的嵌入式无线智能家居控制系统是未来智能家居的发展方向，它能够提供标准化接口和无线网络互连功能，而且可以通过嵌入式通信协议实现相互通信功能。各种家庭互连的无线标准的不断提出，推动了智能家居控制系统的无线化和接口标准化发展，无线互联为人们提供了更好的移动性和更多的便利，而标准化无线接口为不同厂家的产品提供了互兼容特性。随着各种无线网络技术迅速发展，从广域网（Internet，GSM \ GPRS \ 3G）到基于 IEEE802.11 系列的无线局域网（WLAN）、基于蓝牙的无线个人网（WPAN），新网络技术给智能家居行业的设计赋予了一种全新的技术理念，“网络控制一切”将会在不久的将来成为生活中的现实。另外，随着嵌入式系统的发展，人们可以用更低的成本来开发家居主控制器，并且家居设备和主控制器都能够以低功耗的方式来运行，降低了运作的成本。

智能家居系统以其体系结构为特征可以划分为两大类：拼凑型智能家居系统和集中控制型智能家居系统。

智能家居发展的初级阶段，由于缺乏统一的技术标准及接口，拼凑型智能家居系统占主导地位。拼凑型智能家居系统由多个相互独立的子系统构成，每个子系统可以独立地实现智能家居的某项或某几项功能，但各个子系统之间互不兼容，缺乏应有的交互机制。例如，目前市场上比较流行的灯光控制系统和 HVAC 系统。这类系统开发相对简单，功能也比较完善；但是由于各个子系统之间互不兼容，安装过程中需要多次布线，并且子系统之间必须配备独立的控制模块，既提高了安装、制造成本，也不方便用户使用。随着智能家居产业的发展，拼凑型智能家居系统将逐渐被集中控制型智能家居系统所取代。

集中控制型智能家居系统以一台集成逻辑关系的智能控制中心作为中央控制单元，采用新型拓扑结构，通过有线或无线的传输媒介，对家居系统中的智能终端设备进行管理和控制。

1. 系统架构

（1）系统以室内主机为核心，构建智能化综合安全管理和远程控制体系。以互联网将室内主机和各种报警终端以及电器控制终端有机连接。通过室内主机、PC、手持智能网关对所有设备实施操作管理。

（2）系统遵循 TCP／IP 标准互联网通信协议和 232（485）标准串行通信协议，另具有

WiFi、3G、联网功能，在任何有网络的地方均可实现设备互动。

（3）室内局域网与智能家居网相互兼容，并行运行为系统的远程网络控制提供通道。

（4）所有智能家居系统产品内部协议向外开放。均有强大的软件支持，具有较好升级的扩展功能。

（5）系统分为有线和无线并行，主方案采用无线系统。

2. 功能设置

（1）智能家居控制：一键式操作，随心调控影音设备背景音乐、窗帘开关、灯光开关等设备，模拟智能家电控制。

（2）智能安防控制：省心模式，享受安全，采用智能无线烟雾。

（3）灯光控制系统：物联网演示开发平台集成了对灯光的无线智能控制，使用遥控器可以实现对灯光无线智能控制。通过不同的灯光场景，诸如早起、回家、离家 3 种场景，可以营造各种主题氛围和灯光场景。

（4）家电控制系统：系统可以对家用电器进行无线控制，可模拟控制冰箱以及电视等家电的开关和智能调节。

（5）安防报警系统：安防报警系统在家用安防模式的情况下使用。一旦有人非法闯入或开门，则红外、门磁等传感器会产生告警信号报警，另外，该演示开发平台还配备烟雾报警器功能，在火灾发生时发出报警信号。

（6）多功能遥控器：要求采用跳频技术避免同频干扰，以及加密算法和校验方式，提供 DEBUG 接口可对遥控器进行二次编程和开发。

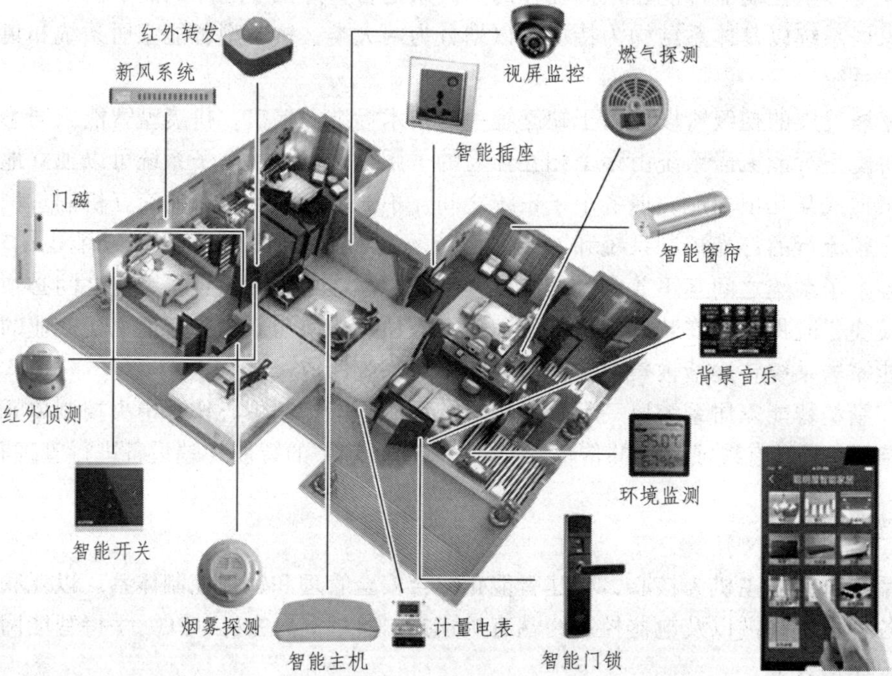

图 10-1 智能家居系统

（7）无线门磁：探测门的开启状态。如果开启则发送告警信号，用于家庭安全系统，避免外人非法闯入。

（8）烟雾探测器：烟雾超过安全值会报警。

10.2　智能家居系统装调试

智能家居系统的安装调试是一项细致的工作，只要大家按照要求程序（每一种系统厂家提供的使用说明书）操作都能很好地进行。在本节中我们仅仅介绍要点，抛砖引玉。

10.2.1　智能家居的安装要点

智能家居设备按供电方式分有三种：交流供电、适配器供电、电池供电。所以硬件设备在安装时要注意设备是否易于安装，供电来源是否合理，是否需要修改用户已有设备，是否需要布线，安装位置是否合适，是否注意安全保护及隐秘等问题。

下面以某品牌的智能家居产品为例，分析下产品的安装要点。该系列产品目前一共包括十一样单品，分别是：家庭网关、智能开关、幕布开关、电源插座、移动插座、红外感应器、LED 智能彩灯、无线温湿度计、智能遥控器、电动窗帘、无线摄像头。

交流供电方式的设备要注意必须有交流电线布线，除了单电源开关以外，其他设备必须要有零火线供电，如果是按旧装修走线替换安装的，那有可能两种状况都会遇到（单火供电、零火供电），如果是新装修，则建议开关、插座位置都按零火线走线，为了方便及安全使用，布线方法如下：

① 单火电源开关（1 位、2 位、3 位）：单火供电 86 标准规格。

② 零火电源开关（1 位、2 位、3 位）：零、火供电 86 标准规格。

③ 电源插座：零、火、地供电 86 标准规格。

④ 移动插座：零、火、地供电。

⑤ 幕布开关：零、火供电 86 标准规格。

⑥ 窗帘电机：零、火、地供电，附近要配备有电源插座。

⑦ 双控开关：零、火供电（ 第二代产品增加电池供电）。

⑧ 智能彩色 LED 灯：零、火供电 E27 规格灯头。

适配器（DC5 V）供电方式的设备在设备附近必须有电源插座，设备与电源插座的距离不能超过随带的 USB 线或适配器自带线的长度，尽可能隐藏走线，以安全、美观为主。

① 家庭网关：适配器 DC5 V、USB 插口。

② 中继器：适配器 DC5 V、USB 插口。

③ 智能遥控器：适配器 DC5 V、USB 插口。

④ 无线摄像头：适配器 DC5 V、DC 小圆插口。

⑤ 温湿度计：适配器 DC5 V、USB 插口内置可充式锂电池。

电池供电方式的设备安装比较灵活，可以按家居环境按适当位置安装，要注意的是为了以后方便更换电池，安装的位置必须以方便取下为准则。对于安防也要注意保护性、安全性、隐秘性，不能被人在室外就能取下或破坏。几种电池供电方式的设备规格如下：

烟雾感应器：AAA 电池；

燃气感应器：AAA 电池；

水浸感应器：AAA 电池；

电子门锁：AAA 电池；

红外人体感应器：23 A 电池 12 V；

门、窗磁感应器：23 A 电池 12 V。

10.2.2 智能家居的调试要点

安装过后还需要对设备进行调试以确定设备可以正常运行。以中瀛鑫智能家居系统为例，调试要点可总结如下：

（1）配置家庭网关：

安装所有的硬件设备后，检查接线安全方可通电，家庭网关可以零设置进行操作，但为了安全起见，建议按说明书的操作方法更改 Wi-Fi 密码（默认密码为空），另外如果要通过此家庭网关拨号上网也必须要进行网关设置，设置方法请看说明书。

（2）下载安装相应的 APP 或客户端，必须要按实际的操作系统下载 APP 或客户端。

（3）设备入网：通过移动设备安装对应的 APP，家庭网关通电启动，手机登录家庭网关 Wi-Fi 网络，启动 APP 登录到家庭网关进行入网设置及测试。

① 登陆网关，正确登录方可进行设备入网。

② 对于所有的智能设备入网方式都是一样，设备指示灯闪烁时表示等待入网操作。

③ 对于电池类的产品必须在入网时才能接通电源，以免在无网时自动搜索网络浪费电量。

（4）APP 端硬件控制测试：

已进入的设备可以通过 APP 客户端的图标进行控制：

① 开关类的产品：可以进行“开”“关”“删除”“重命名”等操作控制。

② LED 灯产品：可以进行“开”“关”“调色”“亮度”“删除”“重命名”等操作控制。

③ 遥控器、摄像头、窗帘、幕布、调光、门锁等可按实际的功能进行操作控制。

④ 声光报警器触发可以发出声音鸣叫及闪光报警，及可以“开”“关”操作控制。

⑤ 感应器类的产品可以设备可以设置感应值，并可以“开”“关”等操作控制。

（5）硬件端控制测试：

① 带有控制面板类的可以通过触摸控制面板控制操作。

② 带有开关类的可以通过轻按开关触发“开”与“关”的操作控制。

③ 感应器类可以通过感应对象测试是否有效。

④ 电机、门锁类产品通过实际产品按实际应用操作测试，窗帘电机一般带有遥控器，也可以通过自带遥控器操作控制来测试，门锁按应用种类进行测试，如指纹、密码、磁卡、钥匙、脸型等进行测试。

⑤ 声视对话：通过远程进行摄像头连接对话。

（6）场景联动控制测试。

① 设置多种场景如每种感应器联动的场景，每种感应器的功能不同，启动条件也会有改变，测试是否都能感应联动。

② 场景控制有两种：一种是直接触发控制设备，另一种是通过感应器联动触发控制，测试时这两种都必须操作；

③ 场景控制的设备中要有“开”状态、“关”状态、“感应值”“彩灯颜色”“亮度”“温度”“湿度”“打开”“关闭”“歌曲数”等状态。

（7）定时控制测试。

① 进行时间调整，进行定时任务时必须要网关时间与本地时间同步。

② 设置多个定时任务，包含有定时设备控制、定时场景控制，在指定时间里启动对应的设备。

（8）远程控制测试。

通过手机、平板、电脑利用 3G/4G/Wi-Fi/互联网等外网上网控制，操作与 APP 端测试一样，不同点是上网方式不一样。

声视对话：通过远程进行摄像头连接对话。

参考文献

[1] 王跃东，李赏. 维修电工技能训练[M]. 西安：西北工业大学出版社，2008.
[2] 孙克军. 电工初级技能[M]. 北京：金盾出版社，2009.
[3] 科教工作室. 看视频学笔记本电脑维修 芯片级—全彩版[M]. 北京：清华大学出版社，2012.
[4] 刘靖. 电工技能实训（图表式）[M]. 北京：机械工业出版社，2009.
[5] 龚顺益，施启达. 安装与维修电工技术[M]. 北京：机械工业出版社，1985.
[6] 杨利军. 电工技能训练[M]. 北京：机械工业出版社，2002.
[7] 刘亚侠，蓝波. 维修电工操作实践[M]. 北京：中国电力出版社，2006.
[8] 吕玉明，肖祖铭. 维修电工技能训练[M]. 北京：北京师范大学出版社，2008.
[9] 邱立军，于曰浩. 新时代电工上岗技能速成 电工操作技能[M]. 北京：化学工业出版社，2011.
[10] 倪震，袁清萍. 维修电工实训指导教程[M]. 合肥：安徽大学出版社，2010.
[11] 吴红霞，刘洋. 电气控制及 PLC 原理与应用[M]. 北京：冶金工业出版社，2011.
[12] 罗雪莲. 可编程控制器原理与应用[M]. 北京：清华大学出版社，2008.
[13] 华满香，刘小春. 电气控制与 PLC 应用[M]. 北京：人民邮电出版社，2009.
[14] 孙平. 可编程控制器原理及应用[M]. 北京：高等教育出版社，2003.
[15] 孙志娟. 可编程序控制器应用[M]. 北京：机械工业出版社，2012.
[16] 郑凤翼. 西门子 S7-200 系列 PLC 简明读本[M]. 北京：机械工业出版社，2013.
[17]《进网作业电工培训教材》编委会. 进网作业电工培训教材[M]. 北京：煤炭工业出版社，2003.
[18] 宋美清. 电工技能训练[M]. 北京：中国电力出版社，2009.
[19] 朱照红. 图解电工应用手册[M]. 北京：机械工业出版社，2012.
[20] 陆晋.电工[M]. 2 版. 北京：化学工业出版社，2009.
[21] 向晓汉. 西门子 PLC 高级应用实例精解[M].北京：机械工业出版社，2015.
[22] 陈忠平. 西门子 S7-200PLC 从入门到精通[M].北京：中国电力出版社，2015.
[23] 罗雪莲. 可编程控制器原理与应用[M]. 北京：清华大学出版社，2008.

[24] 华满香，刘小春. 电气控制与 PLC 应用[M]. 北京：人民邮电出版社，2009.
[25] 孙平. 可编程控制器原理及应用[M]. 北京：高等教育出版社，2003.
[26] 李仁. 电气控制技术[M]. 3 版. 北京：机械工业出版社，2008.
[27] 孙志娟. 可编程序控制器应用[M]. 北京：机械工业出版社，2012.
[28] 郑凤翼. 西门子 S7-200 系列 PLC 简明读本[M]. 北京：机械工业出版社，2013.01.